제주
4.3 사건의 진상

이 선 교 저

노무현 정부에서 작성한
제주 4.3사건 진상조사보고서는
허위보고서이며,
희생자 심사도 허위로 하였다.

도서출판 현대사포럼

제주 4.3사건의 진상

• 지 은 이 | 이 선 교
• 펴 낸 이 | 이 선 교
• 펴 낸 곳 | 도서출판 현대사포럼
• 초판인쇄 | 2007년 5월 22일
• 수 정 판 | 2016년 11월 15일
• 등 록 | 제7-340호 (2007년 5월 14일)
• 주 소 | 01037 서울시 강북구 삼양로 486 (수유동)
• 전 화 | 010-5320-2019
• E-mail | adsunlight@hanmail.net

• 총 판 | 영상복음 (대표 최득원)
• 주 소 | 04549 서울시 중구 을지로 18길 12
• 전 화 | 02-730-7673/010-3949-0209
• 팩 스 | 02-730-7675
• E-mail | dwchoi153@naver.com
• http://www.media153.kr
• 입 금 처 | 국민은행 009-01-0678-428
우리은행 1002-433-077709

※ 절찬리에 전국서점 판매중. 잘못 만들어진 책은 교환해 드립니다.

ISBN 978-89-9596475-0 정가 15,000원

추 천 사

1948년 5월 10일 유엔의 감시 하에 대한민국 정부를 수립하기 위하여 선거를 실시하기로 결정하자 좌파 남로당에서는 5.10선거를 반대하기 위해 전국에서 30만이 2.7폭동을 일으키고, 이어 1948년 4월 3일 제주도에서 제주인민군 김달삼 외 400여명과 협조원 1,000여명이 제주 12개 경찰지서를 기습하여 경찰과 우익인사를 살해하고, 5.10선거를 반대하기 위해 폭동을 일으켰다. 이어서 제주인민군은 5.10선거를 반대하여 제주도에서 3개 선거구 중 2개 선거구를 무산시키고, 11연대장 박진경 대령을 암살하고, 11연대 좌익 장병 41명을 탈영시켜 대정지서 경찰을 살해하는 등 살인을 자행하였다.

1948년 7월 말부터 조용하여 폭동이 진압된 듯하였으나 1948년 8월 2일 김달삼이 이북으로 간 후 이덕구가 제주인민군 사령관이 되어 다시 경찰과 우익인사들을 학살하자 정부에서는 10월 11일 경비사령부를 신설하고 폭동 진압에 나섰는데, 1948년 11월 2일 9연대 6중대를 제주인민군이 공격하여 하루에 국군 14명 외 다수가 전사하는 등 치열한 전투가 벌어졌다. 그래서 정부에서는 48년 11월 17일 제주에 계엄령을 선포하였다.

이후 제주인민군 폭동을 진압하는 과정에서 억울하게 희생된 분들이 많이 있어 대한민국 정부에서는 이분들을 찾아 명예를 회복해주고 보상도 해주어 그 동안 60년 동안 아픈 상처와 한을 풀어주는 일이 시급한 일이다. 그래서 정부에서는 2000년 1월 12일 제주4.3 특별법을 통과시켜 제주4.3사건 진상조사를 하도록 하였는데, 이 보고서가 황당하게 서술되었고, 억울하게 죽은 사람을 찾아 명예를 회복하도록 하였는데 폭도까지 4.3희생자로 결정한 것은 크게 잘못 되었다. 나는 제주4.3사건 때 소대장으로 진압에 참여 4.3사건을 너무도 잘 알고 있다.

「제주4.3사건 역사바로세우기 대책위원」 이선교 대표가 제주4.3사건을 집필하여 그 내용을 검토해보니 많은 노력과 연구 끝에 집필한 것으로 내용이 충실하여 젊은이들과 국민들이 현대사와 4.3사건을 바르게 이해하는데 도움이 될 것 같아 이에 추천합니다.

2008. 9. 10

제주4.3폭동 진압 소대장 채 명 신 장군

머리말

필자가 6.25 한국전쟁을 연구하면서 의문점은 북한 인민군이 50년 6월 28일 11시 30분 서울을 완전히 점령한 후 즉시 한강을 건넜으면 7월 10일까지 인민군이 부산을 점령, 미군의 부산과 포항 상륙을 막을 수 있어 남한을 완전히 점령할 수 있었는데 왜 50년 6월 28일, 29, 30일 3일 동안 천금 같이 귀중한 시간에 먹고 자고 놀았는가? 하는 것이었다. 이 의문점을 가지고 평생을 연구한 결과 박헌영이 김일성에게 "인민군이 38선을 넘어 서울만 점령하면 남한의 남로당원 20만 명이 봉기하여 인민군이 부산도 가기 전 남한을 해방할 수 있다" 고 하면서 그 증거로 48년 제주4.3폭동과 여수14연대 반란과 대구 6연대 반란, 49년 5월 4~5일 춘천의 8연대 2개 대대 월북사건을 설명하였다. 이상의 사건은 김일성도 너무 잘 아는 사건이기에 박헌영의 말을 믿고 남한의 좌파 남로당원이 제주4.3폭동과 14연대 반란 같은 폭동을 일으키면 남한을 쉽게 점령할 수 있다고 판단, 3일 동안 폭동을 기다리면서 서울에서 먹고 자고 놀았는데 폭동은 일어나지 않았다. 그래서 참패한 것이다. 그래서 필자는 3일 동안 인민군이 한강을 건너지 않은 이유를 확실하게 더 알기 위하여 제주4.3폭동과 14연대 반란과 대구 6연대 반란, 춘천의 8연대 2개 대대 월북에 대해서 철저히 연구하게 되었다.

필자가 제주4.3사건을 처음 관심을 둔 때는 1966년경인가? 월간잡지 사상계의 북촌사건을 읽고 큰 충격을 받았고, 다음은 아이고사건 이었다. 그래서 1998년 경 전교조 등 좌파 중심의 150여명의 젊은이들과 같이 2박 3일간 제주도 4.3사건 현장을 구석구석을 다니며 제주역사탐방을 하면서 다랑쉬굴 안에도 들어가 보았다. 이때 제주4.3사건에 대해 안내자와 「순이 삼촌」의 저자 현기영 씨의 설명을 듣고 저녁에는 주최 측의 설명과 토론과 레드헌트 영상을 보았다. 필자는 제주 4.3에 관계된 책은 빠짐없이 읽었다. 결과는 너무도 비참하여 필자는 어떻게 하면 제주의 아픔을 조금이나마 덜어줄 수 있을까 하며 살아왔다.

그런데 정부에서 작성한 제주4.3사건 진상조사보고서를 검토해보니 중요한 부분을 허위 및 좌 편향적으로 작성한 것을 보고 황당하여 이 허위 및 좌 편향적인 내용을 사실대로 정직하게 기록으로 남겨야 하겠다는 사명을 갖게 되어 저술하게 되었다. 또 한편으로는 제주4.3사건을 모르면 김일성의 남침 동기와 인민군의 남침 작전, 인민군이 서울에서 3일 동안 한강을 건너지 않아 참패한 이유를 설명할 수 없을 뿐더러, 4.3사건을 사실대로 기록하는 것이 현대사에서 너무 중요하여 집필하게 되었다.

1988년 출판사 남풍에서 "우리는 결코 둘이 될 수 없다" 라는 단행본을 전대협에서 출간하였는데, 이 책의 핵심은 '제주4.3은 민중항쟁이다(41쪽), 제주4.3항쟁은 미군의 몰살작전으로 8만여 명을 학살하였다.(42쪽)' 라고 허위사실로 대학생들을 선동하였고, '해방 전후사의 인식' 4권(한길사 1989년) 268쪽에서 "미군정의 무자비한 탄압과 이 탄압에 남로당 당 조직이 대항하여 4.3항쟁의 결행을 결정한" 이라고 허위로 주장하고 있다. 또 269쪽에는 반미·반경·반서청의 평화적인 저항과 선거인 등록저지=단선저지=통일 이라는 적극적 저항을 결행하는 항쟁의 결행을 결정했다고 젊은이들을 선동하였다. 그동안 좌파학자들과 전교조와 좌파들은 이상과 같이 말도 안 되는 거짓되고 왜곡한 역사를 사실인 것처럼 학생들을 선동하여 2004년 육사 입교자 34%가 미국을 우리의 적이라고 하였고, 논산훈련소 입소자 74%가 "우리의 적은 미국이다" 라고 주장하게 하여 연방제 적화통일이 되도록 하고 있다. 그런데 정부에서 조사 작성한 제주4.3사건 진상조사보고서마저 이들의 주장과 같이 허위 및 좌편향 적이라니 대한민국에 희망이 보이지 않는다. 역사의식이 없는 민족은 희망이 없다. 정부에서 허위 및 좌편향적인 보고서를 작성하여 폭동을 진압하여 국가를 안정하게 한 국군을 학살자로 만들어 국민으로 하여금 증오와 규탄의 대상이 되게 한 나라는 대한민국 외 이 지구상에 없다.

현재 한국은 6.15 공동선언으로 낮은 단계 연방제 공산화가 되었다. 2012년까지 높은 단계 연방제 적화를 위해 좌파들은 전력을 다하고 있다. 미군이 한국에 없었다면 대한민국은 벌써 공산화 되었을 것이다. 그래서 좌파들은 미군이 철천지원수가 되어 미군 철수를 외치고 있다. 현재 한국이 낮은 단계의 연방제 공산화가 된 증거는 다음과 같다.

1961년 김일성이 지하혁명당을 조직하라는 지령에 따라 북한 노동당 통일선전부 소속 대남 선전선동조직인 반제민전(반제국주의 민족민주전선)이 조직되었다. 북한 간첩의 지령으로 통일혁명당(통혁당)을 낳았고, 또 인혁당과 남민전을 낳았고, 남민전은 1983년 전국 대학생들에게 침투, 주체사상을 선동하여 386세대를 낳았다. 386세대와 전대협 출신들이 성장하여 17대 국회에 다수가 당선되었고, 청와대에도 많은 수가 있었으며, 각 기관을 장악하였고, 전교조가 학교를 장악하여 반미 친북사상을 학생들에게 가르치고 있다.

통일연대 47개 단체, 민중연대 37개 단체, 전국연합, 범민련 남측본부, 전교조 등은 북한의 혁명노선인 ① 미군철수 ② 보안법 폐지 ③ 평화협정 체결 ④ 연방제 적화통일을 외치는 좌파단체들이다. 이들 100여개의 좌파단체가 진보연대로 통합되었다. 특히 전교조는 주사파 신봉자들로 해직교사들이 복직되어 학생들에게 반미 친북사상 등 좌경화 교육을 시켜 우리의 적은 미국이라고 외치게 하고 있다. 금성출판사의 중 · 고등학교 근 · 현대사 교과서도 마찬가지이다.

국민정부 때 전교조, 민주노총, 민주노동당 등이 합법단체가 되었고, 통일연대 민중연대 등 시민단체가 활성화 되었고, 공산혁명 조직인 남민전 관계자들이 민주화운동 관련자로 인정되었다.

참여정부 때는 청와대, 총리실, 열린우리당, 정부 산하 각종 위원회에 반미 친북 좌파가 장악하였다. 이들은 공산폭력혁명을 민주화로 변조 국가 정체성을 파괴하였다.

노무현 대통령 때 청와대 1급 · 2급 비서관 37명 중 31명이 좌파였고, 이광재, 안희정이 386 좌파로서 노무현 실세였다. 민청학련 출신은 정무수석 유인태, 정○용, 이해찬, 이○철 등이다. 전대협 출신 이○철 외 13명, 전국연합 왕○성 외 1명, 주체사상파 우○호 외 6명 등이다. 한명숙 총리는 1968년 통일혁명당(통혁당)사건에 관련되었고, 남편인 박성준은 징역 15년 자격정지 15년 선고를 받았고, 총리는 징역 1년 집행유예 1년 자격정지 1년을 받은 좌파 총리이다.

또 이해찬 총리는 1974년 전국 민주청년 학생총연맹(민청학련)에 가입하였고, 1983년 민주화운동 청년연합회(민청년) 상임위원회 부위원장, 1995년 민주통일 민중운동연합(민통련) 총무국장을 역임한 좌파총리이다. 그는 2005년 8월 15일 기념 남북공동행사 기간 중 8월 14일 서울상암동 남북통일 축구대회에서 ① 태극기 사용 금지 ② 대한민국 국호 사용 금지를 지시하였다.

제주4.3사건 진상규명 및 희생자 명예회복위원회 위촉 직에 있는 상지대학교 강만길 총장은 북한체제 선전 잡지 「민족 21」을 창간, 북한의 선군정치를 고무 · 찬양하는 성격의 내용을 주로 실었다. 강만길 총장은 좌파단체인 통일연대 고문이었다.

제주4.3사건 진상조사보고서 작성기획단 단장 박원순 변호사는 아름다운재단 이사로서, "천안함 폭침의 책임은 북한을 자극한 한국 정부에 있다." 라고 하면서 광우병 촛불시위와 제주 해군기지 반대와 한미자유무역반대 시위에 후원을 하였고, 김일성 만세를 부르고 2002년 여중생 신효순 · 심미선 범대위 공동대표로서 1년 넘게 촛불시위를 지도하면서 미군 철수와 반미운동을 하였다.

노무현 대통령의 탄핵 판결문을 검토해보면 '위법이 있으나 탄핵은 아니다' 라고 하면서 기각을 하였다. 그러나 헌재(헌법재판소)는 소추안에 명시된 노대통령의 선거법 위반 측근비리 경제파탄에 대해서만 판단하고 소추의견서에 제시된 ① 노 대통령의 공산당 합법화 발언 ② 송두율 사건 ③ 한총련 비호 발언 ④ 국가연합 통일발언 ⑤ 특정신문 적대시 등 자유언론 침해 행위 등에 대해서는 판단하지 않았다.

이상과 같이 한국은 낮은 단계의 공산화가 된 좌파정부에서 제주4.3사건 진상조사보고서가 제주남로당 좌파 폭도들을 위하여 허위 및 좌 편향적으로 작성되어 제주4.3폭동을 진압한 이승만 대통령과 국군과 경찰이 학살자가 되어 국가에 역적이 되게 하였고, 경찰과 우익과 국군을 죽인 살인자들인 좌파 폭도들은 제주4.3사건 희생자가 되었다.

한나라당 의원들도 합세하여 법을 통과시켜 주었고, 제주4.3사건 허위 및 좌편향의 진상조사보고서에 국무총리, 법무부장관, 국방부장관, 행정자치부장관, 보건복지부장관, 법제처장, 제주도지사 그리고 우파 대표들이 서명하였다. 제주4.3사건 진상조사보고서가 허위 및 좌 편향적으로 작성된 것은 한국이 낮은 단계의 공산화가 되었다는 증거이다. 한나라당 국회의원들과 장관들, 그리고 국가 지도자들이 국가가 공산화 되어가고 있어도 관심이 없으며, 오직 자기 이익밖에 모르며 살아가고 있다. 그리고 전교조가 학생들에게 좌익사상을 가르치든, 태백산맥 소설을 통하여 젊은이들이 좌경화가 되어 가든 관심이 없고, 무방비상태에서 좌파들이 활개를 치며 공산화를 확대해가고 있어 대한민국이 공산화 되는 것은 그리 어렵지 않게 진행되고 있다. 좌파들은 2012년에는 높은 단계의 연방제 적화통일 즉 한국을 완전히 공산화 하겠다는 것이다.

대한민국 정부에서 제주4.3사건 진상조사보고서를 허위 및 좌 편향적으로 작성하여 이승만 대통령과 국군과 경찰을 제주도에서 13,000여명의 양민을 총살(학살)한 자로 만들어 놓고, 2008년 8월 15일 건국 60년 행사를 한다고 한다. 이승만 대통령과 국군과 경찰을 집단 학살자로 만들어놓고 어떻게 건국 60년 행사를 하고 있는가! 이토록 모순된 나라는 세계 역사 이래 없으며, 참으로 한심한 나라이다.

남한 주둔 미군정은 김구 선생 등이 신탁통치를 반대하고 미 · 소 공동위원회가 실패하자 한국 문제를 유엔에 상정하여 한반도의 통일정부를 세우기로 결의하였으나, 소련과 북한의 반대로 뜻을 이루지 못하고 한반도에서 선거가 가능한 지역에서 만이라도 선거를 하여 정식 정부를 출범 후 외국군은 철수하기로 결의하여 48년 5월 10일 남한에서 대한민국 건국선거를 실시하기로 공포하였다.

선거일이 공고되자 남로당에서는 당원 30만 명을 동원하여 48년 2월 7일 5.10선거를 반대하는 폭동(2.7폭동)을 일으켰다. 제주 4.3폭동은 이 2.7폭동의 연장이다.

그런데 제주4.3사건 진상조사위원들은 제주4.3 진상조사보고서에 "3.1

발포사건이 기점이 되어 4.3사건이 발생하였고, 그래서 폭동이 아니고 경찰과 서청(평안도 청년)의 탄압에 항의한 무장봉기" 라고 허위 및 좌편향적인 주장을 하고 있다.

그리고 1948년 11월 2일 폭동 주동자들이 한림에 주둔하고 있는 9연대 2대대 6중대를 공격하여 중대장 이하 14명 외 다수가 전사하자 제주 4.3사건이 확대되어 계엄령이 선포되어 제주인민군과 협조자가 많이 죽었다. 그런데 제주4.3사건 진상조사보고서에는 폭도들이 6중대를 공격한 것은 싹 빼버리고 국군이 계엄령을 선포하고 제주도 양민 13,000여명을 학살하였다고 하였다.

정부에서는 이 허위 및 좌편향적인 보고서에 의해 582억 원에 달하는 국민세금을 지원해주어 제주시 봉개동 12만평에 제주4.3평화공원을 건립해놓고, 이승만 전 대통령과 국군을 학살자로 표현하여 평화 기념관을 찾는 많은 사람들에게 반미 친북 좌파사상을 갖게 하고 국군을 증오하고 규탄하게 하는 학습장을 만들었다. 제주4.3사건 때 억울하게 희생된 분들을 위하여 조사하여 명예를 회복해 주고, 보상도 해주라고 특별법을 통과시켜 주었는데, 오히려 폭도가 희생자가 되고, 국군이 학살자로 대한민국의 역적이 되었다. 이는 보통 문제가 아니다.

1장에서 8장까지는 제주4.3사건에 대하여 일반적인 사건을 서술하였고, 9장에서 15장까지는 제주4.3진상조사보고서의 허위 및 좌편향적인 내용을 서술하였다. 그래서 중복되는 내용이 많이 있다.

이번 기회에 그동안 좌파들이 제주4.3사건을 민중항쟁이라고 수없이 왜곡한 내용과 제주4.3 진상조사보고서의 허위 및 좌편향에 대하여 확실하게 정리하였으므로 제주4.3사건이 왜곡 없이 국민 전체가 알게 되었으면 한다.

제주4.3폭동을 진압하면서 전사한 9연대장 박진경 대령을 비롯한 186명의 장병과 153명의 경찰관, 1,673명의 우익, 그리고 14연대 반란을 진압하면서 순직한 12연대 백인기 연대장 이하 전사한 많은 장병들로 말미암아 대한민국이 공산화 되지 않고 오늘의 한국이 있게 되어 이분들께 감사와 명복을 빌며, 이 작은 책이 유가족 여러분들께 조금이나마 위로가 되었으면 합니다.

그리고 제주4.3폭동 때 좌익 폭도들과 싸우다 희생된 우익들과 진압 과정에서 억울하게 희생된 제주 양민들과 여러분들의 명예가 빠른 시일 내에 회복되고 정부에서 보상이 지급되어 한이 맺힌 60년의 세월을 조금이나마 아픔을 덜어주었으면 하는 마음 간절합니다.

자료에 협조해주신 분과 증언해주신 여러분들과 원고 정리와 교정과 편집하느라 수고한 안사람에게 감사를 드립니다.

2008년 9월 8일

이 선 교

목 차

3장 남로당 5.10선거 반대

4장 5.10선거 반대 제주4.3폭동

13장 제주4.3사건 진상조사위원회의 부당한 건의안

14장 제주4.3사건 희생자 불법으로 결정

15장 결론과 후의 일

제1장
해방과 제주 좌익단체

1. 해방 전 제주 좌익

1) 1921년 1월 27일 좌익 단체인 서울청년회가 결성되어 제주 출신 김명식(일본 와세다 졸)이 중앙집행위원이 되었다.
2) 1921년 4월 김명식의 지시를 받고 김택수 · 김민화 · 홍양명 · 한상호 · 송종현 등이 제주에서 반역자 구락부를 결성하였다.
3) 1923년 고경흠 · 김시용 · 강창보 · 김정노 · 오대진 · 윤석현 · 송종현 등이 제주에 신인회를 결성하였다.[1)]
4) 1925년 조선공산당 창당 때 제주 출신 김명식이 참여하였고, 강문석은 김명식이 포섭하였다.[2)] 강문석의 사위가 김달삼이다.
5) 1927년 8월 조선공산당 제주도당 김재명의 지시로 송종현 · 강창보 · 한상호 · 김택수 · 윤석천 · 김정노 · 오대진 · 신재홍 · 이익우 · 김한정 등이 제3차 조선공산당 제주 야체이카를 결성하였다.
6) 1931년 5월 16일 강창보 · 오대진 · 신재홍 · 이익우 · 김한정 · 김유환 · 김민화 · 문도배 · 강관순 · 한향택 · 이신호 · 이도백 · 김경봉 · 송성철 · 고운선 · 한구현 등이 중심이 되어 제4차 조선공산당 제주 야체이카

---
1) 고재우 편저「제주 4.3폭동은 이렇다」1988, 백록출판사 12쪽
2) 제주4.3연구소 「이제야 말햄수다」한울 1989, 170쪽

를 결성하였다.[3)]

7) 1932년 해녀 봉기사건 배후에 제주 야체이카가 있다는 이른 바 제주 야체이카 사건이 발생, 여기 관련자 40여명이 체포되어 선고를 받고 감옥에 있다가 해방과 더불어 출소하였다.

• 해방 후 출소한 자

김한정 : 도 인민위원회 치안부장 부위원장
오대진 : 도 인민위원장
오문규 : 구좌면 인민위원회 간부
김순종 : 구좌면 인민위원회 부위원장
문도배 : 구좌면 인민위원회 위원장
한향택 : 구좌면 인민위원회 간부
이신호 : 대정면 인민위원회 부위원장
고운선 : 한림면 인민위원회 위원장
김유환 : 도 인민위원회 간부
문재진 : 도 청년 동맹위원장
윤창석 : 조천면 인민위원회 치안부장

• 해방 전 출소한 자

김시범 : 조천면 건준 위원장
김택수 : 민청 제주도 위원장
안세훈 : 민전의장
김정노 : 도 인민위원회에서 활동

현호경 · 조몽구 · 김용해 등은 일본에서 사회주의 활동을 하다 해방이 되자 귀국하여 제주도로 왔다.[4)]

이상의 좌파들이 제주를 움직이고 있었다.

---

3) 고재우 편저 「제주 4.3폭동은 이렇다」 1988, 백록출판사 13쪽
4) 4.3은 말한다 1권 63쪽~64쪽

2. 제주 인민위원회 조직

오대진과 김정노가 출감 후 제주에 도착하였다.

일본, 한반도, 만주, 동남아 등지에 있던 사람들이 해방이 되자 희망을 안고 고향인 제주도에 속속 도착하였다. 이들의 수는 6만여 명이 되어 제주도는 갑자기 인구가 증가하였다.

1945년 9월 10일 건국준비위원회 제주지회가 결성되어 오대진이 위원장이 되었다. 중앙에서는 제주 출신 고경흠이 서기국장이 되었다.

1945년 8월 17일 건국준비위원회가 결성되었다가 45년 9월 6일 조선인민공화국을 창건, 전국에 건국준비위원회를 인민위원회로 조직하여 제주도 지부도 조직한 것이다.

1945년 9월 22일 제주농업학교 강당에서 지역 대표인 공산주의자 100여명이 모였다. 여기에서 조선 인민공화국의 인민위원회 제주 지부를 결성하고 오대진이 위원장이 되고 임원과 지역대표를 선출하였다.

인민위원회 제주 지부

위원장 오대진 (대정면) 부위원장 최남식 (제주읍)
총무부장 김정노 (제주읍) 치안부장 김한정 (중문면)
산업부장 김용해 (애월면)
집행위원 문도배 (구좌면) 현호경 (성산면) 조몽구 (포선면)
이원옥 김임길 (대정면) 김시택 김필원 (조천면)

지역대표

애월면 : 김용해 대정면 : 우영하 중문면 : 강계일 남원면 : 현중홍
성산면 : 현여방 조천면 : 김시범 한림면 : 김현국 안덕면 : 김봉규
서귀면 : 오용국 표선면 : 조범구 구좌면 : 문도배 등이다.

이 회의에서 결의된 사항은,

첫째, 치안문제.

둘째, 물가대책 문제. 그리고 인민위원회 사무실은 적산과 향사를 쓰

기로 하였다.

이렇게 하여 제주도 인민위원회 조직은 끝났다.[5)]

이후 인민위원회에서는 마을 행정도 보았고, 회원인 김시범, 우영하, 조범구, 김봉규, 현준홍 등은 면장도 하였다. 지서 간판 옆에 인민위원회 간판도 같이 붙였다. 인민위원회는 행정보다 치안 유지에 역점을 두었다. 인민위원회 안에는 치안대와 보안대가 있어 치안을 유지해 왔다.

인민위원회 소속 치안대, 보안대, 청년동맹, 부녀동맹이 총출동하여 마을마다 돌아다니면서 친일파를 찾아 학교운동장에 집합시켜 놓고 주민들에게 「어떤 형벌을 주면 되겠습니까?」 하고 물어보아 주민들이 「곤장 10대」 하면 볼기를 10대를 치고, 「직책 파직」 하면 직책을 파직시켰다. 그래서 한림 · 대정 · 서귀 · 중문 · 조천 면장을 파직시키고 이들에게 욕을 보였다.

1945년 12월 12일 낮 12시쯤 중문 · 회수 · 상예 · 대포 · 하원마을 주민 1천여 명이 중문 면장 윤성종의 집에 몰려갔다. 중문 면장 윤성종은 놋그릇, 쌀, 보리 등을 악랄하게 공출하여 양곡 등을 자기 집에 보관하고 있었다. 벌떼같이 몰려온 사람들을 보고 하얗게 질린 윤성종을 향해 주민들은 큰소리를 질러댔다.

「공출한 쌀을 내놓아라!」

「강제로 가져간 우리 곡식 내놓아라!」

윤성종이 벌벌 떨면서도 무슨 배짱으로 그랬는지 곡식을 나눠줄 수 없다고 하자 이 말을 듣고 있던 주민들은 화를 내며 윤성종을 죽이라고 소리소리 질러댔다.

「죽여라! 죽여!」

마을 사람들이 흥분하여 삿대질을 하며 죽이라고 소리치니 젊은이들이 우르르 달려들어 윤성종을 폭행하였다.

이 일을 신고 받은 경찰과 미군이 트럭 1대에 가득 타고 중문으로 달려오자마자 마을사람들을 향해 사격을 가하였다. 갑자기 들이닥쳐 총을 쏘아

---

5) 「4.3은 말한다」 1권. 전해원 1994, 67쪽~68쪽

대는 경찰과 미군을 보고 마을사람들은 혼비백산하여 자빠지고 넘어지며 피하기에 급급한 가운데 부상자가 속출하였고, 상예리 농민 김행오(37세)가 경찰의 총에 맞아 사망하였다.

경찰의 총격에 사람이 죽자 주민들은 경찰들의 행위에 분노하였다. 이 일은 전 제주도민에게 금방 퍼져 경찰에 대하여 부정적인 인식을 갖게 되었다. 이 사건으로 여러 사람이 끌려가 재판을 받았다.6)

일본군에 강제로 끌려가 죽을 고비를 여러 번 넘기고 해방이 되어 가까스로 고향에 돌아온 40여명이 모였다. 즉석에서 김태륜을 단장, 김희석을 부단장, 김기오를 총무, 고정옥을 재무 등 임원진을 선출하고 단체 이름을 '한라단' 이라고 하였다. 이들은 사무실을 제주읍 관덕정 일본 사찰건물에 두고 친일부역자 명단을 작성하였다. 그 첫 번째 대상자로 징용 실무를 악질적으로 한 제주도청 노무계장 집을 찾아가기로 하였다.

45년 11월에 한라단은 급습하듯 노무계장 집을 찾아갔다. 한라단원들을 본 노무계장은 놀라 기절할 지경이었다. 한라단원들이 노무계장 집 창고 문을 여니 일본작업화 한 가마와 비누 두 가마가 아직도 쌓여 있었다. 노무계장은 단원들에게 끌려나와 마당에 꿇어앉혀졌다.

한라단원들이 노무계장에게 우르르 달려들어 발로 차고 몽둥이로 두들겨 패자 옆에 있던 청년들도 집단으로 구타하여 노무계장은 초죽음이 되었다.

노무계장은 한라단원들이 나가자 즉시 병원에 입원하여 응급치료를 받고 잠적하였다. 이 일이 제주도내에 널리 알려지자 친일 부역자 경찰과 공무원들은 모두 숨어버렸다.

한라단원들은 인민위원회 소속 치안대가 날이 갈수록 왕성해지자 「너무 심하다」 하면서 10월에 치안대를 습격하였다. 그러자 200여명의 치안대원들도 11월 5일 어느 제사 집에 모여 있는 한라단원들을 기습하여 한라단원 7,8명이 부상을 입었고, 긴급 출동한 경찰에 의해 치안대원이 해산되었으나 154명이 연행되어 벌금형을 받았다. 한라단은 더 이상 견디지 못하고 해체되었다.

---

6) 「4.3은 말한다」 1권 130쪽

제주도는 인민위원회 소속 치안대가 장악하고 있었다. 이 일로 인민위원회 청년들과 경찰 사이는 점점 멀어지기 시작하였고, 사실상 인민위원회가 제주도를 지배하고 있었고, 정부 행세를 하고 있었다.7)

3. 미군정 친일파 등용

미군은 45년 9월 8일 한반도에 상륙하여 9월 12일 아놀드 소장이 군정장관이 되었다. 포고 제1호 제2조 "정부 · 공공단체 및 그 밖의 명예직원과 고용원, 공익사업 공중위생을 포함하는 모든 공공사업에 종사하는 직원 및 고용인은 유급이냐 무급이냐를 불문하고 별명이 없는 한 종래의 직무에 종사하고, 모든 기록 및 재산의 보관에 임해야 한다." 고 하였다.

미군은 총독부의 기구 및 인원을 그대로 활용한다는 방침이었다. 그로 인해 46년 1월까지 미군정은 일본인 고위관리 60명을 한국에 있게 하여 협조를 받았다.

45년 9월 14일 아놀드 군정장관은 성명을 발표하였다.8)

1. 연합국 군 최고사령부 포고 제1호 2조에 의해 현재의 남조선에의 경찰기구는 그 기능을 계속 한다.
2. 정치단체, 귀환병 또는 다른 일반 시민대가 경찰력 및 그 기능을 행사하거나 또는 행사하려는 것을 금한다. 그리고 군정 법령 제28호에 의해 사설 정치단체와 사설 군사단체의 해산을 명한다.

이로서 인민위원회 산하 치안대와 보안대가 불법 단체가 되어 반항하기 시작하였다.

1945년 11월 9일 미 제59 군정 중대가 제주도에 도착, 행정기능 복원에

7) 「4.3은 말한다」 1권 86쪽
8) 김천영 「년표 한국현대사」 한울림. 1985년 19쪽

주력하자 인민위원회와 마찰이 있게 되었다.

1946년 8월 1일 스타우드 소령이 제주도지사에 임명되고, 박경훈은 한국인 도지사에 임명되었다.

미군정은 경찰을 증강하였다. 1945년 8월 15일 현재 남한에 총 8,000여명이던 경찰을 45년 12월 말까지 남조선만 15,000여명으로 증강하였다.

46년 11월에 박헌영의 조선공산당, 여운형의 조선인민당, 백남운의 남조선신민당이 조선노동당으로 합당되자 제주도에서도 중앙의 정치 변화로 조선공산당이 약칭 남로당 제주도당으로 명칭이 변경되면서 조직이 보강되었다. 남로당 제주도당의 주도 인물은,

조천 : 안세훈 김은환 김유환 세화 : 문도배
성산 : 현호경 성읍 : 조몽구 대정 : 오대진 이신호 이운방
대포 : 김한경 하귀 : 김용해 제주읍 : 김정노 김택수 문재진
화북 : 부병훈 서귀포 : 송태삼 이도백 등이었다.[9]

좌파 청년단체는 인민위원회 산하의 청년동맹(위원장 문재진)이 제주도를 장악하고 있다가

47년 1월12일 민전 산하 민청(위원장 김택수)이 발족되어 읍·면·리까지 조직되었고, 그 후 남로당 산하 민애청으로 개편되었으나 이름만 바꾸어질 뿐이지 조직에는 큰 변화가 없었다. 각 마을마다 민애청에 가입하지 않으면 사람 취급을 받지 못할 정도였다.

46년 12월 입법위원 선거에서 문도배 · 김시탁 등 인민위원회 소속 좌파 세력이 모두 선출되어 좌파의 세를 과시하였다. 제주도에는 헌병대, 정보기관, 경찰관들을 제외하고는 온통 조선인민공화국 인민위원회에 가입할 정도였다.[10]

---

9) 「4.3은 말한다」 1권 전해원. 1994년 198쪽
10) 제주4.3연구소 「이제사 말햄수다」 한울. 1989년 173쪽

4. 우파조직

1946년 2월 8일 대한독립촉성국민회의 제주지부가 조직되어 위원장에 박양상이 되었고,

46년 7월 14일 한국독립당 제주지부가 결성되어 홍순용 씨가 위원장이 되었다.

46년 3월 대한독립촉성 청년연맹(위원장 김충희)이 발족되었고, 광복청년회(단장 김인선)가 조직되었다. 47년 이 두 단체가 대동청년단(단장 김인선)으로 합쳐졌으나 세는 미약하였다. 우익단체 회원은 총합하여도 1,000여 명 정도였다.[11]

제주도가 전라남도에 속하였는데 1946년 8월 1일 부로 승격되어 제주도가 되었다. 그로 인해 1946년 9월 11일 제주감찰청으로 승격되었다. 그래서 서귀포경찰서가 신설되어 제주도에는 제주경찰서와 서귀포경찰서가 있게 되었다. 경찰관 수도 1945년 8월 15일 100명의 경찰이 있었는데 1946년 200명으로 증원되었다.

5. 남로당 제주도당 세 확장

1947년 2월 23일 제주도 읍면 좌파 대의원과 단체 대표 315명, 방청객 200여명이 제주읍 조일구락부에서 민전 결성대회를 개최하였다.

「지금부터 안세훈 의장의 개회사가 있겠습니다.」

사회자의 안내에 따라 안세훈이 나와 개회사를 하였다.

「이 자리에 참석하신 여러분! 우리는 삼상회의를 지지하는 길만이 분단을 막고 우리의 어려운 문제를 해결할 수 있습니다. 그리고 며칠 후에는 3.1절 기념행사가 있는데 우리는 이 뜻 깊은 행사를 평화스럽게 마쳐야 합

---

11) 신상준 저 「제주4.3사건 상권」 2000년 325쪽

니다.」

결성대회는 안세훈의 개회사를 시작으로 김정노의 경과보고, 김용해의 정세 보고와 고창무의 민생문제 보고 등으로 이어져 조몽구의 친일파 동향 보고에 이르자 모두들 신경을 곤두세우고 듣고 있었다.

조몽구가 일일이 동향 보고를 하자 방청석에 있던 사람들은 흥분하여 웅성웅성 하였다.

조몽구의 동향 보고에 이어 박경훈 도지사의 격려사가 있었는데 여기에 참석한 사람들은 도지사가 자기들의 결성대회에 참석하여 격려한다 하여 격려사에 귀를 기울이고 있었다.

격려사 다음에는 중앙문화회장 강창거 씨의 축사가 있었다.

다음은 대구 10월 봉기로(폭동으로) 투옥된 동무들을 석방해 달라는 항의문을 하지 장군에게 보내기로 결의하였다.

이날 회의에서 의장에 안세훈·이일선·현경호 등과 부의장에는 김택수·김상훈·김용해·오창훈 등 4명이 추대되었다. 집행위원에는 김정노 외 33명이 선출되었고, 사무국장 및 조직부장 김정노, 선전부장 좌창립, 문화부장 김봉현, 조사부장 정상조, 재정부장 김두훈 등이 선임되었다. 이 결성대회가 끝나자 좌파청년단체인 민청이 재정비되었다.[12)]

제주읍 민청위원장 : 이창욱, 부위원장 : 고시진
조천면 민청의장단 : 김원근, 김평원, 김대진, 김완배, 김의봉
대정면 민청위원장 : 이운방
구좌면 〃 : 오준원 부위원장 : 한석법
서귀면 〃 : 송태삼 〃 : 현원학, 허순위
한림면 〃 : 김행순 〃 : 박행익, 박동효
성산면 〃 : 함순화

애월면에서는 대의원 425명, 참석자 1,500여명이 모여 민청위원장에 장제형, 부위원장에 김홍규, 김승휴를 선출하였다.

제주도 좌파 부녀동맹도 결성하여 위원장 김이환, 부위원장 고인선, 강어

---

12) 「4.3은 말한다」 1권 220쪽

영이 선출되었다. 제주읍 부녀동맹 위원장에 고인식, 부위원장에 양청열, 김금순이 선출되었다.

6. 한반도 좌·우 격돌

1946년 3.1절 행사 때 전국은 좌우로 찬탁과 반탁으로 격렬한 대결을 하였다.

1947년 3.1절이 또 돌아오고 있었다. 서울의 남로당은 민전(좌파 장년단체)을 중심으로 남산공원에서 「3.1기념 시민대회」라는 이름으로, 우익진영은 엄항섭이 중심이 되어 서울운동장에서 「기미선언 전국대회」이름으로 미군정에 집회 허가를 받았다.

남로당 간부 이주하와 김삼룡이 당 간부들에게 당원들을 총동원할 것을 지령하자 간부들은 즉시 민전 의장에게 지시하여 각 세포원들은 피켓과 현수막을 만들고, 민청(좌파 청년단체)은 행사장 경비를 하고 군중동원을 책임졌다. 밤과 낮을 가리지 않고 선전을 하여 행사를 할 때는 이주하의 말대로 남산은 사람들로 뒤덮이다시피 하였다.

47년 3월 1일 12시에 서울운동장에서 3.1절 행사가 시작되었다. 미군정에서는 하지 장군을 대신하여 브라운 소장이 참석하였다. 이 행사는 "신탁통치 결사반대 한다." 고 외치며 1시 30분에 끝났다. 당초 약속은 시가행진이나 데모 등은 일체 하지 않기로 하였다. 그런데 서울운동장에 참여한 우익진영 청년들은 곧바로 집으로 가지 않고 미 군정청 앞→광화문→서대문→서울역을 거쳐 시청 앞으로 행진을 하였다.

좌파진영인 민청을 중심한 남로당은 3.1절 행사를 남산 야외음악당에서 11시 30분에 시작하여 3시 30분에 끝냈다. 행사가 끝난 청년들이 머리에 띠를 두르고 남산에서 남대문 쪽으로 내려오다가 남대문에서 서울운동장 행사에 참석하였던 우익진영 청년들을 만나게 되었다. 양쪽 진영 청년들은 「와-, 와-」 함성을 지르며 투석전을 벌였다. 그들은 서로 원수라도 된 듯

「죽여라! 죽여!」 하며 치열하게 싸웠다. 수분이 지난 후 요란한 총소리가 들렸다. 그러자 싸우고 있던 양쪽 청년들은 삽시간에 돌을 놓고 땅에 엎드려 총소리가 난 곳이 어디인가하고 둘러보았다. 잠시 후 다시 총소리가 "탕-탕-" 하고 나자 남대문 근처에 배치되어 있던 경찰도 공포탄을 쏘았다.

수도청 기마경찰을 인솔하고 장택상이 나타났다. 그러나 장택상이 현장에 나타났을 때는 총소리에 놀라 군중들은 이미 흩어지고 난 후였고, 현장에는 조선중학교 재학 중인 16세의 정인수 군과 26세의 박수호 군이 총에 맞아 죽어 있었다. 그리고 40여명이 부상을 당하여 신음하며 "나 죽는다!" 고 소리소리 지르고 있었다. 이들은 적십자병원, 세브란스병원과 근처 병원으로 옮겨졌고, 5시 30분경에는 현장이 완전히 수습되었다.

이 일의 사망자나 부상자는 이상하게 모두 우익 측이었다. 이 사건을 주요 일간지에서 "현장에서 목격한 결과 '경찰 발포로 수 명 사망자 발생' " 이라고 보도하자 경찰에서 노발대발하였다.

경무부장 조병옥은 3.1절 행사 후 발생한 사건 내용을 발표하였다.

「전국에서 3.1절 행사 후 집단적으로 좌우의 폭력사태가 벌어져 사망16명, 부상 22명의 인명피해를 입었다. 남대문 앞 사건은 사전에 허가 없이 전국 학련과 청년들이 시가행진을 하여 돌발적인 사건이 벌어져 2명이 사망하고 40여명이 부상을 입어 서울운동장에서 있었던 3.1절 행사의 책임자 엄항섭과 박윤진 등 5명을 소환 조사하고 있습니다.』 라는 내용이었다.

수도청장 장택상은 기자회견을 하였다.

「① 남대문로 5가 29번지 일화빌딩 2층 옥상에서 괴한 수명이 우익학생을 향해 사격하여 인명피해가 났던 것입니다. ② 옥상에서 노상에 떨어진 보자기에 소련기와 삐라 및 소련 군표가 있었습니다. ③ 일화빌딩 옆 층층대 군중 속에서 권총이 발사되었습니다. ④ 일화빌딩 남로당 본부에서 총성이 났습니다. ⑤사망자와 부상자들의 상처를 보니 총알이 위에서 밑으로 뚫고 지나갔습니다.

이상 여러 가지 정황을 종합한 결과 좌익 측에서 무장대를 요소요소에 배치하였다가 우익 측 행렬에서 도전해 오자 발사하여 살상자가 난 것으로 혐의자 10수명을 검거 면밀히 조사하고 있습니다.」

이 기자회견으로 서울은 벌집을 쑤셔놓은 것 같이 남로당에 대한 나쁜 여론이 분분하였고, 기자들은 장택상이 거짓말을 하였다고 성토하였다.

47년 3월 14일 수도청 출입기자들은 기자들이 목격하고 조사한 것을 종합하여 발표하였다.

《수도 청장의 조사 발표에서 사상자는 모두 총알로 인한 것으로 총상부위는 모두 위에서 아래로 났다고 하였으나 우리가 조사한 바 2명의 사망자와 병원에서 치료받고 있는 6명의 부상자의 상처부위를 담당의사의 책임있는 진술과 검안서에 의하면 모두 수평에서 공격을 받은 것으로, 총알이 위에서 밑으로 관통된 것이 아니라 수평으로 관통한 것이 입증되어 수도 청장의 조사 발표는 거짓임이 입증되었습니다.》

이와 같은 발표로 경찰이 거짓말하였다고 다시 한 번 서울의 여론은 벌집을 쑤셔놓은 듯하였다. 결국 사상자는 경찰의 사격에 의한 것이라는 여론이 들끓게 되자 경찰의 책임문제가 제기되었고, 남로당에서는 이 일을 최대 이용하였다.

수도 청 출입기자들의 수도 청장의 사건 발표가 거짓이라는 발표가 있은 후 장택상은 수도 청에는 한 사람의 기자도 출입하지 못하게 하였다.

장택상이 수도 청 출입기자들을 수도청 에 출입을 금하자 수도 청 출입기자들은 성명서를 발표하였다.

《이렇듯 권위주의에 젖어 있는 장택상 청장과는 구태여 신성한 공석을 같이하고 싶지 않았던 때가 한두 번이 아니었으나 우리는 오직 보도 책임상 은인자중 하였습니다. 그러나 이번 처사에 이르러서는 보도의 중책과 자존심에 비추어 장택상 수도 청장의 대오달관 밑에 이번 통고를 취소 사과할 때까지 우리 스스로 수도 청 기자실 문을 닫고 소신한바 언론의 보도를 민중과 더불어 유유히 걸어 나갈 따름입니다.》 13)

이 성명서를 발표한 후 수도 청 출입기자들은 수도 청에 일체 출입하지 않았다. 이런 부조리가 있으면 남로당은 이를 최대한 이용하였다. 남로당에

---

13) 광복 38년사. 1983년, 삼선출판사. 186-191

서는 이를 명분 삼아 악선전을 하고 위조지폐사건과 대구사건이 모두 장택상과 조병옥 등 경찰의 잘못이라고 선전하니 국민들은 그런가 하여 위조지폐사건으로 침체되었던 남로당이 다시 활기를 찾게 되었다.

공산주의는 부정부패, 군부독재, 극심한 빈부격차를 통해 성장한다. 현재도 마찬가지이다.

부산에서는 민전 주최로 3.1절 시민대회가 개최되었다. 민전대표 축사 내용 중,

「이승만은 어째서 친일반역자를 처단하지 않은가? 친일반역자를 처단하지 않은 이승만은 이완용과 같은 사람이다.」

라고 하자 이 연설을 듣고 있던 광복청년단원 3명이 연단에 올라가 「야 이 새끼야, 뭐가 어째?」 하며 욕설을 퍼부으며 연사를 구타하였다. 민전 청년들도 「저 새끼들 죽여라!」하고 소리 지르며 우르르 연단에 올라가 연단 위에서 격투가 벌어지자 관중들은 주위에 있는 돌들을 집어 연단으로 던졌다. 순식간에 일어난 일들이었다. 연단 쪽에서는 비명들이 터져 나왔고, 행사장은 난투장이 되어 버렸다. 경찰들은 즉시 출동하여 발포하였다. 경찰의 발포로 행사장은 전투장을 방불케 하였고, 7명이 사망, 중상자 10여명, 경상자 다수가 발생하였다.[14)]

이처럼 전국에서 3.1절 행사 때 좌 · 우로 갈리어 싸움이 벌어진 곳이 제주 · 정읍 · 인천 · 군산 · 부안 · 부산 · 영암 · 영월 등이었다.[15)] 이렇듯 47년 3월 1일 행사는 찬탁과 반탁, 좌와 우의 격돌장이 되었다. 그러나 제주도는 우익이 약하여 좌익과 다툴 힘이 없는 지역이었다. 그래서 경찰과 사건이 발생하였다.

---

14) 광복 38년사. 1983년, 삼선출판사. 188쪽
15) 신상준 저 「제주4.3사건」 하권 2000년, 45쪽

제 2장
제주 3.1 발포사건

1. 3.1 행사준비

제주도에서도 47년 제28회 3.1절 기념행사 준비를 위해 민전 간부들은 2월 17일 오후 2시 읍내 김두훈 집에 모였다.

위 원 장 : 안세훈(53세)

부위원장 : 현경호(54세) 오창훈(35세)

총 무 부 : 김승문(33세) 박태훈 · 김영홍(42세) 양을(35세) 고창무(35세)

재 정 부 : 김두훈(40세) 조응만(43세) 김태경(50세) 김차봉(50세) 홍종언(40)

선전동원부: 이일선(53세) 김용해(35세) 김정노(50세) 강어영(35세) 김문규(30세) 김태현(43세) 고칠종(35세) 임창운(35세) 김덕훈(39세) 김임생(26세) 고원경(26세) 이정숙(30세) 양군옥(30세) 김시봉(40세)[16]

이상이 준비위원으로 선정되었다.

이들의 표어는,

① 민주주의적 애국투사를 즉시 석방하라!

② 인민항쟁 관계자를 즉시 석방하라!

③ 최고지도자 박헌영 선생 체포령을 즉시 철회하라!

---

16) 제주도 경찰국 「제주경찰사」1990년, 281쪽

(박헌영은 46년 9월 4일 위조지폐 범으로 체포령이 내려 9월 5일 북한으로 도주하였음)

④ 민주주의 임시정부 수립 만세!

⑤ 정권을 즉시 인민위원회로 넘겨라!

⑥ 일제적 통치기구를 분쇄하라!

⑦ 입법의원 타도하자! 등이었다.

제주도 민주주의 민족전선(민전) 의장단은 제주도 군정청에 제주 북초등학교에서 3.1절 기념집회 허가 신청을 제출하였다.17) 미군정은 동 행사를 제주비행장에서 가지도록 통보하였다.18) 그러나 남로당 제주도당은 제주 북초등학교에서 집회를 불법 강행하였다.

제주경찰서에서는 위원장 외 5명을 초치하여 "3.1절 기념행사는 하되 읍면 단위로 평화적으로 개최하고, 이것도 필히 당국의 허가를 받아야 하며, 시위를 해서는 절대 안 됩니다." 하고 서장이 부탁하였다.

준비 위원회에서는 서장의 부탁을 받고 즉시 읍면 위원장에게 이 사실을 통보하였다. 다만 제주읍, 애월면, 조천면 등 제주 읍에서 가까운 2개면만 제주읍 북초등학교에서 3.1절 기념행사를 하도록 통보하였다. 그리고 12개 면 위원장과 준비위원과 민전, 인민위원회, 민청, 부녀동맹 등 대표들을 소집하고 "이번 3.1절 행사에 전력을 다해 인력을 동원해 줄 것과 지역위원장들의 책임 하에 동원을 해서 행사를 진행해 달라." 고 부탁하였다. 그러자 위원장 안세훈이 부탁한 데다 선전 동원부 이일선이 강조하자 참석자 전원이 찬성하고 결의하였다.19)

경찰도 만일의 사태를 대비하여 제주경찰 345명의 경찰력으로는 부족하다고 판단, 47년 2월 23일 충청도 응원경찰관 100여명을 제주도에 증원하였다.20)

---

17) 제주신보 1947년 2월 24일자
18) 제주경찰국 「제주경찰사」 282쪽
19) 제주신보 1947년, 2월 26일자
20) 한성일보 1947년 3월 4일

2. 제주 3.1 발포사건

47년 3월 1일 오전 9시경 오현중학교 운동장에 제주농업학교, 오현중학교, 제주중, 제주여고 등 수많은 학생들이 모여들기 시작하여 삽시간에 2,000여명이 되었다.

시간이 되자 3.1절 기념행사를 진행하였고, 이 행사에서 학생들은 결의하였다.

① 3.1정신으로 독립을 쟁취하자!

② 모스크바 삼상회의를 절대 지지한다!(북한과 좌파 남로당이 신탁지지)

행사장에서 운동장이 좁다하고 구호가 외쳐지자 학교 주위에서 긴장하고 있던 기마경찰대가 운동장 안으로 진입하며 「학생들은 즉시 해산하라!」고 고함을 질렀다. 이에 학생들은 「미군은 물러가라!」하고 맞섰다.[21] 학생들은 "북초등학교에서 있는 일반인들의 행사에 참석하자" 하며 각자 흩어져 모이기로 하였다.[22]

행사에 참가하기 위해 모여 있던 사람들은 운동장으로 쉴 새 없이 모여드는 사람들을 보고 놀란 표정들을 지었다. 주최 측에서도 "제주도 역사이래 제일 많이 모인 것 같다." 하며 흥분하였다.

25,000여 명이 모이자 운동장은 비비고 들어설 자리조차 없었다. 이에 경찰들은 초긴장 하였다. 동원된 경찰은 제주 출신 330명, 육지 응원경찰 100명으로 도합 430명이었다. 경비는 제주읍내만 150여명이 하고 있었다. 육지 경찰들은 대구사건 등의 경험이 있어 겁을 먹고 있었다.

25,000여 명 중에는 17,000여명이 좌익 성향이었고, 8,000여명이 일반군중이었다.[23]

11시가 되자 좌파 주도의 3.1절 행사가 금융조합 이사 고창무의 사회로

---

21) 제주신보 1947년 4월 6일자

22) 제주도 경찰국 「제주경찰사」 283쪽

23) 3.1 기념행사의 진상보고(포고령위반 혐의자 김완배 압수품 제23호) 제주경찰사 684쪽. 김완배는 민청 조천면 의장이었다.

시작하였다. 식순은 순국선열에 대한 묵념에 이어 안세훈 위원장의 개회사가 있었다.

식이 계속 되는 데도 여기저기에서 많은 사람들이 모인 것에 대해 한 마디씩 하느라 분위기가 어수선하였고, 붉은 완장을 찬 여자들이 반미 전단지를 뿌리고 있었다.

「친애하는 읍민여러분! 3.1정신 계승하여 외세를 물리치고 조국의 자주통일 민주국가를 건립합시다. 미군정은 권력을 인민위원회에 돌려야 합니다. 그리고 이 땅에서 물러가야 합니다. … 중략」

안세훈의 연설이 끝나자 군중들은 우레와 같은 박수를 쳤다. 각계 대표들도 나와서 연설을 하였다. "양과자를 먹지 말자!" "신탁통치를 절대 지지한다!" "민족반역자를 처단하라!" 또 반미 구호를 외치고 경찰을 비방하면서 구호를 외쳤다. 그리고 "인민공화국 만세!"를 부르고 오후 2시경에 끝났다.24)

식이 끝나자 25,000여명의 군중이 한꺼번에 운동장에서 나와 두 갈래로 흩어져 「권력은 인민위원회에 돌려라! 미제는 물러가라!」고 구호를 외치며 시위를 하니 경찰도 어떻게 할 방법이 없었다. 군중들은 관덕정을 거쳐 서문통으로, 다른 한 갈래는 북신장로를 거쳐 동문통으로 향하였다. 이들은 머리에 띠를 두르고 「신탁통치 지지!」하고 구호를 외치고 「왓샤, 왓샤」하였다. 이 시위행렬은 끝이 보이지 않았다. 어른들은 길가에서 구경하고 젊은이 약1만여 명이 시위에 참가하였다. 제주도는 우익이 약세이기 때문에 서울과 부산에서와 같이 좌·우익의 싸움은 벌어지지 않았다. 그런데 2시 50분경 임영관 기마경찰관이 북신장로에서 관덕정에 있는 제주경찰서로 가던 중 커브를 돌다 6살 정도 되는 어린이를 치어 아이가 쓰러졌는데도 모르고 그냥 지나갔다. 이 아이는 부상만 당했지 죽지는 않았는데 이 광경을 보고 있던 사람들이 「아니, 경찰이 어린아이를 치어놓고 그냥 가는가!」하며 기마경찰에게 돌을 던지며 「경찰을 죽여라!」고 소리를 질렀다. 고함소리에 시위군중이 모여 들기 시작하여 경찰은 위급하였다. 그런데

---

24) 제주경찰사 284쪽

군중들이 던진 돌에 말이 맞아 깜짝 놀라 뛰기 시작하였고, 말이 갑자기 뛰자 경찰도 놀라 말을 진정시키려 하였지만 말은 경찰서 안으로 뛰어들었다. 이때 경찰서 앞에서 보초를 서고 있던 육지 경찰과 망루에 있던 육지 경찰이 이 광경을 보고 군중이 경찰서를 습격하는 줄 알고 놀라 군중을 향해 무차별 사격을 하였다. 순간적인 일이었다.

총소리에 놀란 군중은 혼비백산하여 「경찰이 사람을 치어 놓고 그냥 가더니 이제는 총질까지 하다니」 하며 식산은행 골목으로 도망쳐서 웅성거렸다.

거리에는 사망자 6명과 6명의 중상자가 나동그라져 있었다. 중상자들은 있는 힘을 다해 "나 좀 살려줘!" 하고 울부짖었다.

총소리가 나자 도립병원 직원 몇몇이 적십자 완장을 차고 현장으로 뛰어가서 보니 4명은 즉사하였고, 부상자들 중 한 아주머니는 세 살짜리 어린아이를 안고 "살려주세요, 살려주세요." 하고 애원하였다. 어린애가 총을 맞았는데 생명에는 관계없는 것 같았다. 이들은 부상자와 사망자가 많은 데에 당황하였다. 한 사람이 주위를 돌아보며 소리를 질렀다. 그러자 숨어 있던 사람들이 미적거리며 나와 근방 사람들과 함께 부상자들과 사망자들을 들것에 실어 도립병원으로 옮기고 있었다.

도립병원에는 하귀에서 교통사고를 당한 육지경찰 허화 순경이 치료를 받고 있었고, 그를 2명의 육지경찰이 간호를 하고 있었다. 그런데 관덕정 쪽에서 갑자기 총소리가 나고 조금 있으니 피투성이가 된 부상자들이 등에 업혀 병원으로 들어오자 이들은 놀랐다.

「이봐, 이거 대구에서와 같이 폭동이 일어난 것이 아닐까? 잘못하면 우리 다 죽는 것 아냐?」 하며 두 사람은 '자라보고 놀란 가슴 솥뚜껑보고 놀란다' 는 속담처럼 총소리가 나고 부상자들이 병원으로 실려 들어오자 대구 폭동 때의 악몽이 되살아나 정신이 산만해지고 어찌할 줄 몰랐다.

두 사람 중 이문규 순경이 소총으로 무장하고 병실 문을 나가 총상환자들이 들이닥쳐 혼란한 병원 현관을 향해 난사하였다. 이때 장제우 · 정낙종 등이 쓰러졌지만 죽지는 않고 부상당하였다.

총소리에 놀란 병원 원장과 의사 간호원들이 현관으로 나오자 이문규는 이들에게도 총을 들이대며 "꼼짝 말고 머리에 손 올리고 무릎 꿇어!" 하여 이들은 무서워서 이문규가 하라는 대로 하였다. 이러한 모습을 보고 있던 안과과장 김완근이 화가 나 뭐라고 하려니 원장 문종혁은 아무 말 하지 말라고 하였다.

경찰서 앞에서 쓰러진 부상자들을 사람들이 들것에 들고 등에 업고 계속 도립병원으로 들어오려다가 현관에서 거총 자세로 있는 경찰을 보고 기겁하여 이들은 병원 뒤로 도망쳤다. 그리고 병원 뒷담을 넘어 환자들을 옮겼다. 병원으로 옮겨진 사망자는 박재옥(21세), 허두용(15세 북초등학교 5학년), 오문수(34세), 김태진(38세), 양문봉(49세), 송덕수(49세)였다.[25]

박재옥 여인은 세 살 된 아이를 안고 있었다. 이 아이는 엄마가 죽자 3개월 후에 아이도 죽었다.

이번 3.1절 행사에 참여한 인원이 제주읍 3만명, 애월면 1만명, 한림면 1만2천명, 대정면 8천명, 안덕면 3천명, 중문면 5천명, 서귀면 6천명, 남원면 3천명 표선면 4천명, 성산면 4천명, 구좌면 7천명, 조천면 1만 명, 계 10만 명 이상으로 제주 인구 30만 중 1/3이 넘게 좌파 주도의 3.1절 행사에 참여하였다. 이날 우익들은 참여하지 않았는데, 좌익들은 애월면 구엄마을 문영백에게 3.1절 행사에 참여하지 않았다고 테러를 하였다.[26]

3. 3.1 발포사건의 소식이 제주도에 퍼짐

〈관덕정에서 경찰이 발포하여 6명이 사망하였다.〉 는 소식은 금방 온 제주도에 퍼져 10만 군중과 제주도민들은 충격을 받았다.

제주도경에서는 즉시 응원경찰을 요청하였다. 그리고 저녁 7시부터 다음날 오전 6시까지 통행금지령을 내리고 경찰들을 요소요소에 배치하여 비상

25) 제주도 경찰국 「제주경찰사」 1990년 284쪽
26) 4.3은 말한다 2권 27쪽

근무를 하게 하였다.

제주도경으로부터 응원경찰 요청의 전문을 받은 서울의 경무국에서는 목포 경찰 100여명을 3월 1일 오후 5시에 목포항을 출발하게 하였다.27)

제주 남로당원들과 3.1절 행사 준비위원들도 6명의 사망자가 발생하였다는 소식을 듣고 놀랐다.

47년 3월 2일 제주도경에서는 주동자들을 검거하기에 정신이 없었다. 이날 하루 동안 25명이 연행되었다.

3.1절 기념행사 준비위원 측에서는 "즉시 진상조사단을 구성하자" 고 경찰에 제의하였으나 경찰 측에서는 한 마디로 거절하였다.

① 발포는 육지경찰이 하였다.

② 사망자는 시위대가 아니라 시위 구경꾼들이었다.

③ 시위대는 경찰서를 습격한 일이 없다.

④ 부상자를 데리고 도립병원에 갔을 때 경찰이 부상자를 데리고 간 사람들에게까지 총질을 하였다.

⑤ 경찰과 3.1절 행사 준비위원회의 합동진상조사단을 구성하여 조사 하자는 준비 위원회 측의 제의를 경찰이 묵살하자 소문이 퍼지기 시작하였다.28)

그러나 경찰은 "시위대가 경찰관 내지 경찰관서를 공격하려고 하여 자체 방위상 발포하였다." 29) 고 하였다. 경찰은 기마경찰에 의해 어린아이가 말에 채인 것을 모르고 시위군중이 기마경찰을 공격하고 경찰서를 습격한 것만 알고 있어 자위방어를 강조하고 시위자를 연행한 것이다.

4. 남로당 제주도당 3.1사건 투쟁위원회 조직

좌파들은 사건만 있으면 과대 선전하여 세를 확장하는데 이런 좋은 기회를

27) 미6사단 「G-2 일일보고서」 1947.3.2

28) 제주신보 1947년 3월 8일, 14일

29) 제주경찰사 683쪽~684족

놓칠 리 없었다. 3.1사건이 발생하자 남로당 제주도당위원회에서는 3월 5일 오전 10시 도당간부 수십 명이 제주읍 삼도리 김행백의 집에 모였다.

위원장 안세훈이 "우선 투쟁위원회를 조직하여 투쟁위원회에서 계획을 세워 집행해 나가야 한다." 고 소집 목적과 앞으로의 방향을 강조하자 김용해의 동의로 투쟁위원회를 조직하기로 모두 찬성하여 투쟁위원회는 즉석에서 조직되었다.

<u>투쟁위원회</u>

위원장 : 김용관

부위원장 : 이시형

지도부 : 김용관

조직부 : 김용해

선전부·조사부 : 김영홍

이들은 투쟁 방법과 투쟁기금을 모으기로 결정하고 이 내용을 각 읍·면에 시달하였다.

① 투쟁 방침의 연장으로서 당의 영웅적 대중투쟁을 통한 합법 쟁취

② 미제 및 반동 진영의 약체화에 대한 결정적, 최후적 투쟁.

③ 제2 혁명 단계의 대중적 투쟁에 대한 완전한 사상적 무력적 준비. 우선 중앙에서 사건에 대한 결정적 방침이 내려올 때까지 이 노선 하에서 투쟁을 전개시킬 것.(중앙당 지령을 기다리고 있었다.)

남로당 제주도당에서는 앞으로의 투쟁 방침을 결정하였다.

① 직장 총파업과 기타 투쟁 방법의 지도.

② 당 외 투쟁 조직으로 남로당에서 표면화 되지 않은 인사로 3.1사건 대책위원회 조직.

③ 3월 10일 정오를 기하여 총파업 단행.

④ 발포 책임자 강동효 서장 및 발포 경찰관을 살인죄로 즉시 처형.

⑤ 각 직장별로 성명서 및 결의서 작성.

이상의 내용을 군과 관계 당국에 제출하기로 하였다.[30)]

남로당 제주도당은 3월 9일 제주읍 일도리 김두훈의 집에 수십 명이 모여 3.1사건 대책위원회를 조직하고 위원장에 홍순용, 부위원장에 안세훈을 선출하였다.

47년 3월 10일 각 지역 대표들은 지역 인민을 제주읍으로 인도하고 각 회사 노동자, 도청 직원, 법원, 학교 등에 있는 우리들의 세포원을 동원하여 총파업에 가담하게 하고, 세포원들에게도 파업에 동참하게 하고, 세 5배 확장운동과 동시 총파업 때 ① 국세 반대운동 ② 백미공출 반대운동 ③ 세금 불납 운동을 전개하기로 하였다.

5. 3.1사건에 대한 총파업

① 감찰청장을 즉시 파면하고 발포책임자를 즉시 처벌하라!
② 무장 응원경찰대를 즉시 철수하라!
③ 미군 책임자는 사과하라!
④ 미·소 공위를 즉시 재개하라!(신탁통치 지지)
⑤ 조국의 분단 음모를 분쇄하라!(적화통일 지지)
⑥ 인민공화국 만세!(조선인민공화국 즉 공산국가 만세!)

이상의 내용을 외치고 전단을 만들어 뿌리고 벽보를 붙이며 도민을 선동하였다.31)

1947년 3월 10일부터 제주도내 모든 관공서, 공장, 회사, 심지어 파출소, 면사무소, 상점까지 총파업에 가담하여 제주도의 모든 행정이 마비되었고, 심지어 우체국과 전화국까지 행정이 마비되었다.

1947년 3월 10일 오전 제주도청은 직원들이 출근하여 이제 막 오전 근무에 들어간 때에 오전 10시에 간담회가 있으니 도청 강당으로 모이라고

30) 제주4.3연구소 「제주항쟁」 실천문학사. 1991년 189쪽~195쪽
31) 제주신보 1947년 3월 12일자

하여 제주도청 직원들은 무슨 일인가 하고 강당에 가득 모였다. 그러자 강당으로 모이게 한 대표가 일어나 3.1사건에 대하여 설명하였다.

오후 1시 도지사 박경훈, 총무국장 등 도청직원 100여명이 도청 강당에 모였다. 박경훈 지사는 이 모임을 거절하기 어려웠다.

모임을 주도한 직원의 말이 끝나자 상공과장 이인구와 상공계장 이태진은 도청 직원이 파업을 한다는 것에 대해 이해를 하지 못하고 이의를 제기하였다. 그러나 도청 직원 거의 전부가 파업을 해서 경찰들의 콧대를 꺾어야 이 나라가 잘 된다면서 총파업을 하자고 소리쳤다. 결국 그 자리에서 대책위원회가 구성되었다. 그리고 이 대회에서 위원장의 요청에 따라 다음과 같이 결의하였다.

① 민주경찰 완전 확립을 위하여 고문을 즉시 폐지할 것.
② 발포책임자 및 발포 경관을 즉시 처벌할 것.
③ 경찰 수뇌부는 인책 사임할 것.
④ 희생자 유가족 및 부상자에 대한 생활을 보장할 것.
⑤ 3.1사건에 관련한 애국적 인사를 검속치 말 것.
⑥ 일본 경관의 유업 적 계승활동을 지양할 것.
⑦ 우리는 이상의 요구조건이 관철될 때까지 제주도청 직원 140여명은 사무를 중지한다.

이상을 결의하여 하지 장군과 제주도 군정장관 스타우드 소령에게 결의서를 우송하였다. 이들은 업무투쟁위원회를 조직하고 위원장에 임광호를 추대하고 즉시 파업에 들어갔다. 제주 남로당원들은 자기가 속해 있는 단체에서 도청파업을 빌미로 파업을 선동하자 각 급 학교의 학생들과 교사, 은행, 통신기관, 운송업체, 공장, 미군정 통역 등 제주에 있는 사업체, 공공기관 할 것 없이 심지어 파출소 경찰까지 파업을 하였다.

각 파업 단체장들은 3월 11일 모여 효과적인 파업을 위해 공동투쟁위원회를 조직하여 위원장에 고예구, 부위원장에 이창수 · 장기관이 선출되었다. 모슬포, 중문, 애월 지서 등지에서 순경 65명이 파업에 가담하였다.[32]

47년 3월 12일까지 제주도내 관공서, 은행, 회사, 중학교, 초등학교, 교통, 통신, 면사무소 등 165개 단체 41,211명이 가담하여 총파업에 들어가 제주도를 완전히 마비시켰다. 점포 등 가게도 문을 닫았다. 남로당 제주도당은 경찰 발포에 도민들을 최대 선동하고 당세를 확장하고 있었다. 제주도는 좌파 남로당이 완전히 장악하고 세를 과시하고 있었다.

6. 조사단 파견

미군정에서는 제주 3.1사건 진상조사단장에 하지 사령부의 카스티어 대령을, 그리고 수도경찰청 수사과 고문관 레더루가 조사위원이었다. 이들은 3월 8일 제주도에 도착하여 정밀하게 조사를 시작하였다.

미군 조사단이 사건을 조사하던 중에 경찰의 발포사건이 잘못 되었던 점을 지적하자 강인수 제주도 감찰청장은 47년 3월 11일 유감을 표시하며 「3.1 기념일의 도립병원 앞에서 발포는 경찰의 무례한 행위로써 미안스럽게 여긴다.」 고 처음으로 경찰의 잘못을 시인하였다.33)

7. 경무부장 조병옥의 수습방안

「제주도의 모든 기관이 총파업을 하였다고 합니다. 경무부장님께서 가셔서 수습을 해야 할 것 같습니다.」

경찰의 정보 보고를 받은 조병옥은 마음이 급하였다. 그는 수행비서로 공안국 부국장과 서울경찰전문학교 김 경감을 대동하고 3월 14일 오전 8시 미 수송기에 탑승하고 제주도로 향하였다.

---

32) 제주도 경찰국 「제주경찰사」 294쪽
33) 제주신보 1947년 3월 14일자

조병옥 일행은 제주도 감찰청에 도착 즉시 강인수 청장으로부터 사건보고를 들었다.

「경찰은 3만 가까운 시민이 경찰서를 습격하려고 하여 이를 저지하기 위해 불가피하게 사격을 하였습니다. 이들을 뒤에서 조종하는 자들이 바로 남로당입니다.」 라고 강인수 청장은 조병옥 부장에게 보고하였다. 경찰의 보고를 받은 조병옥 부장은 포고문을 발표하였다.

포 고 문

3.1절에 발생한 불상사에 접종하여 정치, 산업 및 교육 각 기관의 활동이 마비되었다는 정보를 듣고 본관은 많은 관심을 가지고 제주도에 왔다. 첫째 제주도 동포제위의 생명과 재산을 보호할 경비상 만전대책을 가지고 왔다. 그리고 기만적 선전과 파괴적 모략으로써 제주도의 사회를 무질서상태에 빠지게 하였고 빠지게 할 근본적 요소를 제지할 근본 방침도 수립되어 있다. 도청 책임자와 협의하여 제주도의 안녕과 질서를 유지하기를, 폭동과 같은 무질서의 행동같이 조선 건국의 전도를 위험케 하는 것은 없다. 폭동의 빈발은 조선민족의 정치적 자치력과 도덕적 자율성의 결여함을 세계의 이목 앞에 폭로시켜 우리의 위신과 신용을 추락시키는 것이다. 동포여! 반성 자중하여 일상업무에 충실함으로서 건국에 이바지하기를 바라마지 않는다.34)

경무부장 조 병 옥

정당방위인 사건을 가지고 제주도민들이 총파업을 하는 등 강력하게 나가자 경찰에서는 이는 남로당의 선동에 의해서라고 판단하고 강경진압을 해야 한다고 판단하였다.

조병옥은 언성을 높이고 강인수 감찰청장에게 도청으로 가자고 하였다. 47년 3월 14일 오후 3시 30분, 이들 일행은 도청에 도착하였다.

---

34) 제주신보 1947년 3월 16일자

제주도청에는 박경훈 도지사와 심리원장 최원순, 검찰총장 박종훈, 북군수 김영진 등이 기다리고 있었다. 조병옥은 자리에 앉자마자 박 지사에게 포문을 열었다.

「박경훈 지사! 도대체 어떻게 되어 공무원이 파업을 합니까? 도지사가 파업을 못하게 하던지 또 전적으로 파업을 하지 못하게 경찰을 동원하여서라도 제지하여야지 어떻게 공무원이 파업을 하게 그냥 두었느냐 말이요? 박 지사도 좌익 동조세력이요? 나는 도저히 이해할 수 없소!」

「……」

성질이 급한 조병옥이 박경훈 지사를 힐난하였으나 도지사는 말이 없었다. 할 수 없이 조병옥은 박 지사에게 도청 직원들을 모두 불러 모아주라고 하여 박 지사는 그것까지 못한다 할 수 없어 파업 중인 직원들을 강당에 모이게 하였다.

「여러분, 공무원이 파업을 하다니 도대체 있을 수 있는 일입니까? 제주도 공무원들이 사상적으로 불온하지 않다면 이에 있을 수 없는 일입니다.」 라고 질책하였다.[35]

1947년 3월 15일 오후 4시 조병옥은 제주 북초등학교에서 지역 유지 300여명이 있는 자리에서 "제주도민이 사상적으로 매우 위험하여 여기에 대해 강력하게 대처할 것이다" 하고 그는 수행원들에게 지시하여 전남 북경찰청에 연락하여 즉시 제주에 응원경찰이 도착하게 하였는데, 이 연락을 받고 3월 15일 전남경찰 122명, 전북경찰 100명, 경기도 경찰 99명 계 321명이 즉시 제주도를 향해 떠났다.[36]

조병옥은 가는 곳마다 연설을 하였다. 그는 강인수 감찰청장에게 응원경찰을 동원하여 파업 주동자들을 즉시 검거하라고 명령을 내렸다. 이 명령을 받은 강인수는 즉시 경비과장에게 총파업 투쟁위원회 사무실과 민전 본부를 급습하게 하여 3.1사건 투쟁 부위원장 민전 간부 이창수, 김두훈, 고창

---

35) 제주신보 1947년 3월 16일자
36) 독립신보 1947년 4월 5일자

무를 구속하였고, 각 단체의 파업본부를 기습하여 간부들을 연행하였다. 강 청장은 조금이라도 혐의가 있으면 무조건 연행하여 조사하라고 경찰에 지시하여 경찰들은 파업 선동자를 잡기에 전력을 다하자 제주도민의 불안은 이만저만이 아니었다.37)

제주의 젊은이들은 「경찰에 잡히면 죽는다. 무조건 도망치는 것이 상책이다.」 하고 일본으로, 육지로, 모슬포에 있는 9연대 경비대로 입대하여 경찰의 추격을 피하였다. 이것이 후일 9연대에 좌익이 많은 부대가 되는 한 원인이 되었다.

제주 감찰청에서는 응원경찰을 중심으로 특별수사과가 설치되었고, 과장에 이호가 임명되었다.

3월 16일 조병옥은 애월면을 순시하다 이상한 것을 발견하였다.

「강 청장, 저 담 벽에 붙어 있는 게 무엇이요?」

강인수는 조병옥의 물음에 대답을 하면서 자기가 벽보라도 붙인 것 같이 몸 둘 바를 몰라 하였다. 그러나 애월면 뿐만 아니라 제주도 전 지역의 담벽에는 총파업을 알리는 벽보로 도배되어 있었다.

조병옥은 벽보로 도배되어 있는 담 벽을 본 후 애월지서로 갔다.

조병옥 일행이 애월지서에 도착하여 지서 안으로 들어가 보니 경찰이 한 사람도 보이지 않았다. 조병옥 일행은 깜짝 놀랐다.

「아니, 어떻게 된 것이요? 경찰이 근무 중 자리를 비우면 어쩌자는 거야? 혹시 경찰도 파업에 들어간 것이 아니야?」

「경찰도 파업에 들어간 것이로구만! 그렇지 않다면 이렇게 한 사람도 안 나타날 리 없지! 불순분자들이 이럴 때 지서에 와서 무기고에 있는 총기를 탈취해가면 어떻게 하려고 경찰이 파업을 한단 말이야?」

조병옥의 호통에 강인수는 쥐구멍이 있으면 들어가고 싶은 심정이었다.

「아니, 저기 저것은 또 뭐야?」

강인수 청장은 조병옥이 놀라며 가리키는 곳을 보니 담벼락에 파업 성명

37) 제주신보 1947년 3월 18일자

서가 붙어 있는데 성명서 밑에는 애월지서장 김만희라고 쓰여 있었다.

「세상에 지서장이 파업성명서를 담 벽에 붙여놓다니. 큰 일 났구먼! 큰 일 났어! 빨리 저 벽보가 붙은 집 주인을 불러요!」

「당신이 이 집 주인이요?」

「그렇소이다.」

「그럼 이 집 담 벽에 붙은 성명서는 무엇이요? 당장 떼시오!」

「아니, 내가 벽보를 붙이라고 하였소? 붙인 사람이 떼야지, 내가 붙이지 않았는데 왜 내가 뗍니까? 붙인 사람에게 떼라고 하시오. 거 애월지서장 김만희라고 쓰여 있구려.」

집주인은 몇 사람이 우르르 들어와 주인을 찾자 처음에는 놀랐으나 이들이 별 것 아닌 벽보 일로 다그치듯 하는 말에 불쾌하고 제주도 말을 쓰지 않은 것이 육지에서 온 사람들인 것 같아 협조할 마음이 없어 퉁명스럽게 한 마디 하고 돌아서 집안으로 들어와 버렸다. 그의 이름은 김장호였다.38)

집주인의 말에 조병옥은 어이가 없었다. 조병옥은 강 청장에게 총파업에 가담한 자들을 모조리 잡아들이라고 지시하였다. 그러고 난 후 조병옥은 한림으로 가자하여 그들 일행은 한림으로 차를 몰았다.

조병옥 일행이 한림지서에 도착하자 지서장 이하 경찰들이 줄지어 서서 이들을 맞이하였다. 조병옥이 자리에 앉자마자 강 청장은 한림지서장을 향해 보고를 재촉하였다.

한림지서장은 난생 처음으로 높은 분들을 모시고 보고하려 하니 가슴이 떨려 제대로 말이 나오지 않았다.

「한림면의 현재까지의 파업 상황을 보고하겠습니다. 현재 면사무소, 우체국, 금융조합, 공장, 한림초등학교, 한림중학교 등 모든 기관이 총파업에 들어갔으며, 한림면 파업본부는 면사무소에 있습니다.」

「뭐야? 아니, 면사무소가 파업본부라니? 강 총장! 면사무소에 가서 면사무소 직원들을 모조리 데리고 와요!」

조병옥은 한림지서장이 면사무소가 파업본부라고 보고하는 말에 강 총

38) 4.3은 말한다 1권 322쪽

장에게 지시하였다. 조병옥은 제주도의 공무원들을 이해할 수 없었다. 좌익이 뒤에서 부추겼거나 좌익이 아니고서는 그럴 수 없다고 그는 확신하였다.

면사무소로 달려간 경찰들은 면장 현주선은 파업에 가담하지 않았으나 부면장 양성익과 직원들이 가담하였다고 보고하였다. 그리고 이들을 지서로 끌고 왔다.

「공무원들이 나라를 지켜야지 면사무소가 파업 본부라니 도대체 상상이나 할 일이요? 요구 조건이 있으면 정상 근무를 하면서 요구하고 당신들이 공무원이니 당신들이 솔선수범하여 면민들에게 모범을 보이면 되지 않소? 그런데 파업을 하다니. 만일 즉시 파업을 중단하지 않으면 모조리 연행하겠소.」

조병옥의 호통에 이들은 아무 말도 못하고 돌아갔다. 조병옥은 면 직원들이 돌아가자 강 총장에게 파업 본부가 있다는 면사무소로 가자고 하였다. 그는 파업 현장을 보고 싶었던 것이다. 그는 면사무소에 도착하자마자 일행을 시켜 파업에 관한 서류를 검토하게 하였다. 그리고 면사무소 정문에서 우체국장 홍성도를 불렀다.

「홍 국장! 노동자들이나 학생들이나 농민들이 파업하는 것은 그래도 이해를 할 만하지만 도대체 공무원인 경찰과 면사무소 직원들과 우체국장이 데모를 하다니 이게 말이나 될 소리요? 어떻게 하려고 파업을 해요? 도대체 파업의 내용이 무엇이요?」

「부장님께서 보고 받으셨겠지만, 경찰이 시위대가 아닌 양민을 6명이나 죽여 놓고 시위대가 경찰서를 공격해서 경찰이 정당방위로 죽였다고 하면서 시위했다고 사람들을 계속 연행하여 배후를 대라고 하니 제주도민이 살 수 있습니까? 이번 3.1시위는 배후가 없습니다.」

「뭐야? 이 자식이 누구 앞에서 거짓말을 하는 거야? 나를 설득하려는 거야? 배후가 없어?」

조병옥은 홍성도의 말이 거짓말로밖에 생각되지 않아 벼락같이 화를 내며 주먹으로 홍성도의 턱을 쳐서 홍성도는 그 자리에 쓰러졌다.

「이 자식을 연행해! 몹쓸 놈이구먼! 그리고 저기 부면장과 파업 가담자들도 모두 연행해!」

조병옥의 명령에 홍성도는 차에 태워졌고, 양성익 부면장과 20여명의 파업 동참자들은 지서로 연행되었다.39)

육지에서 응원 나온 경찰들은 공무원들이 데모한 것은 빨갱이들이 아니고서는 하지 못한다고 판단하였다. 정보과장은 이들이 공산당원이던가 아니면 공산당의 조종을 받았을 것이라고 뒷조사를 하였다. 그러나 아무리 뒷조사를 하여도 증거가 나오지 않았다. 공산당원 명부는 경찰들이 찾아내기란 쉬운 일이 아니며, 당사자에게 "내가 다 안다. 너 빨갱이지?" 하고 아무리 고함쳐 물어도 묵비권을 하거나 아니라고 오리발투쟁을 할 때는 베테랑 수사관이라도 방법이 없다. 그렇다고 이들을 증거 없이 영장 신청을 한다면 법원에서 받아 줄 리 없어 경찰은 심증은 가나 물증이 없어 애를 먹고 있었다. 당시에는 좌익이라 해도 처벌할 법이 없었다.

조병옥은 참담한 심정으로 한림면을 떠나 모슬포로 갔다.

「도대체 어떻게 하자는 것인지 알 수 없군. 일반 상점들까지 총파업에 동조하여 문을 닫다니!」

조병옥이 탄 차가 모슬포에 들어서 한참을 가다보니 사람들은 오고 가는데 거리의 상점 상호는 붙어 있으나 이상하게 하나같이 모두 문이 닫혀 있었다.

대정지서에 도착한 조병옥 일행은 차에서 내리자마자 지서 주위가 썰렁한 것으로 볼 때 지서가 비어 있음을 알았다. 그것은 대정지서도 파업을 했다는 징조다. 지서 벽에는 파업을 알리는 소식과 "미 제국주의는 물러가라!" 는 벽보가 붙어 있었다.40)

「강 총장, 저 벽보를 보게. 미군은 물러가라고 쓰여 있지? 저것으로 보아 이번 총파업은 남로당 빨갱이들이 도민을 선동하여 일으킨 일이라는 것을 알 수 있지 않은가!」

---

39) 4.3은 말한다 1권 325쪽

40) 미6사단 「G-2 일일보고서」. 1947년 3월 23일

47년 3월 13일 오전 11시 30분, 중문지서장 양경환 경사를 비롯한 중문지서에 근무하고 있던 한태화, 강석조, 강경진, 강수천, 송공삼 순경 등 6명이 지서에 모여 회의를 하였다. 이 회의는 중문지서장 양경환이 전날 남로당 면당책임자를 통해 엄청난 세뇌교육을 받고 소집하게 된 것이었다. 모임을 주선한 지서장 양경환이 모인 이유를 설명하였다.

「3.1절 행사 때 경찰이 사람을 죽인 것은 잘못입니다. 우리라도 대신 사과를 하고 파업에 가담해야 합니다.」 하자 참석자 전원이 찬성하였다. 중문지서 경찰들은 총파업에 가담하였다. 그리고 지서 앞 게시판에 성명서를 써 붙였다.

결 의 서

우리들은 3.1사건에 부당한 행위를 한 경찰에 봉직할 수 없으므로 직장을 포기한다. 그리고 우리도 총파업에 참여한다. 중문지서원 일동

성 명 서

《우리 중문지서원 일동은 본 일까지 치안 확보라는 숭고한 정신으로 봉직하여왔으나 금번 발포사건으로 말미암아 그 희생적 정신은 수포로 화하였다. 그러므로 우리들은 그 악독한 명령을 복종할 수 없으므로 직장을 떠난다.》 41)

이와 같은 결의서와 성명서가 중문지서 앞에 게시되자 지서 앞을 지나가던 면민들은 발걸음을 멈추고 모두 한 번씩 읽고 지나갔다. 이 일은 한입 건너 두 입, 두 입 건너 세 입 하는 식으로 모든 면민이 알게 되었다. 경찰들의 파업을 못마땅하게 여기는 사람들은 「경찰이 데모를 하다니. 이 나라 곧 망하겠어! 이러다가 빨갱이 세상이 되지 말라는 법도 없지!」 하고 탄식하였다.

제주도 일주를 계획하였던 조병옥은 애월, 한림, 모슬포, 대정면만 순시를 하고 제주읍으로 돌아갔다. 그는 이 네 곳만 돌아보고서도 제주도민의

---

41) 제주 경찰국 「제주도 경찰사」 294쪽

동향을 알 수 있었다.

조병옥은 강 청장에게 "이번 파업에 가담한 경찰 66명은 즉시 파면하시오. 경찰의 잘못이 있으면 시간을 두고 고쳐나가면 되는 것이지 경찰이 파업에 동참하고 지서를 텅텅 비워둔다는 것은 어떤 이유에서도 용서받을 수 없는 행위요. 그리고 이놈들은 틀림없이 사상이 불순할 것이니 철저히 조사하시오." 하고 지시하였다.

강인수 제주감찰청장은 즉시 파업에 동조한 경위 1명, 경사 8명, 순경57명 계 66명을 파면하였다. 그리고 제주 출신 경찰들을 불순하게 보고 중요 부서는 육지에서 온 경찰들로 교체시키고 제주 출신 경찰들은 한직으로 발령하였다. 이렇게 되니 파업에 동조하지 않았던 제주 경찰들까지 불만을 품게 되었다.[42]

경찰이 3.1사건 파업 주동자라고 검거한 약200여명의 사람들은 육지경찰에게 조사를 받았다.

조병옥은 경찰이 조사한 것만 가지고는 믿을 수 없으니 3.1사건 조사위원회를 조직하여 조사하여 담화문을 발표하기로 하고 조사위원회를 구성하였다.

조사위원은 경무부 공안국 부국장 장영복, 북군수 박명효, 검사장 박종훈, 군정재판관 싸라 대위, 제주여중 교장 홍순영 등으로 구성하였다.

이들은 합동 조사를 하여 조병옥에게 보고하였고, 조병옥은 제주지사 박경훈, 제주도 군정관 스타우드 소령 등 3인에게 이를 검토하여 담화문을 발표하게 하였다. 이들은 만장일치의 합의로 담화문을 발표하였다.

담 화 문

조선군정청 경무부장, 동 제주도지사, 동 제주도 군정관 3자의 임명에 의한 제주도 제주읍 3.1절 발포사건 진상조사위원회는 그 사건 관계자 및 증인에 대하여 모든 관계 사실을 조사 심리한 결과 전원 일치 아래와 같이 합의를 보았다.

---

42) 서울신문 1947년 4월 2일자

1. 제주도 감찰청 관내 제1구 경찰서에서 발포한 행위는 당시에 존재한 여러 사정으로 보아 치안 유지의 대국에 입각한 정당방위로 인정함.
2. 제주도립병원 앞에서 발포한 행위는 당시에 존재한 모든 사정으로 보아 경찰관의 발포는 무사려한 행위로 인정함. 그러므로 발포 책임자인 순경 이문규는 행정 처분에 처함이 타당하다고 인정함.
3. 이하생략 .43)

1947년 3월19일

6일 동안 제주에 머물면서 3.1사건을 조사하였던 조병옥은 3월 20일 제주도를 떠나면서 기자 회견을 하였다.

【금번 제주도 불상사건은 북조선의 세력과 통모하고 미군정을 전복하여 사회적 혼란을 유지하려는 일부 책동으로 말미암아 발생된 것이다.】

제주도 도지사 박경훈 씨는 제주도 군정장관 스타우드 소령한테 사직원을 제출하였다. 그리고 '제주도민에게 고함' 이라는 성명을 발표하였다.

제주도민에게 고함

경애하는 30만 도민여러분!…… 생략

우리는 우리의 업무를 견실히 수행하면서도 얼마든지 해결책이 있음에도 불구하고 오로지 파업만을 계속함은 시급한 도민의 민생 문제 및 자치문제에 막대한 영향이 있을 뿐만 아니라 경제 재건을 지연시키게 됨을 자성할 필요가 있습니다. 나아가서 연합군에 의하여 자치 능력이 없다는 우리의 약점만을 거듭 제시함에 불과하고 자주독립의 지연을 초래하는 악조건의 하나밖에 안 되는 것을 알아야 할 것입니다.…… 생략

앞으로 민주 독립을 위하여 적극적으로 원조를 기약하고 있는 오늘 파업은 연합국의 일원인 미군정에 대한 반항으로 취급당하게 됨을 또한 자중 자성해야

---

43) 제주신보 1947년 3월 22일자

하겠습니다.……생략.

친애하는 도민여러분!

금번 사건에 무참히 희생당한 인민에 대하여서는 30만 도민 전체가 한없이 동정과 조의를 표하고 있는 바입니다. … 30만 도민여러분! 명석하신 관공서 사회단체 동포 여러분! 직장을 견수하십시오. … 직장으로 돌아가 주십시오.44)

1947년 3월 22일

제주도지사 박 경 훈

박경훈 지사는 사직함으로 도청과 경찰 등 공무원들과 일반 단체의 총파업에 항의하였다. 그는 4월 7일 민전 의장에 추대되었다.

8. 3.1사건 파업 해제

3월 16일 남로당 제주도당 3.1사건 대책위원들은 파업을 해제하는 것이 좋겠다고 의견이 모아졌다. 해제는 도청을 중심해서 관공서부터 하기로 하였다.

3월 19일 파업에 가담한 174개 단체에서 56개 단체가 파업을 해제하고 118개 단체는 파업을 계속하고 있었다. 관공서들은 파업을 해제하였고, 학교와 일반 단체만 해제하지 않았다. 학생들도 3월 24일부터 조금씩 등교하기 시작하여 3월 말에는 파업에 가담한 자들의 엄청난 희생과 제주도민에게 어려움만 주고 총파업이 거의 해제되었다.45)

9. 3.1사건에 대한 미군정의 조치

미군정에서는 박경훈 지사 후임으로 전북 출신이며 한독당 농림부장관을 역임한 유해진 씨가 4월 10일 부임하였고, 강인수 감찰청장 후임으로

44) 제주신보 1947년 3월 24일자

45) 제주신보 1947년 3월 24일자

서울 출신 김영배 씨가 3월 31일 부임하였다. 제주 주둔 경비대 9연대장 장창국 후임으로 이치업 소령이 5월에 부임하였다. 제1구 경찰서장 강동효 후임으로 5월 24일 제주 출신 김차봉, 다음 문용채 씨가 부임하였다.[46)]

제주감찰청장으로 부임한 김영배 씨는 경찰도 파업에 가담한 사람이 있다는 보고를 받고 깜짝 놀라 제주 출신 경찰에 대해 사상적으로 의심하게 되었다. 그로 인해 핵심부서는 육지 출신으로 교체하는 한편 제주 출신은 한직으로 보내게 되어 제주 출신 경찰은 자연 불평하게 되었고, 협조하지 않게 되었다. 제주 출신 경찰 100여명은 차별 대우에 불만을 품고 사표를 제출하였다.

총파업을 선동한 500여명을 체포하여 199명을 기소하고 61명 기소예정, 178명 계속 구금, 258명 석방, 연행자 중에는 총파업 본부장인 도청 산업국장 임관호, 과장 이관석, 인사과장 송인택, 회계과장 강산염 등 도청 간부 10여명도 있었다.[47)] 47년 5월 7일 응원경찰 400명은 제주도를 떠나 육지 본대에 귀대하였다.

새로 부임한 도지사 유해진은 제주도는 좌익이 강한 섬이라고 생각하였다. 그래서 부임하면서 경호원으로 서청단원 7명을 데리고 왔다. 이들은 밤에 지사의 관사를 경비하였다.

경무부에서는 5월 7일 응원경찰을 본대에 귀대시킨 후 제주 경찰만 가지고는 치안이 어려울 것 같아 반공청년단체인 서청단원 100여 명을 계속 제주도에 상주시켰다.

10. 서청 제주도에 투입

서청은 평남청년회, 함북청년회, 함남대한혁명청년회, 황해청년회 등이 통합하여 46년 대구사건 후 11월 30일 서울에서 조직되었다. 서청 대표는 평

---

46) 제주4.3진상조사보고서 133쪽
47) 제주신보 1947년 4월 12일자

남 정주출신 선우기성이었다. 회원은 약 6,000여명이었으나 47년 6월에는 2,000여명으로 줄었다. 이들의 목표는 "조선의 국제 문제를 방해하는 음모자들을 제거한다." 였다. 즉 반공이었고, 공산주의자들에 대해서는 한 치의 양보가 없었다. 그들이 이러한 것은 북조선에서 공산당 때문에 살 수 없어 월남하였는데, 공산당이 두고 온 북조선의 가족들을 수감시켰거나 살해하거나 추방시켰고, 재산을 강탈하거나 몽땅 몰수당하여 공산주의자라면 이를 갈며 한을 품었다. 그들은 막상 남쪽으로 왔으나 먹고 살기가 막연하였다. 그렇다고 미군정에서 지원해 주는 것도 아니었다. 이승만과 조병옥이 이들에게 약간의 경제적으로 지원하였는데 조병옥은 이러한 서청을 제주에 보냈다.[48)]

서북청년들은 민청에 대해서 적개심을 품고 있었다. 민청은 이러한 서청을 보고 참자니 화가 나서 견딜 수 없었다. 그것은 얼마 전까지만 해도 제주도의 주도권을 민청이 완전히 장악하였는데 몇 달 사이에 주도권이 바꾸어졌기 때문이다. 민청의 회원 수는 전국에 17,671개 지부에 826,940명으로 서청과는 비교가 되지 않았다. 그런데 경무부장 조병옥이 하지 장군에게 "민청은 남로당의 외곽 단체로써 테러 단체이므로 즉시 해산시켜야 합니다." 하고 건의하자 하지는 "서청도 같이 해산시켜야 한다." 며 조건부 해산을 하겠다고 하자 조병옥은 하지에게 "서청을 해산시키면 경찰 힘만으로는 치안을 도저히 감당할 수 없다." 고 설득하여 47년 5월 16일 민청은 해산되었으나 서청은 그대로였다.[49)] 남로당과 민청은 어디 두고 보자 하였으나 어쩔 수 없었다. 민청은 47년 6월 5일 이름을 바꾸어 민애청으로 다시 출범하였다. 민애청과 서청은 극과 극이었다.

---

48) 4.3은 말한다 1권 434쪽
49) 조병옥 「나의 회고록」 민교사. 1959년 155쪽~156쪽

11. 3.1발포사건의 결과

1) 47년 3월 2일 경찰은 시위 가담자 25명을 검거하였다.

47년 3월 10일 제주 남로당의 선동으로 제주도청 직원 140명이 3.1 발포사건을 항의하면서 총파업에 들어갔고, 북제주군청, 제주읍사무소, 학교 등 156단체 41,211명이 파업에 동참하였다. 심지어 모슬포, 중문, 애월파출소의 경찰까지 파업에 동참하였고, 3월 13일 중문지서 경찰 6명이 발포사건에 항의 사직서를 제출하였다.

2) 3월 18일 56개 직장이 파업을 해제하였고, 한 달 동안 3.1발포사건에 대하여 항의하다 3월 말에는 전원 파업을 해제하고 직장에 복귀하였다.

3) 3월 말까지 파업에 가담한 자들 300여명이 경찰에 연행되었고, 4월 10일까지 합 500여명이 연행되었다. 500여 명 중 330여명이 재판을 받았고, 이중 52명이 실형 선고를 받았으며, 52명이 집행유예, 56명이 벌금을, 168명이 기소유예, 나머지는 훈방조치 하였다.

4) 발포사건의 장본인인 도립병원 앞에서 총질을 한 이문규 순경을 파면하였고, 파업에 가담한 경찰 66명에 대해서는 직장이탈사태로 파면되었다. 그리고 제주 출신 경찰은 파업에 가담하여 사상이 불순하다고 하여 한직으로 밀려났고, 육지 경찰이 제주 경찰의 핵심자리를 맡았다.

5) 47년 4월 2일 제주도 군정장관 스타우드 소령이 해임되고 베로스 중령으로 교체되었다. 그리고 4월 10일 제주도지사 박경훈이 자의 반 타의 반으로 사임하여 유해진으로 교체되었고, 3월 31일 제주감찰청장 강인수를 해임하고 김영배로 교체하였고, 강동효 경찰서장은 다른 비리와 함께 책임을 물어 파면하였다. 경찰 고문관 패트릿지 대위도 레데루 대위로 교체하였다. 군정이나 경찰이나 똑같이 발포사건에 대해 책임을 통감한 조치였다.

대구사건을 경험한 응원경찰이 공포에 질려 순간적인 판단 실수로 벌어진 사건이지 경찰이 계획적으로 지휘자의 명령에 의한 발포사건은 아니다. 이것으로 3.1사건은 수습되었다.

제주 남로당의 세력이 엄청나다는 것을 제주 남로당의 선동으로 일어난 제주 3.10 총파업으로 알 수 있었다.

좌파들은 정부에서 잘못하는 일이 있으면 과대 포장하여 국민들을 선동하여 세를 확장해 나가는 것이 전략 전술이다. 그래서 좌파는 부정부패, 군부독재, 빈부 격차를 교묘하게 이용하여 국민을 선동하여 성장한다.

현재 한국의 좌파는 유신과 신군부 유신독재로 급성장 하였고, 효순이 · 미선이 사건을 통해 세를 과시하였으며, 소고기파동으로 그들은 결집하여 진보연대를 조직, 한국은 낮은 단계 연방제 공산화가 되었고, 2012년을 높은 단계 공산화인 목표를 향해 투쟁하고 있다. 즉 대한민국을 완전히 공산화 하겠다는 것이다. 여기에 앞장선 단체가 전교조와 좌파 네티즌이다. 이들은 1년에 40만여 명씩 좌파성향의 학생들을 졸업시키고 있어 핵폭탄보다 무서운 단체이다. 전교조와 좌파 네티즌을 해결하지 못하면 대한민국은 머지않아 공산화가 되고 말 것이다.

※ 3.1 발포사건은 육지 경찰이 공포에 질려 순간적으로 판단 실수로 벌어진 사건이지 경찰이 제주도민을 탄압하기 위하여 계획적으로 벌인 사건이 아니다.

12. 47년 8월 12일 전국 남로당 간부 검거.

1947년 7월 20일 남산에서 민전이 주최한 '미 · 소 공동위원회' 재개 인민대회 때 좌파 20여만 명이 모이자 우익에서는 놀라 기절할 지경이었다.

조병옥 경무부장은 8.15행사를 기해 남로당에서 전국적인 폭동을 준비하고 있다는 정보에 의해 이를 사전에 봉쇄하기 위하여 좌파단체 간부들을 전원 체포하라고 전국 경찰에 명령을 내렸다.

47년 8월 12일 밤 이 명령에 의해 전국에 있는 경찰들은 일제히 좌파 간부 검거에 나섰다. 남로당, 민전, 전평, 전농 등 좌익단체 간부 1,300여명이 경찰에 연행되었다.50)

8월 14일 경무부에서는 성명을 발표하였다.

《북의 세력은 남조선을 그 세력 범위 안에 예속하려고 남조선의 자기 동지인 불순분자와 통모하여 사상 투쟁과 비합법적인 운동을 전개하고 있다.》

이 성명서에 좌파에서는 이번 검거 선풍을 좌파를 때려잡기 위한 방법이라고 항의하였다.

실은 민전 주체로 8.15 2주년을 맞아 전국적인 기념대회를 하기 위해 준비위원회를 조직했는데 경무부장 조병옥 씨가 기념행사에 대한 강력한 제한 조치를 취한 것이다. 그러나 민전에서 이를 받아들이지 않고 강행할 뜻을 보이자 8월 12일 새벽 좌익단체 사무실을 급습하여 간부들을 연행한 것이다.

제주도 경찰도 8월 14일 민전 간부와 남로당에 가입하였던 공무원들을 연행해 갔다. 연행자 중에는 전 제주지사 박경훈, 조천면장 출신 민전부의장 김시범, 사무국인 제주금융조합 이사 출신 고창무 등과 사회 인사와 이관석 학무과장, 도청직원 8명과 도립병원 의사, 간호사, 세무서 직원 등 30여명이 연행되었다. 나머지 간부들은 연행 당하지 않으려면 육지나 일본으로 도망쳐야 했고, 도망치지 못한 사람들은 한라산에 들어가 숨어살아야 했다.[51]

제주도 인민위원회 위원장 오대진, 김택수 등은 일본으로 도피하였다.

이상의 검거한 사람들은 3.1발포사건과는 관련이 없다. 얼마 후 이들은 모두 석방되었다.

해방에서 지금까지 제주도에서는 민청과 인민위원회의 좌익 세력에 눌려 우익진영이 힘을 쓰지 못하고 있다가 조병옥의 좌익 검거령이 내려지자 좋은 기회라고 생각하고 세력 확장을 하며 아연 활기를 띠기 시작하였다. 경찰도 47년 7월 제주경찰학교를 설립, 12월말까지 146명을 졸업시켜 제

50) 독립신보 1947년 8월 13일자(독립신보 주필은 제주출신 고경흠이었다)
51) 제주신문 1947년 8월 18일자

주 경찰에 배속하였다. 제주 경찰은 총 465명으로 증가되었고, 남로당의 활동은 점점 어려워졌다. 경찰은 남로당에 가입한 공무원에 대해 권고 사직하여 공무원에 대해 일제 쇄신을 꾀하였다.[52]

남로당 제주도당도 이때부터 중앙당 군사부 조직과 같이 군사부를 신설하여 군사부 중심으로 조직을 개편하였다.

※ 47년 8월 14일 검거사건은 제주도 남로당원만 검거한 것이 아니라 남한 전국의 남로당원을 검거한 것이다.

52) 제주도 경찰국 「제주경찰사」 1990년 182쪽

제 3장
남로당 5.10선거 반대

1. 신탁통치 결정 배경과 내용

1945년 9월 미국 정부에서는 한반도의 38선 문제를 지연시킬 경우 분단이 고착화 될 것을 우려하여 하지 장군에게 평양의 군정장관 치스챠스코프와 직접 교섭하도록 지시하였다. 그래서 하지 장군이 접촉을 시도하였으나 아무런 효과가 없었다고 1945년 9월 24일 본국에 보고하였다.

그러나 1945년 10월 24일 미 국무성 극동국장 빈센트 씨가 미국 외교정책협의회 석상에서 「조선에는 우선 신탁통치 제를 실시할 예정이다」라는 발언이 뉴스를 타고 전파되자 한반도의 사회단체들이 민감한 반응을 보이기 시작하였다.[53]

1945년 10월 13일 미국의 3부 조정위원회는 초기 기본훈령을 작성하였다. 이 훈령에 의해 45년 10월 28일 미국무부는 두 개의 초안을 작성하였다. 이 초안의 핵심은 3항으로, 군사 점령을 통합한다는 것과 단일 행정기구를 설치한다는 내용이다. 이 초안은 미국이 남한에 단독정부를 세울 계획이라면 애초에 내놓지도 않을 것이었다. 그래서 미국은 공산주의도 민주주의도 아닌 중립적 입장에서 공산주의를 합법적으로 인정하며 상해 임시정부도 인정하지 않아 남한에 혼란이 가중되게 하였다. 즉 미국은 한반도에 통일정부를 세우려고 이러한 조치를 취한 것이다. 그러나 소련은 한반도에

53) 조선일보사 「전환기의 내막」 87쪽

서 공산주의 이외에는 인정하지 않고 북한에서 인민위원회를 앞세워 공산국가를 세우고자 전력을 다해 하지 장군의 신탁통치 협상을 거절하였다.

1945년 11월 18일 미국 정부는 소련 주재 미국 대사 해리만을 통해 소련 외상 몰르토프에게 서한을 보내 교섭을 요청하였으나 소련의 반응은 없었다. 이유는 신탁통치가 되면 영국과 중국이 미국 편을 들어 소련의 발언권이 약해지고 회담할 때마다 미국의 계획대로 진행될 것을 우려해서였다.

1945년 12월 16일~26일 소련에서 미 · 영 · 소 3국 외상 회담을 가졌다. 그 내용은,

① 임시 조선민주주의 정부를 수립한다.
② 미 · 소 공동위원회를 설치하여 한반도의 정당 사회단체와 협의한다.
③ 미 · 소 · 영 · 중 4개국이 5년 동안 신탁통치에 관한 협상을 한다.
④ 2주일 내에 조선에 주둔하는 미 · 소 양군 사령부 대표로서 회의를 소집할 것이다.[54)]

2. 찬탁과 반탁

1945년 12월 27일 위의 내용이 AP합동에서 "조선은 신탁통치가 설치된다. 신탁은 5년으로 한다." 라고 보도하였다. 이때부터 김구를 중심하여 우익은 반대하였고, 남로당 좌파는 박헌영을 중심해서 처음에는 반대하다가 북한을 갔다 온 후 한 치의 양보 없이 결사적으로 찬성하였다.[55)]

46년 11월 미 군정청 공보부에서는 공위 재개에 대해 발표하였다.

46년 11월 13일 김구 선생을 비롯한 우익진영은 경교장에 모여 반탁운동을 재개할 것을 협의하였다. 11월 16일 우익진영 35개 단체의 이름으로 성명을 발표하였다.[56)]

---

54) 서중석 「한국 현대 민족운동연구」 1991년 305쪽 재인용
55) 조선일보사 「전환기의 내막」 92쪽~98쪽
56) 위의 책 103쪽

《자유의사 발표를 보장 않는 한 기왕 미·소 공동위원회 제5호 성명에 서명한 것을 취소하고 동시에 공위 협의에 참가치 않겠다.》

이와 같은 성명을 발표한 후 김구, 김준연, 양우정 등 9명의 반탁실천위원을 선출하였다.

1946년 6월 3일 이승만은 정읍에서 "우리는 남한 만이라도 임시정부 혹은 위원회 같은 것을 조직하여 38선 이북에서 소련이 철퇴하도록 세계 공론에 호소하여야 될 것이다" 라고 하였다.57)

46년 12월 이승만은 도미하여 "소련이 한국을 위한 자유정부의 수립에 동의하지 않을 것이 명백한 이상 남한만이라도 단독정부를 세워 줄 것" 을 유엔에 호소하여 유엔은 처음으로 한국 문제를 접하게 되었다.

47년 2월 5일 하지 중장과 미·소 공동위원회 미국 측 대표 브라운 소장은 「반탁행위는 독립에 지장을 준다」 고 경고하면서 찬탁을 권고하였다.

중지되었던 미·소 공동위원회는 미국 측 노력으로 47년 5월 21일 서울에서 다시 개회되었다. 재개된 미·소 공동위원회는 미국 측 브라운 소장, 소련 측 스티코프 중장은 의제를 임시정부 수립에 관한 문제로 제한시켰다. 6월 11일 공위는 임시정부 수립 방안에 관한 자문서를 배포하였다. 이에 대하여 7월 15일까지 432개의 정당 사회단체의 회답서가 왔다. 답신서의 주요 골자는 우익진영은 삼권분립의 민주공화제, 좌익은 인민위원회 제도를 주장하였다.58)

미·소 공동위원회에 참가할 단체는 남한만 425개였다. 425개 단체 중에 반탁에 속해 있는 170여개 가운데 결사반대하는 단체가 24개였다.

소련 측에서는 "공위에 결사반대하는 단체를 왜 미·소 공위에 참가시키는가? 미·소의 의견을 반대하는 단체는 참가시켜서는 안 된다." 하고 주장하였다.

미국 측은 "반대를 하는 것도 이유가 있으니까 우리는 그들의 주장을 들어봐야 한다." 라고 주장하여 미국과 소련의 의견이 대립되었다. 미국의

---

57) 서울신문. 1946년 6월 4일자

58) 박갑동 저 「박헌영」 1983년. 인간사 184쪽

노력 끝에 재개된 회담이 이 문제로 다시 무기연기 되었다.59)

김구, 이승만 등은 미·소 공위 재개를 결사반대하고 있었고, 남로당은 미·소 공위의 개회를 지지하였고, 회의 중에 일화빌딩에 간판을 걸고 합법적 활동을 하고 있었다. 47년 7월 29일 남로당은 미·소 공위가 타협이 안 되자 이를 해결하기 위하여 남산공원에서 《미·소 공동위원회 성공 촉진 인민대회》를 열었다. 여기에는 20만 시민이 모였고, 브라운과 스티코프도 초청하여 요망 사항을 전달하였다.60)

우익 진영의 반탁 시위도 치열하였다. 6월 23일 학생들의 반탁 데모는 미·소 공동위원회 회담장인 덕수궁 정문 앞에서 치열하였고, 학생들은 공위 대표들에게 투석하여 공포 분위기를 조성하였다.

47년 8월 12일 경무부장 조병옥은 남로당 중앙본부 사무실을 수색하고 남로당 중앙기관지 〈노력인민〉의 발행 허가를 취소시켰다. 그리고 8월 13일까지 1,300여명의 남로당원을 체포하였다. 여기에는 남로당 중앙선전부장 강문석, 민전 사무국장 박문규도 포함되었다.61) 제주도에서도 박경훈 외 30여명을 이때 연행한 것이다.

3. 한반도 통일문제 미군정 유엔에 상정

47년 8월 29일 미국의 로버트 국무차관은 "45년 12월 모스크바 3국의 외상회의 결정을 포기한다." 고 하면서 대신 한국 문제를 [유엔 감시 하에 남·북한의 인구비례에 의한 임시입법의원 선거를 하여 남북통일 정부를 수립하자] 라는 안을 제의하였다.62)

47년 9월 4일 이 안을 소련은 거부하였다. 미국은 소련의 거부에도 불구

---

59) 박갑동 저 「박헌영」1983년. 인간사 185쪽
60) 위의 책 185쪽
61) 위의 책 185쪽
62) 위의 책 185쪽

하고 이 안을 유엔 제2회 총회에 상정하였다.

47년 9월 17일 미국은 "한국의 독립문제"를 국제연합에 이관하기로 결정, 제3차 유엔총회의 의제로 제출하였다. 미국 내부에서는 군부가 한국의 전략적 가치를 낮게 평가하여 한반도에서 미군의 철수를 요청하였고, 의회는 대한 경제 원조를 거절하였으며, 미 국민들도 대구사건의 잔인성을 보고 한국 문제에 불평이 높아지고 있었다. 남조선에서도 김구 선생 등 국민들이 미군정의 정책에 대해 불만이 점점 높아져 갔다. 미국은 골치 아픈 한국에서 빠져나가기 위하여 명분을 세워 한국 문제를 유엔에 넘기고 빠져나가려 하였다.

47년 10월 28일 유엔은 한국 문제에 있어서 미국 안은 선 정부수립, 후 외국군 철수였고, 소련은 선 외국군 철수 후 정부수립으로 맞섰다. 유엔은 '48년 3월 31일 이전에 한국에서 동 위원단의 감시 하에 인구 비례에 따라 보통선거 원칙과 비밀투표에 의한 남북한 총선거를 실시하고, 정부가 구성되면 90일 이내에 점령군을 철수한다.' 라는 안이 결국 투표 결과 41:0으로 가결되었다. 이에 따라 48년 1월 8일 서울에서 활동을 개시한 임시위원단은 북한에 대해 소련군의 입북 거부로 기능을 수행할 수 없게 되었다.

48년 2월 26일 미국은 유엔의 감시 하에 남한만이라도 선거를 실시해야 한다고 건의안을 다시 유엔에 상정, 이 건의안이 31:2로 가결되어 48년 5월 10일 전에 남한에서 총선거를 실시하기로 결의하였다.[63]

이에 박헌영과 남로당과 김구와 김규식 선생은 "단선은 한반도의 분단을 영구화한다."라고 주장하면서 이를 배격, 2월 북조선의 지도자들에게 "통일 민주정부의 수립을 위한 제반 조처"를 토의하기 위해 남과 북 조선의 정치지도자 회담을 개최할 것을 제의하였다. 김구 선생은 신탁을 반대하였다가 이제는 5.10 선거도 반대하고 남북이 협상하자고 제의하여 정책의 일관성이 결여되어 국민들을 어리둥절하게 하였다. 김일성은 이 제의를 받아들여 4월 14일 평양에서 열도록 합의하였다.

---

63) 위의 책, 522쪽

4. 전국 남로당 5.10선거 반대 2.7폭동.

김구 선생 등이 신탁통치안인 남북한 임시정부를 수립하여 5년 동안 미·소가 협력한 다음 한반도에서 철수한다는 신탁안도 반대하고, 남북한 총선거를 하여 통일정부를 세운 후 외국군은 철수한다는 안은 북한이 반대하여 남한 만이라도 선거를 한다고 하니 김구 선생이 반대하여 미국은 참으로 한국이 골치 아픈 나라였다. 특히 김구 선생이 문제였다. 인구 비례로 투표하면 김일성은 북한의 인구가 적어 정권을 도저히 잡을 수 없어 소련과 김일성이 반대하고 나섰고, 김구 선생도 기반이 없어 정권을 잡을 수가 없어 반대하고 나왔다. 남북한 총선을 하면 가장 유리한 사람이 이승만 보다 실은 박헌영이었다. 그러나 박헌영이 위조지폐사건으로 북한에 손님으로 가 있기 때문에 김일성과 같이 행동을 하지 않을 수 없는 것이 박헌영의 비극이었다. 남북한 통일선거 반대는 곧 분단이었다.

"남로당은 통일정부가 되어야 희망이 있지 남북의 정부가 따로 들어서면 남로당은 북한에서나 남한에서 설자리가 없다. 그러므로 남조선 단독선거는 남로당의 사활이 걸려 있는 것이다. 다행히 김구 선생이 단독선거를 반대하니 다행이다. 이제부터 당의 운명을 걸고 우리는 단독선거 반대투쟁을 해야 한다." 라고 박헌영은 김삼룡에게 지령을 내렸다.

김삼룡은 「남조선의 단독선거를 저지하지 못하여 북조선과 남조선에 두 개의 정부가 세워지면 우리는 설 자리가 없다. 그러니 우리들은 목숨을 걸고 남조선의 단독선거를 저지하여야 한다.」 하고 전평위원장 허성택과 남로당 간부들에게 지령하였다.

허성택과 남로당 간부들은 민전 산하 130개 단체에 단독선거 반대투쟁을 하게 하였다. 민전의 지령에 따라 전평 산하 노조원들에게도 「목숨을 다해 투쟁하자!」 라는 지령이 내려졌다.

이 지령에 따라 48년 2월 7일 전평 산하 노동자들은 파업에 들어갔다. 공장, 생산기관, 교통, 운수기관, 등의 파업이 시작되자 전국은 순식간에 마비와 혼란이 왔다. 경인지역, 영남, 호남까지 파업과 폭동과 파괴가 자행되었고, 전화 · 전기선이 모두 절단되었고, 경찰지서도 습격을 당하였다. 부산 · 삼척 · 화순 등지의 해상과 탄광까지 파업에 들어갔다. 인천, 목포, 강릉의 기상 측후소 직원들도 파업을 하여 방송국에서는 일기예보를 하지 못하였다. 중학교와 대학에서도 동맹휴학을 하였다. 이때 남로당의 투쟁 목표는

① 조선의 분할 침략 계획을 실시하는 유엔 한국위원단을 반대한다.

② 남조선 단독정부를 반대한다.

③ 양군 동시 철퇴로 조선 통일 민주주의 정부수립을 우리 조선인에게 맡겨라.

④ 국제 제국주의의 앞잡이 이승만 김성수 등 친일파를 타도하자.

⑤ 노동자 사무원을 보호하는 노동법과 사회 보험제를 즉시 실시하라.

⑥ 노동 임금을 배 이상 올려라.

⑦ 정권을 인민위원회에 넘겨라.

⑧ 지주의 토지를 몰수하여 농민에게 무상으로 나누어 주라.

⑨ 조선민주주의 인민공화국 만세!

등의 구호를 외치며 파업을 하였다.64)

이상의 구호는 김일성이 주장하는 ① 유엔의 조선위원단 반대 ② 양군 즉시 철퇴 ③ 단독선거 반대와 똑같다. 이것으로 보아 5.10선거 반대는 김일성과 박헌영의 지령에 의한 것이라는 증거가 된다.65)

경찰은 대구사건을 교훈삼아 남로당의 폭동이 있을 것을 예상하고 정보수집에 전력을 다하고 철저히 대비하여 하루 만에 폭동을 진압하였다. 그러나 그 피해는 너무 컸다.

① 사망: 경찰 15명, 선거공무원 15명, 후보의원 2명, 공무원 11명, 양민 107명. 계 230명

② 부상: 경찰 23명, 공무원 12명, 우익 63명, 시위자 35명 계 133명

③ 경찰서 피습 26건

④ 무기 약탈 12건

---

64) 대검찰청 공안부 「좌익사건실록 제1권」 1965년, 372쪽

65) 박갑동 「박헌영」 1983년, 196쪽

⑤ 동맹 휴교 60건
⑥ 파 업 14건
⑦ 검거 인원 8,479명
⑧ 참가 인원 약30만 명 66)

이상이 시위 하루만의 피해였다. 과연 남로당 좌파는 대단하였다. 이는 전쟁을 방불케 한 폭동이었다.

이후 남로당의 젊은 당원들은 경찰의 추격을 피해 38선을 넘어 북으로 가든가 아니면 산으로 도망치거나 경비대에 입대하였으며, 산으로 들어간 남로당원들은 야산대를 조직하였다. 남로당은 5.10선거 반대투쟁을 포기하지 않고 끝까지 계속하였다. 이들은 5.10선거 반대 투쟁을 육지가 아닌 제주도로 선택하였다. 그 이유는,

① 경찰이 출동하려면 시간이 걸리고 ② 한라산이라는 지리적 배경이 있고 ③ 남로당이 건재하고 제주도민이 열성적으로 지원해 주고 있고, 전 도지사 박경훈이 민전 의장이 된 것이 남로당에는 큰 힘이 되었으며 ④ 일본군이 버리고 간 무기도 있었기 때문이며 ⑤ 제주도 남로당원에 대해서는 2.7 폭동의 지명수배자가 없기 때문이었다.

5. 김석천의 전향으로 제주 남로당원 1차 검거

47년 12월 강정리에서 경찰이 틀림없는 남로당원을 잡았는데 아무리 위협을 하고 설득을 해도 말을 하지 않고 있었다. 좌익을 잡아 실토하지 않는다고 때리면 "고문하였다" 고 소문을 내고, 고문을 하지 않으면 오리발투쟁을 하여 경찰에서는 골치가 아팠다. 제주경찰서에서는 지금까지 제주도내에 남로당에 가입한 사람이 많이 있다는 것을 알고만 있지 조직에 대해서는 알 수 없어 어려움이 많았는데 중문면 강정리의 김석천이 걸려들었다. 제주도경 사찰과 형사들은 그가 틀림없는 남로당원이라고 생각하고 회유하

66) 광복 38년. 삼선출판사, 236쪽

는데 온 정성을 다 쏟았다. 48년 1월 13일 수사관들의 정성이 효과를 내어 1월 15일 김석천이 입을 열었다.

「저와 연락을 취하는 사람은 도당 조직부 연락책 김생민입니다.」

「조직부 아지트는 조천면 신촌리에 있습니다.」

김석천으로부터 남로당 핵심 부서인 조직부에 대해 실토 받은 제주도경 사찰과장은 조천면 신촌리의 조직부 아지트를 기습하기 위하여 15일 새벽 출동하여 아지트를 덮쳤다.

경찰이 자기를 급습하여 붙잡아 가리라고는 전혀 생각하지 않았던 김생민은 경찰이 잠자리에 들어와 끌고 가려는 것에 놀라 말이 나오지 않았다.

김생민은 손이 묶인 채 사찰과장 앞에 끌려가 심문을 받았다.

「우리는 당신이 남로당 도당 조직부에서 핵심이라는 것을 알고 있소! 그러니 당신이 알고 있는 남로당 제주도당 조직과 아지트와 노선을 말해주면 좋겠소!」

그러나 김생민은 모른다고 주장하였다.

「김생민! 당신 중문면 강정리 김석천이 알지? 우리가 당신이 도당 조직부 핵심이라는 것을 어떻게 알았겠소? 당신들 공산당들은 묘하게 위장을 하여 경찰들을 속이므로 경찰에서는 당신들의 꼬리도 잡지 못하지. 당신들 공산당의 진술이 아니고서는 당원 하나도 못 잡는단 말이요. 이제 내 말을 알아듣겠소?」

「……」

경찰의 설득에 처음에는 시큰둥하던 김생민이 김석천과 대질을 한 후 시간이 지날수록 마음이 움직였다. 김생민이 경찰의 설득 후 일 주일 만에 남로당 제주도당의 조직을 모두 불어 제주경찰에서는 처음으로 남로당 제주도당에 대해 파악하게 되었다.

경찰서장의 부탁으로 이들은 정성을 다해 남로당 제주도당의 정보 수집을 하였다. 이들은 며칠 후 48년 1월 22일 오후 6시 조천면 신촌리 모 집에서 남로당 회의가 있다는 것을 알고 사찰과장에게 이를 알렸다.

이번 남로당 제주도당의 회의는 중앙당에서 5.10선거 반대 2.7투쟁에 대한 대책을 세우기 위해 소집한 것이었다. 남로당 제주도당에서는 김석천이 잡혀갔다는 것을 알지 못하고 있어서 경찰은 김석천을 통하여 제주도당의 정보를 쉽게 알 수 있었다. 그는 다만 경찰에 정보를 알려주러 갈 때는 남로당원들이 알아볼 수 없게 변장을 하고 밤에만 경찰서를 드나들었다.

48년 1월 22일 제주경찰서에서는 극비리에 출동준비를 마치고 오후 5시 반 경찰들을 트럭에 태우고 경찰서를 출발하였다. 그리고 집을 철통같이 포위하고 고함을 치며 회의장을 덮쳤다. 경찰에 급습을 당한 남로당원들은 깜짝 놀랐다. 그들이 회의를 할 때는 마을 밖에 보초를 세우고 집 앞에도 보초를 세웠으며, 회의를 준비하기까지는 아무도 모르게 극비 중에 진행시키는데 도대체 경찰이 어떻게 알고 왔는지 기가 막혔다.

남로당원들은 손을 들고 한 사람씩 나와 트럭에 탔다. 이날 연행된 남로당원은 모두 106명이었다.

6. 김석천의 전향으로 남로당 제주도당 간부 2차 검거.

연락책에게서 106명이 경찰에 잡혀갔다는 보고를 받은 남로당 제주도당 간부들은 고심하였다. 남로당 제주도당 간부들은 48년 1월 26일 오후 7시 애월에서 지역대표와 당 간부들이 모여 회의를 하기로 극비로 연락하였다. 김석천은 이 정보도 알아내어 즉시 사찰과장에게 알렸다.

사찰과장은 극비리에 준비를 하고 애월면의 현장 답사도 끝냈다. 그리고 26일 오후 5시 출동 준비를 마친 사찰과장과 경비과장은 트럭 4대에 경찰을 싣고 애월로 출동하였다.

밤 7시 반, 마을 입구에 도착한 경찰은 소리를 죽이고 신속히 마을 길목을 장악하고 2중 3중으로 포위망을 쳤다. 그리고 일시에 회의 장소를 덮쳤다.

그들은 귀신이 곡할 노릇이라고 하였다. 경찰이 자기들이 회의를 하는 줄 어떻게 알고 쥐도 새도 모르게 이렇게 출동했느냐 하였고, 자기들 안에 경찰 프락치가 없다면 있을 수 없는 일이라고 속삭였다. 그러나 그들이 아무리 생각해 보아도 프락치 노릇을 할 만한 사람이 없었다. 김생민이 석방되었다면 혹시 그를 의심할 만도 하지만 그는 지금 구속되어 있지 않은가! 그것이 기이한 일이었다. 경찰의 신속함에 안세훈도 고개를 절래 절래 흔들었다. 이날 연행자는 모두 115명이었다.

안세훈, 김은환, 이좌구, 이덕구, 김양근, 김달삼 등 남로당 제주도당 핵심간부들이 며칠 사이 221명이 체포되어 남로당 제주도당은 큰 타격을 받았다.

115명의 연행자를 싣고 경찰 호송차가 관덕정 근처를 지날 때 경찰 경계의 허술함을 파악한 김달삼과 조몽구는 감시원 2명을 따돌리고 김달삼은 죽자 살자 도망쳤고, 조몽구는 금강약방에 숨어 있다가 도망쳐 수색하는 경찰을 피하였다. 이들은 2월 중순과 3월 5일 사이에 ① 경찰 간부와 고위관리들을 암살하고 경찰 무기를 노획하라 ② 유엔 위원단과 총선거 · 군정 반대하라 ③ 인민공화국을 수립하라는 지시와 폭동을 일으키라는 남로당 중앙당의 지령을 받고 이것을 의논하려고 모였다가 모두 체포되었다.[67] 여기 남로당 221명 검거는 3.1발포사건과는 전혀 관련이 없고 미군 탄압과도 전혀 관계가 없다.

7. 48년 1월 22일 연행자 221명 죄목이 없어 전원 석방

경찰에 붙잡혀 온 남로당원들은 심문하는 경찰들을 애 먹였다. 그것도 그럴 것이 경찰에서는 이들을 막상 잡아다 놓고 조사서에 죄목을 적으려 해도 죄목이 없었던 것이다. 이때만 해도 남로당은 합법적 정당이기 때문에 남로당원이라고 해서 구속시킬 수는 없었고, 시위나 폭동을 주도했다는 것은 죄가 될지 모르나 "폭동을 모의 하였다" 는 모임을 가졌다는 것만으로는 구속시킬 수는 없었다. 경찰은 "우리가 무엇을 잘못했다고 이렇게 잡아와서 심문하는 거냐?" 하고 고함을 치는 그들을 잡아다 가둔 것이 이래저

---

67) 미24군단 「G-2 일일보고서」 1948년 2월 6일자

래 골치가 아팠다. 미군정은 5.10선거를 앞두고 한국에 상주한 유엔 한국 선거감시단의 건의를 받아들여 선거분위기를 보장한다는 명목으로 정치범을 석방하기로 방침을 정했다. 결국 경찰은 1차로 63명을 풀어주었다.68)

경찰에서는「저놈들을 풀어주지 말아야 하는데 이것 잘못되어도 한참 잘못되어가고 있다. 도대체 미군정은 이해를 못 하겠다. 왜 저런 놈들을 풀어주라고 해?」하며 불평하였다.

경찰 간부들은 수사관들로부터 "남로당원들을 풀어주어서는 안 된다"는 건의를 받고도 경찰 간부들은 이들을 풀어주지 않고는 어떻게 할 방법이 없었다. 그리고 나머지도 계속 경찰에 가두어 놓을 수 없어 고민이었다. 수사관들은 이들의 석방을 차일피일 미루었지만 1948년 3월 15일 안세훈 이하 남로당 간부들을 전원 석방하였다. 이들이 석방됨으로 제주4.3폭동을 미연에 막을 수 있는 기회를 놓치고 말았다.69)

※ 이상 221명 연행은 3.1발포사건과는 전혀 관계가 없으며, 미군의 탄압과도 전혀 관계가 없다. 221명의 연행을 제주도민을 탄압하여 폭동이 일어났다는 주장은 허위주장이다.

8. 남로당 제주도당 5.10선거 반대 2.9폭동

남로당 5.10선거 반대 전국 2.7폭동 때 제주도는 남로당 핵심 간부가 모두 경찰서 유치장에 있어서 폭동에 가담하지 못하여 조용한 편이었으나 2월 9일부터 지역별로는 작은 시위들이 끊이지 않아 경찰들은 긴장하고 있었다.

48년 2월 9일 안덕지서 최 주임은 오 순경과 같이 사계리 순찰을 나가 마을을 한 바퀴 돌았으나 마을은 조용하였다. 그러자 최 주임이 오 순경에

68) 「제주 경찰사」 297쪽
69) 「제주 경찰사」 297쪽

게 "술이나 한 잔 하고 돌아가자." 고 이끌어 둘은 주막에 들어가 술을 마셨다. 술이 한두 잔 들어가게 되자 둘은 의기투합하여 말이 많아지고 신세타령까지 나오게 되었다. 최 주임은 육지 출신이라 고향 생각에 견딜 수 없었다. 더구나 내일은 설날이 아닌가! 오 순경은 육지가 고향은 아니지만 집에 들어가지 못하는 것은 마찬가지였다. 특히 제주는 별나서 제주가 고향인, 도 밖으로 나가 있던 사람들은 명절만 되면 거의가 돌아와 가족과 친지들과 명절을 지낸다.

마을 구석구석에 풍기는 설음식 냄새는 주막까지 날아들어 두 사람을 더욱 자극하여 술을 마시게 하였다. 둘은 움직일 수 없을 때까지 마셔 결국 주막에서 잠이 들고 말았다.

한편 사계리 송죽마을 청년들은 5.10선거 반대 시위를 하려고 준비를 끝냈는데 경찰관 2명이 이것을 저지하기 위해 고망술집에서 어제 저녁부터 진을 치고 있다는 연락을 받았다. 이 연락을 받은 송죽마을 청년 이양호, 임창범 등은 마을 청년들을 선동하여 오전 9시경 고망술집으로 가서 술에 취해 잠들어 있는 최 주임과 오 순경을 붙잡아 오 순경이 가지고 있던 칼빈총을 빼앗고 둘을 묶어 향교로 끌고 갔다.

『당신들 무엇 하러 이곳에 왔소? 오늘 단선반대 시위를 한다고 어느 놈이 고자질했소? 그놈 이름을 대시오. 말을 하지 않으면 여기서 살아나가지 못할 것이요.』

청년들은 경찰 둘을 묶어놓고 죄인을 심문하듯 하였다. 둘은 꿀 먹은 벙어리가 되었다. 간밤에 술을 그냥 한 잔만 하고 지서로 돌아갈 것을, 설음식 냄새에 고향에 못 가는 것이 괴로워 먹어댄 술로 지금 이렇게 당하게 되니 어찌 무슨 말을 할 수 있으랴! 더구나 오늘 단선반대 시위를 한다는 것을 그들은 알지 못하였는데 이들에게 그 일을 우리는 알지 못한다고 말하기가 경찰로서는 곤혹스러웠다. 이들은 설날 아침에 이렇게 청년들에게 당하니 처량하기도 하고 분하기도 하였지만 어제 취하도록 먹은 술 때문이라고 자조하고 각목으로 내리치는 폭행과 발길질을 감당해야 했다.

청년들이 경찰 둘을 묶어놓고 죽음 직전까지 폭행하는 것을 목격한 같은 마을에 사는 사람이 지서에 신고하였다.

안덕지서에 갑자기 비상이 걸렸다. 조금 전 나이든 여자로부터 "송죽마을 향교에 청년들이 경찰 두 명을 묶어놓고 죽도록 두들겨 패고 있는데 그대로 두면 죽일 것 같으니 빨리 가 보십시오." 하는 신고를 받고 경찰과 서청원들은 출동준비에 정신이 없었다.

출동 준비를 갖춘 안덕지서장은 모두 소집하여놓고 보니 출동할 인원이 적어 마을에 가서 작전할 일이 걱정이 되었다. 그래서 중문지서에 연락하여 "지금 큰 사건이 벌어져 출동해야 하는데 경찰 수가 모자라니 경찰학교 졸업생들이 졸업여행 중 중문지서 앞을 지날 텐데 그때 안덕지서로 보내달라" 고 하였다. 이렇게 하여 오후 3시경 안덕지서와 경찰학교 졸업생들과 합동작전을 벌였다.

경찰이 송죽마을을 포위하자 마을 청년들은 산으로 도망치고 숨느라 정신이 없었고, 경찰 2명은 끌고 가다가 버리고 도망쳐 2명의 경찰은 죽음 직전에 구출되었다. 경찰들은 도망치는 청년들을 향해 사격을 하였고, 일부는 마을을 수색하여 청년들을 잡아냈다.

마을은 삽시간에 벌집을 쑤셔놓은 듯하였다. 경찰들은 집집마다 이 잡듯이 뒤져 도망간 사람들을 파악하고 가족들을 지서로 연행하였다.

주동자 임창범의 집을 뒤질 때 사람 이름을 적은 작은 수첩을 발견하였다. 거기에는 마을 사람 100여명의 이름이 적혀 있었다. 수상한 수첩을 찾은 경찰은 이것이 혹시 이 마을의 남로당원 명부가 아닐까 생각하고 임창범의 어머니를 붙잡아다 밤이 새도록 심문하였다. 그러자 밤새 경찰에 시달리던 임창범의 어머니는 목을 매어 자살하고 말았다.

마을이 쑥밭이 되자 마을 유지들이 모여 숙의한 후 지서장을 찾아가 호소하였다.

「우리들이 도망자 가족들을 설득하여 주동 청년들을 찾아낼 테니 시간을 주시고 그의 가족들을 풀어주시오.」

유지들의 말에 경찰에서는 연행했던 도망자 가족들을 풀어주었다. 그리고 유지들은 마을에 남아 있던 청년들에게 "자네들도 알다시피 이렇게 마을이 쑥밭이 되어 마을 사람들이 살 수 없으니 자수해 주기 바란다." 고 설득하여 임창범(28세) · 이양호(25세) 등 주동자 7명이 자수하였다. 그리고 동조했던 청년들은 하나 둘 씩 마을을 떠났다. 임창범과 이양호는 대구형무소에서 복역 중 6.25 때 총살을 당하였고, 박경선은 송악산에서 처형되었다.[70]

※ 위의 사건은 사계리 청년을 탄압한 것이 아니라, 사계리 청년이 경찰의 총을 빼앗고 감금하고 폭행한 데서 발생하였다.

48년 2월 10일 한림면 고산마을 청년 300여명이 5.10선거 반대 시위를 하면서 고산리 지서를 습격하였다. 파출소 안에서 경찰 3명이 해산하라고 명령해도 듣지 않자 청년 신을선의 다리에 총을 쏘니 그때서야 시위군중은 해산하였고 10여명이 연행되었다.

신양 · 오조 · 시흥마을 청년들도 마을에서 5.10선거 반대 시위를 하다가 경찰에 연행되었다.

한경지역 청년 150여명은 5.10선거 반대 시위를 위하여 지서를 습격하였다.

조천중학원, 조천, 안덕면, 창천, 한림면, 명월, 구좌면, 하도, 제주읍, 삼양 등 제주도 전역의 마을 청년들은 48년 2월 8일부터 10일까지 17건의 5.10선거 반대 시위를 하였다. 이들은

① 이승만을 타도하자. ② 단독정부를 반대한다.

③ 우리는 뭉쳐야 산다. ④ 미군을 물리치고 우리는 독립해야 한다.[71]

등의 구호를 외치며 마을을 돌며 결의문을 낭독하고 깃발을 흔들고 북치고 장구 치며 "왓샤, 왓샤" 5.10선거 반대 시위를 하고 전단지를 뿌리다가 지서를 습격하였다. 경찰은 이들에게 발포하고 젊은이들은 연행하였다. 조천중학교 교사 및 학생들은 완전히 좌익이었다.[72] 그들은 연행되어

---

70) 4.3은 말한다 1권 542쪽~545쪽
71) 위의 책 546쪽
72) 「이제야 말햄수다」 47쪽

간 지서나 경찰서에서도 그들의 뜻을 굽히지 않고 주장하였다.

남로당은 ① 외세는 배격하여 자주독립을 해야 한다. ② 죽음으로 단선을 반대하여 조국의 분단을 막아야 한다. 라는 명분으로 제주도민을 선동하였다. 조천의 청년 80%가 공산주의자였다.[73]

1948년 2월 9일~11일 5.10선거 반대 시위를 하였고, 경찰은 시위자 290명을 연행하였다.

※ 이상의 사건은5.10선거 반대 폭동이지 3.1사건과는 관련이 없다.

9. 신촌회의에서 4.3폭동 결정

1948년 2.7폭동 후 김달삼은 남로당 중앙당으로부터도 제주도에서 폭동을 일으키라는 지령을 받았다.[74] 48년 2월 20일경 조천면 신촌리에서 김달삼을 비롯한 남로당 제주도당 간부와 면당 책임자인 조몽구, 이종우, 강대석, 김달삼, 이삼룡, 김두봉, 고칠종, 김양근 김영관, 김용해, 부명훈, 문재진, 최남식, 조규찬 등 19명이 모였다. 신촌회의는 면당 책임자 이상 주요간부 221명이 경찰에 연행된 후 당의 진로를 결정하기 위한 대책회의로서 몇 차례 회를 거듭하였다. 젊은 층의 김달삼은 5.10선거 반대투쟁을 더욱 강력하게 하기 위하여 이 자리에서 무력으로 5.10선거 반대투쟁을 하자고 주장하였다. 그러나 나이가 많은 조몽구 등은 무장투쟁은 신중을 기하자고 하면서 반대하여 김달삼의 강경 지지자 12명, 조몽구의 신중론자가 7명으로 무장투쟁을 하기로 결정하였다.[75] 2월 25일 경에는 군사부를 신설하는 등 투쟁위원회 체제로 당을 개편하고 2월 28일 전남 올그(소련공산당 용어로 조직원)가 제주도를 방문하였다가 3월 15일 제주4.3폭동 작전을

---

73) 위의 책 56쪽
74) 미24군단 「G-2 일일보고서」 1948. 2월 6일자
75) 「이제야 말햄수다」 159쪽

세우게 된다.

10. 경찰 고문치사 사건

경찰서에서는 청년들이 5.10선거 반대 시위를 하다 연행되어 오면 심문을 시작하였다. 청년들은 경찰의 심문에 하나같이 모두 「아니다.」하고 부정하였다.

조천 지서로 끌려온 제주중학 2학년에 재학 중이던 김용철(21세)은 경찰의 혹독한 고문에 결국 48년 3월 6일 죽고 말았다.

대정면 영락리의 양은하(27세)는 경찰의 질문에 아무 것도 모른다고만 하였다. 그는 2월 9일 무릉지서로 연행되었다가 2월 20일 모슬포지서로 옮겨졌다. 모슬포지서의 고응춘, 변태문 순경은 양은하가 지서에 도착하자 3월 14일 심문을 하였다.

「너희들 이번 단선반대시위 주동자가 누구냐?」

「저는 아무 것도 모릅니다.」

「뭐? 몰라? 그럼 지서 습격은 누가 시켜서 하였느냐?」

「나는 몰라요. 나는 아무 것도 모릅니다!」

양은하는 다시 구타를 당하였다. 한참을 두들겨 맞던 양은하가 갑자기 허리를 굽히고 몸을 이리저리 때굴때굴 구르며 고함을 지르다 조용하였다. 구타하던 두 순경은 "저 자식 죽은 게 아니야?" 하며 양은하를 들쳐보니 죽었다. 나중 사인을 알고 보니 고환이 터져 죽었다고 하였다.

양은하의 죽음이 가족에게 알려지자 분노한 형과 동생들과 온 가족들이 연장을 하나씩 들고 모슬포지서로 내달았다. 이들이 모슬포지서에 도착하여 경찰들을 찾았으나 경찰은 다 도망가 버리고 지서는 텅 비어 있었다. 그리고 양은하의 시체는 지서 뒤뜰에 있었다. 시체를 보고 울분을 참지 못한 양은하의 가족들은 울부짖으며 지서의 유리창 책상 걸상 할 것 없이 모두 쳐부수었다.

그들은 시체를 들고 집으로 가면서 대성통곡하였다. 양은하의 형제 5명은 "경찰을 때려잡으려면 경비대에 들어가야 한다." 고 입을 모으고 모슬포 9연대에 입대하였다.

한림면 금릉리 박행구(22세)는 좌익 청년으로 그는 토지개혁을 늦추고 친일 어용을 처단하지 않는 미군정에 대해 불평을 하였고, 신탁을 반대하여 분단과 분열을 초래한다고 우익에 대해서도 비판을 하였다.

48년 3월 말 선박 진수식에 참석하였던 박행구는 식이 끝난 후 마을 사람들이 한 잔씩 권한 술에 취하여 여러 사람들과 찬탁과 반탁 문제를 가지고 이야기하다 흥분하여 한 말이 즉시 경찰에 신고 되었다.

「한림면 금릉면 박행구는 민족을 팔아먹은 민족반역자들을 무엇 때문에 미군정은 우대하고, 우익인사들은 왜 신탁을 반대하느냐고 하였소.」

이 신고를 받고 경찰과 서청원 20명이 트럭에 타고 금릉마을에 도착하였다. 밥을 먹고 있던 박행구는 경찰이 마을에 출동하였다는 말을 듣고 아무래도 선박 진수식에서 자기가 했던 말 때문이라고 짐작하고 맨발로 담을 넘어 도망쳐 몇 집 건너 창고에 숨었다. 박행구의 집에 가서 박행구를 찾지 못한 경찰들은 마을을 포위하고 한 집 한 집 뒤져 창고에 숨어 있던 박행구를 찾아냈다.

박행구를 찾아낸 경찰과 서청원들은 곤봉과 총 개머리판으로 구타하여 박행구는 선혈이 낭자하였다. 이러한 박행구를 서청원들은 차에 태우고 한림 쪽으로 가다가 멈추고 끌어내려 총으로 쏘아 죽이고 가버렸다.[76]

11. 고문치사 경찰 체포

모슬포지서에서 양은하를 고문치사 한 혐의로 경찰관 2명을 체포하였고, 조천지서와 모슬포지서에서 고문에 가담한 경찰관 11명을 체포하여 군정

76) 4,3은 말한다 1권 556쪽~557쪽

재판에 기소하여 조천지서 경찰관 3명은 징역5년, 2명은 징역 3년, 모슬포 지서 경찰관 5명은 징역 5년, 1명은 징역 3년의 선고를 내려 과잉수사에 대한 책임을 물었다.77)

※ 이상 3명의 고문치사 사건은 3.1사건과는 관련이 없으며, 4.3폭동 결정 후에 고문치사사건이 발생하였기 때문에 4.3사건 결정에는 아무런 관련이 없다. 즉 고문치사사건 때문에 4.3사건을 결정하였다는 주장은 허위주장이다.

---

77) 조선일보 1948년 5월 9일자

제4장
5.10선거 반대 제주4.3폭동

1. 남로당 제주도당 강경파들의 4.3폭동 결정 배경

① "나는 4.3을 한 3개월 정도 보았다. 6개월이면 조천까지는 해방구가 될 것이라고 확신했다. 본토의 군대가 반란을 일으켜(여수14연대 반란 같은) 호응해 올 것이라는 기대도 있었다. 당시 제주 성내는 습격하지 않았는데 이는 조천 등 외곽을 장악해 읍내를 고립시키면 자연스럽게 접수될 것이라고 여겼기 때문이다." 78)

② 5.10선거 반대투쟁을 하면 기폭제가 되어 전국에서 호응할 것이며 9연대 경비대는 중립을 지킬 것이다.79)

③ 미군과 소련이 곧 철수하면 북한의 김일성과 남로당의 박헌영의 세력이 강하고 머지않아 49년도에는 인민군이 38선을 넘을 것이다. 이들은 인민군이 남침하기를 학수고대하였다.80)

이와 같이 확신하고 그들은 5.10선거 반대에 성공하여 제주도를 공산화하기 위하여 무력투쟁 준비에 전력을 다하였다. 여기에는 전남도당 조직지도위원, 오르그 이명장이 참여하여 4.3폭동을 지도하였다.

---

78) 제주4.3사건 진상조사보고서 159쪽(재인용)
79) 앞의 책 159쪽(재인용)
80) 「이제야 말햄수다」1권 217쪽

※ 1945년 9월 20일 소련 스탈린 최고사령관과 안토노프 군 참모총장이 바실레프스키 극동전선 최고사령관 및 연해주 군관구 군사평의회 제25군사평의회 앞으로 보낸 암호전문에서, 북한 지령에 따르는 소련군 최고사령부의 7개 지시사항을 시달했으며, 이 가운데 밝혀지지 않았던 1, 2, 7항에 부르좌 민주주의 정권 수립을 지시한 내용이 포함되어 있는데, 여기서 소련군이 한반도에 진주한 직후부터 북한 단독정권 수립의 구상을 갖고 있었음을 명백히 보여주고 있다.[81]

1948년 3월 중순 경 전라남도 당부에서 제주도 당부로 '올그' 이 동무를 파견, 무장반격 지령과 함께 도 당부 상위에서는 이상 도 당부의 지령을 받고 같은 해 3월 15일 도 파견 '올그' 이명장을 중심으로 회합하여 4.3폭동의 작전을 지도하였다.

2. 제주4.3폭동의 목적

전남 좌파 남로당 도당부의 지령에 의하여
① 당의 조직수호와 방어수단으로
② 단선 단정 반대 구국투쟁의 방법으로 전 도민을 궐기시켜 무장반격을 전개하기로 하고 그 준비 및 실행 계획을 다음과 같이 결정한다.[82]

3. 제주4.3 폭동준비

① 군사위원회를 조직하고,

---

81) 한겨레신문, 1993년 2월 27일자.
82) 제주도인민유격대 투쟁보고서「문창송 편 한라산은 알고 있다」1995, 10쪽

② 투쟁에 필요한 200여명의 자위대를 조직하며,

③ 보급과 무기 준비 및 선전사업 강화 등 책임을 분담 준비하기로 하였다.

④ 3월 15일 ~ 3월 25일 준비 3월 28일 회의에서 4월 3일 2시~4시에 무장공격을 하기로 결정하였다.83)

4. 제주 인민유격대 4.3폭동을 위한 조직

1) 병력 조직 대상 13면(추자면까지 포함) 중 성산 · 서귀 · 안덕 · 추자 등 5면을 제외한 제주 · 조천 · 애월 · 한림 · 대정 · 중문 · 남원 · 표선 등 8개면에서.

① 유격대(톱부대) 100명, ② 자위대(후속부대) 200명, ③ 도 · 군위 소속 특경대 20명 등 합 320명

병력이 편성 완료되었는데, 조직 체계는 도 투위 군사부 밑에 도 군사위원회를 두고 위원장, 총사령관, 부사령관이 있으며, 각 면 투위 군사부 밑에는 각 면 군사위원회를 두어 위원장, 총사령관, 참모가 있어서 자위대 및 유격대를 통솔 지휘하는데, 인원 편제는 10인 1개 소대, 2개 소대가 1개 중대, 2개 중대가 1개 대대로 편성되었다.84)

2) 제주 인민유격대 조직(무장조직)

① 각 면에 혁명 정신이 투철한 자와 전투 경험의 소유자 30명 씩 선발하여 인민유격대를 조직한다.(중대)

② 연대와 소대 조직

③ 제1연대 = 조천, 제주 구좌면 – 3.1지대(이덕구)

제2연대 = 애월, 한림, 대정, 안덕, 중문면 – 2.7지대(김봉천)

---

83) 제주 인민유격대 투쟁보고서 17쪽

84) 위의 책 22쪽

제3연대 = 서귀, 남원, 성산, 표선면 – 4.3지대(?)

④ 특공대 – 정찰임무

⑤ 특경대 – 반동들의 동정 감시

⑥ 정치소조원 – 유격대 사상교육

⑦ 자위대 – 각 읍 면과 행정 단위로 10명씩 조직

4.3폭동 전에는 각 면에 중대까지 조직하고, 연대는 4.3폭동 후 48년 4월 15일 조직하였다.

「한국전쟁사」에서는 '폭도 500명, 협조원 1,000명 계 1,500명이다' 라고 하였다.[85] 제주대 고창훈 교수도 「해방전후사의 인식」 4권 273쪽에 무장 500명, 비무장 1,000명이라고 주장하고 있다.

3) 무기

① 구구식 소총 27정

② 권총 3정

③ 수류탄(다이나마이트) 25발

④ 연막탄 7발

⑤ 기타는 죽창과 철창으로 준비가 완료 되었다.

4) 훈련

3월 20일 경 한림면 샛별오름 공동묘지에서 일부 67명에 대한 합숙훈련도 실시되었다.[86]

5. 제주 4.3폭동(내란) 작전계획

1) 거사일시

---

85) 국방부 전사편찬위원회 「한국전쟁사」 1권 437쪽

86) 제주인민유격대 투쟁보고서 11쪽~12쪽

1948년 4월 3일 오전2시~4시 암호 콩과 팥이었다.[87)]

2) 거사 대상과 책임분담

① 반동의 아성인 제주읍 성내 특히 감찰청과 제1구서(제주경찰서)는 국경(국방경비대)이 담당 분쇄하고,

② 도내 14개 경찰지서는 유격대 및 자위대 400명을 배치 습격하기로 결정하였다.

③ 한편 국경(국방경비대) 프락치에게는 무장 반격에 동원 가능한 병력 수를 사전에 문의한 결과 800명 중 400명은 확실성이 있고, 200명은 마음대로 할 수 있으며, 반동은 주로 장교 급으로서 하사관까지 합쳐도 18명이므로 이들만 숙청하면 문제없으니 병력 동원에 필요한 차량 5대만 보내달라는 요청과 함께 만약 배치가 안 될 때에는 도보라도 습격에 가담하겠다는 연락이 있었으므로,

④ 이 보고를 중심으로 즉시 4.3투쟁에 총궐기하여 감찰청 및 제1구서 습격 지령과 함께 차량 5대를 보내는 외에

⑤ 거점 분쇄 연락병으로 학생 특무원 20명을 성 내(제주읍내)에 침투시켰다.[88)]

이상에서 중요한 것은 도당의 '올그' 이명장이 재차 3월 15일 내도하여 무장반격에 관한 지시와 아울러 "국경(국방경비대) 프락치는 도당에서 지도할 수 있으며, 이번 무장의 반격에 이것을(국방경비대) 최대한으로 동원하여야 된다." 라고 언명하였음. 이 지도를 중심으로 4.3투쟁의 전술을 세웠다고 하여 이것으로 중앙당의 지령에 의한 제주 4.3폭동이 증거가 되었고, 제주4.3폭동은 9연대 좌익 세력과 합동으로 폭동(반란)을 일으키려고 합의한 증거임을 알 수 있다. 이상으로 보아 제주4.3사건은 목적이 분명하고, 조직이 있고, 무기를 들고 9연대 반란군과 합동으로 행동하려고 하였으므로 이는 '폭동' 이 아니라 "무장내란" 이다. 제주4.3 폭도들도 제주

---

87) 4.3은 말한다 2권 26쪽

88) 제주인민유격대 투쟁보고서 12쪽 ~13쪽, 76쪽

인민유격대 투쟁보고서에 자기들은 인민군 대표(人民軍代表)라고 표현하여 스스로 내란군임을 입증하였다.[89] (이하 제주인민군)

6. 제주 폭도들의 폭동 목적인 포고령

① 친애하는 경찰관이여! 탄압이면 항쟁이다. 제주도 유격대는 인민들을 수호하며 동시에 인민과 같이 서고 있다. 양심 있는 경찰관이여! 항쟁을 원치 않거든 인민의 편에 서라. 양심적인 공무원들이여! 하루 빨리 선을 타서 소여된 임무를 수행하고 직장을 지키며 악질동료들과 끝까지 싸우라! 양심적인 경찰원 대청원들이여! 당신들은 누구를 위하여 싸우는가? 조선사람 이라면 우리 강토를 짓밟는 외적을 물리쳐야 한다. 나라와 인민을 팔아먹고 애국자들을 학살하는 매국 배족노들을 꺼꾸러뜨려야 한다. 경찰원들이여! 총부리란 놈들에게 돌려라! 당신들의 부모형제들에게 총부리를 돌리지 말라. 양심적인 경찰원, 청년, 민주인사들이여! 어서 빨리 인민의 편에 서라. 반미 구국투쟁에 호응 궐기하라!

② 시민 동포들이여! 경애하는 부모 형제들이여! '4.3 오늘은 당신님의 아들 딸 동생이 무기를 들고 일어섰습니다. 매국 단선 단정을 결사적으로 반대하고 조국의 통일 독립과 완전한 민족해방을 위하여! 당신들의 고난과 불행을 강요하는 미제 식인종과 주구들의 학살 만행을 제거하기 위하여! 오늘 당신님들의 뼈에 사무친 원한을 풀기 위하여! 우리들은 무기를 들고 궐기하였습니다. 당신님들은 종국의 승리를 위하여 싸우는 우리들을 보위하고 우리와 함께 조국과 인민의 부르는 길에 궐기하여야 하겠습니다.[90]

"우리 인민해방군은... 극악무도한 반동을 완전히 숙청함으로서 UN조사위원단을 국외로 몰아내고 양군을 동시 철회시켜 외국의 간섭이 없는 남북통일의 자주적 민주주의 정권인 <u>조선민주주의 인민공화국이 수립될 때까지 투쟁한다.</u>

89) 제주인민유격대 투쟁보고서 78쪽
90) 김봉현·김민주「제주도 인민들의 4.3무장 투쟁사」문우사. 1963, 84쪽~85

1. 인민해방군의 목적 달성을 전적으로 반항하고 또 반항하려는 극악 반동분자는 엄벌에 처함.
1. 인민해방군의 활동을 방해하기 위하여 매국적인 단선 단정을 협력하고 또 극악반동을 협력하는 분자는 반동과 같이 취급함."
1. 친일파 민족반역 도배의 모략에 빠진 양심적인 경찰관 대청원은 급속히 반성하면 생명과 재산을 절대적으로 보장함.
1. 전 인민은 인민의 이익을 대표하는 인민해방군을 적극 협력하라.

우와 여히 전 인민에게 고함.

4283년 4월 10일 인민해방군 제5연대[91]

※ 제주4.3 폭도들은 **"조선민주주의 인민공화국이 수립될 때까지 투쟁한다"** 가 목표였다.

48년 4월 15일 제주인민군 편제에는 5연대가 없었으나 이는 인쇄할 때 착오인 듯하다. 이로서 제주인민군의 투쟁 목표는 분명하였다.

7. 제주4.3 폭동 주동자들 9연대 협조자 확인.

3월 말경 제주도당부 군사·정치의 책임자였던 김달삼과 조몽구, 국방경비대의 당 세포 책임자였던 문상길 중위 등이 참석한 회의에서 무기 탈취의 결정이 내려졌다.92)

8. 남로당 제주도당 세부작전

남로당 제주도당은 3월 28일 다시 모여 폭동 준비를 확인하고 있었다.

91) 1948년 4월 21일 경찰이 수거한 인민해방군 포고령 전단지
92) 육군본부 「공비 토벌사」 서울; 1954년 10쪽

1) 1단계 작전이 성공하면 조직을 재편하고 전열을 정비하여 점령지역을 난공불락인 성을 만들고 무기 · 탄약 · 피복 · 식량 등을 충분히 비축한 후 경찰의 최후 거점인 제주도경찰국을 향해 경찰 안의 우리 세포원과 함께 총공격을 한다.[93]

2) 한 달만 있으면 해방된다.[94]

3) 3년만 버티면 주변 정세는 남로당에 유리하다. 북조선 인민군의 남하와 원조는 필연적이다.(북한 인민군의 38선 남침을 기다리고 있었다는 증거이다.)[95]

4) 공격할 날짜는 4월 3일, 그리고 만월표 운동화나 고무신을 신어 자기편인 것을 표시하였다.[96]

이들은 육지에서 반란(여수14연대)이 발생하거나, 북한 인민군이 남침하기를 기다리고 있었다. 그리고 인민자위대, 여맹원, 남로당원 등을 동원하여 일본군 5군단이 매몰해 놓고 간 무기를 찾아 수백 명이 무장하였으며, 여기에 무기가 없는 자 1,000여명이 같이 행동하였고, 남로당원 3만의 지지를 받고 있었다.[97] 또한 도지사 박경훈, 제주읍장 등도 지지를 하고 있어서 막강한 배경을 갖고 있었으며, 제주도 9연대도 남로당에서 거의 장악하고 있어 경찰쯤은 문제가 안 되어 제주도를 완전히 공산화 할 수 있다고 이들은 확신하였다.

중공 팔로군과 일본군 출신이 기간이 되어 제주 봉개에서 교육과 훈련에 열심이었다. 그들은

① 인민공화국을 절대 사수한다.

② 5.10 단선 단정수립 음모 분쇄

③ 미 점령군 즉시 철수

④ 경찰의 일체 무장해제

---

93) 제주4.3연구소 「이제야 말햄수다」 서울. 한울 1989년. 216쪽~217쪽

94) 위의 책 108쪽

95) 위의 책 229쪽

96) 위의 책 150쪽

97) 4.3은 말한다 1권 537쪽

⑤ 유격대의 합법화
⑥ 응원경찰대의 전면 철수
⑦ 투옥 중인 남로당원의 무조건 전원 석방
⑧ 타협은 절대 불허를 기치로 삼았다.98)

남로당 제주도당은 투쟁을 위한 준비를 착착 진행하고 있었다. 이들은 12개 중대로 조직을 편성하여

사령관 : 김달삼, 부사령관 : 조몽구 , 중대장 : 김대진 · 김의봉 · 이덕구 · 김성규 등이 추대되었고, 이들은 마을마다 연락병을 조직하였다.

폭도 사령관 김달삼은 제주도내 160여개 리에 민애청의 열성당원들을 동원 입산시켜 유격대에 합류하게 하였다. 입산할 때의 암호는 흰 수건으로 얼굴을 세 번 닦는 것이었으며, 접선할 때는 팔이 부러진 것처럼 하여 기브스를 하고 팔을 끈으로 묶어 목에 매었다.

유격대는 12명을 소대로 하여 30여명 이상의 3개 소대를 중대로 조직하였고, 면마다 중대를 조직하였다. 중대 위에는 지대가 있었고, 지대 위에는 도 사령부 즉 제주인민군 사령부가 있었다.

도 사령부 안에는 특별기동대가 있고, 기동대 인원은 25명으로 이들에게는 전원 소총이 지급되었다. 기동대는 3개 중대가 있었다.

중대 안에는 조직부, 자위부, 선전부, 총무부가 있어 선전과 식량보급 등을 부서에서 맡아서 하였다. 이들은 소집명령이 있어 작전이 끝나면 집에 가서 농사일을 하였다. 이들은 중산간 마을에서 살았으며, 남에게 보여서도 안 되고 중대 지역을 떠나서도 안 되었다.

중산간 마을은 거의 유격대를 지지하였고, 유격대를 완전히 지지하는 부락을 민주부락이라고 불렀다. 토벌대가 오면 중산간 마을 밑 부락의 세포원이 연락을 하여 매복 기습하거나 잠적해버려 토벌부대를 골탕 먹이도록 하였다. 잠적할 때는 미리 준비된 숲이나 비트나 방공호 속에 숨었다. 이들은 아침 6시에 기상하고 밤 10시에 취침하고 제주읍 봉개동에서 체력훈련과

---

98) 이제야 말햄수다 218쪽

사상교육과 체포되었을 때 오리발 투쟁 방법을 철저히 교육받았다.

유격대는 조금만 참으면 반드시 북한 인민군이 지원해 줄 것을 믿었고, 육지의 남로당원과 중앙당에서 크게 도와주어 남조선이 해방될 것을 믿었다. 이들의 거사 준비는 완벽하여 이제는 4월 3일 새벽이 오기를 전 대원은 훈련하며 기다렸다.

김달삼, 이덕구, 김의봉, 김성규, 김대진 등은 거사 날짜가 결정되자 유격대를 중대별로 인솔하여 한라산의 일본군이 쓰던 방공호 등을 아지트로 사용, 산 생활을 하면서 무장훈련을 하였다. 제주도에는 일본군이 만든 지하 방공호가 700개 이상이 있었고, 10리가 넘는 방공호굴도 있어 폭도들이 이러한 굴에 숨으면 진압군은 찾을 수 없었다.

한라산은 일본군이 미군의 공격을 저지하기 위하여 700여개의 방공호굴을 만들었는데 시설이 잘 되어 있어 이들은 여기서 기거하면서 훈련을 받았다. 이들은 무기와 식량을 확보하였고, 무기는 99식 소총과 죽창, 철창 등이었다. 통신과 의료는 부녀자와 학생이 동원되었고, 마을마다 정보원을 두어 정보가 순식간에 유격대 사령부에 보고되도록 하였다. 이들의 무장훈련장은 성산면 대수산봉 어도지경 샛별오름 등에 있었고, 제주도 오름에 훈련장을 두었다. (오름은 큰 산봉우리로 360개가 있음.)

인민해방군은 남로당 중앙당의 이재복 군사부장 직계였다.99)

이렇게 김달삼이 대대적인 무장투쟁을 준비하고 있었는데도 경찰은 정보를 입수하였으나 구체적인 것은 알지 못하였다. 특히 마을마다 멍석이 많이 없어지고 있는 것을 이상히 여기고 있었으나 구체적인 내용은 모르고 있어 폭동을 사전에 막지 못하고 있었다.

9. 제주 9연대 사정

제주 경비대 9연대는 46년 11월 16일 모슬포비행장에서 창설하였다.

---

99) 佐佐木春隆 저, 강욱구 편역 「한국전 비사」 1977, 상권 262쪽

창설 요원은 장창국 중위와 안영길(좌익), 윤춘근, 김복태 등 소위 계급의 장교들이었다. 사병은 광주 4연대에서 50명이 차출되었다.

장교들과 장병들이 제주도 마을을 찾아다니며 경비대에 입대하도록 설득을 해도 모병이 안 되었다.(그 때는 지원병 제도였다.)

장창국 중위는 당년 22세로 일본 육사59기 재학 중에 45년 해방을 맞았다. 해방 후 46년 육군사관학교 부교장이 되었고, 46년 11월에는 현재의 연대장에 부임했으니 그때의 상황이 어떠한가를 짐작할 수 있었다.

모병이 되지 않은 이유는 제주 남로당에서 끈질기게 경비대에 가입하지 못하게 저지하였고, 또 남로당에서는 계획적으로 세포원을 경비대에 입대시켜 부대를 장악하려 하였다.

장창국 연대장은 제주도에 온 후부터 건강이 좋지 않아 47년 5월 총사령부 작전국으로 전임되었고, 이치업 소령이 연대장으로 새로 부임하였다.

이치업 소령은 아무리 애를 써서 모병을 해도 응모자가 없었다. 그래서 소대장들을 모아놓고 모병이 되지 않은 이유를 물었다.

「어찌 이렇게 모병 실적이 부족합니까? 말은 2개 대대지만 실제 병력은 1개 대대 정도니 어떻게 된 것이요?」

「이곳 주민들 대부분이 좌익에 협조한다고 합니다. 그래서 경비대에 계획적으로 응모를 안 하는 것 같습니다.」

이치업 연대장은 김복태 소위의 대답에 큰 우려를 나타내었다. 그러나 이치업 대대장도 제주도에 온 후부터 배탈이 나고 힘이 빠져 결국 쓰러지고 말았다. 그는 연대장 직을 사임하고 서울 병원에 입원을 하였다.

47년 12월 1일 이치업 소령의 후임으로 부연대장이었던 김익렬 소령이 부임하였다.

문상길 중위는 경북 안동 태생이며 육사 3기로 오일균 육사 구대장의 포섭으로 남로당에 가입하여 9연대 남로당 조직 책임자였다. 문상길 중위는 제주인민유격대 김달삼·이덕구와 접선, 9연대 내 남로당 세포 확장에 전력을 다하였다. 그는 9연대를 완전히 남로당 군대로 만들어 후에 김달삼 인민유격대와 협력하려고 공작을 하였다. 이 공작에 장창국과 이치업 연대장

이 말을 잘 듣지 않자 극약을 먹여 서울로 쫓아 버렸다.100)

제주도는 제주도지사 박경훈이 인민투쟁위원장이요, 제주읍장이 부위원장이며, 각 면장이 면투쟁위원장이다.101) 제주도가 공산화 되는 것은 시간문제였다. 그래서 김달삼 중심의 강경파는 자신이 있었기에 폭동을 결정했던 것이다.

10. 남로당 제주도당 4.3폭동(내란)

48년 4월 3일 자정에 김달삼의 명령에 따라 책임자들은 각자 지역으로 흩어져 수산봉 고내봉 파군봉 등 오름마다 봉화를 올렸다. 이것은 사건에 가담하는 자들에게 이미 알려진 신호였다. 무장한 400여명과 협조원 천여 명은 사건 봉화가 오르자 예정대로 행동이 진행되고 있다는 것을 알았고, 봉화불을 보자 이들은 흥분하였다. 그들은 봉화 불을 신호로 한밤중 조용조용히 그들 행동의 목적지를 향해 움직였다.

1) 제주남로당 좌익 폭도들 우익 양민 학살

애월면 구엄마을에 폭도 100여명이 마을에 들이닥쳐 대한독립촉성회 제주도 책임자 문영백의 집을 덮쳤다.

문영백은 작년 3월 3.1절 행사에 참여하지 않았다고 신엄마을 청년들이 집단공격을 해온 후 항상 불안과 긴장 가운데 살았다. 그는 이날 잠을 자다 얼핏 여럿이 우르르 몰려드는 발자국 소리를 들었다. 그는 깜짝 놀라 잠자리에서 벌떡 일어나 잠옷차림으로 도망쳐 숨었다. 문 여는 소리에 자다 말고 깜짝 놀라 일어나던 큰딸 숙자(14세), 둘째 딸 정자(10세)는 잠옷을 입은 채로 마당으로 끌려나왔다. 다른 두 방에는 사람이 자던 흔적만 있고 사람은 없었다. 집안을 구석구석까지 뒤져도 문영백은 흔적도 없었다.

---

100) 佐佐木春隆 저, 강욱구 편역「한국전비사」1977, 상권 264쪽~265쪽
101) 한국전쟁사 1권 440쪽

저것들을 죽이라는 소리에 큰딸 숙자는 동생을 더욱 바짝 안고 "살려 달라" 고 소리 내어 울부짖었다. 죽임을 재촉하는 명령에 10여명은 칼과 죽창과 낫으로 두 소녀를 죽여 버렸다. 두 소녀는 아버지 대신 외마디 비명을 내지르고 피를 쏟으며 죽었다. 두 살짜리 막내아들은 콧등 위로 죽창이 스쳐지나 상처만 입고 죽지는 않았다. 처참하게 학살당한 두 딸을 보고 문영백은 대성통곡을 하며 경찰에 투신하여 폭도들을 공격하였다.

구엄마을 대동청년단장 문기찬(33세)을 폭도들이 끌고 가다 마을에서 3킬로 떨어진 곳에서 죽이라는 명령이 떨어지자 죽창과 칼로 찌르고 내리쳐 문기찬의 온 몸을 난자하여 죽이고 문창순(34세)도 같이 죽였다.

같은 마을 문용준은 폭도들에게 폭행을 당한 후 며칠 후 죽었다. 고군칠은 죽자 살자 도망쳐 살았으나 임신 중이던 부인은 폭도들에게 맞아 중상을 입었다.

강성종도 도망쳐 살았으나 폭도들이 그의 집에 불을 질러 집이 전소되고 말았다. 강성종의 집에 불이나자 불을 끄려고 한 송영호(50세)를 폭도들이 철창으로 찔러 부상을 입혔다.[102]

구엄마을은 이날 5명이 죽고 10여명이 부상당하였다. 이것은 무장봉기가 아니라 무장폭동이었다.

2) 폭도들 경찰과 서청 공격

4월 3일 새벽 2시경 한림면 한림리 서청의 숙소로 사용하고 있는 한림여관을 30-40여명의 인민유격대가 기습하였다. 이들은 여관을 포위하고 사제 폭탄을 던졌다. 또한 시장에 있는 여관 2층에는 경찰과 대한청년단 등 우익단체들의 숙소로 사용하고 있었다. 유격대 30-40여명이 포위하고 한림여관과 동시에 공격을 받았다.

폭도들은 지휘자의 손짓에 따라 일사분란하게 움직여 "해치워" 하는 명령이 떨어지자 각 방문마다 박차고 들어가 죽창 · 몽둥이 · 낫 등으로 사

102) 4.3은 말한다 2권 28쪽~29쪽

정없이 공격하였다. 잠을 자고 있다가 습격을 당한 경찰과 서청원들은 방어도 못하고 고스란히 당하고 말았다. 그래도 잠결에 이상한 느낌을 받은 사람들은 본능적으로 이불을 뒤집어씀으로 피해가 덜하였으나 피곤하여 잠에 떨어졌던 사람들은 중상을 입거나 죽기도 하였다. 한림여관에 사제폭탄을 던져 폭탄이 터지자 한밤중 여관에서 나는 비명소리는 어둠을 찢었고, 10여명의 서청원들은 부상을 당하였다. 살육 바람이 지난 각 방은 피가 흥건하였다. 폭도들은 기습한 후 번개같이 사라졌다.

한림여관에서는 경찰 1명이 사망하고 12명이 중상을 입었으며, 시장의 여관에서는 김록만 순경이 죽었다. 김익렬 연대장 일행 9명은 한림여관에서 잠을 자다 구사일생으로 탈출하였다.

폭도들은 독촉국민회의 제주도 감찰위원장 현주선(46세 북제주 군수 역임)의 집을 기습하였다.

현주선은 새벽 2시경 막 잠이 들려는데 갑자기 많은 사람들의 발자국 소리가 들려 순간적으로 위험을 느끼고 잠자리에서 벌떡 일어나 도망치려다 붙잡혀 유격대에 등과 앞가슴 등 세 군데를 칼에 찔렸으나 기적적으로 목숨을 건졌다. 현주선의 가족들은 움직이지 않고 죽은 듯이 숨어 있었다. 한바탕의 난리가 지나간 후 집안을 수습하려던 현주선의 큰아들 현여경(20세)은 집안에서 얼씬거리는 그림자를 발견하고 격투 끝에 붙잡고 보니 초등학교 동창이었다. 현여경은 그를 경찰에 인계하였다.

현주선이 기습을 당한 시간 총무 강한봉과 국민회의 간부 김창우 박창희도 공격을 받고 부상당하였다.103)

3) 폭도들 12개지서 공격

① 신엄지서

폭도들은 곧바로 신엄 지서를 습격하러 갔다. 총을 가진 자를 정문으로 공격하게 하고, 몽둥이와 죽창을 가진 자는 뒤에 매복하고 있다가 도망치는

---

103) 4.3은 말한다 2권 30쪽~32쪽

경찰을 공격하도록 하였다.

신엄 지서는 환하게 불이 켜져 있었고, 순경 두 사람이 지키고 있었다. 총을 든 두 사람은 발소리를 죽이고 고개를 숙인 후 살금살금 정문으로 가 벽에 붙어 섰다. 이때 지서 안에서 말소리가 들려왔다.

김병현 순경이 발자국 소리가 났다고 하니 문 순경이 김 순경 곁에 있던 총을 집어 들고 두 사람은 문밖에서 나는 소리에 귀를 기울였다. 이때 갑자기 "우당탕" 문이 열리며 "손들어!" 하며 괴한이 들어오자 총을 들고 있던 문 순경이 괴한을 향해 그대로 총을 쏘았다. 그러자 지서 안으로 들어서던 괴한들은 그대로 푹 푹 쓰러졌다. 그러나 문 순경도 괴한들이 쏜 총에 허벅지에 관통상을 입었다. 문 순경은 다리를 감싸 안고 소리를 질렀다.

문 순경은 불을 끄고 한차례 지서 주위에 총을 사정없이 쏘아댄 다음 철사와 끈을 찾아 피가 흐르지 않게 묶었다. 어둠 속에서 힘든 일이었지만 생명이 경각에 달렸다고 생각하니 초인적인 힘이 난 것 같았다. 폭도들은 더 이상 공격을 못하고 철수하고 말았다.

송원화 순경은 셋방에서 있다가 "지서에 사건이 벌어졌다" 는 연락을 받고 급히 집을 나서던 중에 송순경 집 주위에서 숨어 있던 폭도들의 "이 개새끼야" 하는 욕설을 들음과 동시 뒤통수를 맞고 쓰러졌다. 폭도들은 쓰러진 송 순경에게 달려들어 죽창과 칼로 8번이나 공격하였으나 송 순경은 부상을 당한 채 벌떡 일어나 도망쳐 지서로 갔다. 그러나 그는 지서에 도착하자마자 왼쪽 어깨에 총상을 입고 또 쓰러져 병원으로 실려 갔다. 일주일 후 오라리마을에 사는 부친이 폭도들에게 살해되었다는 소식을 듣고 그는 통곡하였다.104)

② 남원지서

30여명의 폭도들은 4월 3일 새벽 1시 남원지서를 공격하기 위해 출동하였다.

폭도들은 발소리를 죽이고 허리를 낮추어 지서 창 너머로 보이지 않게

---

104) 4.3은 말한다 2권 29쪽

하고 기다시피 하여 숙직실과 지서를 포위하였다. 총을 가진 두 사람은 땅바닥에 엎드려 마당을 지나 지서 출입문 옆에 붙어 섰다. 그리고 문을 살그머니 열고 보니 두 명의 순경이 의자에 앉아 졸고 있었다. 폭도는 '이때다' 생각하고 문을 벼락 치듯 발로 차서 열고 큰소리를 지르며 총을 쏘며 들이닥쳤다.

졸고 있던 협조원 방성화는 폭도들이 쏜 총에 복부를 맞고 즉사하였고, 협조원 김석훈은 졸다가 총소리에 깜짝 놀라 깰 때 "이 개자식!" 하는 욕설과 함께 각목으로 뒤통수를 얻어맞았다.

그는 비명을 지르며 무의식중에 책상 밑으로 들어갔다.

폭도들은 책상 밑으로 숨는 김석훈의 팔을 도끼로 내리쳐 팔이 부러졌다. 김석훈은 덜렁거리는 팔을 가지고도 지서 창문을 넘어 도망쳐 주임관사 목욕탕에 들어가 숨었다.

폭도 일부는 소리 죽여 숙직실로 접근하여 살그머니 문을 열고 보니 고일수 순경이 천하 모르게 잠을 자고 있었다. 폭도가 칼로 고일수의 목을 치자 피가 분수같이 솟아올랐다. 그는 소리 한 마디 지르지 못하고 난도질을 당해 죽었다. 고일수 순경과 같이 자던 사환 방성언은 목침으로 맞고 고막이 터졌다. 협조원 오지우 김하권은 폭도들이 고일수 순경을 두들겨 팰 때 죽자 살자 도망쳤다.

폭도들은 죽은 고일수를 숙직실에서 밖으로 끄집어내어 나무를 쌓고 석유를 뿌린 다음 그 위에 시체를 올려놓고 불을 놓은 후 지서에 있는 무기를 가지고 유유히 사라졌다.[105]

③ 성산포지서

폭도 40여명은 4월 3일 2시 55분경 성산포 지서와 숙직실을 완전히 포위하고 99식 1정과 공기총 1정, 나머지는 칼 대창 등을 휴대하고 지서를 공격하였다.

김양수 순경은 지서 안에서 책을 보고 있다가 밖에서 사람 발자국 소리

105) 4.3은 말한다 2권 26쪽

가 나며 문을 열려고 하여 "누구냐?" 하고 소리치자 괴한은 곧 밖으로 도망쳤다. 김양수 순경은 즉시 불을 끄고 무장을 하고 유리창 너머로 밖을 내다보니 김양수를 본 폭도들이 요란하게 사격을 하였다. 김양수도 즉시 벽에 붙어 서서 같이 사격을 하였다. 폭도들은 사격을 하다 경찰이 계속 총을 쏘아대자 철수하고 말았다.

④ 조천지서

조천지서는 1948년 4월 4일 새벽1시경에 폭도들의 야습을 받았다. 조천지서의 양창국 순경은 폭도들의 기습이 있을 것을 미리 예견하고 순경들에게 주의를 주었다.

폭도들은 1948년 4월 4일 새벽1시 일부는 숙직실을 포위하고, 일부는 지서를 포위하였다. 유격대가 가지고 있는 무기는 총 한 자루 외에 칼 낫 죽창을 들었다. 이들은 지서를 포위한 후 지서 문을 가만히 밀자마자 요란한 총소리가 났다.

양창국 순경의 사격에 문을 밀던 폭도 한 명이 쓰러졌다. 양측은 곧 총격전을 하였다. 양 순경과 같이 사격을 하던 유 순경이 폭도들이 쏜 총에 팔을 맞아 피가 흐르는 것이 양 순경 눈에 띄었다. 한밤중 총소리에 조천은 천재지변이 일어난 듯하였다. 폭도들은 지서를 도저히 점령할 수 없어 철수하고 말았다.

⑤ 화북지서

화북지서 공격에 나선 폭도들은 총이 없어 경찰과 싸움에 이길 수 없다고 판단하고 지서와 숙직실 주위에 나무를 쌓아 놓고 석유를 뿌리고 솜뭉치에 불을 붙여 던졌다. 불은 삽시간에 번졌다. 숙직실도 불길에 싸였다. 조금 있자 숙직실에서 온몸에 불이 붙은 채 머리카락은 홀랑 타버린 사람 하나가 뛰쳐나오다 쓰러졌다. 그는 사환 이시성으로 숙직실에서 자고 있다가 화를 당하였다. 그는 즉시 병원으로 옮겼으나 죽고 말았다.

지서에 있던 순경들은 지서에 불이 붙자 뛰쳐나와 몸을 담 벽에 숨겼으나 불빛에 몸이 노출되어 폭도들의 공격이 있을 것으로 생각하고 떨었으나 폭도들의 공격이 없자 경찰들은 안도하며 지서 안을 보니 폭도들이 지서 안에 들어와 있는 것이 보였다. 순경들은 가슴이 철렁하였으나 담 밖에서 폭도들을 향해 총을 쏘자 폭도들은 놀라 순식간에 도망쳐 버렸다. 폭도들은 그 길로 김장하 경찰이 사는 집을 습격하여 김장하 부부를 죽창으로 찔러 죽였다. 김장하 경찰은 육지출신 경찰이었다.

⑥ 외도지서

50여 명의 폭도들이 외도지서를 포위하였다. 지서 안에는 한 명의 경찰이 앉아서 졸고 있었다. 폭도 지휘자가 총을 든 대원에게 작전지시를 하였다.

이들은 발자국 소리를 죽이고 조심스럽고 신속하게 행동하여 지서 문을 살짝 열고 졸고 있던 순경에 사격을 가하였다. 졸고 있던 경찰은 선우중태 순경으로 그는 총격을 받고 즉사하여 폭도들은 철수하였다.[106]

⑦ 세화지서

세화지서를 습격한 폭도들에게는 총도 없었고 이렇다 할 무기도 없었으며 화북지서를 습격했던 폭도들과 같이 솜방망이 같은 것도 준비하지 않고 칼 몇 자루와 죽창뿐이었다. 이들이 세화지서와 숙직실을 포위하고 숙직실 문을 살짝 열고 보니 경찰 둘이 자고 있었다. 이들은 경찰들이 깨지 않게 조심해서 숙직실로 들어갔다. 그러자 사람 기척에 놀라서 자고 있던 순경 하나가 고함을 쳤다.

갑작스런 고함소리에 폭도들은 깜짝 놀라 도망쳐 나오면서 칼로 경찰들을 찔렀다. 경찰들은 칼에 찔렸으나 있는 힘을 다해 고함을 질렀다.

숙직실에서 도망쳐 나온 폭도들은 밖으로 나오자마자 어둠 속에 묻혀 어디로 갔는지 보이지 않았다. 숙직실에서 자고 있던 경찰들은 하 순경과 김 순경이었다.

---

106) 4.3은 말한다 2권 33쪽

이상의 지서들이 폭도들의 기습을 받았으나 폭도들은 한 곳도 지서를 점령하지 못하였다. 24개지서 중 경찰과 주민들과의 사이가 좋지 않아 원성이 많은 12개지서만 폭도들의 기습을 받았고, 주민과 경찰의 사이가 좋은 애월·모슬포지서는 공격을 받지 않았다. 삼양지서는 폭도들의 공격을 받았으나 바로 격퇴하여 기습받은 지서 중 유일하게 피해가 없었다.

4월 3일 하루 만에 경찰 : 사망 4명, 부상 8명, 행방불명 2명,
우익 : 사망 8명, 부상 19명,
좌익 폭도 : 사망 3명, 생포 1명 등 피해를 보았다.

※ 제주4.3사건 진상조사보고서 534쪽에 제주4.3사건을 무장봉기라고 정의 하였는데 이상과 같이 경찰과 서청에 항거한 무장봉기라면 왜 10세의 문정자와 14세의 문숙자까지 죽였는가? 그들이 무슨 잘못을 했기에 그토록 비참하게 죽였는가? 그리고 왜 일반인들을 8명이나 죽였는가? 이들이 제주도민을 탄압했는가? 무장을 하였는가? 제주 4.3사건은 무장봉기가 아니라 무장폭동이며 내란이다. 경찰과 폭도, 우익과 좌익은 서로 적과 적이 되었다.

4) 폭도들 계속해서 잔인한 양민학살

4월 4일 새벽 폭도들은 연평리 대청 단원 오승조(36세)를 찾아갔다. 새벽 대청사무실에 갑자기 폭도들이 들이닥쳐 험상궂은 인상으로 청년회 명단을 내놓으라고 하자 오승조는 청년들을 보고 "못 내놓겠다." 하자 폭도들은 죽창으로 오승조를 찍어 죽였다.

4월 6일 새벽 폭도 40여명이 제주읍 이호리에 살고 있는 대청 총무부장 이도연(37)과 양남호(32)를 기습하여 대청 간판과 사무실을 부수며 "대청 활동과 5.10선거에서 손을 떼라" 하며 죽였다.

4월 6일 새벽 2시 제주읍 봉개마을에 수십 명의 폭도들이 죽창을 들고 마을 대청단장 이왕우(초등학교 교장) 등을 공격하여 중상을 입혔다.

4월 11일 새벽 폭도들은 재주읍 오라리에 살고 있는 송인규(58세)의 집

을 기습하였다. 송인규의 아들은 신엄지서에 근무하는 송원화로, 송원화는 4월 3일 폭도들이 신엄지서를 습격하였다는 연락을 받고 지서에 가려고 집을 나서다 폭도들에 의해 부상을 당해 병원에 있었다.107)

송인규는 이른 새벽에 밖에서 자기를 찾는 소리를 듣고 "폭도들이구나" 생각하면서도 태연히 나가 문을 열어주었다. 폭도들은 문을 열어주는 송인규에게 "자식 한 번 잘 두셨습니다." 하고는 갑자기 태도를 바꾸어 죽창으로 찌르고 칼로 내리쳐 그 자리에서 죽여 버렸다.

마을 사람이 이 소식을 병원에 있는 송 순경에게 알렸으나 송 순경은 자기 때문에 아버지가 죽었어도 움직이지 못할 정도로 부상을 당한 자기 몸을 보며 한탄하며 가슴을 쳤다.

그는 들것을 가져오게 하여 들것에 실려 아버지 죽음의 현장을 갔다. 그는 아버지의 시체를 보고는 통곡하여 보는 이들로 하여금 가슴 아프게 하였다. 그는 아버지의 주검은 보았으나 장례는 치르지 못하고 병원으로 돌아가 치료를 받아야 했다. 그는 몇 해 전에 별세하였다.

4월 7일 폭도들은 한림면 저지마을을 공격하여 대청단원 김구원, 김태준, 고창윤 등 3명을 죽였다. 그리고 저지지서를 포위 공격하자 경찰들이 도망쳐버려 폭도들은 지서에 불을 질러 전소시켰다.

4월 8일 성산포지서가 폭도들의 공격을 받았으나 경찰이 잘 방어하였고, 오히려 폭도 1명을 사살하였다.

한림지서도 폭도들이 공격하였으나 경찰이 잘 방어하였고, 폭도 1명이 사살되었다.108)

4월 17일 폭도들은 조천면 선흘리 마을을 포위하였다.

이들은 향사에 도착하여 철통같이 포위하고 벼락 치듯 문을 차고 들어가 죽창 등으로 회의를 하고 있는 대청단원들에게 사정없이 휘둘러 부동선 · 부용하 · 고평지가 그 자리에서 숨졌다. 향사에서 회의하고 있던 대청

107) 제주4.3은 말한다 2권 67쪽
108) 제주4.3은 말한다 2권 77쪽

단원들이 습격을 받았다는 소식을 들은 마을 사람들이 향사에 왔을 때에는 폭도들은 흔적도 없이 도망친 후였다.

4월 18일 폭도들은 조천면 신촌에 사는 김문봉(64세)의 집을 기습하였다. 김문봉의 아들은 제주감찰청에 근무하는 김성홍 경찰이었다.

김문봉은 대문을 두드리는 소리에 문을 열어주려고 나갔다가 죽창을 든 사람들에게 그 자리에서 죽었다. 애월면 곽지리에 사는 박영도(40세 애월면 사무소 직원)도 이들에게 똑같은 방법으로 죽었다. 폭도들은 죽은 박영도를 질질 끌고 가서 5촌 당숙인 제주경찰서 사찰주임 박운봉 경위 집 앞에다 놓고 갔다. 애월리에서는 청년운동을 하였다고 임신 중인 그의 형수를 참혹하게 죽였다. 또한 그들은 임신 6개월인 경찰관 부인의 배를 갈라 죽이기도 하였다.109)

비보를 듣고 달려온 박운봉은 조카의 잔인한 죽음을 보고 비통해하며 "이놈의 빨갱이들 씨를 말려야 한다." 며 분노하였다.

※ 제주4. 3사건 진상조사보고서는 이상의 사건을 폭동이 아니고 무장봉기라고 허위 및 좌편향적인 보고서를 작성하여 이상과 같이 경찰과 양민을 죽인 살인자 폭도들을 제주4. 3사건 희생자로 결정하였다.

5) 남로당 제주도당과 인민유격대 재조직

48년 4월 15일 김달삼은 당과 동료들로부터 작전 실패에 대한 지적을 당하였다.

첫째, 점령한 지서가 한 군데도 없다는 것이고,

둘째, 지서를 몇 군데 완전 점령하여 근거지를 만들고 그곳에 있는 무기로 전 대원들이 무장을 해야 하는데 한 군데도 점령 못하여 무기를 탈취하지 못하였고,

---

109) 제주경찰국 「제주 경찰사」 305쪽

셋째, 병력을 11개 지서로 분산하지 말고 몇 군데만 집중공격해서 완전 점령해야 하는데 분산 공격한 것은 아주 잘못했다고 지적하였다.

김달삼의 지시로 폭도들은 재편성에 들어갔다.

4월 15일 남로당 제주도당은 도당대회에서 지금까지의 평가와 앞으로의 대책을 세웠다. 앞으로의 대책은 인민위원회 안의 자위대를 해체하고 면 단위로 인민유격대를 조직하였고, 인원은 30명으로 하였다.

남로당 제주도당 대회가 중앙당의 지시로 열렸으며, 앞으로의 투쟁목표와 인민유격대의 조직을 개편하는 등 4.3사건 전개과정에서 매우 중요한 결정을 하였다.

① 투쟁 목표 : 반미 · 반 이승만, 구국투쟁의 일환으로 5.10 단독선거 저지, 면당별로 편성된 유격대 전부와 자위대의 일부를 도당에 편 입하여 3개 연대를 편성.

② 제1연대 : 조천 제주 구좌 3.1지대(이덕구)

제2연대 : 애월 한림 대정 안덕 중문 2.7지대(김봉천)

제3연대 : 서귀 남원 성산 표선 4.3지대

정찰 전담반의 특공대 : 경찰 서청 등의 동정을 살핌.

지방자위대 정보 수집반 특공대

정치 소조원 : 유격대의 사상과 정치성을 교육한다.110)

③ 협조원 조직

빗개(소련말) ; 감시, 보초

마비투쟁조 : 전신주 절단, 도로 파괴, 장애물 설치.

선동선전조 : 전단지 살포

보급조 : 군수물자 지원

정보조 : 마을 정보 수집

프락치 : 관공서에 침투 공작

동원조 : 세포 운영 및 상하선 운영

---

110) 아리아 연구편 「제주 민중항쟁 Ⅰ」 소나무. 1998년 316쪽

핵심방어조 : 당 간부나 무장 인민군 보호 및 은익 협조

무장 폭도가 움직일 때면 이상의 비무장 협조자가 있어야 행동할 수 있었다.

면 단위로 자위대를 조직하였고, 여기에는 총책 · 조직부 · 자위부 · 총무부 · 선전부가 있었다. 인민군(일명 해방군)의 근거지(아지트)는 애월면 어도지경 샛별오름, 애월면 어믐지경 바리악, 조천면 선흘지경 거문오름 등이었다. 5월 10일까지 제주인민군은 1,000여명으로 증원되었고, 장비는 경기관총을 포함한 많은 화력 기재들도 소유하게 되었다. 3,000명의 무장대가 산에서 내려왔다.[111] 면당부는 무장대가 출동할 때 측면 지원을 하는데 일반 대중과 연대 식량, 의약품, 의복 등의 보급품과 토벌대 · 우익집단 동향에 대한 정보수집, 대중선전 및 삐라 살포 같은 일을 주로 하였다. 면당부 조직은 총책과 조직부 · 자위부 · 총무부 · 선전부가 있고, 주요사항은 총책, 조직책, 자위부책 등이 결정하였다.[112]

이상의 조직은 바로 내란부대 조직이다. 그래서 제주인민군은 내란군이다. 남로당 전남도당 조창구와 이창욱 등이 중앙당 지령 내용을 제주도당에 전달하며 폭동을 지도하였다.

1948년 6월 남로당 중앙당에서는 **"제주인민 대중에게 드림"**이라는 제목으로 **'미제의 분할 침략으로부터 조국의 민족 주권을 방어하기 위하여 싸우는 인민들에게 영광을 드리자'**하면서 **'젊은 인민영웅들은 육탄으로써 원한의 투표소를 쳐부수고 투표함을 재로 만들어 버렸습니다. 이승만 김성수 등 친일파 매국노들이 독재하는 허수아비 단정을 만들라고 미치광이 같이 날뛰고 있습니다. 우리는 기어코 이 단정을 쳐부수어야 하겠습니다. 우리 남조선 노동당 중앙위원회는 여러분과 함께 어떠한 희생을 무릅쓰고라도 용감하게 싸울 것입니다.'** 하고 선동하였다.[113]

남로당 제주도당에서도 **『남조선 노동당 제주도 위원회 메시지』**라는

111) 「제주 민중항쟁 Ⅰ」 325쪽. 김봉현 저 「4.3무장투쟁사」 83쪽
112) 4.3은 말한다 2권 100쪽
113) 노력인민 제 96호

제목으로 중앙당에 답신을 하였다.

『우리당 중앙위원회에 대하여 제주도 위원회는 무한한 존경과 감사와 열렬한 동지적 인사를 드립니다. 우리들의 대열에 백난을 돌파하여 전달된 메시지를 접수하였습니다. 우리들은 이 고귀한 메시지를 방방곡곡 모든 항쟁 대열에 전달하였으며, 또한 이미 원수들의 총칼에 쓰러진 존귀한 동지들과 인민 영웅들의 무덤에 이 영광의 꽃다발을 드렸습니다. . . 생략 . . . 실로 백만의 원군보다 더욱 힘차게 우리들의 사기를 고무시켜 주었습니다. - 단 13명의 소부대로 60명의 기동경관대를 백주에 요격하여 그중 14명을 사살하며 나머지를 교란시키고, 무적 요격대, 범람하는 삐라의 홍수, 노도와 같은 시위 대중, 과연 장엄한 구국 인민 행진곡이었습니다. - 제주도의 항쟁이 조선 인민의 모범적 항쟁이며 - 조국 해방투쟁 사상 불멸의 금자탑을 이룬 것이라는 격려의 말씀을 우리들의 항쟁 대열에 주어진 최대 최고의 영예이며 - 영예를 실지에 관철할 것을 기표로 하여 망국멸족의 단정 분쇄의 가열한 초소를 죽음으로서 지킬 것이며 통일 독립을 우리의 손으로 전취할 때까지 과감히 투쟁할 것을 확언하고 맹세합니다.

1. 남조선 노동당 중앙위원회 만세!
2. 조선민주주의 인민공화국 만세!

48년 7월

남조선 노동당 제주도위원회[114)]』

※ 이상과 같이 남로당 중앙당이 관여하여 4. 3사건 폭동 이후 투쟁목표를 설정하고, 무장투쟁을 공식 승인한 것은 남로당의 중요한 변화이다. 그런데 이렇게 중요한 48년 4월 15일 남로당 제주도당 대회를 제주4. 3사건 진상조사보고서에 언급도 하지 않아 진상을 은폐하였다.

6) 육지경찰 증파와 경찰의 진압 실패

제주도에서 폭도들의 만행을 보고 받은 경무부장 조병옥은 끝내 터질 것

114) 노력인민 113호

이 터지고 말았다는 태도였다. 그는 즉시 미 군정장관의 승인을 얻어 4월 5일 8개 중대 1,700명을 차출하여 제주도에 증파하였다. 제주도에는 제주 비상경비사령부를 신설하고 경무부 공안국장 김정호를 사령관으로 임명하여 제주도에 급파시켰다. 그는 또 서청 단장에게 "힘 좋고 똑똑한 서청원을 제주도에 즉시 증원하라" 하여 서청 500명도 즉시 제주에 증원되었다. 경무부 공보실장 김대봉도 제주도에 파견되어 선무활동을 하도록 명령받았다. 김대봉은 4월 17일 제주에서 기자회견을 하였다.

「**무력이나 탄압으로 치안을 확보하려는 것은 벌써 낡은 치안유지 방법이다. 폭력과 동족상잔은 절대 피하여 도덕적으로 원인을 찾아 처리해야 원만히 해결된다.**」라고 하였다.

4월 18일 사령관 김정호가 기자회견을 하였다.

「**남로당 계열의 극렬분자 등은 우리 삼천리강토를 소련에 팔아 공산사회를 건설하여 정권을 장악하려고 갖은 모략과 수단을 다한 나머지 최후 발악으로 인명살상, 파괴, 방화, 강간을 연일 감행하여 민생을 도탄에 빠지게 하고 있다. 이번 일에 가담한 자는 눈물을 머금고 소탕할 것이다.**」115)

위의 회견 내용으로 볼 때 두 사람의 진압 방법에 차이가 있음을 알 수 있다.

남한 전역에서는 신문, 라디오 등을 통해 제주도에 대한 사건 보도를 접하고 시민들은 깜짝 놀랐다.

경찰의 작전은 남로당 프락치에 의해 김달삼에게 보고되어 경찰이 폭도들을 추격하면 길목에서 매복하였다가 경찰을 기습하여 경찰은 작전에 어려움이 많았다. 특히 경찰서 주변의 남로당 프락치에 의해 경찰의 움직임은 즉시즉시 김달삼에게 보고되어 경찰의 작전은 언제든지 실패하였고, 경찰

---

115) 제주신보 1948년 4월 10일자

은 매번 작전할 때마다 무기도 변변치 못한 폭도들에게 당하기만 하였다.116)

「경찰만 가지고는 폭도들을 도저히 토벌할 수 없습니다. 그러니 청장님께서 9연대장님을 만나 경비대와 합동으로 작전할 수 있게 해 주십시오. 그리고 경찰 안과 지서 주변에 남로당 프락치가 많이 있어 우리들의 작전을 모두 폭도 대장에게 알려주어 우리가 작전을 할 때마다 정보가 새어나가 작전에 실패하고 오히려 경찰이 출동할 때마다 폭도들에게 당하고만 있습니다.」

하며 경찰서장은 가슴을 치며 애가 타 감찰청장에게 호소하였다. 사실 경찰의 모든 것은 노출되었고, 폭도들의 모든 것은 은폐되어 경찰이 불리하였다. 경찰에서는 폭도들을 추격하면 할수록 피해가 크기 때문에 추격도 못하는 실정이었다.

경찰은 대정 · 성산지서를 경찰서로 승격시켜 제주경찰서, 서귀포경찰서, 대정경찰서, 성산경찰서 등 4개 경찰서로 확대하여 폭동 진압에 나섰다.

7) 제주9연대장의 미온적 태도

제주경비대 9연대 김익렬(27세)연대장은 48년 4월 2일 백선엽 중령 배웅차 제주에 갔다가 귀대가 늦어 한림여관에서 잠을 자고 있을 때 폭도들의 공격을 받았다. 수류탄이 터지는 소리에 놀라 잠을 깬 그는 즉시 가까운 지서로 몸을 피한 후 오전 8시경 모슬포 연대로 귀대하였다. 그는 부대로 귀대하자마자 비상을 걸어 전 부대에 출동준비를 하게 하였다. 그리고 먼저 제주출신 장병들에게 4.3사건에 대한 정보 수집을 명하였는데 정보수집 결과는 「남로당의 엄청난 무장폭동이었다.」라는 내용이었다.

9연대는 3개 대대가 있어야 하나 모병이 되지 않아 1개 대대 약900명뿐이었다. 그리고 탄알은 1박스도 없었고, 총은 99식 소총뿐이었으며, 차량도 쓰리쿼터 한 대 뿐이었다. 경비대는 말이 경비대이지 진짜 경찰 보조부대 같았다.

---

116) 佐佐木春隆 저, 강욱구 편역「한국전비사」.병학사. 1977, 상권 268쪽

경비사령부에서는 만일을 대비하여 부산 5연대 선발대는 4월 10일 항공편으로, 2대대를 4월 20일 선편으로 진해에서 제주도로 이동시켰는데 대대장 오일균 소령은 남로당원 이었다.[117)]

경비사령부에서는 9연대에 4월 17일 제주4.3폭동을 진압하라고 명령하였다.

부산의 2대대가 제주도에 증파되자 김달삼은 간부회의를 하여 오일균 소령이 온 것을 크게 환영하며 간부들에게 2대대를 적으로 삼지 말라고 지시하였다. 9연대 좌파 문상길 중대장도 크게 환영하여 9연대를 완전히 장악할 수 있다고 판단하였다. 그리고 제주도에 5연대를 환영한다고 대자보를 붙였다.

「우리는 부산에서만 있었고 장병들 거의가 부산 출신들이다. 그러므로 장병들은 제주도의 지형을 잘 모르고 한라산의 정글에 대해서도 처음 보는 장병들도 있을 것이다. 그러므로 먼저 지형을 잘 파악하는 훈련을 시킬 것이다. 둘째는, 우리는 전선이 없는 전쟁을 하고 있다. 전선이 있다면 후방은 안전한데 유격전은 전선이 없기 때문에 앞과 뒤와 옆이 다 안전하지 못하고 공격의 대상이며 방어의 대상이기 때문에 작전은 엄청나게 어렵다. 정규전은 돌격하면 되지만 유격전은 적이 보이지 않고 식별이 어렵기 때문에 돌격이 아니라 찾아야 한다. 우리가 적을 찾아다닐 때 적이 공격해 오는 것이 유격전이기 때문에 우리의 희생은 큰 반면 전과는 미미하고 폭도 한 명을 잡기 위해 중대가 출동해야 될 때가 있을 것이다. 그러므로 출동을 신중히 해야 하고 작전을 신중히 해야 함으로 무모하게 덤벼들지 않을 것이며 경비대는 중립을 지켜야 한다.[118)] 이상.」

오일균 대대장은 부대 지휘 방침을 설명하면서 출동을 삼가 할 것을 중대장들에게 지시하였다.

경찰과 경비대는 서로 사이가 좋지 않았다. 그것은 경찰이 경비대를 보조원이다 하여 너무 무시했기 때문이다.

---

117) 佐佐木春隆 저, 강욱구 편역「한국전비사」병학사. 1977, 상권 268쪽.
118) 「한국전비사」 상권 267쪽

1948년 4월 10일 김영배 제주 감찰청장은 모슬포 9연대장 사무실에 도착하였다.

「연대장님, 작전은 우리가 할 테니 경비대는 뒤에서 경비만 해 주십시오.」

「그것은 치안 상황에 군이 개입할 수 없으며 상부로부터 아무런 지시가 없어 할 수 없습니다.」

감찰청장의 제의에 김익렬 연대장은 한 마디로 거절하였다. 감찰청장은 거절을 당하자 당황하여 돌아갔다.119) 감찰청장이 돌아가자 오일균 대대장은 중대장들을 모아놓고 김익렬 연대장이 감찰청장의 제의를 한 마디로 거절한 내용을 이야기하였다. 이는 경찰의 요구를 거절할 때 경비대원들이 어떤 반응이 있을까 해서 던지듯 해본 말이었는데 반응이 없었다.

경비대는 영암경찰서 사건이 경비대원들에게 얼마나 큰 상처를 주었는지 잘 말해주고 있다. 오일균 소령은 안심하였다. 그리고 그는 당시의 상황을 장병들에게 잘 설명하면서 최대 이용하고 있었고, 중대장과 장병들도 폭도들과 싸우고 싶은 마음이 없는 것을 알고 2대대 장병들에게 남로당 세포 확장 공작에 전력을 다하였다.

김익렬 연대장도 폭도들을 진압하려고 출동하려 했지만, 출동해도 폭도들이 어디 있는 지도 알 수 없었다. 그것은 오일균 대대장과 문상길 중대장이 김달삼에게 작전 정보를 제공하기 때문이었다.

한편 9연대를 다녀간 감찰청장은 경찰서장들과 간부들을 불러 9연대에 다녀온 결과를 말하고 의견을 물었다.

「경비대에서 경찰과 합동근무를 하자해도 출동을 하지 않으니 어떻게 하면 좋겠소?」

「그러면 몇 개 마을에 불을 지르고 "폭도가 습격해 왔으니 경비대는 빨리 출동해 주시오" 라고 하면 경비대가 출동하지 않겠습니까?」

문용채 서장은 간부들의 제의를 수락하여 제주시 주변마을에 서청과 대청원들을 시켜 불을 지르게 하였다. 그리고는 제주경찰서장은 9연대에 전

---

119) 4.3은 말한다 2권 118쪽

화를 하였다.

「폭도들이 제주시 주변 마을들을 공격하고 집집마다 불을 질러 주민들의 피해가 엄청납니다. 빨리 진압을 해주셔야 하겠습니다.」

숨이 넘어갈 듯 급하게 요청하는 경찰과는 달리 김익렬 연대장은 남의 집 개보듯 덤덤하게 요청을 거절하였다.

「산악 깊은 데는 경찰이 갈 테니 경비대는 제주읍과 서귀포 면 단위 그리고 큰 도로만 차단해서 검문만 해 주시오.」 하고 김정호 진압사령관이 부탁하였지만 거절당하였다.

「9연대는 창설한 지 얼마 되지도 않고 이제 겨우 제식훈련이 끝났고 무기도 약합니다. 공비의 개념이나 공격과 방어에 대해 전혀 훈련이 없는데 나는 부대 지휘관으로써 그렇게 무책임하게 부하들을 죽음으로 내몰 수 없으니 훈련이 끝난 다음 출동할 테니 그때까지 기다리시오.」

9연대장의 거절에 김정호 사령관은 경찰의 수하라고 생각하고 있는 경비대 연대장이 자기들이 애원하다시피 부탁해도 도도하게 거절하는 것에 당황하였다.

이때는 경찰이 제주인민유격대에 계속 밀리고 있었다.

한편 남로당원과 그에 협력하는 세력과 폭도들은

「경찰이 양민 집에 불을 질러 제주도민을 모두 태워 죽이려 한다. 경찰을 타도하자!」 고 외치며 소문을 내자 제주도민의 경찰에 대한 반감은 하늘을 찌를 듯하였고, 도민들의 마음은 폭도들에게 가 있었다. 경찰은 폭도들의 공격과 도민들의 멸시와 경비대의 비협조로 곤경에 빠졌다.

<u>1948년 5월 3일까지 한 달 동안의 피해</u>

경 찰	사망 : 12명	가족 : 6명	부상 : 21명	가족 : 3명
공무원	사망 : 5명		부상 : 9명	
민간인	사망 : 37명	중경상 : 58명	방화 : 45건	납치 : 21건

방화 45 건은 거의가 경찰의 계책이었고, 남로당과 폭도들은 이를 최대한 이용하였다.[120] 폭도들의 사상자는 많지 않았다.[121]

8) 김구 선생의 남·북 협상 실패

김삼룡은 남로당원을 정당·사회단체 450개에 입당시킨 후 그 단체나 당에 충성하는 것처럼 위장하여 단독선거를 반대하게 하여 단독선거를 찬성하는 이승만과 우익을 고립시키려고 공작하고 있었다.

중간세력인 한국민주당, 한국독립당, 김규식 박사의 민주동맹, 근민당, 민중동맹, 청우당 등 다수 정당에 남로당 좌파 프락치가 침투하여 단독선거 반대를 선동하였다.[122]

「민주 임정수립을 엄숙히 실천하고 있는 이때에 탁치 결사반대, 남조선 단독정부 수립, 3상 결정 파기 등의 구호로 반탁 테러에 광분하고 있는 일련의 반민주세력이 내외 호응하여 양면작전을 운위하면서 공위 참가를 감행한 것은 민중을 기만하고 공위를 교란하고 정부를 파괴하려는 음모이다.」

이러한 남로당 프락치들의 공작과 선동에 의해 근민당, 민중동맹, 청우당 등 5개 정당이 공동성명을 발표하였다. 김규식, 여운형, 안재홍, 안세훈(제주대표), 홍명희 등은 공위의 성공적 추진을 위해 자주 모임을 가졌다.[123]

1947년 10월 6일 김규식 박사와 홍명희는 중간세력을 규합해 민족자주연맹 결성준비위원회를 조직하였다. 여기 참가에는 공위대책협의회, 민주독립전선, 시국대책협의회, 좌우 합작위원회와 중간정당 대표자들이다. 이들은 공위의 부진과 정체를 해결하기 위해서 조직되었다.

1947년 12월 19일~20일 안재홍의 신한국당, 홍명희의 민주통일당, 민중동맹, 신진당, 건민회 등이 중심이 되어 민족자주연맹을 조직하였다. 이들은 민족주의를 자처하며 남북통일 민주정부 수립을 강력히 주장하고 나왔다. 이것은 거의 각 정당에 침투한 남로당 프락치에 의해서 진행되고 있

120) 한국전쟁사 1권, 1967년 439쪽
121) 제주 경찰국 「제주 경찰사」 제주 1990년 301쪽
122) 박갑동 저 「박헌영」 1983년, 191쪽
123) 박갑동 저 「박헌영」 1983년, 192쪽

었다. 이때 남로당은 남한 단독선거 저지와 남북협상을 목표로 투쟁하고 있었다.[124)]

1947년 9월 26일 소련 대표 스티코프가 「외국군 주둔 하에 탁치 없는 조선 독립은 기만이다.」라고 주장하면서 「만일 미군이 한반도에서 철수한다면 소련도 철수하겠다.」라고 성명을 발표하였다. 이것은 미국에 의한 남한 단독선거를 거부하기 위한 소련의 대응책이었다. 이 성명이 발표되자 「통일정부 수립 전의 양군 철수는 한반도에 혼란을 초래함으로 우리는 반대한다.」라고 우익진영에서는 반대하였고, 좌익진영에서는 환영하였다.

「도대체 우익 진영은 어떻게 하라는 것인가? 신탁통치에 의해서 통일정부 수립도 반대하고 양군 철수도 반대하고 오직 분단을 시켜 남쪽과 북쪽에서 두 개의 정부를 세워 끊임없이 대결을 하자는 것인가?」하고 좌익 진영은 규탄하였다. 이 같은 규탄이 터지자 우익 진영은 「유엔 감시 하에 남북 총선거를 통해 통일정부를 세운 후 미·소 양군은 철수한다는데 북한과 좌익은 왜 반대를 하는 거야? 남북 총선거를 하여 김일성이나 박헌영이 대통령이 되면 통일정부가 되어 소원대로 될 것인데 왜 반대해? 이유를 모르겠어!」하며 반박하였다.

「분단이 되어 피를 원한다면 그렇게 해주어야지!」라고 북로당원들은 서슴없이 말하였는데 이 말은 그들의 지배적인 의식이었다.[125)]

1947년 10월 18일 여운형의 사회민주당, 홍명희의 민주통일당 등 5개 정당대표는

「소련에 의한 양군 철회 안이 미국 측의 동의로 더 이상 연기되지 말아야 한다.」라고 공동성명을 발표하였다. 이에 우익 진영은 그 동안 신탁통치 결사반대 양군 철수를 외쳐 와서 소원대로 되어가고 있으나 양군 철수에 대해서는 불안하게 생각하고 미군의 철수 문제는 찬성도 반대도 할 수 없는 궁지에 몰리고 있었다. 미군은 한반도를 철수한다면 폭동과 내전이 끝이 없을 것을 판단하고 찬성도 반대도 하지 않고 우물쭈물 하였다.

---

124) 박갑동 저 「박헌영」1983년, 193쪽
125) 박갑동 저 「박헌영」1983년, 193쪽

남로당의 프락치는 조모 변호사를 통하여 김구 선생에게 결정적인 역할을 하게 하였고, 경기중학 미술교사인 박 선생은 김구 선생의 초상화를 그린다는 명분으로 경교장에 매일 드나들며 김구 선생의 생활을 매일 남로당에 보고하였다. 어느 당 어느 기관 할 것 없이 남로당의 프락치가 깊숙이 침투되어 남로당의 지령에 의해서 움직이고 있었다.126)

신탁통치 문제는 완전히 부결되고 한반도 문제는 47년 유엔 총회에 넘겨져 유엔 결의에 의해 48년 1월 8일 남·북 총선거를 실시하기 위하여 유엔 한국선거감시단이 내한하였다. 북한과 소련은 끝내 위원단의 북한 입국을 거부하였다.

《유엔은 선거가 가능한 남한부터 선거를 실시하되 국회의원 2/3는 남한에서 선출하고, 1/3은 북한에서 선출하되 현재 이 자리는 공석으로 한다. 우선 북한의 반대로 남한만이라도 국회의원 선거를 실시한다.》127)

이와 같은 미군정의 발표가 있자 김일성은「남한만의 총선거는 분단을 가져온다. 그러므로 우리는 결사반대한다.」고 하였고, 남로당도「남한만의 총선거를 반대한다.」고 하였다. 김구 · 김규식 선생 등도 「남한만의 총선거는 곧 분단이다.」라고 반대하였다. 군소 정당들도 「남한만의 총선거를 총 결사반대 한다.」라고 총선거를 반대하였다. 그러나 이승만은 지지하였다. 한독당 위원장 김구 선생은 UN한국위원단에 대해서 성명을 발표하였다.

① 미 · 소 양 지역 주둔군은 동시 철병할 것.

② 그 후 남·북 정부 요인이 협의할 것.

③ 남 · 북 협상 후에 선거를 실시할 것.

김구 선생이 단선을 절대 반대하자 이승만계의 독립촉성회에서는 「용서할 수 없다.」고 강력히 규탄하고 나왔다.

한민당의 김준연 씨는 「김구는 크렘린의 신자다.」라고 하면서 김구를 강도 높게 규탄하였다.

1948년 2월 10일 「삼천만 동포에게 읍고 함.」이라고 김구 선생도 성

---

126) 앞의 책 195쪽
127) 광복 38년 228쪽

명을 내며 이들을 강력히 비난하였다. 김구 선생의 성명 내용을 요약하면,

「미군 주둔 연장을 자기네의 생명 연장으로 인식하는 일부 몰지각한 도배들은 국가와 민족의 이익을 염두에 두지 아니하고 박테리아가 태양을 싫어함이나 다름없이 통일정부 수립을 두려워하는 것이다.」라고 하면서 한민당과 독립촉성회를 맹 규탄하였다.

1948년 2월 10일 김구 선생과 김규식 선생은 북한의 김일성과 김두봉에게 남북지도자 회담을 하자고 서신을 보냈다.

남로당은 《단독선거 반대 남조선 제 정당 사회단체 연합회》를 서울에서 조직하여 결사반대하고 나섰다.

남 · 북 협상이라는 것은 김구 · 김규식 선생 등 남쪽 인사들과 남 · 북 노동당이 조선의 통일문제를 놓고 진지하게 의논해 보자고 한 모임이다. 남북협상 대상자는 이승만, 김구, 조만식, 김규식, 김성수, 박헌영, 김일성, 허헌, 김두봉 등이었다. 이승만은 공산당과의 협상을 거부하고 나왔다. 그러나 김구와 김일성 간에는 「민족자결주의에 입각해서 조국 통일을 위해 협의를 갖도록 하자」는 편지가 오고 갔다.

김일성은 남한 내 단선반대 세력과 합작하기 위해 정당협의회와 민족자주연맹과 중도파와 제휴하기 위해 대남 사업을 강화하면서 이를 위해 대남 연락부장 임해 등을 남파시켰다. 이때 김일성은 남파한 자기 직계인 성시백도 적극적인 공작에 들어갔고, 성시백을 가리켜 "권위 있는 선"이라 하였다.

간첩 성시백은 홍명희, 안우생, 김규식 비서 권태양, 민주자주연맹의 박건웅, 임정계의 김찬, 김구 측근 엄항섭, 조소앙의 비서 김홍권 등을 접선하여 이들에게 영향을 주었다.

간첩 성시백은 김일성의 특사로 김구 선생을 만나 남 · 북 회담 초청장을 김구에게 직접 전달하였고, 남북회담을 주선한 사람이었다. 그는 남한의 중도파와 민족자주연맹 등을 선동하여 5.10선거 반대에 적극적으로 활동하게 하였다.

1948년 3월 25일 평양방송은 「김구 · 김규식 양씨가 북한에 서한을 보내어 남 · 북 협상을 요청하였다.」고 방송하였다.

3월 26일 김구 선생은 경교장에서 기자회견을 하여「나는 남 · 북 협상을 제의하였다.」고 하였다. 이 소식을 들은 남한의 많은 국민들은 깜짝 놀랐다.

3월 26일 평양방송은「북조선 민주주의 통일전선이 전 조선 정당 · 사회단체 연석회의를 4월 14일 평양에서 개최할 것을 결정하여 단독선거에 반대하는 남조선의 제 정당 사회단체를 초청한다.」고 보도하였다.128)

3월 29일 김구 선생은 간첩 성시백을 통해 북한으로부터 정식으로 초청장을 받았다. 이 초청장을 받은 사람들은 김구, 김규식, 조소앙, 김봉준, 백남운, 홍명희, 김일청, 이극로, 허헌, 유영준, 허성택, 김원봉, 송을수, 김창준 등 모두 좌익계였다. 이 소식을 들은 남한 국민들은 큰 충격을 받았다.129)

미군정의 하지 장군은 「남조선에서 김구 · 김규식 씨를 비롯한 정치인들이 북행한다면 그들은 결코 남조선의 대표자가 될 수 없다. 남조선에서 북행하는 정치가들이 북조선의 김일성과 자기 마음대로 협상할 수 있다고 생각한다면 너무나도 어리석은 일이다.」고 두 번에 걸쳐 남북협상 반대성명을 발표하였다.130)

하지 중장은 「김구 씨가 미국의 하는 일마다 목숨 걸고 반대하니 참으로 골치 아프다.」고 실토하였다. 그는 「남조선 안에서도 좌우가 협상이 안 되고 김구와 이승만도 협상이 안 되는데, 미 · 소가 철수한 다음 남한만의 450개 단체와 북한과 협상이 되어 선거를 실시하여 통일정부를 세울 수 있겠는가? 꿈같은 이야기이다.」하며 앞을 내다볼 줄 모르는 김구 선생을 보고 탄식하였다.

48년 4월 19일 제주도에서 한참 폭동이 치열할 때 서울 경교장 앞에 60여명의 청년들이 모여 「김구 선생님, 북행을 취소하십시오!」하고 간절히 요청하였다.

---

128) 박갑동 「박헌영」200쪽
129) 광복 38년 229쪽
130) 위의 책 230쪽

「나는 가야 합니다. 어떠한 일이 있어도 가야 합니다. 남 · 북 통일을 위해서는 모든 고난을 무릅쓰고라도 가야 하는 것이요. 만약 나의 목적이 성취되지 않으면 나는 38선을 베개 삼고 자결할 것이요. 어서들 비키시오! 단독정부를 반대하고 통일정부를 수립하는 문제가 좌·우의 문제보다 훨씬 중요하다. 과연 무엇을 가리켜 좌라 하며 우라 하는가? 또 누구를 가리켜 애국자라 반역자라 하는가 …… 그러나 나의 흉중에는 좌니 우니 하는 개념이 없다.」라고 하며 권유를 뿌리쳤다.

「김구 선생님, 독립운동을 하니까 김구 선생이지 공산주의와 타협하면 김구가 아닙니다!」 하고 권유하는 사람들은 단호하였다. 그러나 김구 선생의 의지는 그들보다 더욱 단호하였다.

유림 선생과 청년들은 김구의 북행을 적극 만류하였으나 김구의 의지를 꺾을 수 없었다. 4월 19일 김구 선생은 아들 김신과 비서 선우진과 같이 경교장 뒷문을 통해 경교장을 출발하여 6시 45분 38선을 넘었다.

좌익 세력은 1948년 4월 10일 38선을 넘었고, 홍명희는 4월 19일, 김규식은 4월 21일 38선을 넘었다.[131]

48년 4월 14일 평양에서는 김일성에 의해 건축된 모란봉극장에서 남·북 제 정당 · 사회단체 연석회의가 남한의 남로당 등 28개 단체 395명과 북한의 북로당 등 15개 단체 300명, 계 695명이 참석하여 초만원을 이룬 가운데 회의를 하고 있었다. 회의라고 해야 매일 선전 결의 궐기대회였다.

김일성은 김구 · 김규식 씨가 평양에 오자 남한을 대표하는 자격으로 대우해 주는 것이 아니라 695명중의 한 사람으로 회의에 참석하게 하였다. 협상에 참석한 김구 · 김규식 박사 등은 남·북 협상이 아니라 오직 김일성 자신을 지지하는 궐기대회에 박수를 치도록 이용당하고 있었던 것이다. 즉 남한의 대표 김구 선생이 김일성을 지지하기 위해 북한에 왔다는 선전이었다.

김일성이 박헌영에게 개별행동을 못하게 하자 박헌영은 불쾌하게 생각하였으나 북한에 있는 한 김일성의 지시를 거역할 수 없었다. 박헌영은 남·북 협상을 이용하려던 계획이 실패하고 오히려 김일성에게 이용당하고 있었다.

---

131) 광복 38년 230쪽

① 프롤레타리아 독재를 포함한 어떠한 독재정치에도 반대하며 국민을 대표하는 민주정부의 수립을 주장한다.
② 독점 자본주의에 반대함과 동시에 사유재산을 인정한다.
③ 전국적 총선거에 의한 통일정부를 수립한다.
④ 우리나라 영역 안에 있는 외국군의 군사기지 설치에 반대한다.
⑤ 미 · 소 양군의 철병을 주장한다.

김규식 박사는 남·북 협상에 가는 조건으로 위와 같은 조건을 내세웠으나 김일성은 모두 「좋습니다. 그렇게 하지요!」 하고 승낙하여 평양에 가게 되었다. 그러나 가서 보니 협상은 그만두고 박수만 치고 있자니 속이 뒤집혔다. 그는 "공산주의자들은 양심도 의리도 민족도 정의도 없는 자들로 그들은 혁명을 위해서라면 동지도 부모도 자식도 버리고 수단 방법을 가리지 않는 야만적인 인간들이다." 고 탄식하였다. 김규식 선생은 공산당과는 어떤 협상도 불가능하다는 것을 그때서야 깨닫게 되었다. 그는 절망적이었다.

김일성, 박헌영, 김두봉, 김원봉, 최용건, 백남운 등 28명은 주석단에 선출되었다. 김구 · 김규식은 주석단에도 끼지 못하다가 4월 22일 김구 · 김규식 · 조소앙 · 조완구 등이 평양에 도착하자 김구 · 조소앙 · 조완구 등은 주석단에 끼게 되었으나, 김규식은 고약하다고 주석단에 끼지도 못하였다.

김구 선생은 남쪽의 많은 사람들이 반대함에도 불구하고 "분단이 되어서는 안 된다. 우리는 같은 핏줄, 같은 민족이다." 하면서 나이 많은 김구 선생이 애써서 평양에 가면 젊은 김일성이 잘 모시고 통일협상을 진지하게 할 줄 알았다. 그런데 평양에 도착하고 보니 회의는 이미 4월 14일부터 시작되었고, 주석단의 명단에서도 그는 빠져 있었으며, 김일성의 일방적인 회의에 참석하여 박수만 치게 하는 것을 알게 된 후 분통이 터져 참을 수 없었다. 더구나 초등학생들을 동원하여 김구를 환영하는 것같이 따라다니게 하여 김구 선생 귀에 들리게 "반동분자 김구가 왔다. 김구는 반동분자였으나 오늘은 우리 김일성 장군님의 부름을 받고 왔으니까 오늘부터는 애국자야!" 하고 아이들이 떠들어댔다.[132] 김구 선생은 "김일성이가 이럴 수

132) 박갑동 저 「박헌영」 1983년, 203쪽

가 …!" 하고 평양에 온 것이 잘못임을 깨달았다.

김구 선생은 따라다니며 떠들어대는 아이들을 혼낼 수도 없어 "야, 너희들 멀리 가거라!" 하면 저만큼 갔다가 다시 와서 계속 따라다니며 떠들어대니 옆 사람 보기 민망하여 안절부절 하였다. 이러한 모습을 본 북한의 정보원들은 "잘 되어 가고 있습니다!" 하고 상부에 보고하였다. 김구 선생은 "참 기막힌 세상이구나! 이럴 수가!" 하고 탄식하였지만 이제는 다른 도리가 없었다. 평양시내 벽에는 〈우익 반동분자 김구 · 이승만을 타도하자!〉 라고 쓰여 있었는데 김구라는 글자를 지웠으나 지운 시늉만 하여 누가 보든지 김구라는 글자를 알아볼 수 있었다.

김구 선생은 모란봉 회의에 참석하여 연단에 올라가 「우리는 같은 피를 나눈 한겨레이므로 나누어 질 수 없다.」 라고 간단한 인사말을 하였다. 그의 속이 편찮은데 무슨 말이 나오겠는가? 조소앙도 간단한 인사말을 하였으나 김규식 박사는 아프다고 핑계한 후 아예 회의장에는 나가지도 않았다. 그 후 김구 선생도 회의장에 나가지 않았다.133)

김구 선생 일행이 회의장에 나타나지 않자 김일성은 김구 일행을 찾아갔다. 이때 김구 선생이 김일성에게 「조만식 선생을 석방해 주시요.」 하니 「예! 그래요!」 하며 김일성은 김구 선생을 빤히 쳐다보다 웃옷 안쪽 호주머니에서 구겨진 종이를 김구 선생에게 내밀었다.

무심코 종이를 받아 본 김구 선생의 얼굴에는 당황한 표정이 역력하였다. 그 종이는 김구 선생이 조만식 선생에게 보낸 편지였다.

「왜 그리 당황하십니까? 앞으로는 이런 장난하지 마십시오!」

종이를 펴든 김구 선생의 안색을 살피던 김일성은 얼굴을 일그러뜨리며 비웃듯 김구 선생에게 한 마디 하고는 호텔 방을 나가버렸다.134)

김구 선생의 생에 이런 모욕적인 일은 없었다. 그는 앞이 캄캄하였다. 그는 70평생을 살면서 이때같이 괴로운 때가 없었다. 그 때 김구 선생의 연세가 73세, 김일성의 나이 34살로 39년의 차이였다.

---

133) 광복 38년 230쪽
134) 박갑동 저 「박헌영」 1983년, 203쪽

김규식 박사가 김구 선생에게 위로의 말을 하였으나 김구 선생은 침통한 채 아무런 말이 없었다.

김구, 김규식, 김일성, 김두봉 등이 4월 26일 회담을 하였으나 김일성의 일방적인 연설로 끝났고, 남 · 북 요인 15명이 연석회의를 하였다. 이것도 마찬가지였다. 김일성과 김구, 김규식, 홍명희 등과 개별회담을 하였으나 이것 역시 마찬가지였다. 여기에 참석하지 못한 박헌영은 속이 상해 견딜 수 없었다.

1948년 4월 23일 열렸던 전조선 정당·사회단체 대표자 남·북 연석회의는 김일성에 의해서 미리 작성한 것을 박수로 가결만 시키는 남·북 협상이었다. 이 회의의 결의 내용은,

① 현하 조선의 정치 혼란을 야기 시킨 전책임은 38선을 고정화하며 남북 분단을 영속화하는 단독선거를 실시하려는 미군정 당국에 있다.
② 어떠한 조건, 어떠한 환경, 어떠한 경우에도 남조선 단독선거는 절대로 승인하지 않을 것이며 3천만 민족의 이름으로 단호히 반대한다.
③ 조선 분단에 이용당하고 있는 UN 조선위원단을 철수하라.
④ 미·소 양군의 즉시 동시 철퇴를 요구한다.135)

이상을 가결하고 이 내용을 미·소에 보내기로 결의하였다.
1948년 4월 28일 폐회, 30일 공동성명을 발표하였다.

① 조선에서 외국 군대를 즉시 동시 철병시키는 것이 현 정세에 있어서 조선 문제를 해결하는 가장 옳은 유일의 방법이다.
② 남·북 제 정당 사회단체 지도자들은 조선에서 외국 군대를 철퇴시킨 후 내전이 유발하지 않는다는 것을 확인하고 조선 인민의 희망에 배치하는 어떠한 무질서의 말썽도 허용하지 않는다.
③ 외국 군대의 철퇴 후 전조선 정치회의를 소집하여 최초의 사업으로 통일조선의 입법기관 선거를 실시하여 그에 의하여 조선 헌법의 제정,

135) 박갑동 저 「박헌영」 1983년, 203쪽

통일적 민주정부를 수립한다.[136]

이 성명에 남로당, 한독당, 인민공화당, 근로인민당, 민족자유연맹 등 남쪽 측에서 28개 정당 사회단체 대표와 북측에서 북로당, 북조선민주당 등 15개 정당 사회단체가 서명하였다.

이 결의서는 북로당 주영하 · 김책 · 고혁 · 기석복, 남로당 허헌 · 박헌영 · 조일명 · 박승원 , 신민당 백남운, 사회민주당 여운홍, 민족자주연맹 권태양, 민주 독립당 홍명희, 한국독립당 엄항섭 등이 모여 작성하였으나 이들은 들러리였고 김일성과 박헌영이 작성하였다.

1948년 5월 9일 김구 선생과 김규식 박사는 서울로 돌아와 김규식 박사는 아예 정계에서 은퇴를 하였다. 경교장에 도착한 김구 선생에게 기자들이 협상에 관해 질문하자 「실패도 아니고 성공도 아니다.」라고 애매한 성명을 발표하면서 ① 남한에 송전 계속 ② 연백저수지 개방 ③ 조만식 선생의 월남 허용 등을 협의하였다고 하였으나 하나도 실현된 것이 없었다. 김구 선생은 남북 통일선거를 하면 정권을 쥔다고 믿고 있었던 것 같다.[137] 김구 선생과 김규식 박사는 김일성이 정통성 확보를 위한 명분으로 남북협상을 이용했고, 결과적으로 김구 선생과 김규식 박사는 그들의 전략에 이용당해 들러리만 서고 왔다.[138]

1948년 8월 15일 대한민국 정부 수립 후 11월 3일 제주도 4.3폭동과 14연대 반란으로 대한민국 정부가 심히 위기에 처해 있을 때 김구 선생은 또 미 · 소 양군 철수 후 통일정부를 수립하자고 하면서 미군 철수를 외치고 있었다. 김구 선생은 대한민국을 끝까지 인정하지 않고 있어 김구 선생의 주장대로 하였다면 대한민국은 공산화 되었을 것이다. 김구 선생은 1949년 1월 8일 또 다시 미군은 철수해야 한다고 하면서 남북협상을 다시 해야 한다고 하였다. 그래서 49년 6월 26일 안두희에 의해 암살당하였다. 현재

136) 박갑동 저 「박헌영」 1983년, 204쪽
137) 박갑동 저 「통곡의 언덕에서」 279쪽
138) 김학준 저 「분단의 배경과 고정화 과정」 해방전후사의 인식 1권 93쪽

좌파들은 김구 선생의 남북협상을 지지하며 2008년 8월 15일 대한민국 건국 60주년에 정부에서 주최하는 기념식에는 참석하지 않고 김구 선생 묘소에 참배하였다.

김일성은 5월 10일 선거를 결사반대 하면서 인민공화국 정부를 수립하기 위하여 소련의 지원을 받아 착착 진행하였다.

46년 1월 15일 평양에 북조선 중앙은행을 설립하였다. 이것은 하나의 독립정권 즉 국가가 설립된 것이다. 이유는 통화를 발행하는 것은 국가기관이 아니고는 할 수 없는 일이기 때문이다. 이때부터 북한과 남한은 사실상 2개의 정부 설립준비를 시작한 것이었다.

46년 2월 8일 북조선은 임시 인민위원회를 조직하고 김일성이 위원장이 되었고, 3월 5일에는 무상몰수 무상분배의 토지개혁을 실시하여 공산주의 기틀을 만들어가고 있었다.

48년 4월 25일 북조선 인민위원회 특별회의에서 헌법 초안을 채택하였다.139)

9) 제주 4.28 평화협상

① 김익렬 평화협상 제의

딘 군정장관은 맨스필드 제주도 군정장관에게 폭도들과 접촉해서 항복할 기회를 주라고 지시하여 맨스필드는 9연대장에게 임무를 부여하였고, 오일균 대대장도 연대장 김익렬을 만나 김달삼과 협상을 건의하였다. 연대장은 즉시 정보장교 이윤락 중위에게 주선을 하게 하였고, 오일균 대대장도 그에게 부탁을 하였다.

김달삼은 경비대가 중립을 지켜주고, 이러한 경비대를 폭도들이 완전히 장악하여 경비대와 폭도들이 합동만 된다면 이보다 더 바랄 것이 없다는 생각이었다. 그래서 어떻게 하든 싸움은 경찰하고만 하고 경비대와는 협상하는 것이 김달삼의 전략이어서 문상길 중위의 레포가 전한 9연대장의 소

---

139) 박갑동 저 「박헌영」 1983년, 204쪽

식은 반갑고 기쁜 소식이었다.

김익렬 연대장은 제주인민군 대표와 회담하기 위해서는 중간 역할로 전 제주도지사 박경훈이 좋겠다고 판단하고 그에게 협조를 요청하였고 자문도 받았다. 문상길과 오일균은 김달삼을 만나는 루트를 알면서도 모르는 척하였다.

「현재로서는 누가 대표이며 어느 곳에 있는지 모르기 때문에 평화협상을 하자고 전단지를 살포하여 저쪽에서 회신이 오면 거기에 응하면 좋을 것 같습니다.」

정보장교의 제언에 따라 경비대에서는 전단지를 만들어 제주 전 지역에 살포하였다.

전단 내용은 ① 군은 동족상쟁을 원치 않는다. ② 불만을 무력수단으로 호소하는 것은 잘못이다. ③ 즉시 무기를 버리고 회담을 하자. 연락을 바란다. ④ 이에 응하지 않으면 철저한 무력응징을 할 것이다. 이상이었다.[140]

이 전단지가 살포된 지 오래되지 않아 김익렬 연대장은 9연대 정보장교 이윤락 중위에게서 저쪽에서 응답이 왔다는 보고를 받았다.

곧이어 인민유격대의 회담 조건이 연락되었다. 그들은 회담은 양쪽 결정자이어야 하고, 장소는 산 쪽으로 해야 한다는 조건이었다. 그리고 회담 장소는 회담 2시간 전에 알려주겠다고 하여 김익렬 연대장은 협상을 위하여 모든 것을 양보하고 유격대의 조건을 들어주면서 맨스필드 대령에게 즉시 즉시 보고하였고, 맨스필드 대령은 좋게 생각하고 모든 권한을 김익렬 연대장에게 위임하였다.

② 김익렬과 김달삼의 평화협상

48년 4월 28일 오전 11시 유격대로부터 1시에 만나자는 연락을 받았다. 김익렬 연대장은 정보장교 이윤락 중위, 민간인 전 제주도지사 박경훈과 운전병 등과 함께 연대본부를 출발하기에 앞서 부대 간부들을 모아놓고 유언하듯 명령을 내렸다.

---

140) 4.3은 말한다 2권 128쪽

「나는 오늘 유서를 써놓고 간다. 5시까지 오지 않으면 죽은 줄 알고 무력 진압하라!」 141)

연대장 일행은 연대를 출발하여 산길로 15킬로미터 정도 올라가니 구억 초등학교가 나왔다. 막 초등학교를 지나가려는데 농부 한 사람이 소를 몰고 오다가 지프차를 정지시켰다.

「9연대 연대장님이십니까?」

「그렇습니다.」

「안내하겠습니다.」

그가 황색기를 흔들며 신호를 보내더니 연대장 일행을 초등학교로 안내하였다.

그들 일행이 초등학교 정문에 이르자 정문 양쪽에 서 있던 보초 두 명이 목청이 떠나갈듯 한 소리로 "받들어-엇 총!" 을 하였다. 이러한 행동을 심각하게 바라보며 김 연대장은 '유격대가 정규군 같다' 는 생각을 하고 긴장하였다. 운전병과 박경훈 씨는 차에 남고 연대장과 이윤락 정보장교는 운동장을 걸어서 회담장소인 교장실로 들어갔다. 운동장에는 500여명의 유격대가 훈련을 받다가 김 연대장과 이윤락 중위가 오는 것을 일제히 보고 있었다. 김 연대장이 이들 유격대를 보니 반 정도는 여자들이었고, 유격대 중 200여명은 무기를 가진 것으로 짐작되었다. 김 연대장은 이들에게 웃으며 손을 흔들어 주었다. 그러면서 속으로는 숫자가 많은데 놀랐다.

김익렬 연대장이 교장실에 들어가니 여섯 명이 있었다. 이들은 창문을 통해 김 연대장이 들어오는 것을 보고 있었던 듯 교장실에 들어가자마자 앉아 있던 한 사람이 벌떡 일어나며 반갑게 인사를 하였다.

이들은 격의 없이 서로 인사를 나누었다. 김달삼 25세, 김익렬 27세의 젊은 나이들이었다. 김익렬은 김달삼이 권하는 의자에 앉으며 질문을 하였다.

「당신이 진짜 김달삼이요?」

이 질문에 김달삼은 껄껄 웃으며 대답하였다.

「그렇게 묻는 의도를 알겠습니다.」

---

141) 4.3은 말한다 2권 132쪽

「하도 젊고 잘생겨서 살인할 사람같이 보이지 않아 물어본 것입니다.」

김달삼은(본명 이승진 1924년생) 25세로 미남 배우같이 잘 생겼다. 그는 1944년 일본 경도 성봉중학을 졸업, 동경 중앙대 예과에 진학하였다가 중퇴하였다. 이때 김달삼은 남로당 중앙위원 강문석의 딸(강영애)과 결혼하였다. 그는 남로당 대정면 조직부장 이었다. 48년 4.3사건 때 유격대 사령관이 되었다.

「산에서 살면 통신과 의 · 식 · 주가 불편하겠습니다.」

「그렇지는 않습니다. 그런 대로 지낼 만합니다.」

「부상자도 많을 텐데 의료품을 도와주고 싶습니다. 당신네들은 병원도 없으니 치료가 어려울 것이 아닙니까?」

「그런 걱정은 안하셔도 됩니다.」

「왜 우리는 동족끼리 피를 흘려야 하는지 참으로 안타깝습니다.」

김익렬의 한숨 쉬듯 하는 말에 김달삼이 고개를 끄덕여 동의하였다.

「군대는 개인의 뜻과 관계없이 명령이 내리면 복종해야 합니다. 만일 오늘 회담이 결렬되면 다음에는 당신과 나는 전투장에서 만나게 될 지도 모릅니다. 당신들이 경찰과 교전하는 것을 보았습니다. 돌담을 끼고 소총으로 싸워서는 효과가 없어 우리는 박격포를 준비하고 있습니다. 박격포가 곧 연대에 도착할 것입니다. 군인은 명령에 삽니다. 아무리 내가 당신들의 궐기를 이해해도 그것은 한계가 있어요. 명령이 내려지면 나는 박격포를 쏠 수밖에 없소.」

김달삼은 김익렬의 박격포 이야기에 얼굴이 창백하여졌다. 이렇게 회담은 1시간정도 지나갔다. 그리고 김달삼은 지금 왜 무기를 들었는가에 대해 다시 한 번 설명을 하였다.

김익렬 연대장이 이념 싸움은 그만하고 자수하라고 하자 김달삼은 화를 내었다.

「그렇다면 좋습니다. 우리 합의를 합시다. 내가 먼저 제시할 테니 들어보시오. 첫째, 즉시 전투행위 중지. 둘째, 무장해제. 셋째, 범법자 명단 제출과 즉각 자수. 어떻습니까?」

「좋습니다. 그럼 저도 말씀드리겠습니다. 첫째, 미군철수, 둘째, 경찰 무장 해제와 악질경찰과 서청을 제주도에서 추방, 셋째, 제주도민으로 경찰이 편성될 때까지 진압 업무를 경비대가 수행할 것, 넷째, 의거 참여자에 대해 전원 불문에 부칠 것 등입니다.」

김익렬의 조건 제시에 김달삼도 조건을 제시하였다. 둘의 조건은 상이(相異)하여 타협이 어려울 것 같았다. 그래도 김익렬은 김달삼의 조건의 가부를 즉시 답하였다.

「김 대장의 첫 번째는 우리가 다룰 수 없는 성질의 것이고, 둘째는 약탈이나 범법을 하면 즉시 처벌하겠소. 셋째 앞으로 제주도 경비는 경찰에서 경비대로 옮겨질 것이요. 그렇게 되면 경찰 수는 점점 줄어들 것이요. 넷째 교전중이 아닌 때 범한 살인 방화는 책임을 물어야 합니다. 그 외에는 전원 불문에 부치고 군에 귀순하면 생명과 재산 안전 자유를 보장하겠소. 살인·방화를 행한 범인이라도 귀순하면 극형은 면해 주겠소. 마지막으로 말하겠습니다. 범법자의 명단을 작성하여 책임 한계를 분명히 해 주시오. 명단에 기재된 사람들이 자수를 하든지 안하든 도망을 가든 그것은 자유스럽게 하겠습니다. 당신과 지도급들은 중벌을 면키 힘들 것입니다. 그러나 입산자들의 귀순과 무장해제를 시켜준다면 당신들과 지도급에 대해서 도피할 수 있도록 배를 마련하여 해외나(일본) 도외로 탈출할 수 있도록 배려해 주겠소.」

김달삼은 김익렬 연대장의 사려 깊은 배려에 감동하였다. 그리고 현재로서는 이 방법이 가장 좋은 방법이라고 판단하였다.

「귀순과 무장해제가 끝나고 모든 약속이 준수 이행되면 나는 당당히 자수하여 이번 의거의 모든 책임을 질 것입니다.」

③ 평화협상 합의

김달삼과 김익렬은 회담한지 4시간 30분 만에 합의를 보았다.

- 72시간(3일) 내에 완전 전투중지. 대정면과 중문면은 즉시 전투 중지할 것이며, 72시간이 지나서 전투를 하면 이것은 배신행위로 간주 합

의를 무효로 한다.

- 유격대 무장해제는 점차적으로 하되 약속을 위반하면 즉시 전투를 재개한다.
- 무장해제와 하산이 원만히 이루어지면 주모자들의 신병을 보장한다.

이와 같이 합의할 때 김익렬은 "이 약속이 이행될 때까지 내 가족 전원을 당신들에게 인질로 맡기겠소!" 하면서 김달삼에게 믿음을 보여 주었다.

김익렬은 정보장교와 함께 김달삼과 헤어져 연대본부로 돌아와 참모들과 대대장들에게 회담 결과를 설명하고 귀순자를 수용할 수 있게 수용소를 건설하게 하였다. 특히 서귀포 성산포에 수용소를 건립하게 하였다. 김익렬 연대장은 맨스필드 대령에게도 보고하였다. 그도 만족한 회담이라고 환영하였다.142)

맨스필드는 김익렬의 보고를 받고 즉시 경찰에 "경찰은 경찰관서만 경계하고 외부에서의 행동은 일체 중지 한다" 고 명령을 내렸다. 맨스필드는 김익렬을 적극 지원하였다. 이 회담 내용은 전단지를 만들어 전 제주도 내에 뿌려졌다. 대정면과 중문면은 즉시 전투가 중지되었고, 서귀포와 한림, 제주읍에서는 점차 전투가 소강상태가 되었으며, 조천면에서 만 전투가 계속되었다.

제주 마을들은 오랜만에 싸움이 중단되어 평화가 오는 것 같았고, 4월 29일 12시부터 귀순자는 점차 증가하여 천막이 모자랄 지경이었다. 경비대는 수용소 건설에 정신이 없었다. 여자유격대 중에는 "우리도 집에 갈 수 있다" 고 하였다.

이상의 내용을 수집한 경찰은 깜짝 놀랐다.

「경비대가 어떻게 우리를 무장 해제하는 협상을 폭도들과 했다는 말이요? 이거 경비대가 완전히 폭도들과 한패구만!」

회담 결과의 전단지를 보고야 경비대와 폭도들과의 회담을 알게 된 김정호 사령관은 분노하였고, 이 소식을 들은 제주경찰들은 분개하였다.

---

142) 4.3은 말한다 2권 143쪽-145쪽

제주경찰서에서는 조병옥 경무부장에게 즉시 보고하고 "경비대가 폭도들과 한통속이다." 고 하면서 협상에 대비하고 있었다.

화가 난 김정호 사령관의 「경비대 안의 남로당 프락치들을 즉시 파악하라」는 말이 떨어지자 사찰과 형사들은 분주히 움직였다.

10) 제주 4.28 평화협상 폭도들에 의해 깨지다.

오라리마을은 제주읍 남쪽으로 2킬로 떨어져 있는 부락이다. 오라리는 5개 마을로 되어 있으며, 주민은 600여 호에 3,000여명이 살고 있었다. 이 마을에는 일제 때부터 좌익운동을 했던 고사규, 박기만, 오팽윤, 송삼백, 이순정 등이 있어 이들은 "이승만은 미군의 앞잡이다. 미군은 이 땅에서 물러나야 한다." 등을 외치고 있었다. 주민들은 이들의 영향을 많이 받고 있어서 좌익사상이 강하였다. 47년 3.1사건 때, 관덕정 앞 발포사건에서 6명 사망자중 2명이 이 마을 사람들이었다.

48년 4월 11일 경찰 송원화의 아버지 송인규가 이 마을에서 살다가 폭도들에게 살해되기도 하였고, 5.10선거 때에는 2,000여명의 주민이 계획적으로 5.10선거에 반대하여 참여하지 않은 좌익부락이었다.

48년 4월 21일 이순오(35)는 삼촌 고태조(37)와 같이 잃어버린 말을 찾으러 이웃마을 오등으로 갔다가 응원경찰대가 폭도의 연락병으로 간주하고 총격을 가했는데 이순오는 죽었고 고태조는 극적으로 살았다.

48년 4월 23일 김태중(28세)이 경찰에 연행되었다가 총살당했다.

① 폭도에 의해 우익청년과 청년 부인들이 납치당함.

4월 29일 평화협상 후 하루 지나 연미마을 대청부단장 고석종과 대청단장 박두인이 폭도들에 의해 끌려갔다.

4월 30일 대청단원 부인인 강공부(23세), 임갑생(23세) 등이 폭도들에 의해 납치되었다. 그들은 두 여자를 마을 밖 1킬로 떨어진 민오름까지 끌고 갔다. 이들은 여자들을 소나무에 묶었다. 두 여자들이 이러한 수난을 당하는 것은 이 여자들이 동네 사정을 경찰에 밀고했다는 이유에서였다. 여자들

이 끌려온 곳에는 어제 폭도들에게 끌려온 대청단장 박두인과 부단장 고석종도 묶여 있었다.143)

한편 「민오름으로 사람들이 끌려갔는데 다 죽게 생겼으니 빨리 도와주라」는 신고를 받은 경찰은 새벽 5시경 민오름으로 가고 있었다. 임갑생은 묶여 있던 손을 밤이 새도록 나무에 비벼대어 풀어 도망치는데 성공하였다. 경찰이 긴급 출동하여 붙잡힌 사람들이 묶여 있던 곳까지 갔을 때는 임신부인 강공부는 이미 숨져 있었다. 박두인과 고석종은 어디로 끌려갔는지 없었다. 이들은 지금까지 행방불명이다. 죽은 것이다.

② 오라리 방화사건

미 방첩대에서는 임갑생을 통해 납치경위를 파악하였고, 또한 출동한 경찰들을 통해 전말을 알게 되었다. 결론은 4.28 평화협상은 깨졌고, 김달삼은 김익렬을 이용하고 있다는 결론이었다.

5월 1일 오전 9시 연미마을에서 강공부 여인의 장례식이 있었다. 이 장례식에는 대청·서청원 30여명이 참석하였다. 마을 사람들은 이 장례식에 아무도 참석하지 않았다. 2시간에 걸려 장례를 마친 대청과 서청의 청년들은 손에 몽둥이를 들고 있었다. 이들은 장례를 마치자마자 30여명이 연미마을에 몰려들었다.

「아이 밴 여자를 죽이다니 너희들도 사람이냐? 폭도에 가담한 허두경(40) 집부터 불을 질러버려!」

명령이 떨어지자 대청단원들은 폭도로 의심받는 허두경 · 강병일(39)의 집에 불을 질렀다. 그리고 이어서 박태영(39) 강윤희(30세) 박전형(28세) 등 5세대 12채에 불을 질렀다. 이들은 집과 살림살이를 사정없이 때려 부셨다. 그리고 서청과 대청원들은 제주읍으로 떠났다.

연미마을에서 1킬로 떨어진 오름에 있던 폭도 20여명은 12시가 지난 시각에 휴식을 끝내고 산 아래를 내려다보니 마을에서 불길이 오르고 있자 놀랐다.

---

143) 4.3은 말한다 2권 150쪽~152쪽

이들이 마을로 내려와 보니 마을이 불에 타고 있었고, 부엌 살림살이와 가구할 것 없이 마당이고 길가에 내팽개쳐져 있었다. 죽창을 든 폭도들은 마을 사람들에게서 "대청원들이 불을 질렀다"는 말을 듣고 그들을 잡으려고 마을을 뒤졌으나 대청원들은 이미 없었다.

연미마을 앞에서 구덕을 지고 가는 아주머니를 만난 폭도 하나가 이 아주머니를 불러 세우고 물었다.

「아주머니, 어디 가시는 것이요?」

「나 김규찬 순경 어머니여!」

「뭐라고요? 김규찬 순경 어머니?」

이 아주머니는 질문하는 청년이 서청 청년인줄 잘못 알고 경찰 어머니라고 하면 귀찮게 하지 않을 줄 알고 대답을 하였다. 그런데 이 말을 곁에서 듣고 있던 청년 하나가 소리를 꽥하고 질렀다.

「김규찬 순경 어머니라고? 야, 없애버려!」 이 말이 떨어지기 무섭게 폭도들이 우르르 달려들어 그 아주머니(고순생42세)를 죽창으로 찔러 죽여 버렸다. 한편 마을 사람들은 열심히 불을 끄고 있었다.

서문파출소에서는 "연미마을에 폭도들이 나타나 동네를 개판 치고 있습니다. 빨리 가보시요." 하는 신고를 받고 본서에 즉시 증원요청을 하였다.

서문파출소의 증원요청을 받은 본서 감찰부청장 박근용은 비상출동을 명하였다.

박계연 소대장이 출동을 명령하자 순식간에 경찰들은 2대의 트럭에 분승하고 출발하였다. 1소대는 간부후보생으로 편성된 소대로 제주도에서 훈련이 가장 잘되어 있고 용감한 경찰들이었다. 이들을 태운 트럭은 먼지를 날리며 전속력으로 달려 20분쯤 지나자 현장에 도착하였다.

마을 입구에서 보초를 서고 있던 사람이 경찰 트럭이 들어오자 급히 대나무를 내리고 "경찰이 온다"고 고함치자 불을 끄던 마을 사람들은 불을 끄다 말고 그대로 둔 채 죽자 살자 산으로 도망쳤다.

경찰들이 마을 입구에서 보니 가옥 수십 채가 불타고 있고 연기가 하늘을 가린 가운데 사람들이 뿔뿔이 헤어져 산으로 도망치는 것이 보였다. 경찰들은 재빨리 차에서 내려 2열종대로 주위를 향해 공포를 쏘고 일부는 도망가는 사람들을 향해 총을 쏘았다. 경찰들은 폭도들의 매복에 걸릴지 모른다고 생각하고 조심조심 마을로 들어갔다. 긴장하여 앞서가던 경찰이 갑자기 손을 들어 정지 신호를 보내자 뒤에 오던 경찰들은 길에 넙죽 엎드렸다. 그리고 선두 몇 사람이 우르르 달려가 보니 40대의 여자가 죽창에 찔려 죽어 있었다. 주위에는 검붉은 피가 넓게 퍼져 있었다. 시체를 보던 경찰 한 사람이 소스라치게 놀랐다. 죽은 여자는 자기가 알고 있는 김규찬 순경의 어머니였던 것이다. 죽은 사람이 순경의 어머니라는 말을 들은 경찰들은 흥분하였다. 경찰들은 적개심을 가지고 마을을 포위하고 폭도들을 찾으러 집집마다 들어가 보았으나 폭도는커녕 마을 사람들까지 이미 도망치고 없었다. 이때 마을 사람들 중 경찰이 정지하라고 고함을 쳐도 도망치던 고무생(41세)여인이 경찰의 총에 맞아 숨졌다.144)

휴전 4일째 되던 5월 1일 오후 3시경 정보파견소로부터 9연대장에게 보고가 있었다.

「제주읍 오라리 마을에 대청들이 가서 불을 질렀다고 합니다.」

연대장은 정보장교 이윤락 중위와 직접 현장을 찾아가 조사한 결과 방화사건은 유격대에 의해 저질러진 것이 아니라 대청원들이 장례식에 참석하였다가 분풀이로 저질렀다는 결론이었다. 김익렬 연대장과 이윤락 정보장교는 그 길로 맨스필드 대령을 찾아가 보고하였다.

「동화여관에 미CIC 방첩대와 6사단 정보참모부 간부들이 있으니 그들과 상의하시오.」

보고를 받은 맨스필드는 전과 같이 김 연대장을 호의적으로 대하지 않고 "방첩대 간부들과 상의하라" 하였다. 김 연대장은 이상한 예감이 들었다. 그래도 명령은 명령이라 조사보고서를 CIC에게 보이면서 "오라리 방화사건은 유격대가 한 일이 아니라 대청원들이 한 것" 이었다고 보고하자 CIC 간부는 그것이 아니라는 것이었다.

맨스필드는 "폭도들이 29일 2명의 남자를 납치하였고, 30일 임신부 여

144) 4.3은 말한다 2권 153쪽~156쪽

자를 죽인 것으로 4.28 평화협상이 깨졌고, 경찰 가족을 죽여서 경찰이 공포를 쏘며 그들을 몰아냈다." 고 하였다. 그는 김달삼이 김익렬을 이용하고 있다는 결론이었다.

「대청원들이 장례를 치르고 마을에 불을 지른 것이다. 우리의 보고가 잘못되었으면 미군, 경찰, 경비대 합동조사를 합시다.」하고 김익렬이 강력하게 항의하였지만 CIC는 "합동으로 조사하자" 는 말에는 관심 두지 않고 오직 "폭도들이 사람을 먼저 죽였다. 그리고 불이 났다." 라고 강경하게 주장하였다.

오라리 사건은 폭도들과의 약속위반이 되는 것이다. 김익렬 연대장은 오라리 사건이 제주사건의 한 분수령이라고 판단하고 부하들을 보내 방화 주범인 대청단원 박 씨를 제주읍에서 체포하여 연대에 감금시켰다. 이때부터 유언비어는 제주도민을 흥분시켰다. 그 내용은

"시간을 벌기 위한 반도(폭도)들의 술책에 연대장이 기만당했다. 반도들은 시간을 벌어 전열을 재정비하여 대대적인 기습을 준비하고 있다. 연대장이 폭도 두목과 내통하고 있다."

는 것이었다. 이 유언비어는 경찰을 통해 맨스필드와 조병옥에게 즉시 보고되었다.

연대 내에서도 「연대장이 폭도들을 기만하여 폭도 전원을 귀순시켜놓고 일시에 몰살하려 한다.」는 유언비어가 유포되었다. 이러한 유언비어는 폭도들을 흥분시켰다. 김익렬 연대장은 좌우에서 공격의 대상이 되었고 입장이 어렵게 되었다.

경찰이 평화협상을 반대하는 이유는 '경찰이 제주도에서 추방되는 것과 비밀리에 경비대와 폭도가 회담을 하였고, 평화협상이 되면 경찰과 조병옥의 권위가 땅에 떨어지고 결국 경찰은 무장해제가 되는 비참한 일을 두려워한다.' 고 맨스필드는 분석하였다.

※ 그런데 제주4. 3사건 진상조사보고서 200쪽을 보면 "오라리사건을 미 촬영

반에 의해 촬영하였는데 이 영화는 강경진압의 명분을 얻기 위한 목적에서 제작된 것으로 보인다는 것과, 이는 이미 그 시점에 미군의 강경책이 결정되어 있었다는 점을 시사해 준다."고 말도 안 되는 허위주장을 하고 있다. 또한 제주4.3진상조사보고서 198쪽에 보면 "미군이 경비대에 총공격을 명령함에 따라 협상이 깨져 4.3사건은 걷잡을 수 없는 유혈충돌로 치닫게 되었다"고 허위 및 좌편향적인 보고서를 작성하였다.

이상과 같이 4.28 평화협상은 48년 5월 1일 방화사건 때문에 깨진 것이 아니라, 4월 29일 폭도들이 고석종과 박두인을 납치하였고, 4월 30일 강공부와 임갑생을 또 납치하여 임갑생 외 3명을 폭도들이 학살함으로 해서 4.28 평화협상이 깨진 것이다.

이 문제에 대해서 제주인민유격대 투쟁보고서에는,

<제주인민유격대 군책과 9연대 문상길 소위가 만난 결과 국경의 세포는 중앙 직속으로 도당의 지시에 복종할 수 없으나 행동의 통일을 위하여 밀접한 정보 교환, 최대한의 무기 공급, 인민군 원조부대로서의 탈출병 추진, 교양자료의 배포 등의 문제에 의견의 일치를 보았고, 더욱이 최후 단계는 총궐기하여 인민과 더불어 싸우겠다고 약속하였음.

또 9연대 연대장 김익렬이가 사건을 평화적으로 수습하기 위하여 인민군 대표와 회담하여야 하겠다고 사방으로 노력 중이니 이것을 교묘히 이용한다면 국경의 산토벌을 억제할 수 있다는 결론을 얻어 4월 하순에 이르기까지 전후 2회에 걸쳐 군책과 김 연대장과 면담하여 금반 구국투쟁의 정당성과 경찰의 불법성을 특히 인민과 국경을 이간시키는 경찰의 모략 등에 의견의 일치를 보아 김 연대장은 사건의 평화적 해결을 위하여 적극 노력하겠다고 약속하였음.>

이상과 같이 김달삼은 김익렬 연대장을 교묘히 이용하겠다고 하였다.[145]

---

145) 제주인민유격대 투쟁보고서 78쪽

※ 그런데 제주 4.3사건 진상조사보고서 198쪽에 「협상 사흘만인 5월 1일 우익청년단이 제주읍 오라리마을을 방화하는 세칭 '오라리사건'이 벌어지고, 5월 3일에는 미군이 경비대에 총공격을 명령함에 따라 협상은 깨어지고 이후 제주4.3사건은 걷잡을 수 없는 유혈충돌로 치닫게 되었다」 고 말도 안 되는 허위 및 좌편향적인 주장하면서 오라리사건을 "미군이 강경하게 진압하는 한 계기가 되었다"고 강도 높게 미군을 규탄하고 있다.

5연대 2대대장 오일균 소령은 김달삼과 접촉하면서 경비대는 토벌작전보다 정치적 사상적으로 대원들을 교육시켜 세포조직을 확대하여 김익렬 연대장과 일부 장교를 암살하고 9연대를 반란군으로 하기로 합의하였다. 오일균 대대장의 계략에 의하여 김달삼은 연대장 김익렬 소령의 의중을 알아보기 위하여 만난 것이다.[146] 4월 하순까지 2회에 걸쳐 제주인민군 군책과 김익렬 연대장이 만났다.

11) 5.3사건

48년 5월 3일 오후 3시경 김익렬 연대장에게 보고가 들어왔다.

「연대장님, 산사람 200명~300여명이 귀순한다고 합니다.」

9연대 병사 7명과 미군 병사 2명 외 드루스 중위가 자수자들을 산에서 인솔해 오고 있었다. 이때 괴한 약 50여명이 카빈, 중기관총, 99식 소총으로 무장하고 귀순자들을 공격하였다. 인솔자들은 산사람들을 즉시 땅에 엎드리게 하였으나 산사람 수명이 순식간에 죽고 부상하자 산사람들은 깜짝 놀라 죽자 살자 다시 산으로 도망쳤다. 괴한은 계속 경비대와 미군에게 사격을 하였다. 경비대와 미군도 즉시 반격하여 괴한 기관총 사수를 집중 사

---

146) 한국전쟁사 1권 439쪽

※ 제주인민유격대 투쟁보고서는 이덕구가 1949년 6월 7일 사살될 때 생포된 경호원 양생돌이 소지하고 있던 것으로, 김달삼이 북으로 가기 전 제주에서 투쟁하였던 일들을 기록한 것이다. 한 부는 김달삼이 북으로 갈 때 가져가고 한 부는 양생돌이 소지하고 있던 것을 문창송 씨가 편집한 것이다.

격하여 사살하였고, 괴한들에게 집중사격을 하자 괴한들은 5명의 시체와 부상자들을 버리고 도망쳤다. 경비대원들은 부상당한 괴한들을 수습하여 연대로 돌아왔다. 경비대로 끌려온 괴한 부상자들은 드루스 중위와 경비대원의 심한 문초를 받았다.

「소속이 어딘가?」

「제주경찰서 문용채 서장 소속 특공대입니다.」

「명령받은 임무는 무엇이지?」

「상부의 지시에 의해 폭도와 미군과 경비대 장병을 사살하여 폭도들의 귀순공작을 저지하라는 임무를 받았습니다.」

부상 괴한의 말을 듣고 있던 경비대원들은 괴한의 어처구니없는 진술에 할 말을 잃었다. 미군도 심히 불쾌한 표정을 지었다.

경비대 정보장교와 경비대원 몇 명과 미군 중위 드루스가 문용채 서장을 찾아갔다.

「서장님은 폭도 귀순자들을 경호하는 경비대원과 귀순자들과 미군까지도 죽이라고 명령하여 특수경찰을 보냈는데 이럴 수가 있소? 이 말은 우리와 총격전 끝에 붙잡힌 경찰 포로가 직접 진술한 내용이요.」

「뭐라고요? 아, 나는 전혀 모르는 일이요. 철저히 조사해 보겠습니다. 그자가 경비대와 경찰을 이간하기 위하여 계획적으로 그렇게 한 말인지도 모르는데 부상자 한 명의 말만 듣고 이렇게 흥분하면 되겠습니까? 경찰의 말도 들어보고 사건을 철저하게 조사해 보아야 하지 않겠습니까? 삼척동자가 아니고서야 대낮에 어떻게 이런 일을 할 수 있고 또 명령을 내릴 수 있습니까? 우리가 만일 했다면 완벽하게 하지 무엇 때문에 부상병을 두고 가겠습니까? 경찰은 귀순자를 막을 하등 이유가 없습니다. 어째서 귀순자를 막겠습니까?」

경비대원들과 미군은 제주경찰서를 찾아갈 때는 살기등등하던 사람들이 문서장의 달변에 눌려 아무런 말도 못하고 오히려 문서장 말을 듣고 보니 폭도들이 그렇게 하고도 남을 사람들이라고 생각하였다.

다음 날 경찰진압사령관 김정호도 문용채 서장의 말을 두둔하고 나왔다.

「이번 사건은 경찰과 경비대를 이간시키기 위해서 폭도들이 경찰로 가장한 소행입니다.」 라고 하였다.

오라리 방화사건과 귀순자 공격사건이 있자 김달삼은 전 폭도들에게 "김익렬 연대장은 약속을 위반한 배신자다. 우리는 좌시하지 않고 결사 보복하겠다." 고 선포하여 유격대의 무참한 공격이 다시 시작되었다.147)

김달삼은 남한 건국 5.10선거는 반대하고 북한의 8.25선거에 참여해야 했기 때문에 평화협상은 김익렬을 최대한 이용해서 폭도들에게 유리하게 하기 위한 작전이었다.

12) 김익렬과 조병옥의 싸움

48년 4월말 소련은 UN에서 「미군정이 어떻게 했으면 인민이 경찰에 항거하게 하여 경찰이 인민을 처참하게 학살하게 하느냐?」 하고 제주 사건을 가지고 소리를 높이자 미국은 입장이 곤란하였다. 이후 미 정부는 하지 장군에게 「제주도 사건을 조속히 해결하라.」 고 하였고, 하지는 딘 군정장관에게 「제주도 사건을 조기 수습하라!」 고 명령을 내렸다. 딘 소장은 제주 군정장관 맨스필드 대령에게 「조기 수습하라」 하였는데 맨스필드는 김익렬 연대장과 같이 선 선무, 후 토벌 평화정책을 지향하고 있을 때 딘 소장은 극비에 제주도에 도착하였다.

48년 5월 5일 12시경 제주중학교 미 군정청 회의실에서 군정장관 딘 소장, 민정장관 안재홍, 경무부장 조병옥, 경비대 사령관 송호성 준장, 제주군정장관 맨스필드 대령, 제주도지사 유해진, 경비대 9연대장 김익렬 소령, 제주감찰청장 최천 등이 모여 회의를 하였다.

맨스필드 대령이 사회를 보았다. 최천 제주도 감찰청장이 먼저

「이번 제주도 폭동은 공산주의자들에 의해 사전에 조직 훈련 계획된 것이며, 군·경의 대병력을 투입하여 합동작전을 펴서 철저히 토벌해야 합니다.」

하고 제주도 4.3사건 배경을 설명하였다.

---

147) 제주 경찰국 「제주 경찰사」 제주 1990년 310쪽

이어서 김익렬 연대장이 제주도 사건을 설명하였다.

「입산자들을 저지하려면 폭도와 일반 민중 동조자를 분리시켜 폭도를 도민으로부터 고립시켜야 양민의 피해가 적으며 빨리 진압될 수 있습니다. 그러기 위해서는 무력위압과 선무 귀순공작을 병용하는 작전을 전개해야 합니다. 선무 활동에 응하지 않는 자는 토벌해야 합니다. 작전의 통일성을 위해 제주경찰은 나의 휘하에 있도록 해 주십시오.」 하였다.

딘 장군은 즉석에서 「경찰을 지휘하시오!」 하고 허락하였다.

그런데 그 다음 조병옥이 발언을 하며 김익렬 부친에 대해 공산주의자라고 하는 등 좋지 않게 이야기를 하자 김익렬과 싸움이 벌어졌다. 송호성 안재홍도 속수무책이었다. 최천이 말리려 하였으나 김익렬이 발로 차려고하여 저만치 물러나 다시는 접근할 수 없었다. 회의장은 순식간에 난장판이 되었다. 이때 딘 장군이 통역에게 "송호성 장군과 안재홍 장관은 무엇이라 하던가?" 하고 물으니 통역이 대답하길 "안 장관과 송 장군이 연대장 너는 공산주의자이며 나쁜 놈이라고 욕설을 하고 있다." 고 거짓으로 통역하는 것을 들은 김익렬은 화가 머리끝까지 올라 조병옥의 멱살을 잡은 채 끌고 내려와 통역 앞에 버티고 서서 통역을 집어삼킬 듯 째려보며 호통을 쳤다.

「이봐 통역관! 너 이 자식 이 조병옥이와 다른 곳이 하나도 없는 놈이다. 안 장관과 송 장군은 영어를 몰라서 무슨 말인지 알지도 못하는데, 뭐야? 두 분이 내가 공산주의자고 나쁜 놈이라고 했단 말이야? 이 죽일 놈! 공직에 있는 놈들이 순 사기꾼 같은 놈뿐이구먼!」

김익렬은 공인이 국가보다도 자기 이익을 위해 외국인에게 거짓말을 하는 것을 참을 수 없었다. 그는 통역관을 발로 걷어차고 조병옥의 멱살을 쥐어 흔들어댔다.

이에 딘 장군은 급히 회의장을 빠져나가 헌병을 불러 두 사람을 떼어놓게 하였다. 헌병에 의해 두 사람은 겨우 떨어졌다. 헌병은 김익렬을 의자에 앉혔다.

이때 안재홍이 책상을 치면서 대성통곡하기 시작하였다.

「이게 다 우리 민족 스스로의 힘으로 해방된 것이 아니고 남의 힘을 빌려서 해방되어서 이런 억울한 일을 당하는 것이요. 연대장이 참으시오. 외

국사람 앞에서 이런 부끄러운 일이 어디 있소?」

조병옥의 영어를 알아들을 수 없는 안재홍은 조병옥이 말하고 있는 내용이 무엇인지도 모르고 김익렬을 원망스레 바라보며 김익렬 연대장의 손을 잡고 참으라고 말하고 대성통곡하였다.

안재홍의 대성통곡에 놀란 조병옥이 조용히 하자 김익렬도 조용하였고, 안재홍의 울음소리만 장내를 숙연하게 하였다.

「오늘 회의는 이것으로 해산이요.」

딘 장군은 침울하게 한 마디 하고는 회의장을 나갔다. 딘 장군과 맨스필드는 조선민족을 도대체 이해할 수 없었다. 조병옥은 급히 이들의 뒤를 따랐다.

김익렬 연대장은 안재홍과 송호성에게 조심스럽게 다가가 회의 중 소란을 피운 이유를 설명하였다.

제주도를 다녀온 딘은 5월 6일 기자회견을 하여 "지금 경찰과 국방경비대가 협력하여 활동하고 있으므로 불원 완전히 평정되어 평화적 질서를 회복할 것이다." 라는 요지로 발표하였지만 마음은 편하지 않았다. 그는 5월 6일자로 제주도 9연대장 김익렬을 해임하고 후임에 박진경 중령을 임명하였다. 그리고 9연대 정보주임 이윤락 중위를 즉시 파면하고 구속하였다.148)

김익렬 연대장의 과장과 허풍은 국군에서는 모르는 사람이 없어 위의 말을 어느 정도 믿어야 할 지 의문이었다.

박진경 중령은 학병출신으로 영어를 잘하며 딘이 잘 알고 있고, 해방 전 일본군 소위로 제주도에서 근무하여 한라산을 잘 알고 있어 박진경을 임명하였다.

---

148) 제주 경찰국 「제주 경찰사」 제주 1990년 311쪽

제5장
남로당 제주도당 5.10 선거 반대

1. 폭도들 5.10선거 반대 폭동

1) 남로당 제주도당 5.10선거 반대 양민 학살

제주도는 제주 4.3폭동 후 통금이 오후 8시부터 다음 날 새벽 4시까지였으며, 제주 마을에는 위급한 사건이 벌어져도 한밤중에는 경찰이 거의 출동하지 못하고 있었다. 그것은 경찰이 폭도들에게 눌리고 있었기 때문이었다. 폭도들은 이러한 것을 최대 이용하여 마을에 가서 5.10선거 반대 이유의 전단지를 뿌렸다. 전단지의 내용은 '경찰에 대항하기 위해 제주도민이여 단결하자! 투표하면 인민의 반역자이다! 단선에 참가한 매국노를 단죄하자!' 이었다.

밤마다 이들이 설쳐대며 주민들에게 "단선하면 분단이요, 반대하면 통일이 된다. 이 통일을 위해 김구 선생이 단선을 앞장서 반대하고 김일성을 만나 협상하기 위해 평양을 방문하였다. 오직 이승만만 권력에 눈이 어두워 단선을 지지하고 있다" 고 설득하고 설명하니 제주도민들은 선거를 하는 것은 좋지 않은 것이라고 생각하고 폭도들의 선거반대운동에 협력하게 되었다.[149]

2) 5.10선거를 저지하라.

폭도들은 1948년 5월 10일 선거를 반대하기 위하여 다시 야간 기습할

---

149) 4.3은 말한다 2권 207쪽

준비를 하고 있었다.

48년 3월 21일 남한 국회의원 입후보자등록을 마쳤고 선거가 끝나면 대통령과 내각이 조직되어 대한민국이 탄생하게 된다. 그러므로 남로당원들은 폭동을 일으켜 5월 10일 선거를 무효화 시키려고 전력을 다하고 있었다. 그들은 지서와 우익단체를 기습하고 국회의원에 입후보한 자들의 집에 가서 후보를 사퇴하게 하였다. 이들은 이것뿐만 아니라 선거인 명부도 입수하고 입후보자 테러도 계획하고 있었던 것이다.

「도민 여러분, 북조선 인민군이 38선을 넘어 수원까지 남하하고 있소! 한 달만 참으면 제주도는 해방이 됩니다. 그렇게 되면 해방군이 경찰이 되고 토지도 나누어주고 있는 자 없는 자, 착취자의 자본주의가 아니라 공평하게 나누어 갖는 공정한 세상, 평등한 세상이 됩니다.」150)

김달삼은 이와 같이 폭도들에게 먼저 선전하고 제주 남로당 당원들에게 선전하자 당원들은 도민들에게 열심히 선전하였다. 가난한 사람들은 무상몰수 무상분배는 천금같이 귀중한 소식이었다. 신문 방송이 부족할 때라 내용을 모르는 도민들은 그들의 말에 대부분 수긍하는 편이었다. 남로당원들의 말에 도민들은 그 말을 믿고 성금도 갖다 주고 소나 말도 잡아서 유격대 부식에 쓰라고 제공하였다.

매일 밤 서머봉, 사라봉, 원당봉 오름에는 봉화가 오르니 제주도민들은 불안하면서도 흥분하였다.

3) 남로당 제주도당 5.10선거 지지자 학살

「이원백이 대청 제주도당위원장 김충희와 가까이 지내며 선거위원장을 하면서 날뛰고 있으니 오늘 이 자식을 제거해 버리자!」 하는 명령이 떨어졌다.

5월 1일 새벽 1시 폭도들은 제주읍 도평리 선거관리위원장 이원백(57세)의 집을 습격하여 포위하였다. 이원백은 산사람들이 선거를 반대하면서 닥치는 대로 죽인다는 소리를 듣고 제주읍에 며칠 동안 피신하였으나 집도

---

150) 제주4.3연구소 「이제사 말햄수다」 1권 73쪽

궁금하고 주변이 조용하여 이 날은 집에 와서 잠을 자도 되겠다고 생각하고 조용히 집에 왔다. 그러나 마을 정보원이 이원백이 집에 왔다고 폭도들에게 알려주어 폭도들이 출동하였다.

잠결에 대문 흔드는 소리와 사람 말소리가 들리자 이원백은 깜짝 놀랐다. 이 밤중에 우리 집에 찾아 올 사람이 누구란 말인가?

이원백이 옷을 입고 나가자 산사람들이 기다리고 있었다는 듯 한차례 폭력을 휘둘렀다.

이원백은 산사람들의 죽창과 낫과 도끼에 몸이 만신창이가 되어 죽었다.

같은 날인 5월 1일 새벽 제주읍 도평리 우익청년 박형종(25세) 집을 폭도들이 기습하여 산사람들이 온 줄 알고 맨발과 속옷차림으로 뒷문으로 도망치던 박현종을 붙잡았다.

박현종은 우- 하고 떼거리로 달려드는 폭도들에 의해 죽창에 찔리고 도끼에 맞아 저항도 못하고 죽고 말았다.

5월 5일 새벽 2시 제주읍 화북마을 임형권(61세)의 집을 폭도들이 기습하였다. 임형권은 잠결에 주인을 찾는 소리가 나 깨어 시계를 보니 새벽 2시가 조금 지났다. 그는 순간적으로 산사람들이라는 것을 깨닫고 겉옷을 입을 여유도 없이 속옷 바람으로 급히 뒷문으로 빠져나가다 검은 그림자가 길을 막고 수하를 하여 놀라 한 발자국도 더 떼지 못하고 와들와들 떨기만 하였다. 곧바로 사람들이 우르르 몰려와 임형권을 둘러섰다. 그들의 손에는 죽창과 낫이 들려 있었다. 폭도 인솔자는 말을 끝내고 대원들을 한 번 휘둘러본 후 "죽이자!" 하자 폭도들이 죽창과 낫 도끼 등으로 임형권을 사정없이 찍어 그 자리에서 죽여 버렸다. 이날 같은 마을 장순정 안여창도 산사람들에 의해 죽었다.

제주읍 오등리에는 170세대 800여명이 살고 있었다. 오등리 죽성마을 청년들이 5.10선거 지지운동을 하고 있었으나 마을 사람들은 폭도들의 학살이 무서워서 산으로 피신하였다. 그러나 대청단장 강익수와 선거관리위원장 김경종(42세) 등은 투표함을 마을로 옮겼다.

48년 5월 8일 오전 9시 선거관리위원장 김경종의 집에 폭도 10여명이 들이닥쳐 김경종을 찾았으나 없자 그의 어머니 박사일(72세)과 딸 희진(12세) 등을 죽창으로 찌르고 집에 불을 질렀다. 어머니는 다음 날 죽었다. 김경종의 처 김죽현(42세)은 이웃집에 있다가 변을 모면하였는데 자기 집이 불에 타자 집으로 가다 폭도들을 만나 2살짜리 김희석과 함께 죽창에 찔려 죽고 말았다.

폭도들은 이어 대청단장 강익수의 집을 찾아갔다가 강익수가 없자 동생 강천수와 강인수를 납치해갔다. 그리고 폭도들은 대청단원 가족인 이찬용의 어머니 이윤형, 부계열, 부창숙 등을 학살하였다. 또 양치기 하던 안재철, 하계현도 학살하였다.

오등리 고다시마을에 폭도들이 습격하여 대청단원 강상배를 납치하였고, 그의 어머니와 처를 학살하였다. 오등리 인다라마을 선관위원장 김영창의 처 현정춘도 학살하였다.151)

폭도들이 제주읍 내도리 이장 신현집(42)의 집을 새벽에 습격하였다. 신현집은 새벽에 사람을 찾아오는 사람은 산사람들밖에 없다고 여기고 잠자리에서 벌떡 일어나 뒷문을 소리 나지 않게 열고 뒷마당의 담을 넘으려고 하는데 누가 뒤에서 등을 토닥거리며 "이봐요, 당신 잠옷 바람으로 어디를 가려고 담을 넘으려고 하는 거요?" 하였다. 그들의 손에는 죽창과 낫과 도끼가 들려 있었다. 그리고 그의 귀에는 낮고 어두운 목소리가 들렸다. 이장 신현집은 죽창으로 찔려 온몸이 벌집같이 되어 죽었다.152)

이렇게 도평 · 신촌 · 북촌 · 모슬포 · 이호 마을의 선거관리소가 폭도들의 습격을 받아 선거인 명부 등이 탈취 당했고, 대정면 동일리, 제주읍 화북 3구 선거관리위원장이 학살당했다.

폭도들은 표선면 가시리를 습격하였다. 투표소는 가시초등학교 교실이었다. 투표소에는 선거관리위원들과 향보단원들과 투표에 참석하려고 온 주민들 10여명이 있었다.

---

151) 4.3은 말한다 2권 215쪽
152) 4.3은 말한다 2권 212쪽~213쪽

아침 7시 폭도들은 99식 소총 3정을 든 대원들을 선두로 죽창부대 50여 명이 그 뒤를 따랐다. 그들은 즉시 투표소를 포위하고 선거인 명부를 압수하고 투표함은 박살을 냈다. 투표소는 고함소리 비명소리로 순식간에 수라장이 되었다. 이때 어수선한 틈을 타 도망가던 가시초등학교 교장 문상현을 죽였고, 부인은 죽창으로 찔렸으나 죽지는 않았다.

그들은 투표소 안에 있던 사람들을 모두 한 곳으로 모았다.

「당신들은 우리말을 잘 들으시오 그러면 살려주고 그렇지 않으면 즉시 처단할 것이요.」

그들은 사람들을 이끌고 선관위 부위원장 강팽림 이장 집으로 갔다. 죽창부대가 집을 포위하고 총을 가진 사람과 죽창을 든 몇 명이 집안으로 들어가자 잎담배를 썰고 있던 이장이 슬그머니 일어서며 갑자기 후닥닥 뛰어 대문 쪽으로 도망쳤으나 곧 폭도들에 붙잡혀 죽창에 찔려 죽었다. 폭도들이 하는 짓을 보고 있던 투표소에서 붙잡혀 온 사람들은 몸을 부들부들 떨었다. 강팽림 이장을 죽인 후 폭도 인솔자가 자기들의 하는 짓을 보고 있던 사람들에게 다가왔다.

「우리가 혁명을 위해 밤낮 애쓰고 있으니 여러분도 각 지역에서 협력해 주시요.」

폭도 인솔자는 선관위원과 향보단(제주 우익단체 이름) 그리고 주민들에게 일장연설을 하고 그들을 집으로 돌려보냈다.

폭도가 말한 혁명이란 공산화 통일을 말한다. 주민들 일부는 집으로 가지 않고 산으로 도망쳤다. 폭도들은 "선거를 하지 말라" 하면서 선거에 참여하는 자들을 죽였다.

「폭도들이 투표소를 기습하였다」는 신고를 받고 오후2시경 성읍파출소에 근무하던 경찰관과 서청단원 30명이 가시마을에 출동하였으나 폭도들은 흔적이 없었고, 마을 사람들도 경찰이 오면 끌고 갈까봐 죄가 있든 없던 무조건 산으로 도망쳐 가시마을에는 정적이 돌았다. 헛걸음을 한 경찰과 서청원들은 화가 났다. 이후 이 마을 사람들은 폭도들의 협력자로 경찰의 공격목표가 되었다.

이날 성산면 수산리 향사마을에서도 투표가 실시되고 있었다. 주민들 약 50여명이 투표하기 위해 자기 차례를 기다리고 있었다. 오전 9시쯤 되었을 때 30여명의 사람들이 철모를 쓰고 투표소로 오고 있었다. 투표인들은 이 사람들을 보고 경비대가 경비하러 온 줄 알고 긴장하고 있던 마음들이 스르르 풀어짐을 느꼈다. 그런데 이들은 투표소 가까이 오자마자 공포를 쏘아댔다. 긴장을 풀고 서 있던 사람들은 놀라 토끼눈들이 되어 그들을 쳐다보았다. 그때 누구인지 「야 산사람이다!」하는 말을 하자 그들의 이상한 행동을 쳐다보고 있던 투표하기 위해 온 사람들과 선거관리위원들은 혼비백산하여 도망치느라 투표소는 순식간에 난장판이 되었다.

폭도 인솔자가 주민들을 향해 소리를 질렀다. 그가 몇 번 반복하여 소리쳐도 도망치는 사람이 있자 그들은 도망자들에게 총을 쏘아 고신권의 어머니, 고학선의 어머니, 강정보의 어머니가 총을 맞고 피를 토하다 곧 죽고 말았다. 이것을 본 주민들은 너무 무서워 오금이 저리고 발이 떼어지질 않아 도망치려해도 도망칠 수도 없었다.

폭도들은 주민들을 앞으로 나오게 하고 투표용지와 투표함 등을 모아놓고 불을 질렀다. 폭도들이 집으로 돌아가라고 하였으나 처음에는 주민들의 발걸음이 쉽게 떨어지지 않았다. 무거운 발걸음을 옮기던 주민들은 집으로 가지 않고 산으로 갔다. 그리고 이 소식을 들은 마을 사람들도 경찰이 출동하기 전 모두 산으로 도망쳤다. 마을사람들은 마을에 폭도들이 나타나면 경찰들이 폭도와 내통하였다고 잡아가기 때문에 산사람과 경찰의 등쌀에 죽을 지경이었다. 아닌 게 아니라 조금 있으니 경찰이 신고를 받고 마을에 도착하였다. 그러자 마을에 남아 있던 주민 몇이 경찰에 항의하였다.

「폭도들이 다 도망갔는데 왜 이제야 옵니까? 그놈들이 사람을 죽이고 개판을 치고 갔습니다.」

경찰들은 주민들의 말을 듣고도 폭도들을 추격하려고 하지 않고 마을을 돌아다니며 공포만 쏘아댔다. 이 마을은 이날 선거를 하지 못하였다.153)

---

153) 4.3은 말한다 2권 230쪽

48년 5월 10일 오후 중문면 상예2리에 폭도들의 습격이 있었다. 폭도들은 대청단장 김봉일 부부와 국민회 상예회장 오대호 등 3명이 선거를 지지 입산을 거부한다는 이유로 납치해 소나무에 묶어놓고 대창으로 찔러 학살하였다. 그리고 마을 사람들에게 빨리 산으로 가라고 강요하여 산에는 많은 사람이 있게 되었고, 이들은 투표를 하지 않았다.

4월 18일 새벽 제주읍 도평리를 폭도들이 습격하여 투표소의 선거기록을 탈취해 갔고,

4월 19일 조천면 신촌리 투표소를 습격하여 불을 질렀고,

4월 21일~22일 이호리를 습격하여 모든 선거기록을 탈취해 갔고,

4월 21일~22일 내도리를 습격하여 선거사무소 기록을 탈취,

4월 21일 동일리 선거사무소를 습격하여 모든 선거기록을 탈취,

4월 21일 대정면 선거위원을 죽이고 선거기록을 탈취해 갔다.[154]

5월 10일 중문면 투표소를 습격하여 투표용지 파괴,

〃 성산면 투표소가 방화됨.

〃 제주읍사무소 폭약에 의해 폭발,

〃 제주공항 근처에서 총격전이 벌어짐.

〃 표선면 1개 투표소가 습격 받음. 2명이 죽고 투표용지 파손.

〃 구좌면 송달리 2명이 죽고 1명 부상. 가옥 7채 불에 탐.

〃 조천면 14곳의 투표소가 제 기능을 못함.

〃 조천면 북촌리 투표소가 불에 타 투표용지 파손.

〃 성산면 투표소가 습격당하고 4명이 피살됨.

〃 조천면 조천리 경비대에 심문을 받던 사람이 탈출하다 사살됨.[155]

이렇게 폭도들은 5.10선거를 학살과 폭력으로 저지하여 3개 선거구 중 2개 선거구가 무효화 되었다. 이처럼 폭도들이 5.10선거 지지자들을 죽인 이유는 대한민국 건국을 저지하려고 했기 때문이다.

---

154) 제주4.3사건 진상조사보고서 재인용 207쪽

155) 위의 책 재인용 210쪽

4) 폭도들 함덕지서 공격과 명월리에서의 학살

조천면 함덕 마을은 제주농업학교 학생회장 김양근과 서울농대 출신 남로당 제주도위원회 조직부장 등의 영향으로 좌익이 많았다. 5.10선거 때는 마을 사람들이 선거를 반대하고 산으로 피신하여 선거를 하지 못한 곳이었다. 우익은 좌익에 눌려 제주읍으로 피신하던가 아니면 대문을 걸어 잠그고 집 안에서 숨어 살아야 할 정도였다. 좌익 청년들이 밤마다 마을 골목을 다니며 "왔샤 왔샤" 해도 함덕지서에 근무하는 10여명의 경찰은 이들을 제지하지 못하고 지서만 방위하는 형편으로 좌익이 압도적으로 세가 강하였다.

48년 5월 13일 오후 4시 점심시간이 조금 지난 후 함덕지서에 경찰 후원회장이 나타났다.

「시장하실 것 같아서 제가 술과 안주를 조금 가져왔습니다. 여기 있으니 출출하실 텐데 어서들 오셔서 잡수시지요.」

후원회장은 함지박을 손수 들어내어 지서 바닥에 내려놓고 함지박 안의 돼지고기와 술과 김치 등을 책상 위에 펼쳐 놓았다.

후원회장이 먹을 것을 다 내려놓고 지서를 나가자 지서장은 고마워하며 경찰들을 음식이 있는 책상 앞으로 모이게 하였다. 경찰 후원회장이 지서 밖으로 나온 후 오른 손을 번쩍 드는 것을 신호로 지서 담 모퉁이, 지서 근처의 집, 골목 담 벽 등에 숨어서 엿보고 있던 폭도들과 협조자 300여명이 지서를 일제히 공격하였다. 경찰은 손쓸 겨를이 없이 집중공격을 받고 지서 주임 강봉현 경사가 즉사하였다. 도망치라는 소리와 함께 나머지 경찰들은 기어서 뒷문을 통해 담을 넘어 도망쳤으나 3명의 경찰이 폭도들에게 붙잡혔다.

「저 여자는 외도지서 주임 김벽택의 큰어머니 아니야! 저 여자 가서 죽여 버려!」

지서에 불을 지르고 물러나려던 폭도 인솔자는 뛰다시피 빠르게 걸어가는 여인을 발견하고 냅다 소리를 질렀다. 그러자 폭도들이 "우르르" 홍기조에게 몰려가 죽창으로 난도질하여 죽여 버렸다. 김벽택의 큰어머니 홍기조 씨는 제주읍으로 피신하려다 조금 전 신발로 인해 차를 놓치는 바람에

변을 당하고 말았다.

지서와 가옥 3채에 불을 지른 폭도들은 마을사람들을 집합시켜 밤늦게까지 「왓샤, 왓샤」 하고 골목을 돌아다니며 떠들어댔다. 폭도들이 이렇게 난동을 부려도 경찰이나 경비대의 출동이 없자 우익은 숨도 쉬지 못하고 숨어 지내야 했다. 경찰은 폭도들에게 눌려 제대로 진압을 못하였다. 마을에서 난장판을 친 폭도들은 붙잡은 경찰 세 명을 끌고 산으로 갔고, 지서 안에 있던 두 명의 경찰은 지서가 불탈 때 빠져나오지 못하고 질식사 하였다.

폭도들은 산으로 끌고 간 경찰들을 산 중턱에 세워놓고 일장 훈시를 하고 있었다.

「우리가 너희들에게 경찰관을 그만두라고 몇 번이나 하였는데 왜 말을 듣지 않았지? 집에서 조용히 농사나 짓고 살 일이지 할 일이 없어 경찰노릇을 하고 있어?」

죽창부대는 기다렸다는 듯이 세 경찰에 달려들어 죽창으로 찍어대니 그들은 "악" 하는 긴 외마디만 남긴 채 온몸이 난자당해 죽었다. 이날 김사승, 고선삼, 부두천 양맹세, 송만석, 이인옥 순경 등 7명의 경찰이 숨졌다.

이날 폭도들은 조천마을 이성봉과 한동은을 경찰에게 고기를 팔았다는 이유로 죽창으로 찔러 죽였다.156)

48년 5월 14일 오전 금악, 명월, 신흥, 대림, 귀덕, 수원 등지의 폭도 100여명은 구구식 소총 1정과 죽창을 들고 3개 방향에서 "함덕지서를 공격하자!" 는 함성과 함께 지서를 공격하였다. 함덕지서는 어제도 공격을 받아 많은 경찰이 피살되어 오늘은 튼튼하게 방어하고 있는 상태였다. 총격전 끝에 폭도 4명이 사살되고 경찰도 강태경 순경이 피살되었다. 결국 폭도들은 견디지 못하고 도망쳤다. 모슬포 9연대에서도 출동하여 경찰과 합동으로 폭도들을 추격하였으나 폭도들은 흔적도 없었다.

명월리 임창현(65세) 씨는 국회의원에 입후보 하였으나 가족들의 권고로 후보를 사퇴하였다. 이날 폭도들은 임창현의 부인을 학살하였다. 임창현의 둘째 아들은 손자와 같이 장례준비를 하고 입관을 하고 있는데 폭도들이

---

156) 4.3은 말한다 3권 26쪽~27쪽

나타나 3명을 납치, 며칠 후 학살하였다.

한림면 명월리에서 사는 면사무소 직원 진윤종(총무계장), 진흥종(재무계장), 진한종(산업계장) 등 3명이 폭도들에게 납치된 후 며칠 후 학살되었다.

명월리에 사는 농민 박수석(58세)도 폭도들에게 납치된 후 며칠 후 학살되었다. 폭도들은 6채의 집에 불을 질렀다. 경찰과 경비대는 신고를 받고 출동하여 폭도들을 공격 5명을 사살하였다. 경찰도 1명이 피살되었다.[157]

5) 폭도들 저지마을과 저지지서 공격.

48년 5월 13일 오전 7시 저지지서 협조원들이 밤에 지서를 지킨 후 날이 밝아 안심하고 집에 간 시간을 노려 폭도 150명 이상이 저지지서와 저지마을을 공격하였다. 저지마을은 가옥 400여 채가 있는 큰 마을이었다. 폭도들이 지서를 공격하자 김인하 순경은 대항을 못하고 도망치다 죽창에 찔려 피살되었고, 지서에 불을 질러 전소시켰으며, 우익 집을 골라 100여 채에 불을 질렀다. 경찰후원회장의 아버지 현명조(65세), 경찰보조원 박용주(44세), 경찰보조원 고성현의 어머니(53세) 등 3명이 학살되었다. 저지 1구장 문명조(65세)가 학살당했다.

경찰 협조원 박용주(44세)는 죽창에 난자당하여 병원에 갔으나 다음 날 죽고 말았다. 특공대원 고성현의 어머니(53세)는 경찰 협력가정이라는 이유로 폭도들은 학살하였다.

경찰 본서에서는 40명의 경찰을 지원받아 주변의 폭도와 좌익분자를 찾기에 혈안이 되었다. 경찰은 저항 능력이 없는 5명을 사살하였다.[158]

6) 폭도들 금악마을 습격

1948년 5월 14일 한림면 금악리에 폭도들이 습격하여 대청 부단장 김태화(29세)와 그의 부인 이유생을 학살하였다. 그리고 강안용 집을 습격하

---

157) 4.3은 말한다 3권 39쪽~40쪽
158) 4.3은 말한다 3권 28쪽~33쪽

여 그를 학살하였고, 강안용의 부인 김임후(36세)의 허벅지를 대창으로 두 군데를 찔러 실신시켰다. 김임후는 이 상처로 평생을 고생하며 살아왔다. 4.3투쟁사를 쓴 좌익 김봉현은 김임후의 친동생이며 금악마을이 고향이기도 하다. 폭도들은 이 마을 7채에 불을 질렀다. 그리고 강공오를 납치 학살하였다. 금악마을은 5.10선거를 치르지 못하였다. 금악마을은 좌익이 장악한 마을이다. 금악마을 428미터의 봉우리에 보초를 세워 진압군이 출동하면 깃발로 신호를 하여 마을 사람들이 도망쳤다.159)

7) 도두마을 좌익들의 만행

제주읍에서 4킬로 떨어진 해변의 도두마을은 우익과 좌익으로 분열되어 갈등이 심하였다. 이 곳 뿐만 아니라 제주도 160개가 넘는 리마다 좌우로 갈라져 갈등이 심하였다. 4월 3일 이후 좌익이 마을마다 완전히 장악하였고, 이들은 마을에 전단지를 뿌리며 5.10선거를 반대하였으나 우익은 집안에 숨어 숨도 쉬지 못하고 경찰서가 가까운 제주읍으로 피신해야 할 지경이었다. 이 마을은 90%가 좌익인 마을로, 좌익들의 끈질긴 반대로 선거를 치르지 못하여 경찰의 토벌대상 이었다.

5월 9일 권투선수 윤상은(26세)에게 좌익 청년들이 투표하지 않으려면 산으로 피하라고 권하였다.

「투표를 하고 안하는 것은 내 자유이고, 집에 있어도 하기 싫으면 안하는 것이지 굳이 투표를 하지 않기 위해 산에까지 갈 것이 뭐 있겠냐?」

「야 임마, 우리가 하라는 대로 해! 집에 있으면 경찰이 와서 강제로 투표하라고 한단 말이야. 너 집에 있으면서 투표하지 않으면 경찰이 빨갱이라고 죽여 버리는데 그래도 좋단 말이야? 그리고 또 투표하면 산사람들이 와서 죽이고! 그러니까 살고 싶으면 우리와 같이 산으로 가자는 거야! 지금 따라와!」

윤상은이 거절하자 그대로 두고 떠날 것 같았던 폭도들은 "죽여 버려!" 하는 낮은 외침에 "와-" 하니 달려들어 윤상은을 죽창으로 찔러 죽

159) 4.3은 말한다 3권 41쪽~44쪽

였다.

5월 11일 폭도들은 도두마을에서 선거를 적극 지원한 자를 처단하기 위하여 도두마을을 습격하여 선거관리위원장 김해만(53세), 대청단장 정방옥(31세), 단원 김용조(23세)를 붙잡아 산으로 데리고 가서 이들을 나무에 묶어놓고 칼로 난도질하여 죽여 버렸다.

5월 14일 죽창부대는 다시 와서 선거관리위원 김상옥(44세)과 그의 아들 김택훈(27세)을 대청단원이라고 산으로 끌고 가 죽였다.

5월 18일 폭도들은 다시 도두마을에 나타났다. 이들은 김해만의 처 장인동(52세), 그의 딸 김순풍(19세)과 아들 김광홍(9), 정방옥의 처 김순녀(24세), 김용조의 처 문성희(26), 대청단원 김성언의 어머니 고정달(56) 등을 산으로 끌고 가 죽였다. 이때 문성희는 죽창에 찔렸으나 죽은 척하고 있다가 폭도들이 자리를 피하는 틈을 타 죽창에 찍혀 엉망진창이 된 몸으로 도망쳐 경비대의 도움으로 제주읍 녹십자병원에 입원하였으나 세 살 된 아이를 두고 끝내 죽고 말았다. 이 비극의 전말은 문성희에 의해 알게 되었고, 이들의 시신은 1년 후에 찾게 되었다.

도두마을은 좌익과 우익이 한 마을에 살 수 없는 적과 적이 되었고, 남조선 안에서도 좌파와 우파는 같이 살 수 없는 형편이 되어 모두 죽이든가 죽든가 해야 할 지경이었다. 이것은 민족의 비극이었다.

도두마을에서의 좌익들의 만행이 경찰서에 보고되자 제주경찰서 경찰과 서청 등 토벌대 100여명이 5월 20일 오후 1시 도두마을에 출동하였다.

도두봉 오름에 있던 빗개(보초)가 마을 쪽을 바라보니 많은 트럭이 먼지를 일으키며 마을을 향해 오고 있었다. 빗개는 미친 듯이 나팔을 불어 알렸다.

마을 사람들은 빗개의 나팔소리 신호를 듣고는 집에 있던 사람들이나 밭이나 들에 있던 사람들 모두 산으로 도망쳤다. 그들은 사는 게 너무 힘이 들었다. 해방이 되었는데도 다리를 펴고 깊은 잠을 잘 수 없었다.

토벌대는 총을 쏘며 도두 1구로 진격하였다. 토벌대는 달아나는 사람들에게 "정지하라! 정지하라!" 고 고함쳐도 산으로 도망치자 총을 쏘았다. 이렇게 하여 양신국(66), 양계룡(55), 한창우(43), 김덕현(37), 윤창룡 등이 경찰의 총에 맞아 죽었다. 오징어잡이를 하고 있던 어부 김규천(57), 고남표(44), 강태섭(33), 강희섭(22), 서상하(21) 등을 총으로 쏘아 죽였다. 이들의 가족들은 너무 억울하여 경비대에 진정하였으나 묵살당하고 말았다.160)

8) 폭도들 영락마을 습격

대정면 영락리에 고성두(63세)가 살고 있었는데 그는 고문홍(34), 대홍(29), 용홍(27), 덕홍(25), 창홍 등 5명의 아들이 있었다. 그는 국민회 회원이었고, 용홍과 덕홍은 경찰로서 우익의 가족이었다. 4.3사건이 나자 아들들이 아버지에게 피신하기를 권하였으나 고성두는 "내가 잘못한 것이 없는데 왜 죄인같이 피신해야 하느냐? 산사람이 죄 없는 사람을 죽이겠느냐? 나는 못 간다." 하며 거절하여 아버지는 집에 있고 문홍과 대홍 형제는 안덕면 화순으로 피신하였다. 그 후 얼마 지나자 조용해져 문홍이 밤중에 남몰래 집으로 돌아왔다.

5월 18일 영락리 정보원이 문홍이 집으로 돌아왔다는 보고를 하자 폭도들은 마을로 내려와 고문홍의 집을 습격하였다. 고문홍은 집에 있다가 밖에서 나는 발자국 소리를 듣고 산사람들이 온 줄 알고 잽싸게 숨어버렸다. 그런 줄 모르고 집안에까지 들어와 "문홍이 나와라" 고 소리를 지르던 폭도들은 "문홍이는 집에 없다." 는 고성두의 말에 화가 났다.

「문홍이가 집에 온 것을 알고 왔는데 어디로 튀었소?」

「나는 알지 못한다!」 하자 폭도들은 고성두 부부와 문홍의 처 송연화와 문홍의 동생 고창홍의 딸 고일복을 끌고 밭으로 가면서 집을 불질러버렸다.

「문홍이가 어디에 숨었는지 대라!」

「숨 쉴 사이 없이 도망치는 아이를 우리가 어디로 갔는지 어떻게 알겠소?」

폭도들은 아들의 행방을 모른다고 하는 고성두 부부를 죽창으로 찔러 죽이고 남은 가족들은 다른 곳으로 끌고 가 죽였다.

---

160) 4.3은 말한다 3권 45쪽~50쪽

부모와 가족들의 사고 소식을 들은 문홍과 대홍 용홍 덕홍 형제들은 부모님과 가족들의 참혹한 주검을 보고 대성통곡하였다. 영락리는 김달삼의 고향이었다.

9) 폭도들 서홍마을 습격

1948년 5월 25일 새벽 2시 폭도들은 서홍리를 습격하였다. 서홍리는 서귀포에서 북쪽으로 1킬로 떨어진 마을이다. 폭도들은 선거위원 변시진(37세) 집을 습격하여 잠자고 있는 변시진의 방에 들어가 5.10선거를 지지한다고 칼로 수십 군데를 찔러 학살하였다. 이어서 고찬경(24세), 고찬하(22세) 형제를 습격하였는데, 고찬하는 면사무소 직원으로 5.10선거를 적극 지지하고 폭도들의 말을 듣지 않는다고 칼로 수십 군데를 찔러 비참하게 학살하였다. 고찬경도 칼로 복부를 찔러 병원에 갔으나 며칠 후 숨졌다. 아버지 고두옥은 그날 집에 없어 화를 면하였다.

폭도들은 세 번째 습격하여 향보단 마을 소대장 강남석(42세)의 복부를 칼로 찔러 학살하였다. 당시 반장이던 고평호(49세) 집도 폭도들이 습격하여 칼로 여러 군데 찔러 병원에 입원하였으나 며칠 후 숨졌다. 부인 양월규(46세)도 폭도들이 공격할 때 손으로 칼을 막아 손과 팔에 부상을 당하였다. 변기원(66세)은 아들들을 피신시키고 자기는 집을 지키고 있다가 폭도들의 습격을 받고 학살되었다. 습격한 자들은 같은 마을 청년들이었다.[161]

10) 폭도들 창천마을 습격

48년 5월 10일 폭도들은 중문면 상예2리 대청단장 김봉일 부부와 국민회 상예회장 오대호 등을 납치하여 학살하였다. 신고를 받고 경찰이 마을에 도착하자 안덕면 창천리 대청 부단장인 김태규를 폭도로 잘못 알고 사살한 사건도 있었다.

5월 22일 폭도들은 대낮에 아지트에서 나와 상창리 우익 오항주(46세)를 학살하였고, 이어 창천리로 내려와 마을 이장이던 대청단장 강기송(39

161) 4.3은 말한다. 3권 69쪽

세)을 습격 학살하였다. 이어서 5.10선거 업무를 지원하였다고 오남주(43세)를 납치해 갔다. 오남주 아들 오상욱은 이날 즉시 경찰에 입대하여 폭도들을 잡아 조사하던 중 아버지 오남주 시신이 병악 뒤에 있다는 진술을 받아 시신을 찾으니 처참히 학살당해 있는 것을 보고 통곡하였다.

5월 23일 폭도들은 상예1리 오성호와 색달리 강보찬 등을 납치해 학살하였다. 시신은 8개월 후 녹하지 오름에서 찾았다.

이상의 소식을 들은 경찰은 5월 27일 새벽 상예1리와 하예리를 포위하여 하예리 청년 강대홍(23세), 상예1리 청년 이명인(24세) 등을 총살하였다. 그리고 상예2리 가가동에 도착하여 오만관의 장남 오용주(26세)가 입산했는데 찾아내지 않는다는 이유로 아버지 오만관(61세), 동생 오택주(12세)를 총살하였다.162)

5월 29일 새벽 4시 경찰과 특공대원들은 한림면 상명리를 포위하고 각 가정집을 수색하기 시작하였다. 이때 경찰에 총살된 사람은 홍윤(33세), 오원세(25세), 강태휴(17세) 등이었고, 주민 10여명도 끌고 가 총살하였다.163)

11) 폭도들 하도마을 습격

1948년 5월 27일 새벽 1시 30분 폭도들은 복면을 하고 하도마을 대동청년단 부단장 이하만(27세)의 집을 습격하였다. 이하만이 "나는 아무 죄가 없다" 고 항변하자 폭도들은 "네가 청년단 부단장이니 죽어야 한다." 하면서 칼로 난자하여 학살하였다. 폭도들은 우익 백일선(60세)의 집을 습격하여 두 아들을 찾았으나 없자 백일선을 학살하였다.

폭도들은 이어서 부평규(57세), 임대진(54세) 집을 습격하여 부평규는 평소 폭도들을 비판하였다고 칼로 배를 찔러 병원에서 치료를 받던 중 숨졌다. 임대진은 안방에서 폭도들의 죽창 공격으로 20여 군데를 찔려 그 자리에서 숨졌다. 신고를 받은 세화지서에서는 마을 사람들을 지서로 연행하여 폭도 협조자라고 6명을 총살하였다.164)

---

162) 4.3은 말한다 3권 73쪽
163) 위의 책 77쪽

12) 폭도들 장전마을 습격

1948년 4월 10일 폭도들은 애월면 장전리 대동청년단 단장 강상부(34세) 집을 습격하여 도망치는 강상부를 잡아 학살하였다. 총무 고종언(25세)은 폭도들이 방안까지 들어가 철창으로 난자하여 죽였고, 같이 있던 8개월 어린아이는 핏속에 묻혀 죽고 말았다.

48년 4월 20일 제주읍사무소에 근무하는 손창보(29세)가 모처럼 집을 찾았다가 폭도들의 습격을 받고 학살당하였다.

48년 5월 7일 경찰과 폭도들과 세무서 근처에서 총격전이 벌어졌다. 이때 경찰에 의해 농부 고재생(43세), 아들 고남순(17세), 강종화(17세), 고석주(23세) 등이 총상을 입었다.

48년 6월 12일 경찰과 서청은 폭도들의 길목인 산의 동산과 덩태동산에 잠복하고 있었으나 이 정보가 새나가 폭도들은 다른 길로 이미 도망친 후였다. 토벌대는 6월 12일 새벽 5시 장전마을을 포위하였다. 이때 도망치는 자에게는 총격을 하였고, 집집마다 수색을 하고 마을 사람들을 공회당으로 집합시켰다. 이날 토벌대는 폭도로 의심되는 자 10명을 총살하였다.[165]

13) 폭도들 북촌 포구 경찰관 살해

6월 18일 오전 11시경 북촌마을의 빗개(보초)는 정체불명의 어선이 포구 쪽으로 오고 있음을 마을사람들에게 알렸다. 이때 폭도 7~8명이 휴가차 북촌리에 와 있었다. 어선은 우도를 출발하여 제주읍내로 가던 중 심한 풍랑으로 북촌 포구로 피해 진입하였다. 이때 배 안에는 경찰 2명 등 15명이 승선해 있었다. 폭도 참모격인 김완식 등 청년 3명이 배에 올라가 경찰관이 있는 선실로 들어가 몇 마디 주고받고 김완식과 폭도들은 경찰 2명에게 총격을 가하여 살상하고 선실에 있던 승객을 하선시켰다. 20여명의 청년들이 이들을 포박하고 폭행을 하였다. 피살된 경찰은 우도지서주임 양태수(27세) 경사였고, 진남호(23세) 순경은 복부에 총상을 입었으나 죽지는

---

164) 4.3은 말한다 3권 84쪽

165) 위의 책 89쪽

않았다. 승객 중에는 김응석(37세) 이장과 백 순경의 처와 아들, 강 순경의 장모, 지서 급사 양남수(19세) 등이었다. 폭도들은 이들을 산으로 끌고 갔고, 김완식으로부터 총격을 당해 피 흘리는 진 순경도 산으로 끌고 갔다. 이들은 선흘 곶 동산에 감금되었다. 일주일간 이들은 감금되었고, 진 순경은 끝내 학살되었다. 경찰에서는 이 정보를 입수하고 군 · 경 합동토벌군이 이 지역을 포위 공격을 하자 폭도들은 다 도망치고 납치 자 13명을 구출하였다. 폭도들은 인민재판을 하려다 포위되어 도망치는 바람에 13명은 죽지 않고 살게 되었다고 한다. 토벌군은 포위된 곳에서 폭도 9명을 생포하였다.[166] 북촌리는 5.10선거를 반대하고 선거에 참여하지 않았고, 폭도들이 마을을 장악한 민주부락이다.

※ 제주4.3 진상조사보고서 536쪽에 "4.3사건은 3.1발포사건이 기점이 되어 경찰과 서청의 탄압에 저항하여 무장봉기를 하였다"고 정의 하였는데 그러면 어째서 이상과 같이 아무 죄가 없는 우익과 5.10선거를 지지하는 사람들을 비참하게 죽였는가? 이들이 무슨 잘못을 하여 죽였는가? 제주4.3사건은 무장봉기가 아니라 무장폭동이다. 그래서 제주4.3사건 진상조사보고서는 가짜이다.

2. 간첩 성시백의 공작

박헌영이 위조지폐 사건으로 국내에서 규탄을 받자 김일성은 '때는 왔다' 하고 이 기회에 남조선 좌익 3당이 합당하여 북한과 남한에 북로당과 남로당을 조직하여 북한의 책임자는 김일성, 남한의 책임자는 허헌이 되게 하여 박헌영을 책임자 자리에서 끌어내리는데 성공하였다. 박헌영이 위조지폐 사건으로 북한으로 피하여 김일성의 손 안에 있게 되자 김일성은 한반도 권력을 장악하는데 어려운 첫 번째 문제가 저절로 해결되었다. 그리고 김일성은 남로당을 통해 남한을 공작하는 것이 아니라 북로당에서 직접 남

166) 4.3은 말한다 3권 93쪽~96쪽

한을 공작하였고 정보를 수집하였다. 여기에 대남 연락부장 임해와 권위 있는 선 성시백을 동원하였다.

김일성은 성시백에게 영웅 훈장을 수여하고 하늘 높이 격려해 주었다. 그는 1947년 5월 10일 새벽 해주에서 금비라호를 타고 11일 부산에 도착하여 곧바로 서울로 갔다. 그는 비서로 김명용을 기용하고 김명용과 김시민을 통하여 전국의 이발소, 양품점, 대포 집, 식품점, 목욕탕, 요정 등 36곳을 사들였고, 이곳을 그들의 아지트로 만들었다.

성시백은 북로당 남반부 정치위원회 총책이었다. 성시백의 밑에는 세포원이 200여명 있었다. 성시백은 6척의 배를 가지고 무역을 하였는데, 특히 해주와 중국을 통하여 밀무역을 하였다. 그는 북로당 직영 청도 조선상사로부터 3만 달러를 공작금으로 지원 받았고, 김일성은 북한에서 1946년 3월 말까지 남과 북이 같이 사용하다 폐기한 조선은행 권을 성시백에게 헤아릴 수 없이 많이 지원해주어 이 돈으로 무역을 하고, 무역의 이익금으로는 공작을 하였는데, 사람들을 거의 돈으로 매수하여 사상교육을 시켜 포섭하였다. 그는 무역의 이익금까지 합쳐 약4만 달러를 가지고 정치 · 경제 · 사회 · 문화에 파고들어 남한의 1급 비밀을 빼내어 평양에 보고하였다. 그리고 이 돈으로 중앙일보도 창간하였다. 그 책임자가 이우적이었고, 제주도 사람 고준석이었다.

사로당의 강병도, 이우적 등 사로당과 박헌영의 반대자들이 성시백에 협력하고 있었다. 민전 중앙상임위원 김광수, 일본 공산당 중앙위원을 지낸 송선철, 서기장을 지낸 김기도 등 20여명이 성시백 밑에 있었다. 성시백은 황해도 태생으로 중국 공산당에 입당하여 중국공산당 프락치로 장개석 군대 중령이었다.167) 그는 1947년 한 해 동안 막대한 자금과 조직력을 가지고 장사를 하여 사업가로서 기반을 다졌다. 김일성은 남로당과 전혀 관계없이 성시백을 통하여 독자적으로 정보를 수집하고 공작하였다. 성시백은 박헌영을 반대하는 장안파와 사로당과 막대한 자금력으로 남한의 국회를 장악하려고 후보들을 돈으로 매수하는 작전에 들어갔다.

---

167) 박갑동 저 「통곡의 언덕에서」 266쪽

이처럼 북한은 성시백을 통해 5.10선거 반대공작을 하면서 뒤에서는 5.10선거를 지지후보자들에게 막대한 자금을 지원하였다. 특히 성시백은 김구 선생을 선동하여 4월 14일 김일성의 초대장을 전달해부고 5.10선거 반대 선동을 하게 한 자이다. 이것이 공산주의자들의 전략이다. 공산주의자들은 목적을 위해서는 수단과 방법을 가리지 않고 있으며, 역사를 왜곡하여 선전하고 조그마한 사건을 과대 포장 거짓으로 선동하여 국민들을 동원한다. 그들은 거짓말과 역사 왜곡도 혁명을 위해서는 하나의 전략으로 생각한다. 심지어 혁명을 위해서는 인간을 도구로 삼기 때문에 이들은 혁명을 위해서는 양심도 정의도 윤리도 없으며, 사람을 죽이는 것을 정당하다고 생각하고 있어 제주도에서 우익과 선거관리위원들을 이상과 같이 비참하게 죽였다. 그리고 현재에 이르러서는 경찰과 국군이 아무 잘못이 없는 제주 양민을 학살하였다고 허위주장하고 있다. 공산주의 좌파들의 선동은 상상을 초월한다. 현재 대한민국은 좌파들의 선동장이 되었다.

특별수사본부의 조재천 검사는 위조지폐사건의 재판이 끝나자 공산당의 협박이 쇄도한 데다 과로가 겹쳐서 그는 쉬어야 했다. 그러자 그의 천재적인 머리가 인정되어 영전하였고, 그의 후임에 오제도 검사가 부임하게 되었다. 수사관도 대폭 바뀌었다. 이들은 성시백을 체포하기 위해 총력을 기울였으나 쉽게 체포하지 못하였다.

1948년 초 미군정장관 딘 소장은 48년 5월 10일 국회의원 198명을 선출할 것이라고 발표하고 이를 위해 중앙 선거관리위원 15명을 임명하였다. 그리고 국회에서 국회의원 198명이 당선되면 이들이 대통령을 선출할 것이라는 간접선거 내용의 대한민국 건국 수립에 대해서 발표하였다.

3. 5.10 선거 결과

1948년 5월 10일 처음으로 국회의원 선거에서 국회의원 198명을 뽑는데 937명이 입후보하였다. 남로당에서는 대한민국 건국 수립을 반대하기 때문에 국회의원 후보에 참여시키지 말라는 박헌영의 지령에 따라 후보자가 없었고, 선거 반대투쟁을 벌였다.

입후보자들은 모두 독립투사요 모두 애국자였다. 그리고 상대방을 비방 공격하였다. 이때는 모두 비겁한 친일반역자라고 상대방을 공격하였다. 입후보자들의 가장 어려운 점은 자금 부족이었다.

1948년 5월 10일 남로당의 선거 방해 공작에도 불구하고 선거 결과는 투표 참가자는 96.5% 이었고, 투표율 50% 미만은 전국에서 제주도 두 곳뿐이었다.

5.10선거를 통해 무소속 85석, 이승만계인 독립촉성회 55석, 김성수계열의 한민당 29석, 이청천의 대동청년단 12석, 이범석 민족청년단 6석, 기타 13석의 분포로서 무소속이 당연 우세하였다.

정　당	입후보자 수	당선자 수
대한독립촉성국민회의	230명	55명(이승만 계)
한국민주당	90명	29명(김성수,장택상,조병옥 계)
대동청년당	78명	12명
민족청년당	21명	6명
대한노동 총연맹	22명	0명
한국독립당	(김구 계)9명	0명
여자국민당	2명	0명
무소속	415명	85명

만일 남로당의 협력을 받아 남로당이 선거에 참여하였다면 70%까지는 가능하여 국회에서 대통령을 뽑으니 남로당 출신이 대통령에 선출될 가능성이 있었다. 남로당이 선거를 반대하고 참여하지 않은 것은 큰 실수였다. 제주에서도 선거 참여자를 살해하지 말고 5.10선거에 참여하였다면 2개 선거구는 남로당에서 당선되었을 것이다. 2명의 국회의원이 제주도를 대표

해서 국회에 가서 제주도의 어려운 문제가 있으면 대변하였으면 되는 것을 기어코 반대하여 수많은 우익을 죽이고 죽고 하여 지금까지도 그 고통은 계속되고 있다.

필자가 박헌영의 8월 테제를 보니 정권 창출의 방법이 없는 것을 보고 놀랐다. 여기서부터 잘못된 것 같다. 남로당이 국회의원을 많이 선출하여 대통령이 남로당에서 김삼룡이 되었다면 북로당과 남로당이 합하였다면 쉽게 남한을 공산화 할 수 있었다. 그러나 전국에서 폭력으로 끝내 반대하여 엄청난 피해를 낳게 하였다.

전국 남로당의 5.10선거 반대 폭동의 결과

적 요	사 망	부 상
방화사건 – 경찰관서: 16개, 관공서: 18개, 양민가옥: 69호		
선거공무원	15명	61명
입후보자	2명	4명
경 찰	61명	128명
경찰가족	0명	107명
일반공무원	128명	41명
양 민	107명	384명
폭 도	330명	131명
파 괴 – 도로 · 교량: 48건, 기관차: 71건, 객화차: 11건, 철도선로 : 65건 168)		

5월 31일 당선자회의를 열어 초대 국회를 개원하였고, 여기서 의장에 이승만, 부의장에 신익희와 김동권을 선출하였다.

6월 3일부터 헌법과 정부 조직법의 제정 작업에 들어갔으며, 국호를 대한민국이라고 7월 1일 공포하였다. 7월 17일 제헌헌법을 공포하였고, 7월 20일 국회에서 이승만을 대통령에, 이시영을 부통령에 선출하였다. 이승만

168) 광복 38년. 삼선출판사, 236쪽

은 7월 24일 대통령에 취임하였고, 8월 15일 하지 사령관은 미군정이 끝나고 대한민국이 시작되었다고 공포하였다. 이때는 간접선거였다.

유엔이 남북한 총선거를 실시하기로 결의하였을 때 박헌영의 남로당이 선거에 참여하였다면 국회를 100석 정도 장악할 수 있었고, 제주에서는 2석을 얻을 수 있었는데, 결사반대하여 남쪽만이라도 선거를 치르게 하여 이승만에게 정권을 장악하도록 이들은 특별히 협조하는 꼴이 되었고, 남과 북의 두 개의 정부가 세워지도록 하여 북에서 김일성이 정권을 잡도록 협조한 결과를 낳았다. 북에서는 박헌영이 권력에서 밀리기 시작하였고, 남에서는 김구가 권력에서 밀리기 시작하였다. 이렇게 하여 남북한 통일정부가 설 수 있는 절호의 기회를 북한의 김일성과 박헌영, 남한의 김구 · 김규식 남로당 등이 선거를 반대하여 분단을 완전히 고착화 시켰다. '노력인민' 주필 박갑동이 남로당이 합법 정당이니 5.10선거에 참여해서 국회에 들어가는 것이 어떠냐고 기사를 썼다가 집중 규탄을 받고 기사도 쓰지 못하였다.[169] 남로당 서울시당 홍민표도 김삼룡에게 여러 번 5.10선거에 참여하여 국회를 장악해야 한다고 건의 했다가 묵살 당했다. 그는 서울시당 간부들을 모아놓고 이러한 돌대가리인 김일성과 박헌영의 명령을 따라야 되느냐? 하고 설득하여 모두 자수하게 하였고, 49년 9월 남로당원 33만 명을 자수시켜 1950년 6월 28일 인민군이 서울을 점령한 후 서울에서 3일 동안 먹고 자고 놀면서 남로당원의 폭동을 기다리고 있을 때 남로당에서 폭동을 일으킬 수 없도록 인민군과 남로당에 결정적인 타격을 준 인물이다.(홍민표의 증언) 사실상 홍민표와 오제도 검사와 김창룡이 인민군 남침 시 남로당의 폭동을 막아 대한민국을 패망에서 건진 인물들이다.

현재 북한의 대남전략은 6.15 공동선언과 같이 낮은 단계 연방제 적화통일과 높은 단계 연방제 적화통일이다. 그런데 현재 낮은 단계 연방제 적화가 되었다. 북한은 2012년에 높은 단계 연방제 적화통일을 위해 전력을 다하고 있다. 북한의 대남전략은 제주4.3사건을 교훈삼아 선거를 통해 국회와 청와대를 점령하여 대한민국을 공산화 하는 전략으로 이것이 바로 6.15

---

169) 박갑동 「통곡의 언덕에서」1991년. 278쪽

공동선언이다. 좌파들은 이 목표를 절반 이상 달성하였다. 그 증거가 박원순이 서울시장이 된 것이다. 대한민국이 이대로 가면 머지않아 공산화 되지 않을 수 없게 되었다.

김달삼과 이덕구와 제주남로당 간부들이 "3일이면 북한 인민군이 남한을 적화통일 한다, 현재 북한 인민군이 수원까지 왔다" 고 하는 거짓 선동에 제주남로당원들이 속아 결국 명분도 없고 실효도 없이 폭도소리만 들어가면서 수많은 사람이 죽고 죽여 지금까지 그 고통은 계속되고 있다.[170]

1948년 5월 10일 제주도 선거인 85,517명 중 53,698명이 투표에 참여하여 62.8%의 투표율을 보였지만 북제주군 갑구와(43%) 을구(46.5) 등 2개 선거구는 과반수 투표에 미달되었다. 폭도들은 5.10선거 후에도 경찰과 우익을 계속 습격하여 죽였다. 이는 대한민국을 타도하고 조선민주주의 인민공화국을 세우겠다는 폭도들의 목표인 증거이다.

170) 제주4.3연구소 「이제사 말햄수다」 1권 108쪽

제6장
11연대장 박진경 중령 부임

1. 11연대장 박진경 중령의 작전

박진경 연대장은 일본에서 대학 영문과를 졸업, 학병 출신으로 제주도 일본군 사단에서 소위로 해방을 맞이하였다. 부산 제5연대 사병으로 있을 때 특채 임관되었다.

박진경 중령은 48년 5월 6일자로 김익렬 연대장의 후임으로 부임하였다. 그는 우선 부대 현황을 보고 받고 사태가 일어난 원인을 파악하여 어떻게 진압해야 할 것인가 진압 구상에 골몰하였다.

먼저 정보담당에 김종면 중령, 인사 최갑종 소령, 작전 임부택 소령, 군수 백선진 소령 등 참모진을 강화하였다.

48년 5월 15일 9연대는 11연대에 배속되었고, 부대를 재편하고 제주 · 모슬포 · 한림 · 서귀포 · 성산포에 병력을 분산 배치하여 출동을 신속하게 하였다. 11연대 장비는 지프차 1대, 쓰리쿼터 2대, 소총은 일제 99식이었으며, 무전기는 한 대도 없어 경찰에 비하면 무기가 비교가 안 될 정도로 한심하였는데, 미6사단 20연대장 브라운 대령이 제주에 새로 오면서 경찰과 같이 M1 소총인 최신무기가 11연대에 지급되었다. 11연대는 처음으로 병력이 3개 대대가 되었다. 경비대는 경찰과 합동으로 토벌을 하도록 합의하였다.

박진경 11연대장은 대대장들과 참모들을 불러 모아놓고 경찰과의 합동작전을 알리고 작전에 차질 없이 준비하라고 명령을 내렸다. 이렇게 되자 좌파 오일균 소령과 문상길 중대장은 더 이상 경찰과 합동작전을 연기하자고 말을 못하고 명령에 따를 수밖에 없었다. 오일균은 즉시 문상길 중위를 불러 즉시 이 내용을 김달삼에게 보고하게 하였다. 그리고 경찰서와 11연대 작전과에 남로당 세포원에 의해 작전 상황을 즉시즉시 김달삼에게 알려 주었다.

레포(소련 공산당 용어. 연락병)로부터 연락을 받은 김달삼은 각 지역대표들을 모아놓고 문상길이 연락하여 온 내용과 작전 계획을 설명하였다.

11연대가 경찰의 요청에 더 이상 중립만 지킬 수 없어 경비대와 경찰이 합동작전을 하는데, 경비대는 해안선을 방어하고, 경찰은 토벌한다는 작전 내용이었다. 김달삼은 사령부와 각 지휘부를 가장 안전한 곳으로 이동하고 낮에는 경찰의 움직임을 정확히 파악하여 경찰을 산 속 깊은 곳으로 유인하여 지치게 하고 보급이 어렵게 한 후 밤을 이용하여 경찰을 기습하여 경찰로 하여금 추격을 못하게 하되 절대 실수가 없어 경찰관들을 공포에 떨게 하였다.

11연대가 경찰과 합동작전을 한다는 연락을 받은 후부터 폭도들은 철저히 경계하였다. 그리고 합동작전이 있으면 오일균 대대장은 이 작전을 문상길 중대장에게 정보를 제공하고 문상길 중대장은 세포원에게 알려주고, 세포원은 김달삼에게 연락하였다.

한편 11연대는 경찰과 합동으로 폭도 진압작전을 할 때마다 폭도들로부터 매복을 당하여 피해가 크자 박진경 중령은 골머리를 앓았다.

「내가 직접 김달삼을 만날 테니 주선을 해 주시오!」

「김달삼이 자수를 하면 사건이 가장 쉽게 해결될 수 있습니다.」

오일균은 연대장이 김달삼을 만나겠다는 뜻밖의 말에 당황하였으나 대답을 시원하게 하고 연대장실을 나왔다. 그는 문상길 중대장에게 연락하여 김달삼과 연대장이 만날 수 있게 주선을 하였다. 그러나 김달삼은 한 마디로 거절하였다.

김달삼은 즉시 지대장들을 소집하여 폭도 전원에게 “어떠한 일이 있어도 경비대원에게는 총질을 하지 말라” 고 훈시를 하였다. 그리고 남로당원들을 동원하여 전 지역에 '경비대를 환영합니다.' 라는 대자보를 붙이게 하였다. 그래서 박진경 연대장과 경비대원들이 적개심을 갖지 않게 하였다. 경비대가 중립을 지켜주던가 아니면 경비대가 완전히 합류하면 제주도를 완전히 장악하게 되고, 그렇게 되면 북조선에서 인민군이 남침하여 적화 통일이 될 것이라고 확신하였다.

오일균 소령에게 김달삼과의 협상 중재를 요청했던 박진경 연대장은 김달삼이 협상하지 않겠다는 연락을 받고 마음이 급해졌다.

「나는 폭도들의 진압이 얼마나 어려운지를 잘 알고 있습니다. 전쟁은 전선이 있어 정면에서만 공격을 받으나 유격전은 사면에서 공격을 받고 적과 양민을 구분할 수 없어 진압에 어려운 줄 압니다. 그러므로 유격전의 진압은 첫째로 정보가 새어나가지 말아야 합니다. 그러므로 나는 작전을 의논하거나 작전참모에게 작전을 세워 보고하게 하지 않고 내 머리 속에 작전을 세워 그때그때 실시할 테니 그 점 유의하시기 바랍니다. 그 다음은 유격대와 전투를 위해서만 부대를 출동하는 것이 아니라 훈련과 전투를 병합시킬 것입니다. 부대 출동은 훈련이면서 전투가 될 것이요, 그래야 폭도들이 우리의 움직임을 모르게 됩니다. 다음은 우리도 낮에 정보를 수집하여 낮에도 유격대를 공격하고 밤에도 공격하여 밤낮으로 공격하여 폭도들로 하여금 지치고 정신을 못 차리게 할 것이요. 그러므로 주로 산에서 야영할 것입니다. 이점 유념하여 폭도 토벌에 전력을 다해 주시기 바랍니다. 그리고 마을마다 자위대를 조직해서 폭도들과 대항하게 해 주시기 바랍니다. 나는 될 수 있는 대로 평화적으로 해결하려고 김달삼을 만나 협상하려 하였으나 김달삼이 거절하였습니다. 이제는 진압밖에 없습니다. 진압 전에 먼저 산에 있는 사람을 내려오게 선무활동을 한 후 내려오지 않는 자는 일단 연행하고, 여기에 저항하는 자는 사살할 것입니다.」 하고 대대장과 참모들에게 작전설명을 하였다.

연대장은 작전참모 임부택과 둘이서만 의논하여 작전에 임하고 작전에 관한 것은 누구에게도 상의하지 않고 알려주지도 않고 미리 설명도 하지 않았다. 그것은 자기 부하 중에 김달삼과 내통자가 있을지 몰랐기 때문이

며, 만일 작전이 누설되면 임부택 작전참모만 문제 삼으면 되기 때문이었다.(임부택 소령의 증언)

박진경 연대장은 매일 부대를 출동시켜 장병들은 훈련하러 가는 것인지 토벌하러 가는 것인지 모르게 하였다. 그는 훈련을 하는 척하면서 폭도들을 기습하였다. 이러한 작전을 밤낮을 가리지 않고 하자 폭도들은 병력과 화력에서 열세이기 때문에 큰 타격을 입었다.

선거가 끝나고 경비대의 협조를 받고 있는 경찰은 폭도들에게 당하고만 있다가 이제는 자신감을 갖고 폭도들을 진압하기 위해 전력을 다하였다.

5월 10일 오후 투표시간이 끝나자 남원지서 경찰관들이 의귀마을 선거관리위원에게 물었다.

「의귀 마을에서는 몇 명이나 투표를 하지 않았습니까?」

「모두 7명이 참석하지 않았습니다.」

「그래요? 이자들은 틀림없이 빨갱이들일 것이야. 이자들이 4월 3일 남원지서 습격사건에 가담도 했을 거야! 틀림없어! 우리 이자들을 잡읍시다.」

남원지서 경찰들은 이들을 잡기에 혈안이 되었다. 의귀마을에서는 "경찰관들이 투표에 참여하지 않은 사람들은 모두 빨갱이로 보고 체포한다더라." 라는 소문이 퍼지자 선거에 참여하지 않은 사람들은 "검거되면 죽는다. 도망쳐야 산다." 고 하며 모두 산으로 도망쳐 산사람이 많게 되었다.171)

박진경 연대장이 제주사건을 완전히 파악한 결론은, 산으로 도피한 자는 무조건 체포하여 수용소 안에 연금하고, 폭도들과 협조자를 찾아 법에 따라 처리하는 것이 가장 피해가 적고 합법적이라고 판단하고 산에 있는 자를 내려오게 선무활동을 한 후 산에 있는 산사람에 대해서는 무조건 체포령을 내렸다.

5월 12일 경비대는 폭도협의자를 제주읍 오등마을 부근에서 193명, 애월면 광명2리에서 25명을 연행하였다.

---

171) 4.3은 말한다. 2권 235쪽

5월 14일 한림에서 5명을 연행하였다.

5월 16일 경비대는 제주읍 오등리와 오라리에서 1명을 사살하고 166명을 체포하였다.

5월 19일 송당리와 교래리에서 여자 21명 남자 179명 등 200여명을 체포하였다.

5월 14일 오후 6시부터 21일 오후 6시까지 송당리와 교래리 지역에서 7명을 사살하고 200여명을 체포하였다.

이렇게 경찰과 경비대가 전력을 다해 진압에 나서자 48년 5월 12일~5월 27일까지 3,126명을 체포하고, 경비대에 저항하는 자 8명을 사살하였다. 연행자를 조사하여 500여명을 기소하였다.172) 주민들은 경찰과 경비대가 수시로 마을에 나타나 주민들을 체포해 가자 마을마다 마을이 잘 보이는 높은 곳에 대나무를 표지로 세워 순번제로 보초를 섰다. 경찰이나 경비대의 토벌대가 오면 마을 보초가 대나무를 뽑아 땅바닥에 눕혀 놓고 도망치면 밭에서나 집에 있던 사람들도 이것을 보고 서로 연락하여 산으로 도망쳤다. 마을 사람들은 이런 보초를 빗개(소령 공산당 용어. 보초병)라고 불렀고 연락병을 레포라고 불렀다. 어떤 마을에는 보초와 깃발의 색과 나팔수와 징까지 동원하여 토벌대가 오면 신호하여 마을 사람들이 산으로 도망치게 하였다.

경찰은 마을 사람들을 잡으면 사람들이 도망친 산의 은신처를 대라고 하여 순순히 알려주면 살려주나 끝까지 알려주지 않으면 끌고 갔다.

48년 6월 7일 70여명의 민보단원(제주 우파단체 이름)과 저지리 주둔 경찰 31명은 금악마을에 다시 나타났다. 그런데 금악마을 사람들은 경찰이 오는 것을 어떻게 알았는지 모두 산으로 도망쳐 경찰은 이 날도 허탕을 쳤다. 도망치지 않은 사람은 장애자와 노인들 임산부 등 5명이었다. 경찰들은 이들을 한 곳으로 불러 모았다.

「남자들 모두 어디로 숨었소? 도망친 곳을 말 하시요!」

「경찰들이 오자 도망쳤는데 어느 산으로 도망쳤는지 우리가 어떻게 압

172) 4.3은 말한다 2권 256쪽 재인용

니까? 그리고 우리들이 산에를 한 번이라도 가 보았어야 알지 한 번도 가본 일이 없고 또 가보았다고 하더라도 항상 간 곳으로만 갔겠습니까?」

이 말을 들은 경찰들은 80살의 김점생 할머니와 장애자 박두옥, 임산부 박경생, 소년 1명 등 5명을 마을에서 떨어진 들판으로 끌고 가서 사살하였다. 여기 가담한 사람 중 지서장과 면장이 끼어 있었다.173)

48년 6월 9일 수십 명의 경찰과 대청단원들이 오라리 마을을 기습하였다. 경찰들이 오는 것을 보고 있던 빗개가 "토벌대가 온다" 하며 신호를 하고 도망쳤으나 늦게 서두른 자들은 경찰의 포위망에 걸려 토벌대에 붙잡혔다.

「이 자식 고태조(37세) 아니야? 지난 번 붙잡아 총살할 때 죽은 줄 알았는데 안 죽고 여태 살아 있었네!」

토벌대는 나무에 불을 놓고 고태조에게 "너 이리 들어가라" 하니 고태조가 들어가지 않으려 하자 총을 쏘아 죽였다. 경찰은 제주농업학교 학생 현태원(18세), 고석규(18세)를 잡았다.

「너희들 연락병이지?」

「아닙니다!」

두 소년은 토벌대가 쏜 총에 맞아 그 자리에서 절명하였다.174)

경찰이 볼 때는 틀림없는 연락병인데 아니라고 부인하였다. 이 진실은 죽은 자만 알 일이었다.

2. 11연대 폭도 포위작전

박진경 연대장은 제주도 사태를 희생 없이 완전히 해결하려면 산에 있는 자는 무조건 내려오게 하고, 산에서 내려오지 않고 산으로 도피한 자는 무조건 체포하여 수용소에 연금 한 후 체포된 자 안에서 폭도를 가려내면 제주도 사태가 해결되리라 판단하였다. 그 이유는 폭도와 양민을 구별할 수

173) 4.3은 말한다 2권 263쪽
174) 4.3은 말한다 2권 265쪽

없기 때문이었고 또한 폭도는 남녀노소를 가릴 수가 없었다.

박진경 연대장은 병력을 총동원하여 그물망식 작전으로 이들을 포위하는 것이 가장 효과적일 것이라 판단하였다.

이번 작전에 병력 동원은 경비대 경찰 포함해서 4,000여명이었다.

김달삼은 오일균 대대장과 문상길 중위를 통해 경비대 안에서 일어나는 일을 손금 보듯이 보면서 작전계획을 세웠다. 폭도들은 김달삼의 지시대로 쥐도 새도 모르는 방공호에 숨어 있었고, 한편은 농사를 짓고 집안일을 돌봄으로 농민으로 위장하였다. 그러므로 경비대와 경찰이 이러한 폭도들을 찾아낸다는 것은 보통 어려운 일이 아니었다. 폭도를 체포하였다 해도 오리발을 내밀면 증거가 없는 한 양민이라고 할 수밖에 없어 경비대는 폭도를 가려낼 길이 없어 산에 있는 사람은 무조건 연행하였다.

1948년 5월 31일 오전 8시 30분 박진경 연대장은 직접 3대대를 지휘하여 대정면 방공호 속에 있는 폭도사령부를 공격하여 사살 2명, 포로 10명, 소총, 죽창, 전화기, 탄약, 중요서류를 노획하였다.175)

미군정은 박진경에게 6월 1일부로 대령으로 승진시켰고, 딘 장군이 직접 와서 계급장을 달아주었다.

백선엽 중령이 부산의 5연대 연대장을 할 때 박진경은 사병이었는데 이제는 백선엽 연대장보다 한 계급이 높게 초고속으로 진급을 할 정도였고 경비대에서 가장 기대하는 장교가 되었다.

3. 11연대 장병 41명 탈영 후 폭도에 합세

1948년 5월 10일 선거일에 제주읍에서 남로당 도당 대표로서 군책(김달삼), 조책(남로당 용어로 조직책) 2명과 군경 측에서 오일균 대대장 및 부관, 9연대 정보관 이 소위 등 3명과 계 5명이 모여 회담할 때 정보교환, 무기 공급 등 문제를 중심으로 토의한 결과 다음과 같은 결론에 의견의 일

175) 4.3은 말한다 3권 152쪽

치를 보게 되었다.

① 대대 반동의 거두 박진경 연대장 이하 반동 장교들을 숙청하지 않으면 안 된다.(박진경 연대장 부임 4일 째이다)

② 최대의 힘을 다하여 상호간의 정보 교환과 무기공급 그리고 가능한 도내에 있어서의 탈출병을 적극 추진시키지 않으면 안 된다.[176]

이상의 합의 작전에 의해서 11연대 장병들의 탈영이 시작되었다.

박진경 연대장을 두고 경찰과 우익에서는 쌍 손을 들고 환영하며 사기가 충천하였다.

박진경의 토벌작전에는 오일균 대대장도 문상길 중대장도 김달삼도 꼼짝 못하고 당하며 속수무책이었다.

김달삼은 문상길에게 즉시 장병들을 탈영시키라고 지령하였다. 11연대 1대대 3중대장 문상길에게서 지령을 받은 통신대 최 상사도 즉시 행동에 옮겼다.

「5월 20일 저녁을 먹고 특수야간훈련으로 위장하여 소대원 전원 입산한다. 입산 루트는 부대 밖을 나갈 때 안내원이 있을 것이다. 1차 작전은 대정지서와 서귀포경찰서를 기습한 후 입산한다. 즉시 행동에 옮기기 바란다.」

최 상사는 대정 출신 강기창과 성산면의 강정호, 남원면의 김태홍을 불러 지시를 내렸다.

「오늘 밤 11시에 입산한다. 집합은 무기고 옆 천막이다. 출구는 서문이다. 실탄은 최대한 소지하고 극비에 집합시켜라.」

이들은 각자 흩어져 맡은 임무대로 신속하게 움직였다. 세포원들은 시간이 되자 하나 둘씩 천막 안에 모였다.

이들은 트럭에 실탄을 몽땅 싣고 하사관 11명, 사병 30명, 계41명이 트럭에 타고 모슬포 서문을 통해 부대를 탈영하여 2킬로 떨어진 대정지서를 습격하기 위해 전속력으로 달렸다. 이들은 세포원(좌파)이 아닌 보초병도

---

176) 제주인민유격대 투쟁보고서 79쪽~80쪽

강제로 끌고 갔다.

한밤중에 모슬포 11연대 1대대에서는 비상나팔이 울렸다. 단잠을 자던 장병들은 깜짝 놀라 일어나 우왕좌왕하였다. 언제든지 비상 후에는 보초든지 주번이든지 내무반장이 집합이라든지 완전무장해서 어느 곳에 집합한다든지 하는 명령이 있었는데 아무런 후속조치가 없으니 장병들은 당황하였다. 그래도 정신을 차린 몇몇의 장병들이 평상시 훈련한대로 완전무장하고 우선 연병장으로 나가니 다른 병사들도 어떻게 할 수 없어 그들을 따라 나갔다. 완전군장을 하고 1대대 장병들이 연병장에 모여들자 「주번사령이다. 집합하라!」 하는 목소리가 들렸다. 장병들이 신속하게 움직여 열을 정돈하자 주번사령 3중대장 문상길 중위가 앞으로 나섰다. 그는 「대정지서가 습격을 받았으니 지원 나가야 한다.」 고 하며 일부 병사들을 선발하여 그들을 직접 인솔하여 "대정지서로 가자" 고 하며 급히 행군하였다. 대정지서가 습격 받았다면 한시가 급한 일인데 그들이 차로 가지 않고 걸어서 가는 것은 부대 내에 트럭이 한 대 뿐인데 탈영병들이 몰래 타고 갔기 때문이었다. 한편 입산을 위해 부대를 탈영한 좌익 세포 군인들이 대정지서 근처에 도착한 시각은 밤 11시 30분이었다.

폭도들은 하차하여 2열 종대 행군대열로 대정지서를 향해 가고 있었다. 최 상사는 이어 장병 한 사람을 시켜 전선을 절단하게 하고 대열은 도로를 중심으로 양쪽 길가로 2열종대로 행군하여 대정지서에 도착하였다.177)

대정지서 주임 안창호는 한밤중 많은 경비대원들이 출동하자 당황하며 문을 열고 밖으로 나갔다. 뒤따라 고형원 순경, 협조원 임건수도 뒤따라 나갔다. 지서 안에서는 세 사람이 근무하였고, 나머지 경찰들은 지서 주위의 7개 초소에 한 명씩 협조원과 함께 경계를 하고 있었다.

「모슬포에서 엄청난 수가 "왔샤,왔샤" 해서 경비대에서는 저들이 우리 대대 구역 지서를 기습할지 모른다고 각 지서에 1개 소대씩 지원명령을 받고 왔습니다.」

연락 없이 밤중에 나타난 경비대원들을 의심스럽다는 표정을 하고 보는

---

177) 4.3은 말한다 3권 110쪽~121쪽

지서주임에게 최 상사는 언제 갈아 붙였는지 소위 계급장을 달고 시원스럽게 설명을 하자 지서주임의 얼굴이 환해지며 고마워하였다.

「그렇지 않아도 모슬포에서 "왔샤,왔샤" 한다고 해서 지금 철저히 경계를 하고 있는데 경찰 9명, 협조원 4명 합13명으로 지서를 지킨다는 것은 어려워서 긴장하고 있었습니다.」

지서주임의 안내로 최 상사는 병사들을 밖에 세워두고 지서 안으로 들어갔다.

「어떻게 협조해 드리면 되겠습니까? 우리 부대원들은 41명입니다.」

「그러면 7개 초소가 있으니 1개 초소에 5명씩 배치하고 나머지는 지서를 경비하면 어떻겠습니까?」

1개 분대에 5명씩 조직해서 7개 분대를 만들어 하사관들이 분대장이 되어 7개 초소에 배치하고 나머지 병력은 지서를 지키는데 지서에는 선임하사가 있도록 하였다.

탈영병들은 안내를 받아 7개 초소에 즉시 배치되었다. 이들은 각 초소에 들어가 경찰 한 명에 병사 5명이 포위를 하듯 경계를 섰다. 이들이 각 초소에 도착한 지 5분이 채 되지 않았을 때 호각소리가 나자 각 분대 하사관들 입에서 "쏴라!" 하는 외침이 들리고 이어서 총소리가 요란하게 들렸다.

경찰에서는 경비대와 합동작전을 하거나 경비대의 출동이 있게 되면 각 해당 지서에 미리 연락을 하였다. 그런데 한밤중 상부로부터 아무런 연락도 없었는데 많은 경비대원들이 경비를 보조하기 위해 왔다고 하며 초소에 들이닥치자 각 초소에서 경비하고 있던 경찰들은 아무 의심 없이 환영하는 사람들도 있었지만 경비대원들의 어색한 행동을 이상하게 생각하고 경계를 한 사람들도 있었다. 경비대원을 경계하던 경찰들은 호각소리가 나자 순간적으로 사태를 알아차리고 사격자세를 하며 적을 경계하듯 몸을 낮추고 도망쳐 목숨을 부지하였으나 서덕주, 김문희, 이환문, 김일하 순경과 지서 안에서 심부름하던 임건수 등은 저항 한 번 못하고 순간에 공격을 받아 죽고 말았다. 경비대원들의 사격 미스로 살아남은 경찰관중 지서주임 안창호와 허태주 순경은 중상을 입었고, 고형원 · 송순옥 · 김정남 등은 도망쳐 무사

하였다.[178]

각 초소에서 경찰을 죽인 경비대원들은 신속히 지서에 모여 인원을 확인한 후 트럭을 타고 서귀포경찰서를 향해 대정지서를 떠났다.

목숨을 부지한 경찰들은 탈영병들이 떠나자 즉시 본서에 연락하기 위해 경비전화통을 두드렸으나 전화선이 이미 끊겨 통화가 될 리 없었다. 이들은 걸어서 그리고 배를 타고 가서 모슬포 경비대와 제주경찰청에 보고하여야 했다.

대정지서 경찰들을 죽인 경비대원들은 탈영한 것에 대한 불안과 경찰을 죽인 자책감으로 정신이 없었다. 그들을 태운 트럭이 서귀포경찰서에 도착하여 트럭이 정문으로 들어가려고 하자 보초가 차를 세워 트럭을 멈췄다.

「무슨 일입니까?」 보초가 물었다.

「모슬포에서 "왔샤 왔샤" 를 하고 폭도들이 경찰서와 근방의 지서를 습격한다고 하여 우리 대대에서 소대별로 경찰서와 지서를 경계 지원하라고 하여 지원 나왔다. 즉시 주번사령에게 보고하라.」

소위 계급장을 단 최 상사가 차에 탄 채 명령하였다.

경례를 붙이고 안에 들어간 보초가 주번사령에게 경비대 출동을 알리자 주번사령은 전혀 의심 없이 경비대를 안내하라 하였다. 정문 밖에서 기다리고 있던 탈영병들은 안에서 들어오라는 연락을 받고 전원 하차하여 안내하는 경찰을 따라 경찰서 안으로 들어가자 기다리고 있던 주번사령이 인사를 하며 소대장과 하사관들을 서장실로 안내하고 병사들은 서장실 밖에서 기다리게 하였다. 서귀포경찰서장은 관사에서 잠을 자고 있다가 주번사령의 연락을 받고 경찰서로 나왔다.

서장은 최 상사 이하 하사관들에게 인사를 하고 양담배도 권하며 친절하게 대접하였다.

「모슬포에서 "왔샤, 왔샤" 하고 공비들이 근방의 지서를 공격할 것이라는 정보가 있어 1대대에서는 소대별로 각 지서와 경찰서를 경비하라는 명령을 받았고, 우리들은 공비들의 예상 침입 로에 매복하였다가 공비들이 나타나면 즉시 사살하라는 명령을 받고 왔습니다. 우리들의 매복 장소는 경

178) 허태주 증언(몇 년 전 사망)

찰서 뒤쪽 2개 지역인데 차량이 한 대 밖에 없어 한 대만 지원해 주시면 되겠습니다.」

「알았습니다.」

「또 필요한 것이 있으면 말해 보시오.」

최 상사는 처음 차에서 내려서 경찰서 경비를 살폈는데 정문 안 초소에 기관총을 배치해 두고 경찰 한 사람이 경비를 하고 있었다. 그는 기관총이 욕심이 났으나 주위를 살펴보니 경찰들 모두가 99식이 아닌 M1소총을 어깨에 메고 있어 기관총을 탈취하려다 성능 좋은 무기에 오히려 경비대가 당할 지도 모른다는 생각에 포기하였다. 최 상사는 더 이상 사건을 벌이지 않고 차량만 한 대 갖고 도망치기로 마음먹었다.

최 상사 일행은 서장에게 인사를 하고 대기시켜 놓은 경찰 트럭과 경비대 트럭에 분대별로 승차하고 경찰서를 떠났다.

경찰 트럭 운전수 금촌오(21세)가 옆에 앉은 최 상사에게 어디로 갈 거냐고 물었다.

「신례리 쪽으로 가자.」

운전수는 아무 말 없이 남원면 신례리 쪽으로 차를 몰아 산길로 들어가다 한참을 지나 차를 세웠다. 갑자기 차를 세우자 최 상사가 당황하며 운전수를 향해 소리쳤다.

「왜 차를 세우느냐?」

「차가 높은 산길을 가니 엔진이 열을 받아 잘못하면 터지겠습니다. 물을 부으면 되니까 조금만 기다려 주십시오.」

운전수는 조수와 물그릇 두 개를 가지고 개울에 가서 물을 길어온다 하고 어두운 산길을 내려갔다. 운전수는 한참을 걷다가 개울을 찾는 척하며 주위를 둘러보다 자기들을 따라오는 기척이 없자 다급히 조수의 팔을 끌면서 속삭이듯이 말을 하였다.

「야, 빨리 걸어! 저 경비대 새끼들 아까 잠깐 쉴 때 우리를 죽이려고 의논하는 소리를 들었다. 저놈들 빨갱이들이 틀림없어. 도망쳐야 하니 얼른 물그릇 버리고 나를 따라 와!」

이들은 경비대가 뒤 좇아 와서 총을 쏘지 않나 불안하여 자꾸 뒤를 돌아보며 날 듯 뛰어내려오던 두 사람은 산길을 다 내려와서야 땀을 비 오듯 흘리며 안심하고 숨을 돌렸다.

「경찰서로 가자. 빨리 가서 서장님께 보고하자.」

이들이 기진맥진하여 경찰서에 도착하자 보초가 트럭 운전사인 것을 알아보고 놀랐다.

「빨리 주번 사령실로 안내해 주시오. 아까 그 경비대 놈들은 빨갱이들이었소!」

보초는 아까 그 경비대가 빨갱이들이었다는 운전수의 말을 듣고 깜짝 놀라 단숨에 내달아 주번사령실로 갔다. 주번사령은 운전수를 보고 깜짝 놀랐다.

「어제 저녁 경비대라고 온 놈들은 부대를 탈영한 빨갱이들이었어요.」

운전수는 숨도 돌리지 못하고 몰아쉬며 말하였다.

얼굴빛이 어두워지며 주번사령은 급히 서장실로 가 보고하였다.

시계를 보니 오전 8시였다.

「그런데도 경비대에서는 탈영병이 있다고 경찰서에 왜 연락을 안 한단 말이요? 이놈들이 관내 지서를 습격하지는 않았는지 빨리 연락해 보고하고 비상을 걸고 출동준비를 서두르시오.」

서장실을 나간 주번사령은 몇 분되지 않아서 서장실로 다시 돌아와 당황하고 급한 마음으로 보고하였다.

「서장님! 관내 대정, 안덕, 중문, 남원 등 모든 지서에 연락이 되지 않습니다. 필시 그놈들이 전화선을 모두 절단한 것 같습니다.」

「그러면 지금 즉시 제주경찰국에 사람을 보내 이곳의 상황을 보고하고, 경비대에 가서 정확한 진상을 파악해서 보고하시오. 그리고 모슬포 주위의 대정, 안덕, 중문, 서귀포, 남원지서에 경찰을 보내 피해가 없는지 즉시 보고하도록 하시오. 그리고 전화선이 절단된 곳을 찾아서 즉시 복구하도록 하시오.」

완전 무장한 경찰들이 스리쿼터 한 대에 가득 타고 질주하여 9시경에 대정지서에 도착하였다. 차에서 내린 경찰들이 쥐 죽은 듯 조용한 지서 안을 들어가다 한 사람이 놀라며 소리를 질렀다. 서귀포 경찰들은 동료 경찰이 비참하게 죽은 것을 보고 놀라 입을 다물 수 없었다. 그들은 지서 이곳저곳을 수색하여 시체 5구를 찾아내어 지서 안에 안치했다. 이러한 때 대정지서의 허태수 순경이 중상을 입었으니 빨리 오라는 연락을 받았다. 경찰들이 허둥지둥 허태수 순경 집에 가서야 안창호 등 부상자들이 있는 것을 알았다. 그들은 부상자들을 차에 태워 모슬포 병원으로 옮기기로 하였다. 경찰들은 모슬포로 가면서 부상자들로부터 사건경위의 설명을 듣고 사건 내용을 파악하였다.

한편 폭도들은 경비대에 있는 좌익들이 탈영하여 어제 저녁 대정지서를 박살냈다는 연락을 받고 「이 틈에 우리도 가서 지서를 아예 불태워버리자.」 하고 대정지서에 몰려가 불을 질러 버렸다.

제주읍 11연대 본부에 있던 박진경 연대장은 날이 밝아서야 모슬포 1대대 경비대원들의 탈영을 알게 되었다. 모슬포대대 1중대 장병 41명이 부대를 탈영하여 김달삼과 합류하기 위해 산으로 갔다는 1대대장 직무대리 이세호 중위의 보고를 받은 박진경 연대장은 깜짝 놀랐다.

「전화선이 끊어져서 배를 타고 오느라 늦어 이제 보고합니다. 어제 밤 11시경 하사관 11명, 사병 30명 계 41명이 부대를 탈영하였고, 이들이 탈영할 때 실탄 5,600발을 가져갔다고 합니다. 현재 상황은 이들이 왜 부대를 탈영했는지, 폭도들과 연락이 되어 탈영했는지, 주모자는 누구인지, 그들이 어느 방향으로 가고 있는지, 아직 파악되지 않고 있습니다.」

「그러면 즉시 비상을 걸고 빠른 시간에 전화선 끊어진 곳을 찾아내 연결하라. 그리고 탈영병들이 현재 어디로 가고 있는지 정보장교들에게 즉시 파악하게 하고 연대를 총동원하여 이들을 전원 체포하도록 준비하라. 별도의 지시 없이는 부대를 움직이지 말라!」

한 명도 아니고 41명이 집단으로 탈영한 데는 빨갱이들 아니고는 거의 불가능하다고 연대장은 판단하였다.

김달삼은 11연대 장병들이 탈영하는데 성공했다는 보고를 받았다. 연락병은 대정면에 300여명이 기거할 수 있는 아지트를 준비한 것을 즉시 중단시켰으나 탈영병들과는 연락이 잘 되지 않았다. 한편 탈영한 경비대원들은 문상길 중대장과의 접선 장소에 갔으나 시간이 늦어 접선에 실패하였다. 최 상사와 탈영병들은 접선을 못하고 산을 헤매게 되니 몹시 불안하였다. 그들은 대정지서 습격으로 1차로 만날 장소에 도착 시간이 늦었고, 2차 접선도 차량을 놓고 운전사가 도망쳐 시간을 놓쳐 3차 접선장소를 찾고 있는데 어려웠다.

41명의 탈영병들은 대정면 중산간 마을에 있는 집으로 들어갔다.

「우리는 경비대원입니다. 폭도들을 토벌하다 배가 고파 왔으니 밥을 좀 해주시오.」

아주머니는 갑자기 많은 경비대원이 들이닥치며 밥을 해주라고 하자 놀랍기도 하고 어찌할까 당황도 되었다. 그러나 남편이 안에 있으니 안심하고 일단 알았다고 대답을 하였다.

방안에서 경비대가 하는 수작을 방안에 누워 있다가 문틈으로 내다본 남편은 경비대를 본 순간 이상한 생각이 들었다.

「경비대는 자기들 먹을 것을 꼭 가지고 다닌다. 경비대는 마을 사람들이 자기들 먹는 음식에 독약을 넣는다거나 식사 시 집중공격이 있을지 몰라 절대 민간인 집에서는 밥을 안 먹는데 이상하구만. 이 사람들 혹시 탈영병들이 아닐까? 신고를 해야 할 텐데.」

집주인은 한참을 더 생각하다 방 뒷문을 소리 없이 열고 몰래 뒷담을 넘어 죽자 살자 산길을 뛰어 대정지서에 신고하였다. 지서에서는 급히 연대에 연락하여 탈영병들이 대정면에 있다고 출동하라고 하였다.

박진경 연대장은 모슬포 1대대에 있으면서 탈영병 행방을 찾기에 고심하고 있던 차에 보고를 받고 즉시 경비대를 이끌고 대정면으로 향하였다. 그는 1개 대대로 외딴집을 포위하고 위협사격을 명령하자 대대 전 화력이 불을 품었다.

「자수하는 자는 살려 주겠다!」

박진경 연대장은 손나팔을 하고 내지르듯 큰소리로 외쳤다. 마당에서 밥을 먹고 있던 탈영병들은 갑자기 총소리가 나고 자수하라는 소리가 들리자

기겁하였다. “무조건 도망쳐” 하고 소리치며 죽자 살자 뛰었다. 경비대는 도망치는 21명에게 집중사격을 하였고, 도망치지 못하고 손을 들고 나온 20명은 체포하여 부대로 압송하였다. 이들은 19정의 소총과 3,600발의 실탄을 소지한 채 무장 해제되어 모슬포 1대대 연병장에 끌려왔다. 1대대 장병들은 어제의 전우가 이제는 적이 된 것을 보았다.[179]

탈영병 한 사람씩 불러내어 심문하였을 때 탈영병들이 폭도와 합류하려고 하였다는 사실을 알고 그들의 행동을 이해하지 못하였다.

서울의 경비대 사령부나 미군정 사령부에서는 제주 11연대 탈영병사건을 보고 받고 놀랐다. 11연대 1대대는 제주출신으로 조직되었는데, 제주출신 1대대를 무장해제를 시킨 후 제주읍 오등리에 주둔시키고 감시를 하였다. 그리고 탈영병 20명 전원을 군법회의에 기소하였다. 결국 제주 출신 경찰과 공무원과 경비대는 사상적으로 빨갱이라는 의심을 받아 육지 경찰이나 육지 경비대원들에게 천대를 받았다.[180]

박진경 연대장은 연대본부를 모슬포에서 제주읍 농업학교로 옮겼다.

4. 48년 6월 24일 제주경찰 임영관 경위가 28명의 경찰들을 지휘하여 폭도 토벌에 나갔다가 산속 깊은 곳에서 폭도들의 매복에 걸려 임영관 경위 이하 28명 전원 전사하였다.[181]

5. 문상길 중대장 11연대장 박진경 대령 암살 지령

1948년 5월 10일 선거일에 제주읍에서 남로당 도당대표, 군책(김달삼), 조책 2명과 국경 측(경비대)에서 오일균 대대장 및 부관, 9연대 정보관 이

179) 4.3은 말한다 3권 114쪽~133쪽
180) 「한국전쟁사」1권. 1967년, 440쪽
181) 제주경찰국 「제주 경찰사」 313쪽

소위(이윤락) 등 3명과 계 5명이 모여 회담을 하여 "특히 대대 내 반동의 거두 박진경 연대장 이하 반동 장교를 숙청하지 않으면 안 된다." 고 의견 일치를 보았다.182) 박진경 연대장 부임 4일 만의 일이다.

김달삼은 오일균 대대장과 합의에 의해 레포를 시켜 문상길 중대장에게 「6월 17일 저녁 옥성정에서 박진경이 중령에서 대령으로 진급한 것을 기관장들이 축하해 준다는 것이요. 그러면 반드시 박진경도 술을 먹을 것이고 참모들이나 장교나 부대의 경비가 소홀할 것이요. 이때 술을 먹고 온 박진경을 아예 없애버리는 것이요.」

김달삼의 레포를 통해 지시받은 문상길 중대장은 정보계 선임하사 남로당 세포인 양희천 상사를 불렀다.

「17일 저녁 술을 많이 먹고 오는 박진경을 사살하라. 그래서 다시는 경비대가 해방군을 공격하지 못하게 하라 이것은 김달삼 동무의 지령이다.」

양 상사는 문상길 중대장과 헤어진 즉시 남로당 세포원인 손선호(22세 경북 경주 출신. 대구폭동에 가담했다가 경찰의 추적을 피하여 경비대에 입대)하사, 신상우(20) 중사, 강자규(22세)중사, 배경용(19세)하사 등을 은밀히 만나 17일 밤 박진경 연대장을 암살한다는 의논을 하고 자세한 공작은 당일 알려주기로 하고 헤어졌다.

6월 1일 박진경 연대장이 대령으로 진급하였으나 폭도 토벌작전 때문에 도민들이 베푸는 진급 축하연이 미루어져 작전이 끝나는 날인 6월 17일 저녁에 제주읍 관덕정 옥성정 요리집에서 하기로 하였다. 미군 장교와 11연대 참모들, 통위부에서 파견된 장교, 그리고 기관장들이 참석하여 축하해 주었다. 박진경 연대장은 축하연에 참석하여 기관장들로부터 대접을 받고 술을 몇 잔 마시고 18일 새벽 1시경 술자리를 나왔다. 그리고 제주농업학교에 주둔중인 연대본부 연대장실로 돌아와서 옷을 입은 채로 잠이 들었다. 이날 주번사령은 1중대장 정 대위였고, 주번은 정보과 선임하사 최 상사였다.183)

17일이 되자 양희천 상사는 세포원들을 신상우 사무실로 은밀히 불러 각

---

182) 제주인민유격대 투쟁보고서 79쪽~80쪽
183) 한국전쟁사 1권 1967년, 441쪽

자에게 임무를 주고 모든 준비를 끝내고 기다리라고 하고 헤어졌다.

각자의 임무는 "연대장이 숙소에 도착하여 잠이 깊이 들 때인 새벽 3시경이 제일 좋으니 신상우 동무는 부대 정문에서 연대장이 오는 것을 확인해서 강규찬 동무에게 알려주고, 강규찬 동무는 즉시 배경용 동무와 손선호 동무에게 알려 주면서 연대장 사무실 밖에서 보초를 서고, 배경용 동무는 전지로 불을 켜 주고, 손선호 동무가 총을 쏘는데, 두 방을 쏘면 잠자다 놀라서 모두 일어나면 안 되고, 또 죽은 후에 피가 많이 흐르고 보기가 흉하니 머리에 딱 한 방으로 끝내야 되오. 그래야 잠을 자던 사람들이 잠결이라 총소리가 난 것도 같고 나지 않은 것도 같아 꾸물대어 사살 후 우리가 도망할 시간적 여유가 생기고 죽은 시체가 험하지 않아 증오심이 적을 것이니 명령대로 침착하게 행동하여 실수 없이 하라. 실수로 잡힌다면 나 혼자의 죽음으로 끝나야지 절대 다른 동무를 물고 들어가서는 안 된다. 이상을 명심하고 즉시 행동 개시."

그들은 밤 9시가 지나면서부터 초조해지기 시작하였다. 손선호는 M1 소총에 8발의 실탄을 넣고 초조하게 기다리고 있었다.

새벽 1시가 되어 연대장이 들어오는지 정문 보초가 우렁찬 목소리로 「충성!」하고 구령을 하였다. 신상우는 즉시 강규찬에게, 강규찬은 배경용에게 연락하여 배경용과 손선호는 연대장과 참모들과 당번병 등이 잠들기를 기다렸다.

「1시에 들어갔으면 2시경은 잠이 들 것이고, 3시경은 총소리가 나도 잘 모를 것이다.」

배경용은 손선호에게 「3시에 여기를 떠나자」고 하며 두 시간을 더 기다렸다. 3시가 되자 배경용은 손선호와 같이 사무실에서 살금살금 나와 연대장실을 향해 갔고, 나머지는 잠든 연대장실의 보초병과 당번병을 대신하여 (다른 사람들이 보면 보초로 생각하게) 연대장실 밖에서 보초를 섰다. 부관과 참모들도 녹아 떨어져 세상모르게 잠을 자고 있었다.

이들은 안전하게 연대장실에 도착하여 문을 살그머니 열었다. 연대장은 술에 취해 세상모르게 자고 있었다.

손선호는 안전핀을 풀고 M1 소총의 총구를 연대장의 머리에 겨누고 방아쇠를 서서히 당겼다.

「땅!」

박진경 대령의 죽음의 시간은 18일 새벽 3시 15분이었고, 그의 나이 28세였다. 남조선에서 가장 유능하다는 장교 한 명이 창군 이래 제일 먼저 남로당원에 의해 사망하였다.

죽음을 지켜본 둘은 즉시 연대장 사무실을 빠져 나와 본 사람 없이 무사히 각자 위치로 돌아갔다.

옆방에서 잠을 자고 있던 경비원과 부관이 총소리에 깜짝 놀라 연대장실로 뛰어 들어갔다. 순간 부관이 아연실색하여 연대장 실을 뛰쳐나오며 「연대장님이 암살당했다!」 고 외치자 옆방에서 잠을 자고 있던 참모들도 그때서야 깜짝 놀라 일어나 연대장 사무실에 들어가 보니 연대장은 벌써 숨이 끊어져 있었고 머리에서 피가 흘러나와 침대가 빨갛게 물들어 있었다.[184]

뒤늦게 놀라 뛰어온 주번사령이 연대장의 죽음을 보고 즉시 비상을 걸어 연대 장병들은 완전무장하고 내무반에서 대기하게 하였다. 연대장의 죽음으로 이른 새벽 11연대는 큰 소동이 일었다. 헌병대장이 달려오고 헌병들이 연대장실 주변을 정리하고 검문 · 검색 경계를 모두 맡아 하였고, 증거와 현장을 보존하기 위해 연대장 실에는 아무도 들어가지 못하게 하고 지켰다.

연대의 장교들이 몰려오고, 경찰 사찰과, 육군 방첩대, 미군 CIC 등 수사관들이 왔다 가면서 한 사람같이 모두 탄식하였다. 장병들은 남로당의 혁명은 이렇게 좋은 사람 나쁜 사람을 가리지 않고 죽이면서 혁명을 꼭 해야 하나 하고 의문이 시작되었고, 공산당이 혁명과업을 위해 사람을 혁명의 도구로 생각하고 혁명에 협조하지 않는 사람은 적으로 생각하고 사람을 무차별 죽이는 데 깊은 회의를 느끼게 되었다. 사회는 다양한 의견을 갖게 되고 인간의 본능은 억제될 수가 없는데, 공산주의는 공산주의 이념 외에는 모두 적으로

184) 4.3은 말한다 3권 197쪽
임부택 소령의 증언.

판단하여 없애버리려 하고 인간의 본능마저 억제시키고 있어 인간의 존엄성보다 혁명을 더 중요시 여기는 것을 문제로 생각하고 공산주의 이념에 진즉 회의를 갖고 있었다. 장병들은 자기의 상사요, 같은 부대원이요, 또 잠을 자고 있을 때 죽이는 비겁한 행동에 대해 적개심을 품게 되었다.

통위부에서는 즉시 최경록 중령을 11연대장에 임명하였다. 그는 즉시 제주도에 도착하여 수사를 총지휘하였다. 그는 서울에서 올 때 독일산 개 세퍼트를 데리고 와서 자기를 지키게 하였다. 그것은 사람은 누구도 믿을 수 없으나 개는 믿을 수 있었기 때문이다.

48년 6월 22일 오후 2시 통위부 사령부에서는 박진경 연대장의 장례식이 엄수되었다.

박진경 연대장은 일본에서 대학을 다니다가 학병으로 끌려간 학병출신으로 해방을 맞이하였다. 그는 5연대 사병으로 근무할 때 백선엽 연대장이 추천하여 군사영어학교를 졸업한 것으로 간주하고 현지에서 소위로 임관하였다. 그의 군번은 91번이었다. 백선엽과 딘 소장 등 많은 군인들이 그의 정직하고 온화한 인품과 발군의 영어실력과 군 작전에 탄복하여 한국에서 장래가 촉망되는 유능한 젊은 장교로 존경을 받았다. 이제 그는 28세의 젊은 나이로 사랑하는 아내를 남겨두고 세상을 떠났다. 장례식에서 조사를 읽을 때 울지 않은 사람이 없었고, 미망인의 몸부림치는 오열은 장례식장을 숙연하게 하였다.

최경록 연대장은 헌병대, 방첩대, 미CIC 등 모든 수사요원을 총동원하여 연대본부 안의 장교와 사병 50여명을 철저히 조사하였으나 흔적조차 찾아내지 못하였다. 전 연대장이었던 김익렬 14연대장도 여수에서 서울로 연행해 조사를 하였으나 시간이 흐를수록 단서 하나 찾지 못하여 수사는 장기화될 가능성이 있었고, 완벽한 범죄여서 범인을 잡아낸다는 것은 거의 불가능하게 보였다.

11연대 부연대장으로 송요찬 소령이 부임하였다.

최경록 연대장은 부임 즉시 폭도 토벌보다 범인 색출에 전념하였고, 부대 생리와 제주도 폭동의 성격을 파악하여야 했다. 미군정장관 딘 소장도 제주도에 직접 찾아와 박진경 대령의 시신을 보고 오열하였다. 딘 소장은 한국의 군인 중 박진경이 가장 정직하고 머리가 좋아 한국 육군을 이끌어 갈 사람으로 판단하여 박진경 대령을 적극 후원하였는데 이렇게 비참하게 죽은 것에 대해 비통해 하였다. 딘 소장은 미CIC로 하여금 즉시 범인을 색출하라고 지시하였다. 각 수사기관은 연대내의 모든 M1소총의 총구를 검열하였다. 그러나 흔적을 찾는 것은 그리 쉽지 않았다. 수사관들은 고민에 빠졌다. 박진경 연대장 사망 7일 후 한 통의 진정서가 최경록 연대장 앞으로 왔다.

〈연대장님, 이번 박진경 연대장을 사살한 범인은 문상길 중위와 연대 정보과 하사관들이 저지른 사건입니다. 이들을 문초하면 범인을 잡을 수 있습니다.〉 185)

이 진정서를 읽은 최경록 연대장은 "세상에 이럴 수가 …" 하며 충격으로 말을 할 수가 없었다.

「지금 즉시 헌병을 데리고 가서 3중대장 문상길 중위와 연대 정보계 선임 하사관 최 상사와 3명의 하사관과 문상길 애인을 즉시 연행하여 이리 데리고 와! 극비로 해!」

헌병 대장은 문상길이 박 연대장을 죽였다고 하니 처음에는 놀라고 나중에는 믿어지지 않았다. 시간이 조금 지난 후 문상길 이하 7명의 장병들이 헌병에 체포되었다.186)

「도대체 박진경 연대장이 폭도들을 많이 죽였는가? 도민을 착취했나? 도민의 재산을 강탈했나? 부대에서 도둑질을 했나? 도대체 무엇을 잘못했기에 죽였나? 그렇게 정직한 사람을 죽이고도 양심에 가책도 없었나? 네놈들이 박진경 연대장을 죽일 정도라면 유리알같이 맑은 사람들만 있겠구만! 어디 보자 너희들 창자까지 다 보일 만큼 깨끗한지 옷을 벗어 봐! 빨갱이 세상이 되면 잘 사는 세상이 올 것 같으냐? 너희들은 선배도 상관도 애비도

---

185) 「한국전쟁사」1권 1967년, 440쪽
186) 「한국전쟁사」1권 1967년, 441쪽

어미도 없는 놈들이야! 그런 놈들이 무슨 혁명이고 좋은 세상을 만든다고 떠들어? 저놈들이 전말을 실토할 때까지 무슨 일을 해도 좋다! 그리고 문중위 저놈하고 김달삼하고 관계도 빠지지 말고 조사하고 이 문제는 극비에 처리 하라!」

문상길을 조사실로 데려온 조사관은 문상길을 심문하였다.

「나는 절대로 연대장을 죽이지 않았소!」

이때 문상길 이하 가담자들을 서울 정보국으로 압송하라는 명령이 내려와 이들을 서울로 압송하였다.

서울 명동 성당 입구 사거리 정보사령부에 압송된 문상길은 즉시 정보국으로 이관되어 심문에 들어갔다.

「연행되기 전 어디가 아파서 누워 있었나?」

「몸살이 났었습니다.」

「몸살이 났으면 의무과에 가서 약을 먹든지 병원에서 치료를 받든지 할 일이지 요즈음 거의 밖을 나오지 않고 있었는데 그 이유가 뭐야?」

「그거야 아파서이지 다른 이유는 없습니다. 그런데 나가지 않은 것도 죄가 됩니까?」

「누가 죄가 되었다고 했나? 그런데 왜 이렇게 가슴이 빨갛지?」

「……」

「이 자식 왜 말을 안 해? 무슨 말이 되었건 묻는 말에 대답을 해! 알았나? 아니, 이것은 부적이 아냐? 부적의 붉은 글씨가 땀에 젖어 가슴이 빨갛게 되었군. 왜 젊은 군인이 특히 장교가 몸살이 좀 났다고 해서 부적을 가슴에 붙이고 있어? 네가 생각해도 이상하지 않아! 네가 연대장을 죽여 놓고 불안하니까 이렇게 부적을 붙이고 집에 있었던 것 아니야?」

「그래? 그럼 네가 죽이지 않았으면 죽이라고 부하에게 시켰단 말이지?」

「죽이지도 않았고, 죽이라고 시킨 일도 없다? 그러면 부적은 왜 달았지?」

「부적을 달면 몸살이 빨리 낫는다고 해서 붙인 것뿐이다?」

「박진경 연대장님이 부임하셔서 돌아가실 때까지 경비대가 폭도들을 사살한 수도 얼마 되지 않고 연행만 수천여명 이었다. 그러나 너희들 좌익이 우익인사들을 얼마나 많이 죽였나? 너희들은 이제부터 박진경 연대장을 죽인 것을 후회할 것이다. 문상길, 고집부리지 말고 진솔하게 모두 이야기 해!」

수사관은 문상길을 잠을 재우지 않고 밤낮으로 조사를 하고 사상과 이론 대결을 하였다.

「나는 박진경 연대장을 죽인 일이 없소!」

「그렇지, 너는 죽인 일이 없지. 다만 정보계 양희천 상사에게 오늘 밤 해치우라고 그랬지?」

문상길은 양희천이 자복했을 리 없다고 생각했다. 문상길이 끝까지 자기는 죽이지 않았다고 버티자 수사관들은 불같이 화를 내며 양희천이와 대질심문을 하겠다고 하였다. 그 말을 들으니 문상길은 모든 것이 끝난 것 같았다. 살인을 사주한 장교로써 부하들은 긍정을 하는데 장교가 부하들 앞에서 난 모른다고 할 수는 없는 일이었다. 그는 마음을 정리하였다.

「김달삼과는 누가 접선하였는가?」

「내가 직접 만났다.」

수사관들이 문상길의 애인 고양숙을 연행하여 조사를 하자 문상길은 당황하였다. 문상길은 고민에 빠졌다. 애인 고양숙을 살리기 위해서 동료를 죽이느냐, 아니면 동료를 살리기 위해 자기 애인을 희생시킬 것인가. 11연대 안에는 80여명이 넘는 남로당원과 오일균 소령이 있어 이들은 언젠가는 연대를 반란군으로 만들기 위해 기회를 보고 있는데 이것을 불게 되면 김달삼과 제주도 해방투쟁은 끝나게 되니 마지막으로 당을 위해 애인 고양숙이 희생된다 해도 절대 털어놓을 수 없다고 생각하였다. 문상길은 양희천 상사와 7명 외에는 9연대 안의 남로당원을 끝내 말하지 않아 방첩대에서는 검찰을 통해 이들만 기소하였다. 문상길은 최경록 연대장을 죽이려고 하였는데 최 연대장이 데리고 있는 개 때문에 못 죽였다고 하였다.[187]

48년 8월 8일 남산 야외음악당 아래쪽에 있는 경비대 안의 군기대 사령부에서 처음 재판이 열리자 초만원을 이루었다. 특히 남로당 세포원들은 정보를 수집하기 위해 혈안이 되었으나 김삼룡 이주하는 특별한 대책을 세울

---

187) 「한국전쟁사」 1권 1967년, 441쪽

수가 없었다.

재 판 장 이응준 대령
법 무 사 김완룡 소령
검 찰 관 이지형 중령
관선변호사 김홍수 소령
민선변호사 김 양
증 인 김익렬 중령, 문상길 애인 고양숙

48년 8월 14일 모든 사실 심리를 끝내고 문상길·손선호·배경용·신상우 사형, 양희천 무기, 강승규 5년, 황주복 · 김정도 무죄를 선고하였다.[188)]

48년 9월 23일 경기도 수색에서 사형수 4명을 사형 집행하여 문상길도 한 많은 세상을 떠났다. 그는 경북 안동 출신으로 국군 준비대인 좌익단체에 입대 후 대구경비대 6연대 1기생으로 입대, 육사 3기로 임관하였다.

박진경 연대장이 군 안의 남로당원에 의해 암살당한 후부터 정보국에서는 경비대 안의 남로당원을 전력을 다하여 미행 파악을 해 보니 그 수가 엄청나 잘못하다가는 각 연대가 좌익에 의해 반란이 일어나고 국가가 위기에 처할 것 같아 정보국에서는 미행을 철저히 하고 있었다. 그때까지만 해도 남로당원이라고 모두 체포할 수 없어 고민이었다. 이때부터 남로당을 처벌할 수 있는 보안법의 필요성을 갖게 되었다.

※ 제주4.3사건 진상조사보고서 277쪽에는 은근히 피고들의 최후진술을 기록하면서 박진경 연대장을 죽인 피고들의 최후진술을 장황하게 기록하여 박진경 연대장을 죽인 것이 정당하다는 식으로 피고들의 진술을 비호하고 있어 60년이 지난 현재 박진경 연대장을 두 번 죽이고 있다.

---

188) 4.3은 말한다 3권. 203쪽~217쪽

6. 9연대 프락치와 폭도와의 관계

1) 폭도사령관 군책 김달삼과 9연대 남로당 프락치 문상길 중위와 대책회의에서

① 제주인민군과 9연대 경비대와 밀접한 정보교환
② 최대한 무기 공급
③ 탈영병 추진 및 교양자료 배포
④ 최후단계에서 경비대 총궐기(반란) 189)

2) 5월 10일 폭도사령관 김달삼과 9연대 남로당 프락치 대대장 오일균 소령과 연대 정보관 이윤락 중위와 제주남로당 조직부장 김양근과 대책회의에서,

① 제주남로당과 9연대는 행동통일을 위하여 최대한 협조
② 경비대의 토벌이 시작되면 투쟁이 실패하니 프락치는 토벌에 대한 적극적인 사보타지 전술 사용
③ 9연대의 호응 투쟁을 중앙당에 건의, 대대 반동의 거두 박진경 연대장과 반동 장교 숙청(5월 10일은 박진경 중령이 9연대장에 부임한 지 4일밖에 되지 않는다. 박진경 연대장이 김달삼에게 협조할 것 같지 않아 아예 죽여 버리기로 합의하였다.)
④ 상호 정보 교환, 무기 공급, 병사들의 탈출을 적극 추진.

이상의 합의에 따라 9연대 진압 계획이 작전할 때마다 누설되었고, 9연대 총합51명의 탈영병이 발생하였고, 박진경 연대장이 암살되었다. 그리고 많은 무기가 9연대에서 제주인민군에 제공되어 제주인민군의 전력이 크게 향상되었다.190)

3) 국군 9연대에서 폭도들에게 공급한 무기

① 48년 4월 중순경 문 소위로부터 99식 총 4정, 오일균 대대장으로부터 카빈 탄환 1,600발, 김익렬 연대장으로부터 카빈 탄환 15발을 각각 공급

189) 제주인민유격대 투쟁보고서 78쪽
190) 제주인민유격대 투쟁보고서 79쪽

받음.

② 5월 중순 5연대 통신과 동무로부터 신호탄 5발을 공급받음.

③ 5월 17일 오일균 대대장으로부터 M1 총 2정, 동 탄환 1,443발, 카빈 총 2정, 동 탄환 800발을 공급받음.

④ 5월 20일 문 소위 지시에 의하여 9연대 병졸 최 상사 이하 43명이 각각 99식 총 1정씩을 가지고 탄환 14,000발을 트럭에 실어 탈출. 도중에 대정지서를 습격하여 개(경찰) 4명 급사 1명을 즉사시키고 지서장에게 부상시킨 후 서귀포 경유 상산하려고 했으나 그 연락이 안 되어 결국 22명은 피검, 탄환 다수 분실, 혹은 압수당하고 겨우 4,5일 후에야 나머지 21명과 아부대와 연락되었음.(이때에는 99식 총 1정씩과 99식 탄환 100발씩만이 남아 있었음.) 이때 연락이 안 된 원인은 문 소위(문상길 소위)가 우리에게 보낸 연락 방법과 탈출병들이 연락한 방법 사이에 커다란 차이가 있었던 것에 기인함.

⑤ 5월 21일 대정면 서림 · 수도 보초 2명이 99식 총 3정을 가지고 탈출, 인민군에 입대.(제주 폭도를 인민군이라 함.)

⑥ 5월 말일 애월면 주둔 5연대 병졸 4명이 각각 M1 총 1정씩 가지고 탈출, 인민군에 입대.

⑦ 5월 말일 9연대 고승옥 상사 이하 7명이 카빈 총 1정과 99식 총 7정을 가지고 탈출, 인민군에 입대.

⑧ 6월 초순 대정에서 9연대 상사 문덕오 동무 99식 총 1정 가지고 탈출, 인민군에 입대.

⑨ 6월 20일 대정면에서 해경 1명이 99식 총 2정을 가지고 탈출.

⑩ 7월 1일 대정에서 서림 수도 보초 10명이 99식 총 11정을 가지고 탈출, 인민군에 입대.

⑪ 7월 12일 대정에서 9연대 병졸 1명이 99식 총 1정을 가지고 탈출.

⑫ 7월 14일 9연대 병졸 2명 탈출. 이중 1명은 산까지 왔다가 비겁하여 도주.

⑬ 7월 18일 6연대 이정우 동무는 오전 3시 박진경 11연대장을 암살한

후 M1 소총 1정을 가지고 상산 인민군에 입대(여기 7월 18일은 6월 18일을 잘못 쓴 것 같음.)

⑭ 7월 24일 9연대 병졸 1명 99식 총 1정, 동 탄환 10발을 가지고 탈출, 인민군에 입대.

⑮ 7월 초순 M1 1정을 가지고 1명 탈출.

계 : 탈영 수 51명.(피검된 22명과 도주한 1명 제외)
총 - 99식 소총 56정, 카빈 3정, M1 8정 계 67정.
탄환 - M1 1.443발, 카빈 탄환 2,415발. 계 3,858발.[191)]

이상과 같이 오일균 대대장과 문상길 중대장과 70명(군법회의 기소자 20명 포함)이 뭉쳐서 9연대 안에서 반란을 일으켰으면 위험할 것인데, 9연대 안의 좌파들이 조금씩 탈영하여 반란이 일어나지 않은 것이 천만 다행이었다. 제주4.3 폭도들은 본인들 스스로가 인민군이라고 하였는데 이것은 그들 자신들이 내란군 임을 증거 한 것이다.

※ 제주4.3사건 진상조사보고서에는 이상의 사건을 은폐하여 제주인민군과 9연대와의 관계를 누락, 제주인민군의 전력을 은폐하려 하였다.

7. 최경록 연대장의 작전

48년 6월 18일 제주도 11연대장에 부임한 최경록 연대장은 제주4.3폭동 진압방법(전략)을 제시하였다.

① 폭도와 주민들을 분리하기 위하여 피난민 수용소를 설치하고 작전지역의 피난민들을 수용한다.

② 수용된 용의자들에게 선무 교육을 실시하여 사상을 선도한다.

191) 제주인민유격대 투쟁보고서 81쪽~83쪽

③ 산중에 입산한 주민들도 선무 공작으로 하산시켜 폭도들과 양민들을 분리시켜 재생의 기회를 준다.

④ 해안선 마을은 이미 축성중인 방벽을 조속히 완료하여 마을 자위대에 치안을 유지시킨다.

⑤ 폭도와 주민을 완전히 분리시키고 반도들의 근거지를 산중으로 몰아 넣는다.[192)]

최경록 연대장은 경비대와 경찰을 총동원하여 해안선에서부터 한라산까지 이 잡듯이 뒤져 산에서 얼씬거리는 사람은 무조건 잡아다가 수용소에 수용시키고 거기서 폭도들을 가려내었다.

48년 6월 18일부터 7월 14일까지 1,454명을 연행 조사한 후 600여명을 기소하고 나머지는 수용소에 보냈다.[193)] 폭도들은 견디지 못하고 산속 깊숙한 방공호 속에 철저하게 숨어 지내며 경비대에 저항을 하지 않았다. 산에는 얼씬거리는 사람이 없었고, 마을이나 지서를 기습하는 일도 없어 제주도는 오랜만에 조용하였다. 이렇게 되니 경비대에서는 폭도들을 완전히 소탕한 것으로 판단하였다.

한편 폭도들은 다음 작전을 위해 경비대 장병을 선동하여 탈영시킨 후 폭도에 합류시켜 전력을 보강하였고, 경비대 세포원을 통해 다량의 무기를 빼돌려 화력을 보강하였다. 마을마다 정보원을 철저히 보강하였고, 식량보급망도 강화하여 다음 작전을 준비하고 있었다.

최경록 연대장은 ① 부락마다 조직한 자위대를 강화하고 방벽을 더욱더 튼튼히 하여 밤중에 폭도들이 마을을 기습하여 먹을 것을 가져가지 못하게 하였다. 이렇게 되면 폭도들은 고립되어 더 이상 견디지 못할 것으로 판단되었다. ② 다음은 지금까지 경찰이 토벌하고 경비대가 해안선을 지킨 것을 바꾸어 경찰이 해안선과 도로를 지키고 경비대는 폭도 토벌에 나섰다. ③ 공병대를 시켜 수용소를 빨리 건립하게 하고 ④ 학벌이 좋고 사상이 투철한 장병을 선발하여 선무교육에 전념하게 하였다. 그리고 2대대장 오일균 소

---

192) 조선일보 1948년 7월 21일자

193) 4.3은 말한다 3권 224쪽~226쪽

령이 수용소 소장 일을 청원하여 소장 일을 맡겼다.[194]

폭도들은 한라산 방공호 속으로 모두 숨었고, 일부는 하산하여 농사일을 하였다. 그리고 경비대에는 전혀 대항하지 않았다. 그리고 폭도와 폭도 가족이 아닌 사람부터 서서히 하산하여 수용소에 들어가게 하였다.

경비대의 선무활동으로 산에서 내려오는 사람이 처음에는 하루에 몇 십 명 정도였는데 날이 갈수록 많은 사람이, 하루에 몇 백 명씩 내려왔다.

수용소에 와서 수용된 사람들을 본 경비대원들은 놀라지 않은 사람이 없었고 어찌 집을 놔두고 산에서 살았는지 이해를 못하였다. 연대장도 하루가 다르게 늘어나는 많은 사람들을 보고 놀란 입을 다물지 못하였다.

「선무반원들은 산에서 내려오는 사람들을 폭도와 폭도가족과 남로당원과 일반인을 잘 선별하여 각자 다른 곳에 수용하고 그들에게 최대한 친절하게 하라. 만일 수용소에서 말썽이 생기면 끝장이다. 그리고 말썽을 부리는 자는 어느 누구를 막론하고 무거운 벌로 처벌할 테니 너희들은 전심전력으로 일에 임하라.」

최경록 연대장은 선무위원들에게 간절히 부탁하였다. 그는 장병들을 데리고 직접 한라산을 뒤지고 다녔으나 폭도들을 발견하지 못하였고 산 속은 조용하기만 하였다. 그는 폭도들이 손들고 포로수용소에 모두 내려온 것으로 판단하였다.[195]

어느 날 최경록 연대장은 제주감찰청을 갔다. 최경록 연대장을 맞는 감찰청장의 얼굴은 환하였다. 밤마다 인민공화국 만세를 불렀는데 이제는 그런 일도 없고, 지서를 기습하고, 양민을 죽이는 일도 없고, 산도 아주 조용해져서 상부에 보고하였다. 그래서 다른 도에서 온 400여명의 경찰들이 집으로 보내달라고 아우성을 쳐 보내주었고 다른 경찰을 일부 보충 받았다.

48년 7월 12일 이형근 통위부(육군이 창설되기 전 경비대 총사령부) 참모총장은 「제주도 폭동은 일단락되었다.」고 기자회견을 하였다.

48년 7월 15일 통위부에서는 11연대를 재편하고 부연대장인 송요찬 소

194) 「한국전쟁사」 1권 1967년, 442쪽
195) 「한국전쟁사」 1권 1967년, 442쪽

령을 9연대장에 임명하여 제주도에 주둔하게 하고 11연대 2대대를 7월 24일 수원으로 원대복귀 시켰다. 최경록 중령은 대령으로 진급하고 임부택 대위도 소령으로 진급하여 통위부로 전출되었다.196)

8. 송요찬 연대장의 작전

9연대 연대장으로 임명된 송요찬 소령은 대대장들과 연대 참모들에게 「폭도들이 완전히 소탕되었다고 생각되지 않고 산 속 어디엔가 잔당이 숨어 있으리라 본다. 이유는 인민군사령관 김달삼 외 간부들이 사살되거나 체포된 일이 없기 때문이다. 잔당이 있다면 이들의 뿌리까지 뽑아야 할 것이다. 그러자면 우리 장병들이 폭도들보다 산을 더 잘 타야 이들을 잡을 수 있으니 각 대대는 오늘부터 한 달 동안 산을 타는 훈련을 하여 장병들의 장단지에 알이 박혀 아무리 산을 타도 지치지 않는 훈련을 한 다음 잔당을 소탕할 것이다. 이에 차질이 없게 훈련에 임해 주기 바란다.」

송요찬 연대장의 지옥훈련은 남한에서는 모르는 장병들이 없을 정도로 소문이 나 있다. 송요찬 연대장은 연대장 스스로가 대대장들과 장병들과 같이 매일 한라산 등산 훈련을 하였다. 그는 훈련하는 척하며 실은 폭도들의 잔당을 찾아 동서남북 산을 타고 수색을 하였는데, 이렇게 한 달간을 수색하고 전 연대병력이 1주일간 한라산을 이 잡듯이 뒤졌으나 폭도로 보이는 사람은 한 사람도 없었다. 참으로 신기하고 이상하였다.197)

「1주일을 뒤져도 한 명도 없는 것이 이상한 일이야. 우리가 모르는 곳에 숨어 있는 거지. 김달삼과 핵심 멤버 중 자수한 사람이 한 명도 없지 않아! 그 사람들은 손들고 내려올 사람들이 아니야!」

이렇게 하여 연대는 1주일 만에 하산하였다.198)

---

196) 「한국전쟁사」 1권 1967년, 442쪽
197) 「한국전쟁사」 1권 1967년 443쪽
198) 한국전 비사 상권 277쪽

폭도들은 농사일을 하는 것처럼 가장하여 논과 밭에서 경비대의 움직임을 낱낱이 파악하고 있었다. 그들은 자급자족하였고, 겨울을 준비하는 다람쥐처럼 먹을 것을 미리 방공호에 쌓아두었다.

어느 날 송요찬 연대장은 진정서 한 통을 받았다.

〈연대장님, 억울합니다. 저는 폭도가 아닌데 폭도로 몰아넣고 제가 알고 있는 자는 총을 들고 경찰과 싸웠는데 양민으로 구분되어 일반수용소에 넣었습니다. 자세히 조사하셔서 억울함을 풀어 주십시오.〉

이 진정서를 본 연대장은 정보과장을 불러 진정서를 보여주며 극비에 철저히 조사하게 하였다. 조사 결과 오일균 소령이 폭도를 합법적으로 풀어주고 일반 양민을 수용한 것이 나타났다.

송요찬은 헌병을 불러 오일균을 잡아오라고 하였다. 헌병에 의해 오일균이 연대장실로 연행되어 왔다.

「오 소령! 어찌 폭도는 석방시키고 일반인은 수용하였습니까? 혹시 김달삼과 내통하여 그렇게 한 것은 아닙니까?」

오일균은 부정하였지만 송요찬의 일갈에 얼굴이 창백해지면서 부동자세한 손이 떨고 있었다.

송요찬 연대장은 폭도로 석방된 사람들을 모조리 잡아와 일반인들을 데려다가 대질시켰다. 그리고 오 소령을 연금 시키고 철저히 조사하였다. 오일균 소령은 기소되어 군법회의에서 사형이 선고되어 49년 10월 수원에서 처형되었다.199)

「박진경 연대장을 죽인 것은 얻은 것보다 잃은 것이 많은 것 같습니다. 그것은 문상길, 오일균 동무 등 9연대 핵심동무를 잃었습니다. 9연대를 우리와 합류시키려던 계획이 완전히 좌절되었고, 남조선에서도 우리를 토벌하기에 더욱 열을 올리고 최경록 연대장을 제주도에 보내 우리를 고립시키고 활동을 못하게 하였습니다.」 하고 폭도들은 김달삼의 작전을 비판하였다.

또한 폭도들은 "계획하였던 1차 공격은 실패하였다. 그 원인은 경비대

---

199) 한국전 비사 상권 227쪽

협조자가 없는 것과 무리한 작전으로 인한 실패와 무모한 모험주의에서 온 마구잡이식 살상 때문이었다." 라고도 비판하였다.

김달삼은 진퇴양난에 처하여 대정면 하모리 이태우의 집에 20여 일 동안 숨어 있으면서 거의 움직이지 않았다.[200] 이렇게 되자 폭도들 사이에서 김달삼에 대한 불평이 쏟아지게 되었다. 그래서 김달삼은 제주도에서 빠져나갈 연구만 하고 있었다. 이때 김달삼에게 반가운 소식이 전해졌다. 남로당 중앙당으로부터 북한 해주에서 있는 인민대표자대회에 참석하라는 지령이 김달삼에게 내려왔던 것이다.

「나를 해주로 곧 오라는 당의 지령이요. 해주에서 남·북 총선거에 의한 전국인민대회가 소집되었는데 내가 제주대표로 참석하게 되었소. 그러니 이 동무가 내가 없는 사이 날 대신해서 해방군을 이끌어 주시요. 내가 해주에 가면 우리에게 무기가 너무 적으니 무기를 지원받아 오겠소. 이 동무, 당의 지령이 있을 때까지는 절대 움직이지 마시오.」

김달삼은 이덕구에게 제주인민군을 부탁하였다.

1948년 4월 3일부터 7월 20일까지 폭도 15명, 경찰 56명, 우익 235명이 사망하였다.[201] 이때까지만 해도 폭도들이 국군을 죽이지 않았기 때문에 폭도 사망자가 적었고 폭도가 죽인 경찰과 우익이 압도적으로 많았다.

이것으로 제주 4.3폭동이 끝났으면 제주도에는 많은 인명피해가 없었다. 그러나 폭도들은 이것으로 끝나지 않고 제주도에 조선민주주의 인민공화국을 세우려고 다시 움직이고 있었다.

9. 폭도에 협조한 9연대 2대대장 체포.

유창훈 소위는(육사5기) 제5연대 1개 중대가 제주도 11연대에 차출 편입되어 이 차출 중대 소대장으로 제주도에 가게 되었다. 이 중대는 함덕에

---

200) 「이제사 말햄수다」 228쪽
201) 제주인민유격대 투쟁보고서 74쪽

주둔하였다.

이들은 한라산 일대를 중심으로 약 4개월간 폭도 소탕작전에 한라산 정상을 수없이 오르내렸다. 육지에서 간 장교들이 가장 애를 먹은 것은 제주도 말을 알아들을 수 없는 것이고, 작전을 하기 위해 마을에 가면 무조건 마을 남자들은 숨어 버리는 것이었다. 그때마다 여자들만 있어 남자들 모두 어디 갔느냐 물으면 그들은 하나같이 「모르코다.」라고 대답을 하였다. 도대체 「모르코다」라는 말이 무슨 말인지 알 수 없어 제주 출신 사병에게 "「모르코다」가 도대체 무슨 말이냐?" 하고 물으면 「모릅니다.」라는 말이라는 것이다. 다행히 사병이 우익이면 통역을 잘해 주지만 좌익인 경우에는 통역을 엉뚱하게 해주면 양민을 잡아다가 죽이고 오히려 폭도는 풀어 주었다. 그리고 나중에는 양민을 죽였다고 항의를 받았다. 참으로 골치 아픈 진압이었다.

폭도들은 낮에는 숨어 잠을 자고 있다가 밤에만 부락에 나타나 양민을 위협해서 곡물을 양민들에게 지워 끌고 가는데, 반대하는 사람이 있으면 가차 없이 현장에서 죽여 버렸다. 그러니 제주도의 전 마을을 진압군이 지킨다는 것은 불가능한 일로써 어려움이 많았다.

하루는 "폭도들이 조천마을을 습격하고 있으니 빨리 오라" 고 조천지서에 숨이 넘어가듯 급하게 지원요청을 하여서 조천지서에 나가 있던 대대정보요원은 즉시 대대본부에 지원요청을 하여 손영로 중대장은 보고를 받은 즉시 조천으로 출동하여 진압하였다.

「대대장님, 조천에 폭도들이 나타나 진압하고 왔습니다.」

손영로 중대장이 김창봉 대대장에게 보고하였다.

「야, 너 도대체 중대를 출동하려면 대대장에게 보고하고 지시를 받고 출동해야지 왜 네 멋대로 출동해?」

「죄송합니다. 폭도들이 나타났다고 급하게 연락이 와서 시간을 지체하면 양민이 많이 다칠까 봐 순간적으로 출동하느라 그랬습니다. 다음부터는 주의하겠습니다.」

「너! 육사 나온 지 몇 개월도 안 된 소위가 중대장이 되니 보이는 게 없나? 대대장도 무시하고 보고도 없이 너 멋대로 중대를 출동해?」

김창봉 대대장은 지나치게 고함을 치고 있었다. 손영로 중대장이 김창봉 대대장의 말을 속으로 분석해 보니, 보고 없이 출동한 것보다 천천히 출동하여 폭도들이 양식을 가져 갈 시간을 준 다음 출동해도 늦지 않은데 폭도들이 양식을 가지고 갈 시간도 없이 순식간에 출동했느냐는 뜻으로 생각할 수 있었다. 그는 억울한 것을 꾹 참고 대대장의 호통을 끝까지 다 듣고 대대장실을 나와 즉시 연대 정보과에 근무하는 동기생 김두현 소위를 찾아가 상의하였다.

김두현 소위는 손영로의 부탁으로 김창봉 대위의 뒤를 은밀히 조사하고 미행을 하였다. 그런데 김창봉은 아무 것도 모른 채 언제나 그러했듯이 조천면내 한의사를 은밀하게 만났다. 김창봉을 미행하던 정보원들은 김창봉이 한의사를 공공연히 만나지 않고 은밀히 자주 만나는 것에 의심을 품었고, 이 한의사가 조천에 살면서 너무 부자로 사는 것도 이상하게 생각되었다. 이러한 것들이 정보원을 통해 김두현 소위에게 보고되었으나 확실한 단서는 잡지 못하고 있었다. 제주도의 상황은 수사 기간을 길게 끌 수 있는 곳이 아니어서 김두현 소위는 김창봉 몰래 한의사 집을 수색하기로 작정하였다. 그는 부하 5명을 데리고 한의사 집을 덮쳤다.

대문이 열리자마자 정보원들은 우르르 집안으로 뛰어 들어가 방과 집안을 뒤지기 시작하였다. 그들은 얼마 되지 않아서 증거물을 찾아내었다.

정보원들이 밤이 새도록 고함을 치고 위협을 해도 끄떡도 않던 한의사는 정보원들이 마누라와 자식들을 붙들어다 한의사 앞에 앉혀놓고 위협을 하니 그때서야 모든 것을 실토하였다.

「김창봉 대위로부터 총과 실탄을 공급받아 공비들에게 공급하였습니다.」

「실탄보다 더 무서운 군 작전비밀 말이야!」

「김창봉 대위가 9연대가 작전을 할 때 나에게 알려주면 나는 나의 레포를 통해 즉시 해방군에게 보고하였습니다.」

김두현 소위는 즉시 송요찬 연대장을 찾아가 보고하였다. 김 소위의 말을 들은 송요찬 연대장은 깜짝 놀라며 헌병대장에게 헌병 1개 소대를 데리고 가서 2대대장 김창봉 대위를 체포하게 하였다.(임부택 작전참모 증언. 육사 5기생 노병의 증언 127쪽)

제7장
제주 남로당 남한의 5.10선거는 반대하고, 북한의 8.25선거 참여

1. 북한의 8.25선거

박헌영은 남로당의 저지에도 불구하고 48년 5.10선거가 남쪽에서 무사히 끝나자 난감하였다. 그는 신탁통치를 성공시켜 통일정부가 세워지면 반드시 남로당 대표로 자기도 참여하여 어떻게 해서라도 한반도를 장악하려고 하였는데, 신탁통치도 성공시키지 못하고 5.10 선거도 반대하였지만 성공을 못하고 끝나 북쪽과 남쪽의 정부가 세워짐으로 그의 설자리가 없어 김일성에게 밀려나게 되었다.

소련은 분단 정부를 강력히 반대하는 박헌영보다 분단을 인정하는 김일성을 내세워 친소정권을 북한에 세우기를 원하였다. 이렇게 되자 박헌영은 현실을 인정하지 않을 수 없었다.202)

48년 6월 29일부터 7월 5일까지 평양에서 '남조선 단독선거 실시와 관련하여 우리 조국에 조성된 정치 정세와 조국 통일을 위한 장래 투쟁대책에 대한 문제 토의' 라는 제목 하에 남북지도자 협의회가 개최 되었다.

48년 7월 5일 인민공화국 수립을 위한 선거 절차 문제를 토의하고 이를 추진하기 위한 합의서가 채택 되었다.

---

202) 박갑동 저 「박헌영」 206쪽

48년 7월 10일 인민회의에서 인공 수립 일정과 방법에 대해 결정하고 선거일을 8월 25일로 정하였다. 선거는 남북한이 모두 해야 한다고 합의를 하여 남한에서는 각 시 군에서 5-7명의 대표자를 선출하여 해주에 모여 이들이 최고인민회의 대의원(남한의 국회의원)을 선출하자고 합의를 하였다. 그래서 남한에서는 인구비례에 따라 360명, 북조선에서는 212명을 선출하기로 하였다. 이 결정에 따라 박헌영은 「이남에서 비밀리에 선거인의 선거를 하여 대표자를 해주까지 파송하라」는 지시를 김삼룡에게 하였다.[203]

남한에서는 각 시 군 대표 1,080명을 선출하여 해주에 보내기로 하였다. 이에 따라 남로당은 도·시·군의 선거투쟁 지도위원회 중앙 책임은 이승엽이 맡았고, 도·시·군은 남로당의 각 단위위원장이 책임지기로 하였다.

7월 중순부터 360개 선거위원회를 조직하고 2,500명의 남로당 선거위원이 선정되었다. 지하선거 전권위원회는 5,000개가 넘었고, 위원은 8만여 명에 이를 정도였다.

7월 중순부터 남로당, 전평, 전농, 민애청 등이 중심이 되어 전국적인 남로당 지하선거가 시작되었다. 남한에서는 우익에서 한 번, 좌익에서 한 번, 두 번의 선거를 하고 있었다. 전남, 강원, 경북, 경남 등 산간마을에서는 밤에 마을 사람들을 모아 놓고 남로당 전권위원들이 선거에 대한 설명을 하였다. 그리고 후보 지지연설을 한 후 투표를 하여 지역대표를 선출하였다. 투표가 어려운 곳에서는 전권위원들이 연판장을 돌려 서명을 받았다. 이때 남한의 성인 남자 호주머니에는 거의가 백지투표를 가지고 다닐 정도였다.

제주도에서는 폭도들이 밤중에 마을로 직접 와서 마을 안에 있는 조직원들과 백지에 도장을 받으러 다녔고, 중산간 마을과 민주부락에서는 낮에도 도장을 받으러 다녔다. 이렇게 하여 남한의 총 유권자 8,681,746명중 77%인 560여만 명이 지하선거(북한 8.25선거)에 참여하였으며, 제주도에서는 85,517명의 유권자중 85%인 72,000여명이 남로당 지하 선거에

---

203) 박갑동 저 「박헌영」 207쪽~208쪽

참여하였고, 김달삼은 52,000여명의 투표용지를 해주대회까지 가지고 가 증거물로 제시하였다.[204] 이것으로 제주 인민유격대 협조자들이 자의든 타의든 52,000명이라는 증거가 되었다. 제주4.3사건의 폭도들은 남한의 5.10선거는 폭력으로 반대하고 북한의 8.25선거는 적극 참여하였다. 즉 남한 정부는 반대하고 북한 정부를 지지한 증거가 되었다. 이때 제주도의 남로당원은 3만 명 정도였다.[205]

도·시·군 대표 1,080명의 대의원을 선출하는데 총유권자 8,681,746명 중 77%가 참여하였다. 이때 남로당원의 수가 150만, 가족과 산하 단체까지 하면 700만이라고 한다.[206] 이들은 남로당원의 안내를 받아 개성, 동두천, 포천, 춘천 ,주문진 등 38선 근방에서 월북하여 8월 10일경 80명만 경찰에 체포되고 1,000여명은 무사히 해주에 도착하였다.[207]

※ 이것으로 보아 박헌영이 5.10선거를 반대하지 않고 남로당에서 국회의원 후보를 등록시키고 선거에 참여하였다면 제주도 폭동도 없었을 뿐만 아니라, 국회를 70%이상 장악하여 김삼룡을 대통령에 당선시킬 수 있는 세력이 었다는 증거가 되며, 제주도에도 2명의 국회의원을 당선시켜 제주도 좌파를 보호할 수 있었다는 증거가 된다. 그리고 제주 4.3사건은 남로당 중앙당의 지령에 의한 폭동임을 입증하였다. 제주 4.3사건이 경찰과 서청이 탄압을 하여 봉기하였다면 왜 북한의 선거에 52,000여명이 투표를 하는가? 제주 4.3사건을 무장봉기라고 하는 말은 말도 안 되는 허위주장이다.

2. 제주도민 52,000명 북한 8.25선거에 참여

1) 제주도 대표는 안세훈 · 김달삼 · 강규찬 · 이정숙 · 고진희 · 문등용 등

204) 4.3은 말한다 3권 259쪽
205) 4.3은 말한다 1권 537쪽
206) 박갑동 저 「박헌영」 209쪽
207) 4.3은 말한다 3권 259쪽

은 해군이 제주도를 철통같이 경계를 하고 있는 데도 8월 2일 성산포에서 어선을 타고 목포에 도착하여 열차 편으로 서울에서 모여 38선을 넘어 월북하였다.

남조선 인민대표자회의는 8월 21일부터 6일 동안 해주 인민회당에서 개최되었다. 이 회의에서 박헌영의 개회선언, 홍명희의 개회사, 주석단 및 서기국 선출, 박헌영의 경과보고 등의 순서로 진행되었다. 35명의 주석단이 선출되었는데 여기에는 남로당 박헌영, 허헌, 홍명희, 이영, 김원봉, 이승엽, 등이었고, 김달삼도 명단에 들어 있었다. 48년 8월 25일 남조선 최고인민회의 대의원 360명을 선출하였다.[208]

김달삼은 이 대회에서 연설을 하였다. 연설 내용은,

"인민유격대는 45회 이상의 지서 습격 및 야외투쟁을 통해 570명 이상의 사상자를 내고 각종 시설물을 파괴하는 한편, 다수의 무기를 탈취하는 등 무장투쟁을 전개하였다." "김일성 박헌영 조선민주주의 인민공화국 만세를 불렀다." . . . . 생략 (김달삼 연설문 중에서)

고 하였다.[209] 김일성은 이 연설을 듣고, 또한 제주도 52,000장의 투표용지와 남한 지하선거 투표용지와 대의원들 1,000여명이 38선을 넘어 이 대회에 참석하여 "통일정부를 세우자(적화통일 즉 인민군이 남침하여 남한을 점령하자)" 고 요구하고, 이에 또한 박헌영이 인민군이 서울만 점령하면 남로당원 20만이 봉기하여 남한은 쉽게 점령된다고 하여, 김일성 · 최용건 · 김책 등에게 인민군이 남침하면 확실하게 남한을 점령할 수 있다는 자신감을 갖게 했다. 그래서 48년 9월 10일 김일성은 수상이 된 후 북한의 8대 강령을 발표하였다. 이 강령 중에는 "군사적 수단에 의해서만 조국통일은 가능하다" 고 하여 북한 인민군이 남침하여 무력으로 남한을 점령할 것을 발표하였다.

2) 남한의 대표 수가 북한의 대표 수보다 많아 박헌영은 투표로 하면 북한

---

208) 「이제사 말햄수다」 230쪽

209) 국사편찬위원회 「북한관계 사료집」4. 1988. 201쪽~207쪽

의 수상이 될 가능성이 있었다. 그러나 9월 1일 수상 선거에서는 투표로 하지 않고 소련의 강력한 지지를 받는 김일성이 만장일치의 박수로 수상에 추대되었다. 박헌영과 남로당은 기가 막혔다. 남로당원들의 불평은 이만 저만이 아니었다.

김달삼은 김일성으로부터 2급 국기훈장과 영웅칭호를 받고 김일성 허헌 등과 함께 49명의 조선민주주의 인민공화국 헌법위원회 위원으로 선출되었다.210)

48년 9월 8일 조선 인민공화국 최고인민회에서 만장일치로 북조선의 헌법이 채택되었다. 김일성이 수상이 되고 박헌영은 부수상 겸 외상이 되었다. 박헌영의 남로당은 사법상 이승엽, 농림상 박문규, 노동상 허성택, 보건상 이병남 등이 선출되었다. 이것은 권력이 없는 장관은 남로당에게, 권력이 있는 민족보위상(국방부장관)에는 최용건, 내무상에 박일우를 임명하여 김일성은 군과 경찰의 권력을 장악하였다.

박헌영이 부수상 겸 외상이 되었으나 외상의 실질적인 일은 부상 박동초가 다하고 있어 박헌영은 사실상 허수아비였고, 박헌영과 남로당과 제주도 좌익은 피를 흘리면서 이용만 당하고 있었다.211)

현재 남한의 진보연대 등 좌파들도 김정일(김정은)에 의해서 적화통일되면 김일성이 남로당원을 다 죽였듯이 진보연대 좌파들을 다 죽인다. 그 이유는 남쪽에서 자유물이 들었고, 데모를 밥 먹듯 하는 불평분자들을 그냥 두면 김정일(김정은)에게 언젠가는 불평불만을 하며 반기를 들 지 모른다고 판단하기 때문이다. 그런데 이런 말을 좌파들에게 하면 설마 김정일(김정은)이 그렇게 하겠느냐? 하지만, 김일성이 박헌영 · 이강국 · 정태식 등 남로당 5만 명의 좌파의 씨를 말린 것이 증거이다. 그리고 월맹이 월남을 점령하였을 때 좌파 데모꾼부터 숙청하였다.

제주인민군은 북한으로부터 무기를 지원받을 줄 알았으나, 북한에서는 얼마든지 마음만 먹으면 무기 공급이 가능하였지만 무기 공급을 전혀 하지

---

210) 4.3은 말한다 3권 261쪽
211) 박갑동 저 「박헌영」 210쪽

않았고, 김달삼은 책임자가 자리를 비우고 북으로 간 후 소식이 없다고 제주인민군은 많은 불평을 하고 있었다.[212)]

3) 1948년 북한에 있는 함세덕은 「산사람들」이라는 5막 7장짜리 소설(연극)을 썼는데, 내용은 김달삼이 제주4.3 폭동을 일으켜 한라산에서 경찰과 싸우는 내용이었다. 1949년 2월 8일 평양 스탈린극장에서 황철, 문예봉 등의 배우들이 산사람을 연극할 때 김일성, 김정숙, 김두봉, 박헌영, 홍명희, 최용건과 당 간부, 군 장성들이 제주4.3폭동의 연극을 보고 있었다.[213)]

---

212) 「이제사 말햄수다」 232쪽
213) 이영식 「빨치산」1988. 67쪽

제8장
제주인민군 사령관 이덕구 대한민국에 선전포고

1. 이덕구 제주인민군 사령관이 되다.

김달삼이 해주에 가게 되어 사령관 자리가 비자 남로당 제주도당에서는 이덕구를 제주인민군 사령관에 추대하였다.

제주인민군의 활동무대는

동쪽으로, 어승생악–관음사–송당–당오름–신촌 경계선

어승생악–산천당–오라–월평–노형 경계선

서쪽으로, 성판악–웅악–산방산–창산–모록밭–남송악 경계선이 활동무대였다. 그리고 한라산 어승생 밀림지역과 관음사가 도당 사령부였고,[214] 폭도들은 바늘오름, 샛별오름, 눈오름, 노루오름, 쌍오름, 돈네코, 남이악, 김녕곶, 남송악, 개미곶, 달래오름과 130개의 방공호에 숨어 있었다.[215]

이덕구는 조천면 신촌사람으로 당시 28세였고, 일본 입명관 재학중 학병으로 끌려가 관동군 소위로 임관하여 있을 때 해방을 맞았다. 이때 이미 이덕구는 좌익사상을 갖고 있었다. 관동군이나 만주군 출신 중에 좌익사상자

214) 「이제사 말햄수다」 84쪽
215) 제주 경찰국 「제주 경찰사」 304쪽

가 많은 것은 모택동의 공산당의 영향이 컸다.

46년 3월 조천중학원이 개교되자 그는 역사와 체육을 담당하였다. 그에게 학생들이 잘 따랐으나 얼굴이 약간 곰보였다. 수업할 때는 말을 더듬었고, 칠판 글씨도 잘 쓰지 못하였다. 이덕구는 사령관이 되어 조직적이고 치밀한 계획 하에 작전을 수행하여 거의 실패가 없어 부하들의 신임을 얻었다.

폭도들은 토벌군의 진압 때 엎드려 숨어 있으면서 식량 확보, 무기 탈취, 민주부락 확대, 마을마다 정보원 구축에 열심을 다하였다. 그리고 중산간 부락과 해안부락을 공작하여 폭도들을 적극 지지하게 하였다. 마을마다 자위대를 조직하여 마을을 장악하였고, 조직을 더욱 강화하였다.

제주도당 사령부(제주인민군 사령부)는 어승생의 밀림지역에 사령부를 두었고, 도당 사령부 안에는 선전, 조직, 총무, 군사부를 두었다.

1연대 : 조천, 제주, 구좌	3·1지대 (1지대)	이덕구
2연대 : 애월, 한림, 대정, 안덕, 중문	2·7지대 (2지대)	김대진
3연대 : 남원, 서귀, 성산, 표선면	4·3지대 (3지대)	김의봉
4연대 : 예비대		김성규

특공대 : 정찰, 반동감시, 자위대 관리

자위대 : 1개 면에 10여명, 1개 리에 한 명씩 두어 마을을 장악하게 하였다.

남로당 제주도당 안에는 당책과 읍면에 책임자가 있어 3만 명의 당원을 동원하여 폭도들에게 협조하게 하였다. 그리고 마을마다 보초를 세우고 정보원을 두어 토벌군의 동태를 마을 사람들에게 알렸고, 마을 안에서 일어나는 모든 정보를 도당사령부에 즉시 보고하게 하였다. 낮에는 평범한 양민으로 위장하여 들에 나가 일을 하고 짐승을 기르고 나무를 하게하고, 밤에는 폭도가 되어 우익과 토벌군을 공격하게 하였다. 모든 당원을 정보원으로, 모든 당원을 폭도로 훈련시켰다. 주간으로 신문을 발행하여 소식을 전하여 주민들의 적극적인 협조를 요청하였다. 이렇게 되니 폭도들의 사기는 충천하였고, 폭도 수도 상상을 초월하였다. 그들은 민중에게 "높이 들어라 붉은 깃발을 원수와 싸워서 죽은 우리의 죽음을 슬퍼 말아라. 붉은 기는 전사의 시체를 싼다. 또 시체가 죽어서 식기 전에 우리들은 붉은 기를 지킨다"는 노래를 부르면 사기가 충천하였다.216)

중산간 부락은 제2보급선이기도 하였다. 온갖 활동의 중계 루트의 역할을 다함과 동시에 엄동설한에는 폭도들의 유일한 은신처요 안식처였다. 그러므로 진압군의 공격 목표가 되었다.

북한 해주에 가면 무기를 가지고 온다고 약속한 김달삼을 눈이 빠지게 기다려도 소식이 없었다. 투표한 용지 5만 장도 자루에 넣어 해주까지 도착시키고, 대의원 천 명이 38선을 넘었다가 회의를 마치고 다시 38선을 넘어 남조선에 올 정도이면, 북조선에서 마음만 먹으면 밀항선을 이용하여 무기를 얼마든지 제주도에 도착시킬 수 있는데, 무슨 일인지 북한에서 무기에 대한 소식이 전혀 없는 것이 이상하다고 폭도들은 이구동성으로 한 마디씩 불평을 하였다.

무더웠던 여름철도 지나가고 한라산에는 나뭇잎이 울긋불긋 물들기 시작하였고, 방공호 안은 아침과 저녁으로 싸늘한 기운이 느껴졌다.

제주 대표로 간 사람들도 소식이 없으니 더 답답하였고 배신감마저 들었다. 김일성은 김달삼과 박헌영이 간절히 부탁했던 무기 공급 요청을 끝내 들어주지 않았다. 김일성은 남로당을 키워주고 싶은 생각이 없었던 것이다.

폭도들은 ① 식량 확보 ② 무기 탈취 ③ 생산투쟁 ④ 통일전선의 강화 확대 ⑤ 민주부락 고수와 확대를 하고 있었다. 또한 폭도들은 ① 도민들이 폭도들을 원호하게 하는 일과 ② 중산간 해방지구의 근로 대중과 긴밀한 연계를 하여 그 힘으로 해안부락 내의 애국 세력과 협동작전을 유기적으로 진행할 수 있었으며, 폭도들은 적극적인 공격전과 유도, 기습 전술을 옳게 배합하여 토벌대를 단번에 섬멸해서 빛을 잃은 온 섬 땅을 완전히 해방시키려 하였다.

216) 「이제사 말햄수다」 120쪽

2. 제주인민군 사령관 이덕구의 공격개시

폭도들은 지하 선거를 끝내고 서서히 활동하기 시작하였다.

1) 문두천 학살

9월 15일 중문면 도순리에 살고 있던 대동청년단원 문두천이 하원리에 할 일이 있어 왔다가 양민으로 변장하고 농사를 짓고 있던 폭도의 눈에 띄었다. 문두천을 발견한 마을정보원의 연락을 받은 폭도들은 우- 몰려와 문두천을 칼로 난자하여 학살하였다.

2) 김만풍과 오만순 학살

9월 18일 성산면 고성2구 민보단장 김만풍의 집에 폭도들이 찾아가 김만풍을 칼로 찔러 학살하였다. 그리고 폭도들이 이장 집이라고 찾아간 곳은 양민 오만순(37세)의 집이었다. 오만순은 "나는 이장이 아닌데 왜 우리 집에 와서 이장을 찾는가?" 의아하게 생각하고 방문을 열고 나와 "이 집은 이장집이 아니고 나는 이장이 아니다" 라고 말을 하려는데 폭도들은 오만순을 이장으로 알고 '우르르-' 몰려들어 칼로 찔러 학살하였다.

3) 박인주 학살

48년 9월 25일 7명의 폭도들이 김녕리 장례식에 나타났다.

「이한정이 어디 있습니까? 특공대장은 어느 분이시지요?」

하고 묻는 소리가 들려 이한정은 누가 나를 찾나 하고 소리 나는 쪽으로 고개를 돌려 자기를 찾는 사람들을 보고는 기절할 정도로 놀랐다. 모두 소탕되었다던 산사람으로 보이는 7명이 대검을 들고 설치고 있었던 것이다.

그는 즉시 조 밭으로 달려가 숨었는데 마침 조 밭에는 할머니 한 분이 일을 하고 있었다.

그는 체면 불구하고 할머니 등 뒤 치마 속으로 숨어 목숨을 건졌다.

특공대장 박인주는 도망쳤으나 폭도들은 그를 잡아 대검으로 찔러 현장에서 학살하였다.

제주도 경찰국은 다시 폭도들이 나타나 사람들을 죽인다는 보고를 받고 놀랐다. 9연대 연대장에게도 숨 가쁘게 보고되었고, 즉시 육본과 치안본부에도 보고되었다.

4) 오등리 장지에서 3명 학살

10월 1일 폭도들은 제주읍 도남리 토벌에 앞장선 대청단장 등을 잡으러 장례식에 참석하기로 하고 국군 복장으로 위장한 후 국군부대가 가까운 오등리 장지로 향하였다.

오후 3시경 철모에 M1 소총을 맨 국군 3명과 양복을 입은 4명이 장례식에 나타났다.

이들은 정병택(22세)과 그의 아버지 정익조와 전 구장 김상혁(60세)을 조사할 일이 있는 것처럼 부대로 가자고 하며 끌고 가 장지와 부대에서 멀리 떨어진 곳에서 학살해 버렸다. 물론 이들은 세 사람을 죽이기 전에 죽어야 할 이유로 토벌대에 앞장섰기 때문이라고 말해주었다.[217)]

5) 도순리 주둔 응원경찰 5명 학살

중문면 도순리에 응원경찰들이 주둔하고 있었다. 48년 10월 1일 폭도들은 밤중에 경찰을 집중공격 하였다. 한밤중에 총소리가 천지의 어둠을 갈랐다.

갑자기 양쪽에서 공격을 받고 당황한 경찰들은 자기들만으로는 방어하기 어렵다고 판단 즉시 제주경찰서에 지원요청을 하였다. 지원요청을 받은 제주경찰서 상황실에서는 즉시 9연대에 연락하였다.

현장에 도착한 군·경 합동 진압군은 처참한 도순리 현장을 보고 벌린 입을 다물지 못하였다. 정찬수, 박홍주, 최영규, 김병호 등 경찰 5명이 죽어 있고, 부상자는 즐비하였으며, 경찰 2명이 납치되었다. 나머지 경찰들은 수수밭에 숨었다가 겨우 살았다.[218)] 경찰들은 육지경찰들로 이들은 제주도

---

217) 4.3은 말한다 4권 29쪽~34쪽
218) 4.3은 말한다 4권 35쪽~36쪽

에 도착한지 얼마 되지 않아서 당한 일이었다.

출동한 소대로부터 보고를 받은 송요찬 연대장은 깜짝 놀랐다. 그는 이 일을 즉시 육본에 보고하였고, 육본에서는 이승만 대통령에게 보고하였다. 이 소식은 새로 탄생한 정부와 국민들에게도 충격적이었다. 그것은 이미 제주도폭동은 다 진압된 줄 알았는데 몇 개월이 지난 지금 폭도들이 다시 경찰을 습격하여 많은 경찰을 살상했기 때문이었다.

6) 경찰과 총격전

48년 10월 6일 오후 40여명의 폭도들은 조심스럽게 구좌면 김녕리를 가다 20명의 경찰과 조우(遭遇)하여 총격전이 벌어졌다. 양쪽에 큰 피해는 없었으나 경찰 1명이 부상하였다. 이때 경찰은 폭도들이 훈련이 잘 되어 있고 무기를 많이 갖고 있는 것에 놀랐다.

7) 폭도들 색달리에서 국군과 전투

48년 10월 6일 오후3시 30분, 색달리에서 약40명으로 추정되는 폭도들과 국군과 전투가 벌어져 국군 1명이 전사하고 4명이 부상당하였다.

4.3 폭동 후 국군이 전투 중 전사한 것은 처음이며 폭도가 국군을 공격한 일은 보통일이 아니었다.

8) 조천지서 앞 200여명 시위

10월 7일 200여명의 폭도들이 몰려와 조천지서 앞에서 「경찰은 물러가라!」하는 시위를 하였다. 살기등등한 폭도들 앞에서 경찰은 또 수세에 몰렸다.[219)]

9) 제주도에 경비사령부 신설

육군본부는 이상의 사건을 보고받고 48년 10월 11일 제주도에 경비사령부를 신설하고 여수 14연대 1개 대대를 차출하여 9연대에 배속하였다.

---

219) 「4.3은 말 한다」 36쪽~37쪽

그리고 제주경찰과 해군 함정도 경비사령부에 배속하였다. 제주도 경비사령관에는 5여단 김상겸 대령을 임명하였다.

① 송요찬 연대장 통행금지 포고.

1948년 10월 17일 제9연대장 송요찬 중령은 아래와 같은 포고문을 발표하여 해안으로부터 5키로 이상 중산간지역으로의 통행을 금지시켰다. 다만 특별통행증이 있는 자는 통행하도록 허가하였다.

포 고 문

본도의 치안을 파괴하고 양민의 안주를 위협하여 국권 침범을 기도하는 일부 불순분자에 대하여 군은 정부의 최고지령을 봉지(奉持)하여 차등 매국적 행동에 단호 철추를 가하여 본도의 영원한 평화를 유지하며 민족 만대의 영화와 안전의 대업을 수행할 임무를 가지고 군은 극렬분자를 철저 숙청코자 하니 도민의 적극적이며 희생적인 협조를 요망하는 바이다. 군은 한라산 일대에 잠복하여 천인 공로할 만행을 감행하는 매국 극렬분자를 소탕하기 위하여 10월 20일 이후 군 행동 종료기간 중 전도 해안선부터 5km이외 지점 및 산악지대의 무허가 통행금지를 포고함. 만일 이 포고에 위반하는 자에 대하여서는 그 이유 여하를 불문하고 폭도배로 인정하여 총살에 처할 것임. 단 특수한 용무로 산악지대 통행을 필요로 하는 자는 그 청원에 의하여 군 발행 특별 통행증을 교부하여 그 안전을 보중함.[220]

※ 제주4.3 진상조사보고서는 이상의 사건을 전혀 기록하지 않고 264쪽에 "10월 11일의 제주도 경비사령부 설치 등을 통해 내부의 체제를 정비한 진압 당국이 드디어 본격적으로 강경진압작전을 벌인다는 신호탄이었다."라고 말도 안 되는 허위주장을 하면서 '아무 잘못이 없는 제주사람들을 학살하려고 경

---

220) 신상준 「제주4.3사건 (하)」 2000년 618쪽
1948년 10. 20 조선·동아·서울신문

비상령부를 신설한 것' 으로 허위 및 좌편향적인 보고서를 작성하였다. 송요찬 연대장은 경비사령부를 신설하면서 "10월 20일 이후 군 행동 종료기간 중 전도(全道) 해안선부터 5km 이외의 지점 및 산악지대의 무허가 통행금지를 포고함." 하고 포고령을 내렸다. 그런데 진상조사보고서는 경비사령부를 신설하게 된 이유인 이상과 같은 사건을 기록하지 않고 비판하고 있다.

제주4.3사건 진상조사보고서 265쪽에 "미군의 강경진압 방침은 4.3발발 초기에 이미 가닥을 잡고 있었다."고 허위 및 좌편향적인 주장을 하면서 미군을 규탄하고 반미사상을 갖게 하고 있다. 이덕구의 9.15사건은 어떤 명분도 있을 수 없다. 오직 제주도에 조선민주주의 인민공화국을 세우려는 목적 뿐이다.

10) 여수 14연대 반란

육군본부에서는 제주도에서 폭도들을 토벌할 병력이 부족하다고 판단하여 여수의 14연대 1개 대대를 10월 20일까지 제주도 진압사령부에 배속시켜 폭도를 토벌하게 하였다.

이때 남로당 군사부장 이재복은 남로당 전남도당 김백동과 여수인민위원장에게 반란을 일으키도록 선동하였고, 여수인민위원장은 14연대 지창수 상사를 선동하여 14연대 안의 남로당원과 여수남로당원이 협력하여 반란을 일으켰다.

제주도를 출발하기 전 1948년 10월 19일 14연대 안의 남로당원 지창수 상사 외 40명이 주동이 되어 반란을 일으키자 14연대 전체가 반란부대가 되었고, 대구 6연대 반란과 광주 4연대 일부가 반란에 가담하였고, 마산의 15연대 최남근 연대장이 반란에 협조하여 국군 총15개 연대 중 5개 연대 일부가 반란에 가담하여 국군은 온통 빨갱이 부대 같았다.

14연대는 여수를 장악하고 순천, 벌교, 광양을 점령, 여세를 몰아 구례, 남원을 향해 진격하였다.

북한에서도 11월 18일 180여명의 해주인민유격대를 오대산을 통해 남파하여 신생 대한민국은 위기에 처하게 되었다.

이상의 반란은 남로당(남조선 노동당의 약칭) 군사부장 이재복(46세)이 이덕구의 9.15사건을 계기로 전군 안의 남로당원에게 반란을 선동하여 대한민국을 전복하려는 반란이다.221)

이러한 소식을 신문을 통해 안 이덕구와 남로당 제주도당 간부와 각 면 대표 그리고 각 중대장들과 산으로 올라간 사람들은 만세를 불렀고 사기가 충천하였다. 이들은 4.3 때부터 김달삼 · 이덕구가 곧 남조선이 해방된다고 장담하였는데 이상의 소식을 듣고 제주도가 곧 해방 되는 줄 알았다고 한다. 그들은 대한민국이 곧 망하고 공산화 되는 것으로 믿고 있었다. 또한 북한의 인민군이 남침하여 남한을 공산화하기를 소망하고 있었다. 그들의 폭동의 목적은 제주도 공산화였다.222)

※ 진상조사보고서 241쪽~259쪽

이상의 사건을 제주4. 3진상조사보고서에는 하나도 기록하지 않았다. 그리고 48년 10월 11일 제주도에 경비사령부를 신설한 목적도 기록하지 않고 259쪽에 10월 8일 괴선박 출현설이 나온 직후인 10월 11일 제주도 경비사령부가 창설된 것도 이런 의혹을 더해준다고 허위 및 좌편향적인 주장을 하며 엉뚱한 것을 기록하여 경비사령부를 창설한 것을 비판하고 있다.

3. 진압군 폭도들의 공격에 수세에 몰려

"14연대 반란군 1개 대대가 제주도 인민군을 돕기 위해 상륙할 것이다" 라는 소문이 퍼져 폭도들의 사기가 충천하였고, 9연대를 통해 무기가 보강되고 탈영병들이 합세하여 전력이 크게 강화되자 전력을 다해 공격하여 경찰과 국군의 토벌부대는 오히려 수세에 몰렸다. 그리고 9연대 안에 남로당원이 있어 국군의 작전과 부대 상황, 공격지점, 도피지점을 폭도들에게

221) 한국전쟁사 1권 1967년 489쪽
222) 「이제사 말햄수다」 217쪽

알려주니 폭도들은 이 정보에 의해 공격하게 되어 토벌군은 엄청난 피해를 입게 되었다.

국군은 폭도들을 토벌하기 위해서 추격하면 매번 매복에 걸려 피해를 당하고, 부대에 있으면 잠잘 때 와서 공격하고 도망치고, 또 추격하면 매복에 걸려 어떻게 해볼 수가 없었다. 진압군은 매복에 걸릴까 봐 추격하지는 못하고 폭도와 양민을 구분 못하여 어려움이 많았다.

4. 9연대 안의 남로당원 강의원 소위 반란 실패.

「이 중위, 오늘 5중대 2개 소대를 이끌고 조천 해안에 상륙하여 거기 사람들에게 "우리들은 14연대 해방군인데 제주도 해방군을 돕기 위해 상륙하였다." 고 하라. 그러면 폭도들이 환영과 안내를 하려고 모일 것이다. 이때 폭도들을 모두 생포하라. 지금 즉시 준비하여 출동하고 이것은 극비로 하라!」

송요찬 연대장의 지시에 5중대 이근양 중대장은 출동준비를 하였다.

송요찬 연대장은 조천면에 국군이 반란군으로 위장하여 상륙하니 놀라지 말라고 경찰국장 홍순봉에게 통보해 주려고 수화기를 들었다. 그런데 전화선이 합선되어 송 소령이 이근양 중위에게만 내린 작전을 경찰서에 보고하는 소리가 들렸다. 송 연대장은 전화기에서 보고하는 말을 끝까지 들었다. 참으로 기가 막힐 일이었다. 비밀이 새 나갈까 봐 혼자서 계획을 세워 이근양 중대장 한 사람에게만 작전을 알렸는데 이 작전을 연대 교환수가 경찰서 교환수에게 알려주고, 경찰서 교환수는 즉시 폭도들에게 알려주고 있었던 것이다. 송요찬 연대장은 놀라 기절할 지경이었다. 그는 즉시 헌병대장 송효순을 불렀다.

「지금 즉시 연대 교환수와 경찰서 교환수들을 동시에 한 놈도 빠짐없이 모조리 잡아 와!」

「무조건 잡아 와! 너도 그 이유를 알면 안 돼! 극비로 해!」

헌병대장은 1개 분대를 제주경찰서로 보내고, 2개 분대는 연대 교환수를 잡아오게 하였다. 교환수를 잡으러 가는 헌병 중에도 좌익이 있었다. 이 사건은 48년 10월 28일의 일이었다.

헌병은 즉시 연대 통신병 17명과 경찰서 교환원 모두를 체포하여 헌병대로 연행하였다. 연대장은 통신병들 중 지금 교환대에 근무한 병사(통신병)를 연대장이 직접 심문하였다.

「너 오늘 저녁 연대 작전을 어떻게 알고 경찰서 교환수에게 알려 주었나? 너희들이 연대 작전을 오늘처럼 빼돌려 폭도들에게 알려주었기 때문에 너의 동료들이 폭도 토벌을 갈 때마다 폭도들의 매복에 걸려 엄청난 희생을 했다. 국군 토벌대는 너 같은 놈들이 있다는 것은 생각도 못하고 민간인 중 폭도와 내통자가 있다고 생각하고 산에 사람이 얼씬거리기만 하면 총을 쏘아 많은 사람이 죽은 것을 너는 알아? 군복을 입고 같은 내무반에서 잠을 자고 같이 밥을 먹는 친구들을 너희들이 간첩 노릇을 하여 죽이다니 이게 말이나 되는가? 차라리 옷을 벗고 떳떳이 폭도들이 있는 곳에 가서 국군에게 총을 겨누어! 뒤통수에 총질하는 비겁자가 되지 말고! 어찌 너희 남로당원들은 그렇게 비겁한가? 너 이 작전을 누구한테서 들었나? 너의 목소리를 내가 직접 들었으니 모른다고 하지는 못하겠지? 너는 들은 것을 전달하는 죄밖에 없으니 누구에게 들은 것과 연대내 있는 좌익을 모두 말하라!」

연대장의 설득에 통신병은 얼굴이 창백해지며 당황하였다. 「폭도들을 빨리 자수시켜 새로운 삶을 살게 하는 것이 나의 임무다.」 라고 설득하자 그때서야 통신병은 9연대 안의 남로당 세포원의 명단을 말하였다. 송요찬 연대장은 그 수가 많은 것에 처음에는 놀랐다. 특히 출동부대인 5중대 안에도 선임하사 조항기 이하 8명이 연대장과 이근양 중대장을 죽이고 반란을 일으키려고 했다는 자백에는 더할 말이 없었고, 송요찬 연대장은 굳어진 얼굴에 벌어진 입을 다물지 못했다. 세포원은 장교 6명, 사병 80명이 있었다. 이들 중 연대장 주변과 작전과 등 요소요소에 없는 데가 없었다.

"오일균과 문상길이 처형되자 연대 구매관 강의원 소위(육사4기), 박격포부대 박노구 소위(육사 5기)가 책임자며, 제5중대에는 선임하사관 이하

8명의 남로당원이 있어 5중대가 공비와 합류하는 것은 시간 문제였다" 고 말하면서

「연대 내의 정보를 수집해서 언제든지 새벽1시에서 2시 사이에 알려주는데 오늘은 오늘 저녁에 작전을 실시한다고 하여 급하게 알려주다 전화선이 합선이 되어 연대장님이 저의 말을 도청하여 발각되었습니다. 실은 그 합선된 전화선이 연대장님의 모든 전화를 도청하는 선이었습니다.」

하고 통신병은 진술하였다.

「원래 오일균 소령이 있을 때 연대를 모두 우리 편을 만들어 해방군에 합류하려고 하였는데 오일균 대대장님이 체포되어 뜻을 이루지 못했습니다.」

송요찬은 무엇을 생각하는지 한참을 침묵하고 있다가 헌병 중대장을 불러 가까이 오게 한 후 귓속말을 하듯 작은 목소리로 지시하였다.

「우리 연대 안에 좌익이 장교 6명, 사병 80명이 있는데 책임자가 구매관이야. 그러니 헌병 전원을 극비에 동원하여 장교부터 체포하고, 중 · 상사 그리고 사병을 체포하되 같은 시간에 동시에 한순간에 체포하고, 도망치지 못하게 정문과 울타리를 잘 경계하되 그놈들이 무장반란을 할지도 모르니 그 점에 만전을 기할 것. 그리고 무기고를 철저히 경계하고 작전에 들어갈 것.」

헌병 중대장은 연대 안에 좌익이 많은데 무척 놀랐다. 그는 그 많은 장병들을 한순간에 체포하려면 헌병이 턱없이 부족하고 위험부담이 크다고 생각하였다.

「부대를 완전히 포위해서 체포할 것. 그리고 상황은 수시로 보고하고, 필요한 일이 있으면 즉시 요청해. 그놈들을 일단 연행하여 오늘 저녁 철야 조사를 해야 해. 거기에 대한 준비도 철저히 하고. 한 놈이라도 놓쳐 이놈이 폭도들에게 연락하여 폭도들이 기습하여 이놈들과 같이 들고 일어나면 큰 일이니 철저히 감시해!」

송요찬 연대장은 자기가 오늘 그 기발한 작전행동을 지시하지 않고 또 전화를 걸지 않았으면 박진경 대령처럼 죽었을 것이라고 생각하니 간담이 서늘하였다. 그는 이 내용을 즉시 육본에 보고하였을 때 육본에서도 깜짝

놀랐다. '9연대 안에 빨갱이가 그렇게 많다면 다른 연대에도 많을 텐데 그 놈들을 어떻게 알고 잡아내는가!' 하고 정보국에서는 초비상이 걸려 연일 회의를 하였다.

송요찬 연대장은 잡아다 구속시킨 좌익들 문제로 헌병대장 송효순 대위, 정보주임 탁성록 대위를 불러 단단히 주문하였다.

14연대 안의 좌익인 지창수 상사가 제주도 진압명령을 받은 여수의 14연대 1개 대대를 반란부대가 되게 하자 나머지 2개 대대도 반란에 합세하였는데, 김지회 중위가 이 반란군 사령관이 되어 여수와 순천경찰서를 단숨에 점령하고 순천, 보성, 벌교, 광양을 점령, 이 지역을 인민위원회에 넘겨 인민회의에서는 현재 온갖 만행을 다 저지르고 있었다.

반란군은 여세를 몰아 구례와 남원을 점령하고 북상하려다 군산의 12연대 백인엽 부연대장이 반란군과 싸워 승리함으로 반란군은 지리산으로 도망쳤으나 12연대도 많은 피해를 입고 현재 구례에서 치열한 전투 중에 있었다. 그런데 놀라운 것은 제주만 일반인이 반란군에 협조하는 것이 아니라 육지의 주민들도 반란군을 의외로 많이 협조하고 지지하는데 정부 당국은 당혹해 하고 있었다.

광주 4연대가 반란군 진압 차 출동하였는데 일부가 반란군에 가담하였고, 마산의 15연대도 진압 차 출동하였는데 최남근 연대장이 반란군에 가담하였고, 대구 6연대가 반란 진압 차 출동했을 때 부대 안에 남아 있던 병사들이 반란을 일으켜 반란 진압을 위해 출동했던 병사들이 차를 타고 다시 부대로 돌아오던 중 2차 반란이 일어났다.

현재 국군은 총 15개 연대 5만 정도인데 이 15개 연대 중 9연대, 4연대, 6연대, 15연대, 등 4개 연대 일부가 반란에 가담하였고 군 안에는 10,000명 이상이 좌파 남로당원이 있어 대한민국이 전복되는 것은 시간 문제였다. 만일 국군 안의 최상급자 남로당원이 반란군을 이끌고 전군(全軍) 안의 남로당원을 규합하여 장개석 군대에서 모택동 군대가 조직되었듯이 반란군을 조직하여 북한의 인민군과 합세하면 도저히 이를 당해낼 수 없다는 결론이었다. 그래서 정보국에서는 각 부대에서 평소 의심이 가는 장교와 하사관을 철저히 미행하여 사전 모의를 차단하고 있으며, 특별수사본부에서는 전국 경찰을 총동원하여 남로당원 검거에 전력을 다하고 있었다. 특히 김삼룡, 이주하, 이재복 등 남로당 간부 검거에 밤잠을 자지 않고 체포에 열을 올리고 있고, 군 안의 남로당원은 특무대의 김창룡 · 빈철현 대위가, 일반인 남로당원은 특별수사본부 오재도 검사가 좌파들이 서로 협조하지 못하게 차단하여 남로당의 반란이 일어나지 못하게 철저히 저지하고 있었다.

정보국에서는 국군 안의 남로당원을 파악해 놓고도 이들이 다른 잘못을 하지 않는 한 남로당원이라고 해서 체포할 수 있는 법이 없어 발만 동동 구르고 있었다. 그래서 이승만 대통령은 48년 12월 1일 보안법을 만들어 이 법에 따라 남로당원을 체포하여 반란을 미연에 방지하려 하고 있었다.

남로당원들은 자기들의 의사 표시를 평화적으로 하지 않고 있었다. 대구 폭동 때도 경찰과 우익을 무참히 죽이고, 제주도에서는 국군과 경찰과 우익들과 그들의 가족들을 무참히 죽이고 있었다. 저들은 국군과 경찰과 우익을 완전히 적으로 보고 있었다. 이제는 좌익과는 같이 살 수 없다는 결론이었다. 그러므로 좌익을 뿌리 뽑지 않으면 언젠가는 남한은 공산화가 될 가능성이 많았다.

만일 우익에서 신탁통치를 찬성하여 임시정부를 세우고 5년 후에 소련과 미군이 철수했다면 한반도는 완전히 공산화되었을 것으로 판단되었다. 신탁통치는 미국에서 제안한 것이고, 5년 후에는 양군이 철수한다는 것이라 통일 정부를 세우는 것은 이 길밖에 없지 않은가 해서 송진우 선생처럼 찬성한 분도 있었으나 제주도 폭동을 보면 그것은 하나의 소박한 꿈이었다.

신탁통치를 찬성해서 임시정부를 세웠다면 한반도는 완전히 공산화되었을 것으로 분석하고 미군도 이제는 깜짝 놀라고 있었다. 그리고 남로당원이 선거를 반대했으니 다행이지 만일 선거에 참여했다면 국회의원 70%(100석 이상)가 남로당 측에서 당선되었을 것이고, 이들이 국회에서 대통령선거를 할 때 남로당 대표로 김삼룡을 내세워 선출하였다면 두말 할 것 없이 김삼룡이 대통령이 될 가능성이 있어 한반도는 합법적으로 공산화가 될 것인데, 남로당이 선거를 반대하고 참석하지 않은 것은 하나님이 도우신 것이다. 김일성과 박헌영은 엄청난 정책 실수를 한 것이다. 5.10선거 반대로 남로당은 치명적인 타격을 보고 있고, 또한 소득도 얻지 못하고 많은 사람이 희생되고 있는 곳이 현재 제주에서 싸우고 있는 제주인민군이다.

국군은 누가 우익인지 좌익인지 모르고 어떤 사상을 가지고 있는지도 모르며 적과 동지를 알 수 없는 상황에 내무반에서 적과 같이 생활하고 있었으나 좌익들은 자기편끼리는 알고 있었다. 또한 부인도 형제도 부하도 참모도 믿을 수가 없으며, 본인이 우익이라 할지라도 자기도 모르는 사이 주위의 좌익에 의하여 행동하지 않고 있다고 장담할 수가 없는 상황이었다. 김익렬 연대장도 좌익은 아니었지만 문상길·오일균 등 좌익장교들에 의해 작전이 결정되었다. 이유는 9연대 연대장이 이들에게 협조하지 않았다면 장창국이나 이치업에게 했듯이 약물을 음식물 속에 넣어 서서히 죽게 하였을 것이다. 그 예로 박진경 연대장을 아예 죽여 버린 것이 증거이다.

헌병대장과 참모들과 우익 장교들은 체포한 좌파 군인들의 문제를 가지고 「저자들을 즉시 총살시켜야 합니다. 왜냐하면 저자들 중에 한 놈이라도 탈출하여 내무반에 들어가서 반란을 선동한다면 우리가 다 죽을 것입니다. 이제 저들은 아군이 아니고 적입니다. 저들은 반란군입니다. 군법재판소에 넘겨 판결에 의해 처리할 때가 아닙니다. 14연대 반란을 보십시오! 지창수 상사 외 40여명이 장교 20명을 순식간에 죽이고 반란을 일으켰습니다. 저놈들은 적입니다. 즉시 사살해야 합니다. 이제 틈만 나면 반란을 일으켜 우리를 다 죽일 것입니다.」 하고 이구동성으로 연대장에게 건의하였다.

송요찬 연대장은 연대 내의 반란을 막기 위해 체포한 86명중 악질분자 박노구 외 6명을 우선 처형했으나 그래도 6명이 탈출하였고, 처형장에서도 4명이 살아서 도망쳤다.[223)]

송요찬 연대장은 9연대 제1대대를 제주읍 연대본부에, 2대대는 성산포에, 3대대는 모슬포에 배치하여 방어에 주력하게 하고 특히 밤의 경비를 물샐 틈 없이 하게 하였다. 9연대 장병들은 14연대에서 반란이 일어나고, 9연대 안에서 좌익이 86명이나 체포되었다는 소식을 듣고 서로가 믿지 못하고 있었다.

223) 국방부 전사편찬위원회 「한국전쟁사」 1권 1967년 444쪽

5. 제주인민군의 잔인한 양민학살

애월면 고성리 구엄초등학교 교사 문기호가 4.3폭동 초기 폭동 중책을 맡았고, 3.1발포사건 시 중문지서 강수현 순경이 이 마을 출신이며, 그는 제주인민군에 입대하였다.

4.3사건 직후 경찰의 여조카인 김여옥(28세)이 친정인 고성리에 오던 중 폭도들을 만나 한 살인 어린이와 함께 폭도들에게 학살되었다.

48년 10월 23일 오전 6시 30분 폭도 40여명이 조천면 함덕지서와 조천지서를 공격하여 경찰과 치열한 총격전 끝에 폭도들은 도망쳤다. 같은 날 7시 30분 9연대 장교와 사병이 지프를 타고 조천리 쪽을 가다가 폭도들의 매복 기습을 받고 장교와 사병이 부상을 당하였다. 뒤이어 9시경 폭도들이 제주읍을 향해 접근해 오는 것을 경찰이 격퇴하였다.224)

48년 10월 24일 애월면 수산리 경찰 김창순(23세)이 폭도들에 의해 피살되었다.

48년 10월 26일 폭도들은 폭도들이 잘못하고 있다고 비판하는 고성마을의 김창언을 무참히 학살하였다.

48년 10월 26일 남원면장 양기행(46세)은 폭도들을 반대한 것이 화근이 되어 그의 아내 현신춘(45세)과 함께 폭도들에게 학살당하였다.

48년 10월 27일 폭도들은 구좌면 하포리 부두형(23세)를 산으로 끌고가 난자해 학살하였다. 같은 날 그의 부친 부평규(57세)도 폭도들은 학살하였다.

48년 10월 27일 폭도들은 애월지서를 습격하여 치열한 총격전이 벌어져 폭도 1명이 부상당하고 경찰 김종석, 손귀현 등이 피살되고 6명이 부상당하였다.

10월 28일 폭도들은 애월면 신엄3구 양영호(37세)와 강병호(24세)를 학살하였다. 11월 7일에는 강병호의 부친 강위조(45세)가 실종되었다.

10월 28일 폭도들은 조천면 신흥리 김태배의 형 김태승(30세), 형수 김

---

224) 4.3은 말한다 4권 97쪽

순옥(20대 후반), 5촌 숙모 한행중, 작은어머니 고씨 등 4명을 학살하였다. 김순옥은 당시 만삭의 임신부였다.

진압군은 조천면 일대 폭도들의 검거에 나섰다. 그러나 폭도들은 48년 11월 11일 또 김태배 사촌 집에 나타나 김정흥(73세), 김경선(41세), 김태옥(25세), 김태인(15세), 5촌 고모, 5촌 숙모 등을 모조리 학살하였다.

48년 10월 29일 애월지서를 공격한 폭도들이 장전마을에 있다는 정보를 입수한 진압군은 새벽1시 고성리를 포위, 8시간동안 폭도들과 치열한 전투가 벌어졌다. 폭도들은 철모, 망원경, 담요 등을 버리고 도망쳤다. 진압군은 이 마을을 수색하여 20여명을 총살하였다. 이 전투에서 폭도 2명이 사살되었다.[225]

11월 2일 폭도들은 성산면 수산1리 조태흡(51세)을 학살하였다.

11월 4일 한림면 청수2리 경찰 고태화의 아버지 고달연(50세), 동생 고경화(19세)를 학살하였다.[226]

6. 남로당 경찰의 제주도 적화 음모

48년 10월 31일 제주경찰서 안의 이발소에서 근무하는 서용각이 위생계장 고창호에게 다급하게 보고하였다.

「합동통신 김 기자가 저에게 하는 말이 "이제 곧 제주도가 해방된다. 지금 산으로 올라가라. 산에 연락해 두었으니 영웅 대접을 받을 것이다." 하여 깜짝 놀라 즉시 이곳으로 왔습니다. 지금 폭도들이 무엇인가 큰일을 꾸미는 것 같습니다. 김 기자를 미행하면 무슨 일인지 전모가 밝혀질 것 같으니 빨리 미행을 하십시오. 이것은 은밀히 해야지 경찰 안에도 남로당 프락치들이 우글거리는데 우리의 행동이 이들에게 알려져 그 놈들이 폭도들에게 알리면 우리가 위험하게 됩니다.」

225) 4.3은 말한다 4권 81쪽~88쪽
226) 4.3은 말한다 4권 113쪽~117쪽

고창호 계장은 즉시 서장에게 이 내용을 보고하였다.

서장은 즉시 경찰청장에게 이 일을 상의하였고, 제주경찰서장은 즉시 사찰과장 박태의를 불러 지시하였다.

「합동통신 김 기자를 미행해서 그 놈이 접선하는 놈은 무조건 연행해서 조사해 봐. 오늘 저녁 폭도들이 큰일을 벌인다는 것이야!」

박태의 과장은 사찰과 형사들에게 즉시 김 기자를 미행하게 하였다. 김 기자는 형사들이 자기를 미행하는 것을 아는지 모르는 지 사람들을 만나고 있었다.

사찰반장의 명령에 형사들은 김 기자 일행을 모두 검거하였다.

「저는 경찰입니다. 순찰을 하다 사람들이 모여 있기에 무엇을 하는가 하고 와 본 것입니다.」

이 경찰은 좌익으로 한패였는데 거짓말을 하고 빠져 나갔다. 김 기자를 포함한 6명이 무도장인 특별수사대로 연행되었다. 이들을 김병택 · 김상언 경위, 김연룡 경사 등이 조사하기 시작하였다.227)

수사 1반장 김병택은 김 기자를 계속 설득하였다.

김 기자는 한 대씩 맞을 때마다 사설을 넣어 사무실이 떠나가게 비명을 질렀다. 이런 기자한테는 악명 높은 형사도 감당할 수 없었는지 때리는 것을 멈췄다.

김 반장은 시간은 없고 김 기자는 아무리 때려도 불지는 않고 사설까지 넣어 가면서 비명만 지르니 난감하였다. 과연 남로당의 오리발 투쟁은 세계적인 수준이었다. 김 반장은 안 되겠다고 생각하고 6명 중 가장 양순하게 생긴 한 명을 데리고 나갔다.

김 반장의 간절한 설득에도 그는 여러 차례 거절하였는데, 김 반장이 다른 사람들과는 달리 그런 그를 소리치거나 고문하지 않고 끝까지 신실하게 설득하는 것에 그는 더 이상 거절하지 못하였다.

「실은 제주도 인민공화국을 건설하기 위해 경찰 간부들을 죽이고 경찰서를 점령한 다음 남로당원을 총동원하여 항쟁을 일으켜 제주도를 완전히

227) 4.3은 말한다 4권 134쪽

점령한다는 계획입니다.」

「오늘 밤 10시에 폭도들이 산에서 내려와 11월 1일 새벽 4시에 경찰서를 공격하면 경찰서 안에 있는 좌익경찰이 간부들을 죽이고 경찰서를 해방군들과 함께 점령한다는 계획입니다.」

그는 이 말을 하면서 경찰서 안의 남로당원들의 이름을 알려 주었다. 김 반장은 이 말을 듣고 그를 안심시킨 후 곧바로 서장에게 사건 전말을 보고하고 9연대에 연락한 후 서청과 경찰에 비상을 내렸다. 그리고 시계를 보니 수십 분밖에 남지 않았다. 그는 즉시 백금식 형사에게 우체국, 전화국, 송신소에 있는 경찰을 은밀히 한 명씩 체포해 오게 하였다.

백금식 형사는 서장의 말에 깜짝 놀랐다. 그는 형사들을 데리고 가서 한 사람씩 잡아오자마자 경찰이 옷을 벗기고 수갑을 채웠다.

「경찰이 좌익이라니? 폭도들과 내통하여 우리를 다 죽이고 경찰서를 점령하고 제주도를 해방시킨다고? 미친놈들! 아니야? 이제 네놈들은 우리와 동지가 될 수 없다. 이미 9연대와 경찰과 서청에 비상을 걸어 철통같이 경계하고 있다. 경찰 안의 공모자들을 대라! 네놈들이 경찰로써 아무리 오리발투쟁을 해도 결국은 다 불 것이다. 그러니 죽도록 두들겨 맞고 불 것이냐, 지금 순순히 말할 거냐?」

김 반장이 고함을 치며 겁을 주었다. 그래도 이들은 끈질기게 오리발투쟁을 하였으나 심한 매질에 모든 것을 체념한 듯 입을 열었다. 이들은 경찰 11명의 이름을 대었다. 11명중에는 빨갱이를 때려잡는 특별수사요원 2명도 있었다. 한 명은 현장 사무실에서 체포하였으나 한 명은 눈치를 채고 무기를 가지고 산으로 도망쳤다. 이들은 도청, 법원, 검찰청, 읍사무소, 해운국 속에 있는 좌익의 이름을 불러대는데 총 75명이었다. 4.3폭동을 진압하지 않으면 제주도는 완전히 공산화 되고도 남았다.

김 반장은 경찰을 총출동시켜 이들을 감쪽같이 모두 연행 조사하였다. 그리고 죄질에 따라 A급 20명, B급 38명, C급 25명으로 분리하여, C급은 훈방, A급은 즉시 처형, B급은 구속함으로 진압되었다. 이로서 이덕구는 9연대 국군과 경찰과 행정관서에 있는 전 남로당원을 동원하여 11월 1일 새

벽 4시를 기해 제주도를 완전히 공산화 하려다 실패하고 말았다.[228)]

이후 제주 특별수사대 책임자를 남로당 위조지폐사건 때 조재천 검사 밑에 있으면서 남로당을 수사하는 방법을 배운 최난수 경감이 임명되었다. 특별수사대 12명을 김병택 반장 외에는 모두 육지출신으로 교체하였다. 제주도 출신 경찰과 국군은 사상을 도저히 믿을 수 없다고 판단한 것에서 나온 조처였다.

※ 제주4. 3사건 진상조사보고서에는 위의 사건을 싹 빼버리고 가짜보고서를 작성하였다.

7. 폭도들 9연대 2대대 6중대 공격.

48년 11월2일 한림에 국군 2대대 6중대가 주둔하고 있었다.

이덕구는 14연대가 반란에 성공하였다는 것을 알고 폭도들을 선동하자 이덕구의 선동에 폭도들은 만세를 불렀다. 그들은 용기백배하였고, 대한민국은 곧 망하고 북한인민군이 38선을 넘어 남조선을 곧 해방시킨다고 선전하여 제주인민군과 협조원들은 그렇게 알고 참고 있었다. 그리고 폭도들은 그동안 국군을 공격하지 않았는데, 이덕구는 국군을 공격하기 위해 대담한 작전계획을 세웠다.

이덕구는 도당사령부에서 폭도들과 함께 분대별로 하산하였다. 이들은 주간에 한림에 모여들었다.

한낮에 폭도들이 국군을 공격하는 총소리가 콩 볶듯 요란하였다. 6중대 장병들이 점심식사를 하기위해 모여 있을 때 갑자기 총알세례를 받아 아수라장이 되었다.

중대장의 명령에 병사들은 신속하게 움직였다. 그들은 주위를 살피며 땅에 엎드려 무장을 하고 중대본부 앞에 집합한 즉시 소대별로 공격이 시작되

---

228) 제주경찰국 「제주 경찰사」 312쪽

었다. 불과 몇 분 사이였고 국군의 반격이 시작되었다.

폭도들은 계획대로 국군을 공격한 후 후퇴하였다. 국군은 폭도들이 후퇴하자 밤도 아니고 낮이기 때문에 추격하기 용이하였고, 중대장이 선두에 나서서 추격을 명령하자 장병들은 맹추격하였다.

「각 소대장들은 폭도들을 한 놈도 남기지 말고 끝까지 추격하여 소탕하라!」

각 소대장들도 중대장과 같이 폭도들의 뒤를 바짝 추격하였다. 폭도들은 한림에서 중산간 마을을 따라 예정된 길을 따라 도망치고 있었고, 국군은 이들을 소탕하기 위해 필사적으로 추격하고 있었다.

한편 폭도들이 앞에 매복해 있는 줄도 모르고 달아나는 폭도들에게만 정신이 팔려 악착같이 폭도들을 뒤 쫒던 6중대 중대장이하 장병들은 갑자기 「사격개시!」 하는 소리를 들음과 동시 매복하고 있던 폭도들의 공격에 천지가 진동하는 총소리를 들었다. 앞에서 선두 지휘하던 중대장과 몇 명의 장병이 풀썩 풀썩 쓰러졌다. 곧이어 총소리가 요란하게 이어지고 총알이 여기저기에 핑핑하고 꽂혔다. 또다시 국군 몇 사람이 쓰러졌다.

중대장은 몸 여기저기 여러 곳에 총을 맞고 그 자리에서 숨졌다. 중대장이하 14명이 순식간에 전사하였다. 그리고 많은 장병이 부상을 입었다. 6중대는 할 수 없이 폭도들의 추격을 포기해야 하였다. 6중대 통신병이 대대장에게 보고하였다. 대대장은 즉시 3중대에 폭도들을 소탕하라고 출동명령을 내렸다.

긴급 출동명령을 받은 3중대장은 2개 소대를 지휘하여 현장에 도착하였다. 현장은 참담하였다. 그는 6중대 사망자와 부상자들을 수습하여 살아남은 6중대 장병과 함께 하산시킨 후 폭도들 추격에 나섰다. 국군 3중대가 한림 깊숙한 산 속을 사방을 살피며 조심스럽게 진격하고 있었으나 6중대를 공격하였던 폭도들은 아지트로 돌아가지 않고 현장 가까운 곳에 매복하고 있다가 3중대가 지원 나온 것을 알고 이들을 공격하였다.

「사격!」 하는 말과 함께 요란하게 나는 총소리에 깜짝 놀란 3중대장과 장병들은 순간적으로 방어를 하였다. 이 전투에서 중대장이 쓰러지고 많은 병사가 쓰러져 결국 국군은 또 후퇴하였다.

3중대 장병들은 혼비백산하여 실탄이나 기관총 등 무기들을 모두 내팽개치고 죽자 살자 도망쳤다. 3중대장은 다행이 죽지 않고 부상을 입었으나 7명의 병사가 전사하고 많은 수가 부상당하였다.

한편 2개 중대가 엄청난 피해를 보았다는 급보를 받은 대대장은 5중대장에게 즉시 폭도들을 소탕하라고 명령하였다. 6중대와 3중대가 폭도들의 매복에 걸려 당한 것 같이 매복에 걸리지 말고 작전을 세밀하게 세워 침착하게 이행하라고 하였다.

5중대장 이근양 대위는 2개 중대가 폭도들에게 당하였다는 말에 기가 막혔다. 이근양 대위는 3개 소대를 지휘하여 현장 가까이 가서 소대를 배치한 후 수색대로 하여금 폭도들이 있는 곳을 찾아내라고 지시하였다.

수색대가 3시간 가까이 산을 뒤져 어려움 끝에 폭도들이 중산간마을이 있는 집에 있는 것을 찾았다.

수색대장의 보고를 받은 이근양 대위는 "전원 출동"을 명령하였다. 5중대는 중대장의 지휘 하에 조심해서 폭도들이 숨어 있는 중산간마을이 있는 집을 포위하였다. 그러나 밤이 되어 바로 공격하지 못하고 지키고만 있었다. 5중대는 중대 내에 남로당원이 8명이나 있었는데 중대가 작전할 때마다 이들이 폭도들에게 정보를 제공하여 5중대는 작전을 나갈 때마다 실패하였었다. 그런데 이날 작전은 중대 내의 남로당원들을 색출해 낸 후라 작전이 폭도들에게 알려지지 않아 성공할 수 있었다.

이근양 중대장은 사격하기 좋은 시간인 다음 날 새벽을 택하여 공격하기로 하고 날이 새기를 기다렸다. 날이 새자 그는 소대장들에게 6시 30분 정각에 2개 방면에서 공격하라는 명령을 내리고 완전 포위하였다.

시간이 되자 중대 전원은 중대장의 신호로 폭도들을 향해 집중공격을 하였다. 총소리는 새벽의 중산간 마을을 진동시켰다. 폭도들은 그대로 쓰러졌다.

30분 동안 집중사격을 한 후 주위가 조용해지자 장병들은 조심하며 폭도들이 숙영한 중산간 집에 들어가 보니 100여명이 죽어 있고, 부상병은 땅에 엎드려 죽은 듯이 있었으며, 나머지는 탈출하였다. 5중대 장병들은 부상 폭도들을 포로로 하였다.

이근양 중대장은 포로를 심문하여 폭도들의 보급창과 무기 수리공장, 식량창고가 있는 곳을 알게 되었고, 폭도들의 소굴과 조직과 인원을 파악하였다. 그는 즉시 대대장과 연대장에게 보고하여 폭도들을 심문하여 알아낸 아지트들의 기습작전을 하였다.

송요찬 연대장은 9연대와 경찰을 총동원하여 보급창, 무기 수리공장, 식량창고 등은 경찰에 맡기고 국군은 폭도들의 아지트를 기습하였다. 연대장은 폭도들의 창고에 쌓여 있는 많은 물건들을 보고 기절할 지경이었다.[229]

폭도들은 겨울을 나기 위해 준비한 식량과 보급창이 기습을 받아 큰 타격을 받았다

「중산간마을의 주민들과 내통하지 않고는 이렇게 많은 물건을 준비해 둘 수 없으니 중산간마을의 주민들 중 폭도들과의 내통자를 찾아내어 처형해야 합니다. 이들이 정보를 제공하고 먹을 것을 주기 때문에 폭도들이 존재하고 우리를 공격하고 국군이 작전할 때마다 실패합니다!」

중대 선임하사들은 중대장에게 주민 폭도 협조자들을 처형하자고 강력하게 건의하였다. 이 건의에 의하여 한림면에서 좌익 활동을 한 사람들을 모조리 잡아 한림초등학교에 수감하였다.

9연대 정보과에서는 이들을 조사하기 시작하였다. 조사 내용은 「① 인민위원회에 가담 여부(與否), ② 삐라를 뿌리고 다녔는지 여부, ③ 5.10선거 때 투표 여부(與否), ④ 폭도들을 도와 전보선대를 넘겨 통신이 두절되게 하고, 도로를 파괴하여 군 작전에 장애가 되었는지의 여부, ⑤ 연락병 여부, ⑥ 공비들에게 물건을 주거나 가져다주었는지의 여부, ⑦ 북한의 지하 선거에 가담했는지 여부」 등이었다.

질문하며 고함치는 소리와 주민들의 웅성거리는 소리 등으로 조사장은 도떼기시장 같았다. 조사관들이 묻는 말에 주민들은 「어수다. 어수다.」와 「모르코다, 모르코다.」로 일관하였다. 이 말은 「아닙니다. 아닙니다.」와 「모릅니다. 모릅니다.」라는 말이었다.

---

229) 국방부 전사편찬위원회 「한국전쟁사」1권 1967년, 444쪽

※ 송요찬 연대장은 군 작전에서 양민을 보호하기 위해 이때부터 중산간마을을 해변 가로 이사시켰다. 폭도가 국군을 공격한 때부터 제주인민군과 협조원이 많이 죽게 되는 원인이 되었다. 그런데 제주4.3사건 진상조사보고서에는 이상의 사건을 싹 빼버리고, 국군이 경비사령부를 신설하고 계엄령을 선포한 이유도 설명하지 않고, **"강경작전준비를 완료한 진압군은 소개된 중산간마을을 모두 불태우고 남 · 녀 · 노 · 소 구분 없이 총살하는 등 강경진압작전을 전개했다."** 라고 진상조사보고서에 기록하여 진압군이 제주도를 초토화 시키고 아무 잘못이 없는 남·녀·노·소를 즉 양민을 총살하였다고 가짜보고서를 작성하였다.230)

8. 제주인민군(내란군) 사령관 이덕구 대한민국 정부에 선전포고

● 제주인민군 사령관 이덕구의 선전포고문.

친애하는 장병 · 경찰원들이여! 총부리를 잘 살펴라 그 총이 어디서 나왔느냐? 그 총은 우리들의 피땀으로 이루어진 세금으로 산 총이다. 총부리를 당신들의 부모 · 형제 · 자매들 앞에 쏘지 말라. 귀한 총자 총탄알 허비말라. 당신네 부모 · 형제 당신들까지 지켜준다. 그 총은 총 임자에게 돌려주자. 제주도 인민들은 당신들을 믿고 있다. 당신들의 피를 희생으로 바치지 말 것을 침략자 미제를 이 강토로 쫓겨내기 위하여 매국노 이승만 일당을 반대하기 위하여 당신들은 총부리를 놈들에게 돌려라. 당신들은 인민 편으로 넘어가라. 내 나라 내 집 내 부모 내 형제 지켜주는 빨치산들과 함께 싸우라! 친애하는 당신들은 내내 조선인민의 영예로운 자리를 차지하라.231)

" 침략자 미제를 이 강토로 쫓겨내기 위하여 매국노 이승만 일당을 반대하기 위하여 당신들은 총부리를 놈들에게 돌려라" 라고 선전포고를 하였다.

여수 14연대 반란은 제주 폭도들의 용기를 크게 북돋아 주게 되었다. 14

230) 진상조사보고서 286쪽~287쪽
231) 4.3은 말한다 4권 68쪽

연대 반란 4일 후 제주인민군 사령관 이덕구는 대한민국 정부에 대하여 선전포고를 하였다. 이 성명은 남로당 제주도당이 지하에서 발행했던 「제주통신」에 게재된 바 있는데 제주도에 있는 폭도들에게 14연대를 본받아 게릴라 활동에 합류할 것을 호소하였다.[232]

여수 반란군이 제주도의 게릴라를 응원하기 위하여 곧 바다를 건너오게 될 것이라는 소문이 온 섬에 퍼져 있었다. 제주도 학생들이 시위를 전개하고, 북한 깃발을 게양하게 되자 도내 학교가 폐쇄되게 되었고,[233] 2만여 명이 제주인민군에 협조하였다.[234] 제주도는 행정이 마비되어 제주도 내에서는 인민재판도 하고 있었다. 제주인민군이 대한민국에 선전포고를 한 것은 무장봉기가 아니라 곧 내란이다.

9. 폭도들의 과감한 공격

1) 폭도들 중문지서 공격

이덕구와 폭도들은 거칠 것이 없었다. 이덕구는 중문지서가 주공격 목표였다. 그는 인근의 안덕지서를 공격하는 척해서 진압군이 그곳으로 모이게 한 후 중문지서를 강타하는 작전을 세웠다. 작전에 들어가기 전 모든 전화선을 차단하고, 도로를 절단하고, 장애물을 놓고 차가 멈출 때 매복하였다가 기습 공격하고, 진압군이 올만한 길목에 매복하였다가 기습하는 작전이었다.

폭도들이 안덕지서를 포위하고 있었다. 11월 5일 새벽 3시 정각이 되자 「공격개시!」하는 소리와 함께 폭도들은 안덕지서를 공격하였다. 그러나 고덕진 안덕지서장도 폭도들이 올 것을 예상하고 잘 방어하고 있었다. 철통같은 방어에 폭도들은 더 이상 공격하지 못하였다.

232) 「제주민중항쟁 I」 소나무 343쪽
233) 「제주민중항쟁 I」 소나무 344쪽
234) 한국 전쟁사 비사 1권 289쪽

안덕지서가 공격을 받고 있다는 보고를 받은 서귀포 경찰서의 상황실은 요란하였다. 보고를 받은 군경합동토벌대는 즉시 안덕을 향해 질주하였다. 한편 이때 폭도 70명 협조자 200명 정도가 새벽 4시경 중문지서를 완전히 포위하고 5시에 공격하라는 명령을 받았다. 전화선을 모두 절단하고 지서를 중심한 마을의 길을 모두 차단하여 누구도 밖으로 나가지 못하게 하여 토벌대에 연락을 못하게 하였다. 그리고 일부는 지서를 공격하고, 일부는 면사무소 창고에 있는 곡식을 산으로 운반하고, 일부는 마을에 들어가 식량과 옷을 준비해서 산으로 옮기고 우익들의 집에 모두 불을 지르고 있었다.

중문지서장 양정용 경위가 밤새 경계근무를 하고 돌아온 중문지서 경찰 17명에게 격려하였다. 이들 17명은 오늘 밤 무사히 지나게 된 것을 다행으로 생각하고 막 안도할 때였다. 갑자기 밖이 어수선해지며 「공격개시!」 하는 소리가 들려옴과 동시 빛이 번쩍이며 총소리가 났다.

중문지서 경찰 4명은 순찰을 나가고 나머지는 경계근무를 서고 들어와 마음 놓고 막 쉬려던 참에 폭도들의 공격을 받았다. 쉬려던 경찰들은 급히 땅에 엎드린 다음 신속하게 완전무장을 하고 각자 위치를 찾아 방어에 들어갔다. 지서장이 지서 밖을 내다보니 폭도들이 지서를 완전히 포위한 것 같았다. 곧 사격전이 시작되었다. 경찰들은 수가 적은 대신 화력과 잘 준비된 방어진지 속에서 폭도들의 공격을 방어하였고, 폭도들은 은폐물이 없어 몸이 밖으로 노출되어 불리하였으나 수가 많았다.

경찰이 무서운 화력으로 쏘아대자 폭도들이 지서로 접근을 못하여 지서에 불을 질러 경찰들을 불태워 죽이려고 불덩어리를 지서로 계속 던지고 있었다.

중문지서장은 증원을 요청하려고 전화기를 아무리 두드려대도 신호가 가지 않아 아무 곳에도 연락할 수 없어 경찰을 폭도들 몰래 지서 밖으로 나가게 한 후 경찰서에 알리려 하였으나 폭도들이 길목을 지키고 있어 마을 밖으로 나갈 수 없어 되돌아 올 수밖에 없었다. 중문지서는 완전히 고립되었다. 지서장은 초조하였다. 지서장은 안덕, 대정, 서귀포 등의 지서 경찰서

9연대 할 것 없이 쉬지 않고 온갖 방법으로 연락을 취하게 하여 아침 8시경 천신만고 끝에 대정지서와 통화가 되었다.

지서를 포위하여 경찰들이 지서 밖으로 나가지 못하게 한 후 나머지 폭도들은 마을을 온통 분탕질을 하였다. 이때 폭도들의 공격으로 김석권 · 김호석 순경이 피살되었다. 면사무소 창고를 부수고 창고에 쌓아둔 식량과 집집마다 다니며 탈취한 식량과 의복을 마차에 싣고 산으로 갔다. 그리고는 우익인사의 집과 면사무소에 불을 지르게 하여 면사무소와 집 40여 채가 불에 탔다.235)

마을 사람들은 자기 집이 불에 타도 폭도들이 죽일까 봐 겁이 나서 소리 지르지도 못하고 발만 동동 구르고 속만 태웠다. 그들은 폭도들에 시달려서 참으로 살기 힘들었다.

서귀포 경찰서 경찰들은 중문지서를 지원하기 위해 트럭 한 대에 30명이 승차하고 오전 8시 중문을 향해 전속력으로 질주하여 중문 마을에 거의 다 왔을 무렵 길가 숲에 매복해 있던 폭도들의 집중공격을 받았다. 이 총격에 운전수 오유삼이 허벅지에 총을 맞아 차가 멈추게 되자 기관총 사수 김재환이 총을 맞았고, 분대장 김남군 경사가 총에 맞아 즉사하였다. 경찰은 차 양쪽에서 빗발치듯 쏘아대는 총알을 피할 수 없어 전멸 당하기 직전, 사찰주임 박운봉이 오유삼을 조수석으로 끌어내 앉히고 운전석에 앉아 차를 전속력으로 몰아 지옥 같은 현장을 겨우 빠져 나왔다. 236)

모슬포 3대대에 비상이 걸렸다.

「지금 중문지서가 폭도들의 엄청난 공격을 받고 있다. 즉시 중문지서를 향해 출동하라!」

3대대 장병들은 연대장의 다급한 명령으로 중문으로 출동하였다. 3대대 차량이 중문의 입구인 색달동산에 이르렀을 때 장병들은 폭도들로부터 공격을 받았다. 느닷없이 사격을 받은 중대장은 깜짝 놀라 전속력으로 달리라고 고함을 질렀다.

---

235) 4.3은 말한다 4권 241쪽~245쪽
236) 제주경찰국 「제주경찰사」 313쪽

폭도들의 매복 작전에 국군 1명이 전사하고 부상병이 속출하였으나 운전병이 침착하게 운전을 잘하여 무사히 빠져 나왔다. 폭도들은 도로를 절단해놓고 국군을 기다리고 있었기 때문에 운전병이 당황하여 제대로 운전하지 못하였다면 몰살을 당할 뻔하였다.

중문지서로 가던 차를 정지하고 하차하여 폭도들을 잡으러 색달동산 쪽으로 가보니 폭도들은 흔적도 없이 사라져 버렸다. 이들이 다시 차를 타고 중문지서에 10시에 도착하고 보니 여기서도 폭도들은 흔적도 없이 사라진 후였다.

중문지서에 도착한 송요찬 연대장은 자기보다 먼저 출발한 사병들을 태운 진압 차량이 폭도들이 다 도망간 후에야 온 것을 보고 불같이 화를 내었다.

「도로를 절단해놓고 매복하고 있던 폭도들에게 기습을 당해 간신히 피한 후 그 도로를 복구해놓고 오느라 늦었습니다!」

송요찬 연대장의 명령에 3대대 병사들은 60밀리 박격포를 쏘며 폭도들을 추격하였으나 폭도들은 흔적도 없었다. 송요찬은 화가 부글부글 끓었다. 병사들도 분노를 참을 수 없었다. 그들은 중문지서가 있는 마을에 들어가 마을 사람들을 면사무소 앞으로 집합시켰다. 마을 사람들은 국군이 나오라고 하니 나오지 않을 수 없었다.

「폭도들이 마을 안에 숨었지 마을을 벗어나지 못하였다. 폭도가 경찰과 군인을 이렇게 죽일 수 있는가! 즉시 나와라. 나오지 않으면 모조리 죽이겠다.」

마을 사람들이 다 모이자 중대장이 마을 사람들을 쏘아보며 소리를 질렀다. 중대장이 내지르는 소리를 듣고도 마을사람들의 반응이 없자 중대장은 재차 소리 질렀다. 폭도들은 총이나 죽창을 버리면 모두 양민이다. 국군은 폭도와 양민을 구별할 수가 없었다.

「9연대 좌익 사병이었던 고두옥의 가족은 다 나와라!」 하니 고두옥의 어머니 강정생과 동생 고산월이 나왔다.

「너희들이 고두옥과 연락하여 폭도들이 난동을 부리게 하였지? 당신 아들이 폭도대장이 되어 이렇게 난동을 부렸으니 당신들은 마땅히 죽어야 한다!」 하며 중대장은 이들을 현장에서 총살해 버렸다. 그리고 이창진 가족들도 나오라고 하여 이창진의 형인 이승홍이 나오자 「당신 동생이 폭도가 되어 당신과 연락을 취해 이 난동을 부렸다. 당신도 죽어야 한다.」 하며 총살해 버렸다. 중대장은 또 「당신은 나오라면 나오지 왜 안 나왔느냐? 폭도와 연락을 취해 무서워서였지? 이 자식들은 모두 빨갱이들이야! 이 자식을 죽여 버려!」 하여 이찬석, 김덕화를 사살하였다.

국군이 이렇게 마을 사람들을 죽이자 중문마을 사람들은 마을에서는 도저히 못살겠다고 하며 산으로 피난을 갔다. 그런데 토벌대는 「산으로 간 사람들은 폭도들에게 협력하는 사람들이다.」 하여 이들의 명단을 작성하여 처형하기 시작하였다. 이렇게 하여 중문리의 김성원(32세), 원용건(31세), 김기원(51세), 이봉옥(54세) 등을 처형하였다.[237]

11월 19일 서청은 16명을 처단하였다. 토벌대는 안덕 근방에서 폭도들에게 협조하였다고 20여명을 총살하였다. 또 토벌대는 사계리 사람 5명도 폭도들에게 협조한다고 처형하였다. 국군은 서호리에 박격포를 쏘며 들어가 3명을 처형하였다. 그리고 서귀면 서홍리 옆의 자연마을 주민 8명을 폭도들에게 협조한다고 죽이고 집을 모두 불 질러 버렸다. 이어서 토벌대는 호근리 마을을 덮쳐 폭도들에게 협력한다고 마을에 불을 지르고 16명을 총살하였다.

폭도들은 양민으로 가장하여 돌담을 교묘히 만들어 숨던가, 묘지 내부를 개조해서 들어가 숨던가, 밭 속에 교묘하게 축성된 동굴을 만들어 숨던가 해서 누가 신고하기 전에는 발견할 수 없었다. 특히 비트 즉 굴을 파서 뚜껑을 위장하여 덮은 곳은 그야말로 찾기 어려웠다.[238] 폭도들은 마을의 돌담에 돌을 놓고 내리는 것으로 암호를 하였고, 손을 다친 것처럼 팔에 붕대를 감고 접선을 하고, 담뱃불로 신호를 하고, 돌을 한 번 때리면 저쪽에서도 한 번 때리는 소리가 들리면 만나는, 암호와 비밀 문건을 숨겨두는 방법으로 연락을 순식간에 하고 있을 뿐만 아니라, 새소리 나무를 때리거나 두들기는 소리로 서로 연락하기 때문에 진압군이 이 비밀을 알아내어 작전을

237) 4.3은 말한다 4권 248쪽
238) 「한국전쟁사」 1권 1967년, 443쪽

수행하기는 보통 어려운 일이 아니었다.

2) 폭도들 서귀포 공격

현재 서귀포 경찰서에는 100여명의 국군이 있었다. 폭도들은 국군을 산으로 유인한 다음 서귀포를 공격할 작전을 세우고 작전일은 11월 7일 아침으로 하였다.

진압군을 산으로 유인하기 위해서 폭도들은 가짜 정보를 흘리고 있었다.

이덕구가 선전부를 통해 가짜 정보를 흘리자 그날부터 서귀포에 소문이 나기 시작하였다.

서귀포 경찰서 정보과장은 한동순 경찰을 위장시켜 산에 입산시켰는데 그는 폭도들이 서귀포를 대대적으로 공격할 것이라는 정보를 입수하고 서귀포 경찰서장 전세걸을 찾아가 서귀포를 폭도들이 대규모로 곧 공격할 것이라는 정보를 보고하였다.

정보과장은 즉시 폭도들에 대한 정보수집에 열을 올렸다. 그가 한 정보수집에 의하면 서귀포를 공격하기 위해 호근리 근방 쌀오름에 폭도들이 집결해 있다는 것이었다. 그는 이 보고를 받고 무척 놀랐다.

「폭도들을 다 잡았다고 했는데 어떻게 폭도들이 그렇게 많이 있단 말인가?」

그는 폭도들의 수에 놀라 입을 다물지 못하였다. 그뿐 아니었다. 폭도들이 전과는 달리 훈련도 잘되었고, 무기도 엄청나게 많이 갖고 있으며, 대낮에 국군과 경찰을 공격하는 대담함에 놀랐다.

이와 같은 사실을 보고 받은 서장은 즉시 국군의 협조를 얻어 폭도들이 내려오기 전에 공격하기로 하고 50여명으로 된 군경 토벌대가 11월 6일 오후 경찰서를 출발하였다. 토벌군은 쌀오름을 향해 출동하였다. 국군의 동정을 엿보고 있던 폭도들은 준비를 철저히 하고 있었다.

중대장은 수색대를 앞세우고 적당한 거리를 두고 뒤따랐다. 폭도들은 토벌대가 산에 오르기 전 일부가 재빨리 자취를 감추었다.

토벌대 수색대가 쌀오름에 도착할 무렵 갑자기 「진압군이다!」하는 소리가 나며 총알이 쏟아졌다. 수색대장은 「피하라! 폭도들이닷!」하고 즉시 도로 양쪽 옆 숲으로 굴렀다. 수색대가 공격을 당하자 뒤따라오던 본대는 주춤하였다.

중대장은 재빨리 행렬을 정지시키고 전투태세를 갖추게 하였다. 수색대도 조용하고 폭도들의 공격도 없었다. 조금 있으니 해가 져 어둠이 밀려오기 시작하였다. 어둠은 토벌군에게 불리하였고, 토벌대의 수가 폭도들에 비해 적다고 판단한 중대장은 일단 후퇴하였다. 그러고 난 후 전열을 정비하여 11월 7일 새벽 쌀오름을 공격하였다. 토벌대들이 막강한 화력을 퍼부으며 쌀오름을 오르고 있었으나 산이 30도의 경사가 져 있고 주위는 숲이 우거져 앞이 보이지 않았고, 폭도들은 화력은 강하지 않았으나 많은 수가 위에서 밑으로 공격하니 토벌대도 어떻게 할 수 없어 밀리기 시작하였다.

이때 폭도 일부는 토벌대를 공격하는 척하며 토벌대를 묶어놓고 일부는 서귀포 경찰서로 향하였다. 이들은 11월 7일 아침 8시경 서귀포 시내에 도착하였다.

경찰서 가까이 간 폭도들은 거리나 경찰서가 이상하게 너무 조용하여 공중에 대고 총을 한 방 쏴 보았다. 그러자 총소리에 놀란 주민들과 경찰들은 밖을 내다보고 폭도들인 것을 알고 질겁하였다. 경찰은 엉겁결에 창문에 기관총을 걸고 폭도들을 향해 쏘아댔다. 폭도들은 경찰의 기관총 소리에 놀라 급히 흩어졌다.

토벌대가 폭도들을 잡으러 갔는데 갑자기 폭도들이 출현하자 경찰들은 영문을 몰라 어리둥절하였다. 경찰서에는 경찰이 7명밖에 없어 7명으로 많은 폭도들을 대항하기란 불안하였지만 완전무장하고 방어준비를 끝내고 폭도들이 또다시 공격해 오리라고 생각하고 있는데 이상하게 시가는 소란한데 폭도들은 경찰서를 공격해 오지 않았다. 경찰서 안에서 방어를 하고 있는 경찰들은 폭도들이 공격하지 않는 것도 불안하였다.

폭도들은 서귀포를 철수할 때까지 경찰서는 공격하지 않고 민가 72채에 불을 지르고 도망쳤다. 이 사건에서 폭도 6명 사망, 경찰 백경석, 임동창, 김병익 등 3명 사망, 일반인 3명이 사망하였다.239)

서귀포 민가에 불을 지르고 철수한 폭도들은 서귀포 근처의 발전소로 갔다. 폭도들을 본 발전소 소장은 얼굴이 창백해지며 몸을 떨었다. 그는 참지 못하고 직원들에게 "빨리 숨어라!" 이르고 자기도 이웃집 천정에 숨었다. 폭도들이 발전소 정문 앞에 도착해 고래고래 소리를 질렀다.

민가에 불을 지른 후 폭도들은 발전소 문을 열고 들어갔다. 발전소를 경비하던 군인 4명중 2명은 식사하러 가서 자리를 비우고 없었고, 2명만이 은폐물을 이용하여 전력을 다해 사격하여 폭도 한 명이 쓰러졌으나 군인 한 명도 다리에 관통상을 입었다. 폭도들은 발전소에서 철수하면서 발전소 직원 1명을 납치하였다. 밤도 아니고 대낮에 폭도들이 경찰서 코앞에서 난동을 피우고 민가 72채에 불을 질러도 국군이나 경찰들이 나와 보지도 않으니 서귀포 시민들은 국군과 경찰은 있으나마나 하다고 정부를 성토하였다. 그러고도 폭도들이 가고 나면 폭도들과 작당하여 저지른 일이라고 경찰이 사람들을 끌고 갈 것이니 경찰과 토벌대에 대한 서귀포 시민들의 원성이 높았다.240)

국군과 정부에서는 9연대 안의 반란 실패, 좌익 경찰의 적화음모 실패, 폭도들이 6중대를 공격하여 하루 만에 국군 14명 외 다수를 죽이고 중문지서와 서귀포시에 방화하여 더욱 놀랐다. 그리고 10월 24일 이덕구가 대한민국에 선전포고를 하자 이에 놀란 정부에서는 48년 11월 17일 제주도에 계엄령을 선포하였다.

10. 폭도들의 우익 학살과 진압군

이상의 사건이 있은 후 폭도들에게 진압군의 정보를 제공하는 자, 지하선거에 앞장선 자, 도로를 파괴하여 군인 출동을 저지하는데 동원된 자, 삐라를 뿌린 자, 전봇대를 넘어뜨려 통신이 두절되게 한 자 등을 마을에서 찾

---

239) 4.3은 말한다 4권 276쪽~277쪽
240) 제주경찰국「제주경찰사」 314쪽

아내 처형하였다. 그래서 많은 사람이 죽게 되었다.

서홍리와 호근리에서는 조금이라도 의심 가는 자 19명을 가차 없이 처단하였다.

주민들은 폭도들이 '도로를 파괴하라, 삐라를 뿌리라, 곡식과 의복을 내라, 물건을 산까지 운반하라' 고 명령하여 안 들으면 "반동분자" 라고 하며 죽여 이들에게 마지못해서 살기 위해 협조하면, 토벌대는 또 "빨갱이와 내통하고 협조하였다" 고 죽이니 제주도 사람들은 마을에서 살 길이 없었다. 주민들은 이럴 바에야 아예 산으로 도망치자 하고 너도나도 산으로 도망쳤다. 그래서 수천 명이 산으로 몰렸다.

48년 11월 3일 토벌대는 남원면 수망리와 의귀리 한남리 주민 5명을 처형하고 수망리와 의귀리 마을에 불을 질렀다. 의귀리는 가옥이 300호나 되는 큰 중산간 마을인데 폭도들이 중산간 마을에 숨어 있다가 국군을 공격한다고 20호만 남기고 모두 불을 질러 마을 사람들이 살 길이 없어 결국 이들도 모두 산으로 피신할 수밖에 없었다.

군인들은 의귀리 옆 한남리 마을로 쳐들어가 이 마을 사람 9명을 처형하고 이곳도 집집마다 다니며 불을 질렀다. 한남리 마을 사람들도 산으로 들어가 숨어 살아야 했다. 제주도 전 지역이 차이는 있었지만 중산간 마을은 거의 이런 형편이었다.

이덕구는 이번에도 토벌대를 분산시키기 위해 조천리와 신엄리를 분산 공격하기로 작전을 세웠다. 작전 일은 11월 11일 새벽이며, 이번에도 치고 빠지고 매복 공격하는 작전이었다.

11월 11일 새벽 3시경 폭도 30여명이 발소리를 죽이며 신엄지서 가까이 가서 공격하였다. 지서를 공격하면 경찰은 안전한 곳에서 꼼짝 않고 총만 쏘아대고 있었다.

폭도들은 우익대표 김여만의 집에 가서 김여만이 없자 김여만의 처 고선잠(35세)과 딸(3세), 애보기 정추자(11) 등을 칼로 찔러 죽였다. 그리고 그 집에 불을 질렀다. 폭도들은 이 마을 가옥 여러 채에 불을 질렀다. 그래도 경찰들

은 폭도들이 무서워서인지 지서에서 한 발자국도 나오지 않고 있었다.[241]

폭도들은 조천리도 이런 식으로 공격해 가옥 30여 채에 불을 질렀다.

11일 날이 새면서 폭도들이 마을에서 철수하자 그때서야 경찰도 지서에서 나와 마을을 둘러보았다.

구좌면 행원리 마을 사람들은 특히 좌익들이 장악하였다. 5.10 선거를 마을 전체가 반대하여 참여하지 않았고, 8.25 인민위원회대표 선출 지하선거 때는 모두 참여하여 백지서명을 한 마을이며, 폭도가 많고, 밤마다 삐라를 만들어 인근 마을에 뿌리는 곳이었다.

11월 7일 군인 경찰 서청으로 구성된 토벌대는 이 마을을 덮쳤다. 토벌대는 집에 불을 지르고 도망치는 자는 총을 쏘았다. 이날 토벌대는 7명을 처형하고 가옥 20여 채에 불을 질렀다. 토벌대는 다음 날도 가서 「남쪽의 선거는 반대하고 북쪽의 선거를 지지하여 북한을 지지하고 국군을 공격한 폭도를 지지하는 마을은 없애버려야 한다.」고 주민들에게 고함을 지르며 마을 사람 4명을 처형하였다.[242]

11월 9일에는 2명을, 10일에는 5명, 13일에는 3명을 처형하였다.

「함덕리 사람들은 모두 함덕중학교 뒤로 모이시오. 한 사람도 빠짐없이 모이시오!」

토벌군이 집집마다 돌아다니며 집합하라고 소리 지르고 다녔다.

함덕마을 사람들은 두렵고 무서워 떨면서 모래밭에 집합하였다.

「여러분, 여러분 앞에 있는 사람들은 폭도들과 연락하여 토벌대를 기습하게 하고 그들에게 식량을 제공해서 우리들을 공격하게 한 자들로 이런 자들은 살려줄 수 없다. 여러분도 폭도와 내통한 흔적이나 식량을 제공한 증거가 잡히면 이렇게 죽을 것이다.」

중대장이 사격 명령을 막 내리려고 할 때 이장이 다급하게 중대장을 불렀다.

「중대장님, 이들의 신원을 보증할 테니 살려주십시오.」

이장이 중대장에게 마을 사람들을 살려주라고 말을 하자 중대장은 「사

241) 4.3은 말한다 4권 299쪽~300쪽
242) 4.3은 말한다 4권 307쪽

격 개시! 이 자도 쏴!」 하자 6명의 청년들과 구장이던 한백홍과 마을 유지 송정옥도 같이 쏘아 죽였다. 11월 1일의 일이었다.[243]

11. 폭도들의 공격과 진압군의 공격

폭도들은 조천지서를 습격하기 위해 준비하였다. 폭도들은 양민들과 전혀 다르지 않고 또 산에 집합하여 많은 인원이 같이 움직이는 것이 아니라 분산되어 있다가 '어느 날 언제 어디를 공격한다.' 하면 밤중에 연락을 하여 모여서 기습하였다가 각자 아지트로 돌아가 숨어버리고, 폭도 간부들만 같이 다니며 행동하기 때문에 폭도를 가려서 처벌하는 것은 보통 어려운 일이 아니며 또한 사전에 막는다는 것은 더욱 어려웠다.

「조천지서를 포위하고 매복하였다가 경찰 놈들이 나오면 사격하라!」

이덕구의 명령에 따라 11월 11일 새벽 폭도들은 신속하게 움직였다. 일부는 면사무소에 불을 질렀다. 면사무소가 불에 타자 마을 사람들은 공포에 떨었다. 조천지서의 경찰들은 비상구를 통해 도망쳤으나 1명이 사망하였다. 일부 폭도들은 조천리 우익을 살해하고 불을 질렀다.[244]

「방법이 없습니다. 남로당원과 인민위원회에 가입한 자들과 지하선 거에 참여한 자의 명단을 뽑아 마을마다 집집마다 다니며 이 자들을 다 죽이기 전에는 이 폭도들과의 싸움은 끝나지 않을 것입니다. 그리고 폭도들이 산에서 뭉쳐 다니는 것도 아니고 그렇다고 복장이 일반인과 다른 것도 아니고 또 적과 대치하는 전선도 있는 것이 아니라 낮에는 논이나 밭에서 일을 하여 양민으로 위장하고 밤에는 이들이 모여 이렇게 공격하니 어떻게 이들을 토벌하겠습니까? 방법이 없습니다. 폭도 소탕은 무조건 좌익에 가담했던 자를 모조리 죽이기 전에는 이 문제가 해결되지 않습니다.」 하고 장병들은 상관에게 건의하였다.

243) 4.3은 말한다 4권 323쪽
244) 4.3은 말한다 4권 327쪽

11월 4일 2대대는 면사무소 방화 소식을 듣고 중산간마을에 있었으나 함덕초등학교 본부로 주력부대가 내려왔다.

11월 4일 오후 4시경 토벌대는 함덕과 신흥을 덮쳤다.

「야. 함덕과 신흥마을을 집집마다 뒤져서 남자는 모조리 체포해!」

중대장의 명령이 떨어지자 토벌대는 함덕에서 9명을, 신흥에서는 19명을 처형하였다. 11월6일에는 조천리 청년 8명을 처형하였다.245)

폭도들은 토벌대가 함덕과 신흥 조천에서 남자들만 모조리 죽인 것을 알고 11월 11일 새벽 5시 조천리를 기습하였다.

폭도들은 각 지대별로 지시 받은 대로 행동하였다. 폭도들이 조천의 우익인사 가옥 30여 채에 불을 지르자 마을 사람들은 공포에 떨었다.

마을이 소란스러워지자 불안해하며 잠자리에서 일어난 이장원은 자기 집 앞에서 자기를 부르는 소리에 깜짝 놀랐다.

폭도들은 이장원에게 식량을 보내달라고 여러 번 요청해도 한 번도 보내주지 않는다고 이장원의 집을 포위하였다. 폭도들은 이장원과 그의 처 남금례(38세), 동생 이수남(23), 아들 만국(9세), 만선(7세)을 총과 칼과 철창으로 차마 눈을 뜨고 볼 수 없을 정도로 무참하게 죽이고, 집에 불을 질러 무서워 겁을 먹고 방에 있던 만복(4세)과 3살과 2살인 딸은 불에 타 죽었다. 큰딸인 13살의 이월색은 일본도와 창으로 7곳을 찔리고 총탄을 맞고도 경찰들의 도움으로 살아나 현재까지 살아 있다.246)

폭도들은 이장원 일가를 죽인 후 신흥리 경찰가족 6명도 칼과 죽창으로 죽였다.

국군 2대대는 폭도들을 잡기 위해 즉시 출동하였으나 어찌된 것인지 현장에 출동하여 추격해도 폭도들은 흔적도 없었다. 5키로가 넘게 추격하였는데도 폭도들은 어디로 숨었는지 그림자도 보이지 않았다.

토벌대들은 또 매복이나 당하지 않을까 하여 불안하였다. 군인들은 대흘2리에 들어가 주민 20여명을 닥치는 대로 처형하였다. 심지어 4살 어린이

---

245) 4.3은 말한다 4권 326쪽

246) 이월색(72세) 제주시 2도 2동 증언

까지 죽였다.[247]

주민들은 탄식하며 아예 마을을 떠나 산으로 숨었다. 이래서 산에는 사람들로 복작거리게 되었다. 이제는 폭도들도 산 속에, 폭도가 아닌 사람들도 산에서 살아서 폭도를 양민과 구별하기는 더욱 어려워졌다.

토벌대는 11월 3일 제주읍 연동마을을 새벽에 덮쳤다.

「무조건 도망치자!」 마을 사람들은 도망치느라 정신이 없었다.

마을 사람들이 도망치는 것을 본 토벌대가 가만 둘 리가 없었다. 토벌대는 미처 도망가지 못한 박연신(42) 김규만(35) 오동현(28)등 7명을 붙잡아 도경마루에서 처형하였다. 진압군은 9연대 장병 80명이 반란군이 되어 유치장에 연금 시켰는데 이중 4명이 탈출하는 사건이 생기자 제주읍내에서 젊은 사람만 보이면 연행하였다.[248]

11월 6일 토벌대는 제주읍 삼양리를 덮쳐 주민들을 모두 삼양초등학교로 모이게 하고 중대장이 나서서 이들에게 일장연설을 하였다. 주민들은 춥기도 하고 불안하기도 하여 이가 딱딱 마주쳤다. 먹을 것도 제대로 먹지 못하고 옷도 제대로 입지 못한 불쌍한 사람들이었다.

「여러분, 이중에서 남로당원에 가입을 했던가, 인민위원회에 가입을 했던가, 민애청, 여성동맹에 가입했던가, 5,10선거는 반대하고 8.25 지하 선거에 참여한 사람은 솔직히 앞으로 나오면 죄를 용서하여 관대히 처리할 것이나 만일 숨겼다가 발각되면 즉결처형 할 것이다. 그리고 누구든지 마을의 좌익을 알려주는 사람은 무조건 살려줄 것입니다. 어서 앞으로 나오시오.」

중대장이 설득하였으나 아무도 나오는 사람이 없었다.

중대장은 문성순에게 좌익을 골라내라고 하였는데도 말을 듣지 않는다고 두들겨 팼다. 이때 운동장에 서 있던 청년이 겁을 먹고 도망치는 것이 보였다. 중대장이 소리 질렀다.

「저 놈 도망간다. 저 놈 쏴!」

총을 맞은 청년은 푹 쓰러졌다. 고영준(27세)이었다. 토벌대는 문성순,

---

247) 4.3은 말한다 4권 329쪽
248) 4.3은 말한다 4권 332쪽

장규범(49), 장규안(47), 장한율(44), 김두현(36), 장규협(36), 김윤정(35) 등을 서우봉으로 끌고 가 처형하였다.

삼양리 사람들도 낮에는 토벌대에, 밤에는 유격대에 시달려 살 수 없어 산으로 피난을 갔다. 이 마을은 집이 있어도 사람들이 없어 마을이 텅 비었다.[249)]

조천면 교래리는 100호 정도가 살고 있는 큰 마을이었다. 48년 11월 13일 새벽 2시 이 마을에서 총소리가 요란하게 들렸다.

마을 주민들은 숨기에 바빴다. 마을 주민들은 평소 자기만이 숨을 수 있는 곳을 만들어 놓아 총소리를 듣고 순식간에 숨어버렸다. 그러나 어린아이들과 노인들과 여자들은 동작이 느렸다.

「집집마다 불을 놓아라!」

토벌대 중대장이 명령하자 병사들은 집집마다 다니며 불을 붙였고, 사람이 얼씬거리면 남녀노소 할 것 없이 끌고 나왔다. 한밤중인데도 마을은 집들이 불타면서 대낮 같이 밝았다. 주민들은 불안하였고, 자기 집이 불에 타도 감각이 없을 정도로 정신들이 나가버렸다. 각 집에서 끌고 나온 사람들을 집합시킨 후 그 중 14명을 끌어내었다.

신보배(여25), 김성지(63), 김성진(65), 양재원(60), 김만갑(57), 양관석(50), 부자생(44), 부영숙(여38), 고계생(여18), 고옥심(여14), 김순재(14) 등이었다.[250)]

「저자들을 모조리 죽여!」

중대장의 명령이 떨어지자 장병들은 즉시 사살하였다. 토벌군은 와산리와 와슬2구도 이런 식으로 토벌하였다. 주민들은 이불과 식량을 가지고 어린아이를 업고 산으로 피난을 하였다.

「주민 여러분은 해변마을로 소개하시오(이사하시오).」

토벌군들은 선도하였다. 주민들은 마을과 집들이 불에 타버려 오갈 데가 없는데 이제 해변마을로 소개하라고 하여 그들은 해변마을로 피난을 하였다. 토

---

249) 4.3은 말한다 4권 333쪽
250) 4.3은 말한다 4권 394쪽

벌대는 해변마을로 피난 온 사람들에게 지난 일들을 자수하라고 선무하였다.

토벌대에서는 이미 건준 명단, 인민위원회 명단, 민애청, 여성동맹, 3.1절 시위자, 지하선거인 등 각종 왔샤왔샤에 참석한 사람들의 명단 등을 경찰 특별수사대에서 마을마다 작성한 것이 있었고, 집안 식구 중에서 산으로 도망친 가족 명단도 작성되어 이 명단에 오른 자를 색출해 내고 있었다.

송요찬 연대장은 「산에 있는 사람은 모두 내려오시오. 과거는 묻지 않겠습니다. 만일 내려오지 않은 사람들은 공비로 인정하여 즉시 사살하겠습니다.」라는 전단과 대자보를 전 지역에 붙여 산에 있는 사람들을 자수하게 하여 수용소에 있게 하였다. 그런 후 연대 전 장병과 경찰을 총동원해 토끼몰이 식으로 한라산을 이 잡듯이 뒤졌다. 9연대 장병들은 동료들이 많이 죽자 폭도 토벌에 적극 나섰다. 폭도들은 민간인과 조금도 다를 바가 없기 때문에 산에서 얼씬거리는 사람만 보이면 폭도로 알고 무조건 사살하여 많은 산사람들이 죽었다.

12. 계엄령 선포

이상의 사건이 발생하자 정부에서는 48년 11월 17일 제주도에 계엄령을 선포하였다.

제주도의 반란을 급속히 진정하기 위하여 동 지구를 합위지경(合圍地境)으로 정하고 본령 공포일로부터 계엄을 실행할 것을 선포한다. 계엄사령관은 제주도 육군 제9연대장으로 한다.[251]

국무회의 의결을 거쳐 제정한 제주도지구 계엄선포에 관한 건을 이에 공포한다.

대통령 이 승 만

단기 4281년 11월 17일

251) 관보 제14호(1948년 11월 17일)

국무위원 국무총리 겸 국방부장관 이 범 석(광복군 참모장)
국무위원 내무부장관 윤 치 영(일제 때 흥업구락부사건으로 투옥, 출감 후 1941년 12월 일본 필승 주장)
국무위원 외무부장관 장 택 상(일제 때 청구구락부 사건으로 투옥)
국무위원 재무부장관 김 도 연(2.8독립선언으로 투옥)
국무위원 법무부장관 이 인(항일변호사)
국무위원 교통부장관 안 호 상(독립운동가, 민족사학자)
국무위원 농림부장관 조 봉 암(공산당 간부)
국무위원 상공부장관 임 영 신(독립운동가, 교육가)
국무위원 사회부장관 전 진 환(항일노동운동가)
국무위원 교통부장관 허 정(항일운동가)
국무위원 체신부장관 윤 석 구(항일운동가, 6.25 중 인민군에 피살)
국무위원 이 윤 영

※ 그런데 제주4. 3진상조사보고서 241쪽~275쪽까지 48년 9월 15일부터 11월 17일까지 위 사건은 한 건도 기록하지 않아 정부에서 계엄령을 선포한 이유와 진압해야할 정당성을 싹 빼버리고, 진상조사보고서 276쪽에"정부에서 계엄령을 언제 선포했다가 해제하였는지, 심지어 과연 계엄령이 선포되었던 것인지 혼돈만 줄 뿐이다. 계엄령은 당시는 물론이고 최근까지도 그 실체가 매우 불분명한 것이다."라고 주장하고 있으나, 진상조사보고서 283쪽에 이 문제 가지고 소송을 해서 판결까지도 나왔는데도 이렇게 진상조사보고서를 가짜로 작성하였다. 그러면서 진상조사보고서 276쪽에 계엄령은 제주도민들에게 재판 절차도 없이 수많은 인명이 즉결 처형된 근거로 인식되어왔다고 비판하고 있다. 진상조사보고서는 이상과 같이 폭도들의 만행을 싹 빼버린 이유는 정부에서 아무 잘못이 없는 제주도에 계엄령을 내려 아무 잘못 없는 양민들을 집단총살 하여 이승만 대통령, 송요찬 9연대장, 함병선 2연대장과 미군에게 책임을 전가시키기 위함이었다. 그래서 제주4. 3 진상조사보고서는 가짜보고서로 폐기 되어야 하고, 가짜보고서를 작성한 자들은 법에 따라 처벌해야 한다.

※ 제주도지구 계엄령선포 관련 관보 및 원문

13. 진압군, 자수자도 처형

9연대와 증원경찰은 중산간 마을 주민들을 해변으로 이사시키면서 중산간 마을을 모두 불태워 폭도들의 은신처를 없애버렸다. 그리고 남로당원, 인민위원회, 왔샤 왔샤 시위자, 백지서명자들의 명단을 작성하고 제주 전도에 걸쳐 혐의가 있는 자는 자수하라고 권고하였다. 그리고 폭도 토벌에 나섰다. 토벌군은 계엄령이 선포되자 조금만 이상하면 무조건 총을 쏘았다.

마을 사람들은 밤에는 폭도들이 마을에 와서 「도로를 파라, 전봇대를 넘겨라, 식량을 내 놓아라」 하여 죽지 못해 하면 다음 날은 토벌대가 와서 「왜 폭도들에게 협조하였는가?」 하고 잡아다가 죽이고는 「도로를 메워라. 전봇대를 세워라, 식량을 주지 마라.」 하고 철저히 교육시키고 돌아가니 마을 사람들은 살 수가 없었다.

1) 대정면

대정면 안성리는 좌익 강문석의 고향이다. 강문석은 해방 후 남로당 중앙당 선전부장을 한 인물이다. 그는 1945년 10월 인민위원회를 전국적으로 조직할 때 고향에 내려와 대정인민위원회를 조직하여 대정면은 강문석의 영향이 컸다. 4.3폭동 사령관 김달삼은 강문석의 사위가 된다.

대정면 안성리의 유신출(37세)은 48년 5월 10일 무릉지서 습격 때 피살되었다.

대정면 보성리 고승옥은 48년 6월 18일 9연대 장병으로서 탈영하여 제주인민군에 입대한 자이며, 제주남로당에서 경비대 프락치로 9연대에 입대시킨 자이다. 9연대 탈영병 중에는 대정출신들이 많았다.

대정면 신평리 위쪽 역구왓은 폭도들의 아지트였고, 구억초등학교는 4.28평화협상을 할 정도로 폭도들의 아지트였다. 마을 사람들은 대동청년단에 편성되어 보초를 서고, 밤에는 폭도들의 지시에 따라 도로와 전봇대를 파괴하고 삐라를 뿌렸다.

48년 12월 20일 9연대 진압군이 대정면 3개 리에 사는 사람들을 홍살

문거리에 집합시켰다. 여기에서 진압군은 폭도들에게 식량을 제공하거나 북한 지지의 8.25선거에 도장을 찍은 명단을 토대로 보성리 고명도 외 16명을 호명해서 동헌 터에서 총살하였다.[252]

48년 12월 1일 폭도들이 보성리를 습격하기 위해 마을에 오자 보초를 서던 조사옥(55세)이 이를 알리려 지서에 가다가 폭도들에게 학살되었다.

12월 6일 진압군은 대정지서에 갇혀 있던 안성리 김옥복(60대) 외 13명을 총살하였다.[253]

49년 1월 5일 폭도들이 마을에 삐라를 뿌렸다. 마을에 보초를 섰던 사람들은 삐라를 주워서 학교에 있는 교사들에게 주었다. 교사들은 이를 즉시 지서에 신고해야 하는데 신고하지 않고 소각을 하였다. 지서에서 이 내용을 알게 되어 보성초등학교 교장 송병길(43세) 외 6명이 모승봉에서 총살되었다.

49년 1월 5일 폭도 80여명이 신도 1구를 대대적으로 습격하였다. 신도리 주민들은 겨우내 추위와 굶주림 속에서 하루하루를 살아가는 것이 너무 힘이 드는데 폭도들의 습격을 받았다. 폭도들은 겨울에 먹을 식량을 약탈해 가고 그것도 부족하여 변신학(51세), 조성학(44세), 고좌룡(42세), 김경윤(37세), 강은선(35세)을 학살하였다. 주민들은 폭도들이 식량을 약탈하는 것을 저지하다 죽었고, 조성학은 환자여서 누워 있는데 창으로 배를 찌르고 그 집에 불까지 질렀다.[254] 상황은 약간씩 다르지만 제주도 각 면이 이런 상황이었다.

48년 12월 13일 군인들이 와서 상모리와 하모리에 사는 주민들은 모두 향사로 모이라고 하였다. 주민들은 군인이 나오라고 하니 모두 향사에 모였다.

「남로당에 가입하였거나, 인민위원회에 가입했거나, 폭도들에게 마지못해 먹을 것과 옷을 주었거나, 도로와 전봇대 절단 부역에 나갔거나, 왓샤왓샤나, 백지서명을 한 사람들은 앞으로 나와 자수하라. 그러면 과거를 묻

252) 4.3은 말한다 5권 304쪽~307쪽
253) 4.3은 말한다 5권 308쪽~309쪽
254) 4.3은 말한다 5권 358쪽~359쪽

지 않고 용서할 것이다. 만일 자수를 하지 않고 나중에 이런 사실이 나타나면 그때는 즉석에서 총살할 것이다.」

군인이 명단이라며 종이를 흔들어대자 이 말을 곧이들은 순진한 마을 사람들이 「자수하면 살려준대!」하고 서로 소곤대며 앞으로 나갔다. 하모리 36명, 상모리 12면 합 48명이었다.[255]

중대장은 자수하여 앞으로 나온 사람들을 「끌고 가서 모조리 총살하라」고 명령을 내려 장병들은 그 명령대로 48명 전원을 총살하였다.

1948년 12월 13일 상모리의 이교동마을 사람들이 이상과 같이 많이 죽었는데 이들이 마을사람들이 폭도들에게 협력한 내용을 자세히 불어버린다면 마을 사람들이 한 명도 살아남을 수가 없을 정도로 폭도들을 도왔다. 그래서 민보단장 김남원과 모슬포교회 조남수 목사는 모슬포 경찰서장 문형순을 만나 자수하면 꼭 살려주겠느냐?는 질문에 책임지고 살려주겠다는 약속을 받고 마을사람 100여명에게 권고하여 큰 죄는 빼고 식량 등을 제공하였다고 간단하게 자술서를 써서 경찰서에 제출하여 이교동 100여명 정도가 죽지 않고 살게 되어 지금도 이 마을 사람들은 조남수 목사를 고맙게 생각하고 비석도 세웠다.[256]

2) 북촌리

48년 11월 18일 폭도들은 마을에 보초를 서고 있던 경찰 후원회장 홍성도(46세)와 이장 김성규(46세)를 학살하였다. 북촌사람들은 진압군에 협조하지 않을 수 없어 협조하였는데 이것을 이유로 폭도들은 밤중에 이들을 학살하였다.[257]

「밤에 폭도들이 설쳐서 마을마다 자경대, 민보단, 특공대를 조직했으면 무기를 주어야 폭도들과 싸워 이들의 마을 접근을 막을 것이 아닙니까?」

---

255) 4.3은 말한다 5권 321쪽
256) 4.3은 말한다 5권 324쪽
257) 4.3은 말한다 4권 439쪽

하모리 특공대장 이원하가 49년 1월 군부대에 무기지급을 요청하였다.

「특공대에서 무기를 요청한다고? 우리가 그들을 어떻게 믿어? 경찰도, 한솥밥을 먹는 군인도 못 믿는 세상인데 특공대라고 믿고 무기를 주었다가 그놈들이 우리에게 총 뿌리를 들이대면 우리는 다 죽지 않겠소? 그런데 이원하 그 사람이 어떤 사람인가 알아보시오!」

9연대 보급과에서는 특공대 무기지급을 거절하였다. 그리고 정보계에 이원화에 대해 알아보게 하였다.

「이원하는 이범석 장군의 족청 출신입니다.」

49년 1월 10일 2연대 군인들은 특공대원 이원하 이하 10여명을 모슬봉으로 끌고 갔다.

그들은 총을 맞고 피를 토하고 죽었다. 그들은 분명 폭도가 아니었고 확실한 우익이었다. 다만 총을 주어 우리 자신을 방어하게 해달라는 것과 족청 계열이었다는 것이 이들이 죽음의 이유였다.

49년 1월 11일 폭도들은 상모리 산이수동을 습격하여 민보단 책임자인 이삼백(33세)을 학살하고 그 집에 불을 질렀다.[258]

제주 전 지역이 이런 상황이어서 진압군은 어떻게 해볼 수가 없었다. 4.3폭동 후 인명피해는 48년 11월, 12월, 1월 3개월 동안이 제일 많이 죽게 되었다.

※ 이덕구의 9.15사건이 없었으면 분명 4.3사건은 7월 말 조용하여 진압되었고, 제주 사람들이 이렇게 많이 죽고 죽이지 않고 비참하지도 않았을 것이다.

폭도들이 이상에서 보는 바와 같이 경찰과 국군과 우익을 죽이니 정부에서는 사람을 죽이는 살인자들을 그냥 둘 수 없었다. 폭동을 진압하지 않았으면 제주도는 공산화 되었다.

---

258) 4.3은 말한다 5권 327쪽~328쪽

14. 폭도들 남원면 사무소와 경찰지서 공격

48년 11월 28일 폭도들은 남원면 태흥리를 습격 민보당원 몇 명을 학살하고 도로에 장애물을 설치하여 진압군의 진입을 막았다.

태흥에서 총소리가 요란하게 나자 남원리 민보단원들이 남원지서 안으로 모였다. 이때 폭도들이 경찰지서를 포위하여 경찰을 공격하면서 우익인사 30여명을 닥치는 대로 죽이고 그들의 집에 불을 질렀다. 지서 안에는 경찰 30여명과 지서 협조원 120명이 있었는데, 협조원들이 경찰에게 지서에서만 총질을 하지 말고 나가서 싸우자고 해도 경찰은 무서워서 나가서 싸우지 않고 지서에서 방어만 하고 있었다. 급보를 받고 서귀포에서 군경합동진압군이 도착하였을 때는 폭도들은 식량과 필요한 물품과 주민들을 끌고 산으로 도망간 후였다.

같은 날 새벽 6시 무장폭도 200여명과 협조자 500여명 합 700여명이 남원리와 위미리를 동시에 습격하였다. 폭도들은 가옥 250여 채에 불을 지르고 50여명을 학살하고, 주민 70여명과 경찰 3명에게 부상을 입히는 무차별 공격을 하고 있었다. 진압군이 위미리에 도착하자 폭도들은 산으로 도망친 후 12월 31일 재차 공격하여 3~4명을 학살하였다.

48년 12월 14일 진압군은 모슬포, 서귀포, 남원리, 한라산 부근의 폭도들의 진압에 나섰다. 이때 주민들도 3천여 명이 합세하였다. 이 작전에서 폭도 105명을 사살하고 99식 소총 10정과 식량을 노획하였다.[259]

1948년 12월 31일 진압군은 의귀리를 수색하던 중 고기석(55세)을 총살하였고, 49년 1월 2일 오승백(70세), 4일에는 신상묵(21세), 9일에는 오윤형(24세) 등을 은신처에서 총살하였다. 1월 9일에는 100여명이 진압군에 붙잡혀 의귀초등학교에 갇혀 있었다. 1월 10일 진압군은 이들을 총살하기 시작하였다.

49년 1월 20일 5명이 총살되었고, 1월 22일 30여명이 또 총살되었다.

49년 1월 3일 새벽 추운 날씨에도 상관하지 않고 폭도들은 남원면 하례

---

259) 4.3은 말한다 5권 122쪽~132쪽

리를 공격하기 위해 산을 내려왔다. 하례리는 서귀포경찰서에 근무하는 문대흥 경사의 영향을 받아 우익마을 이었다. 하례리는 폭도에 가담한 자가 없고, 폭도들에게 협조한 일이 전혀 없어 피해가 없는 마을이었다. 그리고 마을 사람들이 뭉쳐 폭도와 대항하였고 보초도 잘 서고 있었다. 폭도들이 마을들을 공격하는 명분은 항상 토벌군의 앞잡이 노릇을 한 사람들을 처단한다는 것이었다. 그러나 그들은 거의 그들이 세운 명분처럼 토벌대 앞잡이 노릇을 한 사람만 처단하는 것이 아니고 처벌 대상은 공격하는 마을 전체이고, 사람을 살상하고 가옥에 불을 지르고 곡식과 의복과 가축과 심지어 사람들마저 끌고 갔다.

하례리 가까이 도착한 폭도들은 보초를 죽이고 식량과 옷가지를 운반하라는 폭동 주동자의 지시를 받고 일사불란한 행동으로 흩어졌다. 죽창부대는 마을 초소가 있는 곳으로 접근하다 보초에게 적발 당하였다.

「기!」

하고 보초가 암호를 물었다.

폭도 한 사람이 깜짝 놀라는 보초에게 달려들어 죽창으로 찌르자 보초는 그 자리에 쓰러졌다. 순식간에 보초 4명이 죽창에 찔려 피를 흘리며 쓰러졌다. 보초들을 처치한 이들은 "토벌군의 앞잡이 노릇이 얼마나 처참한가를 보여주자" 며 마을에 들어가 남녀노소를 가리지 않고 눈에 보이는 사람들을 학살하였다. 그런 후 이들은 가옥과 학교에 불을 지르고 식량과 의복을 약탈해갔다. 이날 희생된 사람은 김윤수 외 26명이었다.[260)]

날이 새자 마을은 완전히 잿더미가 되었고, 시체는 마을 여기저기에 즐비하였으며, 부상자들과 어린이들의 신음소리와 울음소리, 살아남은 사람들이 시체를 부둥켜안고 우는 통곡소리는 제주도의 비극의 소리였다.

염돈마을이 자경대를 조직하여 마을에 보초를 서고 폭도들이 식량을 가져가는 것을 막겠다고 하자 폭도들이 덮쳤다.

48년 12월 1일 12시경 폭도들은 염돈마을을 기습하기 위해 산을 내려

260) 4.3은 말한다 5권 153쪽

와 마을 가까이 오자 죽창부대를 시켜 보초를 공격하게 하였다.

보초가 긴장하여 반문하며 반격자세를 취하였다.

「뭐야? 이 자식이!」 하며 죽창부대 한 사람이 보초를 죽창으로 찔렀으나 되려 보초가 찌른 죽창에 찔려 그 자리에서 죽고 말았다. 이것을 본 폭도들은 곧 후퇴하였다. 처음으로 마을 사람들이 폭도들을 물리친 사건이었다. 후퇴한 폭도들은 사람들을 더 보강하고 총을 가지고 와 재차 보초들을 공격하였다.

폭도들이 다시 공격해 오는 것을 보고 있던 보초들은 그들의 손에 총이 들려 있자 놀라 도망치려는데 다리가 떨려 움직일 수 없었다. 그런데 바로 초소 가까이 와서 대치한 폭도 당사자는 소리를 질렀다. 보초들은 조금 전에는 폭도들이 총이 없어 해볼 만 하였는데 지금은 총을 들고 있으니 죽창으로는 해볼 도리가 없고 모두 죽지 않으려면 도망쳐야 하는데 오금이 저려 뛰자니 뛸 수 없어 주춤거렸다. 보초들은 입을 굳게 다물고 초소를 뛰쳐나와 힘껏 뛰었다. 뒤에서 총소리가 났다. 보초 한 사람이 쓰러졌다. 다른 두 사람은 뒤도 돌아보지 않고 흩어져 어둠 속을 도망쳤다. 폭도들은 총을 계속 쏘았으나 어두운 밤이라 도망치는 사람이 보이지 않았다. 보초들을 몰아낸 폭도들은 마을로 들어가 집에 불을 질렀다. 10여 채가 불타오르자 마을은 금방 대낮같이 환해졌다. 자다 말고 마을 사람들은 도망치느라 정신이 없었다. 폭도들은 남녀노소를 가리지 않고 닥치는 대로 죽였다. 염돈마을은 순식간에 아비규환이었고, 마을은 잿더미가 되었다. 임무생(69) 외 8명이 죽고 많은 사람들이 부상당하였다.

제주도의 마을들은 폭도들에게 협조하지 않으면 이렇게 그들에 의해 마을이 잿더미가 되었고, 토벌군의 말을 듣지 않으면 토벌군에 의해 잿더미가 되었으며, 토벌군이 폭도 차림으로 마을에 들이닥쳐 좌익들을 죽였고, 폭도가 토벌군복을 입고 나타나 토벌군 행세를 하며 우익들을 죽이니 제주도민은 살기 어려웠다.

1949년 1월 6일~7일 폭도들 갑산리 습격

1월 8일 토벌대의 총살
1월 22일 산에 있던 사람들 진압군에 붙잡혀 정방폭포에서 총살 당함.
1월 27일 폭도들 창천리 습격하여 진압군과 전투가 벌어짐.

차이는 있지만 각 면의 상황이 이 정도였다.261)

제주도 폭도들은 연일 신문과 라디오에서 14연대 반란군의 소식을 듣고 남한 정부가 곧 넘어가는 줄 알고 있는데 이들은 면 단위로 중대가 조직되어 제주도 전역에서 공격하고 있었다. 그런데 폭도들은 군부대나 지서보다 민보단 등 우익인사 집을 밤이나 새벽에 공격하고 있어 양민에 큰 피해를 주고 있었다. 다행인 것은 북한에서 지금까지 제주도 폭도들을 위해 협조한 흔적이 아직은 없었다. 다만 북한 인민유격대 180여명이 38선을 넘어 현재 오대산과 태백산에 있는데 국군 8연대가 이들을 진압하기 위해 출동 전투 중이었다. 제주인민군과 14연대 반란군만 빠른 시일 내에 진압하면 남한은 그런 대로 위기를 넘길 것 같았다.

※ 폭도들이 밤이 되면 먹을 것을 구하러 부락에 내려오고 있으니 마을마다 자위대를 보강하고 성을 쌓아 폭도들의 공격을 막고, 중산간 마을에 사는 주민들을 보호하기 위해 해변으로 이사시키고 폭도들의 근거지를 없애 버리려고 진압군은 전력을 다하였다. 그런데 제주4.3 진상조사보고서는 이를 "초토화 시켰다"라고 기록하고 있다.

15. 제주인민군(내란군) 사령관 이덕구의 고민

"일본 강점기 때 일본군이 한라산 곳곳에 파 놓은 700여개의 방공호 속에는 숨겨놓은 무기와 식량이 많다. 반동분자와 싸우면 이길 수 있다. 여수

261) 4.3은 말한다 5권 269쪽

와 호남 등의 육지에서와 전국에서 항쟁이 시작되었다. 산을 내려가 봐야 개죽음만 당한다. 인민군이 수원까지 왔다. 곧 해방이 된다" 고 하면서 하산을 만류해도 많은 사람들이 내려가고 입산자는 점점 줄어들고 있었다. 그것은 추운 겨울을 지날 양식이 없음을 그들이 알고 있기 때문이었다. 폭도들은 먹을 것을 마을에서 계속 조달할 수 없었다.

이덕구는 수많은 전사와 협력자들을 잃고 어둡고 습기가 많은 방공호 속에서 추위와 싸우며 또 숨을 죽이고 있어야 했다. 제주에 있는 국군은 폭도 생포자들을 통해 폭도들의 아지트를 알게 되어 숨겨 놓은 식량과 무기 등을 다량 노획하였고, 아지트를 하나 둘씩 점령 하였다. 이렇게 되자 폭도들은 또 죽은 척하며 진압이 완전히 된 것처럼 위장하였다.

16. 제주 9연대 대전 2연대와 임무교대

이덕구 등 폭도들은 진압군의 토벌작전에 도저히 견디지 못하고 또 잠적하였다.

육본에서는 '제주도에 공비가 전혀 없으며 있어도 몇 명에 불과해 큰 문제는 없을 것' 이라 판단하고 48년 12월 31일 계엄령을 해제하기로 하였다. 그리고 9연대는 전사자 93명과 부상자가 많이 있고, 반란자 86명을 처형하였으며, 탈영병들이 너무 많아 재편성을 해야 하기 때문에 대전으로 이동하고, 남로당 좌파가 가장 적은 대전의 2연대를 제주도로 이동시켰다. 대전에 주둔했던 2연대는 48년 12월 29일 제주도에 도착하였다. 연대장 함병선 중령과 장병들도 폭도가 완전히 소탕되었다고 알고 있어 부대 이동과 부대 배치로 어수선한 가운데 경계를 철저히 하지 않고 있었다. 함병선 연대장은 본부와 2대대는 제주시에, 1대대는 서귀포에, 3대대는 한라산 중턱의 오등리에 주둔하게 하여 언제든지 즉시 작전을 수행할 수 있게 부대를 배치하였다.

예정대로 12월 31일은 제주도에 계엄령이 해제되었고, 마을에서는 국군

장병을 환영해주어 제주도는 오랜만에 평온이 온 것 같았으며, 장병들은 부대 이동에 바빴지만 주민들의 뜨거운 환영에 마음이 흐뭇하였다. 12월 31일 밤은 보초를 제외한 장병들 거의가 환영회로 마음이 들뜬 상태로 잠자리에 들었다. 제주도민들은 2연대가 오지 않았으면 제주도 젊은이들은 모두 빨갱이가 되었을 것이라고 하였다.262)

17. 제주인민군 국군 2연대 3대대 공격

이덕구는 9연대의 토벌에 쫓겨 도망 다니는데 죽을 지경이었다. 이덕구는 지긋지긋했던 송요찬의 9연대가 육지로 가고 대전의 2연대가 제주도로 이동된 지금이 태풍이 지나간 때라 생각하고 한라산 방공호 속에 흩어져 있는 각 지역대표들에게 명령하였다.

국군 2연대가 대전에서 제주도에 29일 도착하였다. 12월 31일 계엄령 해제와 2연대 제주 주둔 환영식을 하고, 1월 1일은 공휴일이 되어 오등리에 있는 3대대를, 폭도들은 31일 저녁 9시에 하산하여 새벽1시에 기습 공격하였다.

폭도 600여명은 국군 3대대를 완전히 포위하고 이덕구의 신호만 기다렸다. 새벽1시, 이덕구의 권총소리가 어둠을 가르자 「공격개시!」 하는 소리와 함께 총소리는 오등리를 진동시켰다.

3대대는 대대장이하 모든 장병들이 자다 말고 총소리에 놀라 허둥대었다. 대대장은 급히 옷을 입으며 부관을 불러 작전지시를 하였다.

장병들은 옷을 입을 새도 없이 맨발과 속옷으로 총을 들고 땅에 넙죽 엎드려 낮은 포복으로 기어 나가며 폭도들의 총소리가 나는 방향으로 무조건 갈겨대었다.

국군은 건물과 은폐물을 이용하여 폭도들을 공격하였고, 폭도들도 담을 은폐물로 하여 막사에 붙어 있는 국군을 향해 총을 쏘았다. 양측의 총소리

---

262) 「이제사 말햄수다」 132쪽

는 콩 볶듯 요란하였고, 1시간동안 치열한 사격전이 벌어졌다. 폭도들은 실탄의 부족과 지원부대가 오면 포위당할 것을 염려하였다.

이덕구의 고함소리에 폭도들은 30분간 공격하고 순식간에 후퇴하여 국군이 추격할 시간도 주지 않고 각자의 아지트로 숨어버렸다.

3대대 장병들은 폭도들이 철수한 후 수습을 하고 보니 폭도 10명이 죽어 있었고, 국군 고병선 중위 등 전사 10명, 그 외 많은 수가 부상하였다. 3대대 장병들은 동료들의 죽음과 부상자들의 고함소리와 신음소리를 듣고부터는 폭도들에 대한 불안과 함께 적개심이 불타올랐다.

함병선 연대장이 급보를 받고 2대대를 직접 지휘하여 오등리 3대대에 도착하였을 때 전투는 이미 끝났고 처참한 현장만 남아 있었다. 그는 기가 막혔다. 더 기막힌 것은 그가 사망자와 부상당한 장병들을 둘러보고서였다. 9연대가 완전히 토벌했다는 폭도들이 어디서 나왔는지 국군 1개 대대를 포위하고 공격하여 많은 사상자를 낼 정도로 많은 수와 화력을 가지고 있다는 것이었다.263)

「폭도들이 3대대를 공격하였다.」는 보고를 받은 육본은 깜짝 놀랐다.

「도대체 제주도 폭도들은 귀신인가? 다 진압하였다 하면 나오고, 다 진압하였다 하면 또 나오고 하니 어떻게 해야 완전히 진압할 수 있단 말인가?」하고 연대본부나 육본에서는 제주 폭도들의 진압에 골머리를 앓았다.

폭도들이 2연대를 기습 공격한 후부터 국군은 경비를 강화하고 다시 진압군을 강화하여 폭도 토벌에 나섰다. 진압군은 전임자들이 그러했듯이 양민과 폭도들을 구분할 수 없어 무척 애를 먹었다. 제주도민들은 같은 마을에 살며 거의가 다 사돈네 팔촌 하는 식으로 친 인척관계가 많았다. 그들 중 누구도 폭도를 숨겨주려고만 하지 진압군이 신고하라 해도 신고하지 않는다. 진압군이 살살 달래거나 겁을 주며 캐물어도 「모르쿠다!」하지 별로 신고하는 사람이 없어 더욱 많은 사람들이 피해를 입었다.

1949년 1월 4일 진압군은 육·해·공군 연합작전을 실시하였다. 작전

---

263) 한국전쟁사 1권 1967년 445쪽

에 앞서 산에 있는 사람들에게 귀순 권고 전단지를 살포한 후 작전에 들어갔다. 해군 함정은 함포로 위협을 하였고, 공군 L-4, L-5형의 연락기는 국산 수류탄과 폭탄을 투하하였다. 진압군이 오름을 뒤지자 수많은 산사람들이 하산하여 진압군은 이들을 수용하였다. 진압군은 갱생원을 만들어 구호물자를 배급하고 포로들을 처형하지 않고 사상계몽을 하여 재기하게 하였다. 여기서 양민으로 인정된 자는 귀향조치 하였다.264)

18. 명덕리 전투

49년 1월 6일 새벽 3시 제주읍에서 8킬로 떨어진 명덕리에 제주인민군 350여명 정도가 모여 모종의 작전을 하기 위해 행동중이라는 정보를 입수하여 함병선 연대장이 직접 지휘하여 제주인민군을 완전히 포위하여 4시간의 치열한 전투가 벌어졌다. 제주인민군 주력은 견디지 못하고 도망쳤다. 전장을 보니 제주인민군 153명의 시체가 있었다. 국군은 7명 전사와 5명의 부상자가 발생하였다.265)

19. 폭도들 제주읍 공격

폭도 500여명은 제주읍을 공격하기 위하여 중대별로 하산하여 1949년 1월 8일 새벽1시가 다 되어갈 무렵 각자의 위치에 도착하였다. 이들은 숨을 죽이고 목표물을 향해 총을 겨누었다.

새벽 1시가 되자 폭도들의 공격이 일제히 시작되었다. 콩 볶듯 하는 총소리가 제주읍을 진동시켰다. 갑작스런 총소리에 경찰 군인 일반인들은 깜짝

---

264) 한국전쟁사 1권 1967년 445쪽

265) 한국전쟁사 1권 445쪽, 독립신문 1949년 1월 12일자.

놀랐다. 「비상! 비상!」 하는 외침은 경찰과 동시 군에서도 외쳐졌다. 잠을 자다 말고 옷을 입고 신발을 신고 총에 장탄해서 나올 때까지 몇 분도 걸리지 않았다.

보고를 받은 함병선 연대장은 우선 1개 대대로 폭도들을 포위하여 생포하려고 하였으나 폭도들은 이것을 알고 부대 정문에서부터 국군의 출동을 저지하고 있었다. 경찰은 즉시 방어진지에 들어가 사격을 하고 있었다.

폭도들은 수류탄이나 박격포가 있으면 경찰과 국군에 엄청난 피해를 줄 수 있었으나 수류탄이나 박격포가 없었고, 소총도 99식과 M1 소총이어서 경찰과 국군에 큰 타격을 주지 못하였다. 그리고 폭도들은 경찰의 방어진지가 튼튼한 것을 잘 알고 기습 공격하였으나 빈약한 무기로는 어찌할 수 없었다.

폭도들은 30분 동안 숨 쉴 사이 없이 공격을 하였다. 30여분이 지난 후 폭도들은 경찰과 국군의 공격을 저지하면서 중대별로각자의 아지트로 철수하기 시작하였다.[266] 폭도들은 낮에 정탐을 하여 정확한 정보에 의해 순식간에 식량과 부식과 그들이 필요로 하는 필수품을 확보하여 제주 읍을 빠져나갔다. 제주읍민들은 폭도들이 나타나 총을 겨누며 「동무, 이것 가져가는 것 억울하게 생각 마시오. 곧 제주도와 남조선이 해방될 것이요. 그때는 모두 갑절로 갚아주겠소!」 하니 「안 된다!」 하면 죽일까 봐 「예, 예, 그렇게 하십시오!」 하고 무엇이든지 눈뜨고 다 빼앗겼다.

떼를 지어서 나타난 폭도들을 보고 읍민들 모두가 놀라지 않은 사람이 없었다. 폭도들은 다람쥐같이 산으로 도망쳐버렸다. 국군과 경찰은 추격하려고 해도 어둡고 매복이 두려워 추격하지 못하였다.

폭도들이 완전히 소탕된 줄만 알고 있었던 2연대나 육본이나 정부에서는 이러한 보고에 깜짝 놀랐고 고심하였다. 1949년 이때는 이미 미군정도 끝나고 미24군 주력부대가 일본으로 건너가 해체되는 단계에 있어 제주도 폭도 소탕은 국군이 해결해야 할 문제였다. 국군은 제주도민을 다 죽일 수도 없고, 그냥 두면 우익과 폭도들에게 협조하지 않는 자를 다 죽일 것이고

---

266) 한국전쟁사 1권 1967년 446쪽

하여 고민이 많았다. 이승만 정부도 제주도 폭도 문제가 골칫거리였다.

육본에서는 49년 3월 2일 제주도지구 전투사령부를 창설하여 사령관에 유재흥 대령, 참모장에 함병선 중령을 임명하였다. 그리고 6사단 유격대대를 증파하여 국군을 보강해서 폭도 진압에 나섰다.

• 제주인민군(내란군)의 전단지 내용.

1949년 1월 13일 남로당 제주도당 구좌면 투쟁위원회에서는 구좌면 일대에 전단지를 뿌렸는데 그 주요 내용은 다음과 같다.

<면민에게 호소함>

. . . 여러분은 저 애월면 노랑개 섬멸작전, 노랑개(국군을 지칭) 30여명을 무찌른 충성작전, 지 6월 노랑개 50여명을 월 작전을 ?
올 은 지 . 3 민은 에
, 민군은 전 에 을 전 섬멸
. . . .여러분 전에
. 국 1월 1 을 여 전 민 은
. 러 게 성 은 1949 1월 1 에 성
명 지 은 에 에게 노 에게 노 , 민에
게 지개 , 여성에게 여 을 ,
국 을 에 민군은 저 을 성명
.

여러분! 성 성명 민군
섬멸 . . . .
— 민군 !
— 민 국 전 !

1949 1월 13

면

"매국 단전을 타도하기에 저력을 다할 것" 이라는 말은 대한민국을 타도한다는 내용이고, "김일성 수상 성명서가 구체화 될 날" 은 북한 인민군의 남침을 말하며 남침을 기다리고 있는 전단지 내용이었다.(고제우 편저. 「제주4.3폭동의 진상은 이렇다」 백록출판사, 1998. 83쪽)

20. 북촌마을 사건

제주도 조천면 북촌마을은 332호 1,864명이 살고 있는 큰 마을이다. 1948년 5월 16일 우도에서 제주읍으로 가던 어선이 풍랑을 만나 북촌마을 포구에 피했을 때 이 마을 폭도 3명이 배에 있는 우도 지서장 양태수 경사를 권총으로 쏘아죽이고, 7~8명의 일반인을 끌고 가 죽이려는 것을 신고를 받고 출동한 경찰에 의해 구명된 사건이 있는 곳으로, 북촌마을은 해방구로 좌익이 지배하는 마을이었다. 이런 마을이 조천, 선흘, 대흥이 있었다.[267]

49년 1월 17일 2연대 3대대가 함덕초등학교에 주둔하고 있었다. 제2연대 3대대 중대 일부 병력이 대대본부가 있는 함덕으로 가던 중 북촌마을 어귀 고갯길에서 폭도들의 기습을 받고 2명의 국군이 전사하였다.

신고를 받고 국군이 북촌마을에 출동하니 폭도들은 흔적이 없이 사라졌고 먹다 남은 음식은 아직도 따뜻하였다. 진압군은 주민들을 초등학교에 집합시켰다.

「나는 중대장이요. 여기서 솔직하게 자수하면 무조건 살려주고 자수하지 않으면 모두 죽여 버리겠습니다. 자수자들은 앞으로 나오시오!」

중대장은 사병들을 주민들 주위에 둘러 싸 포위하게 하고 앞에총을 시킨 후 "폭도들은 자수하라" 고 설득하였다. 자수자는 한 명도 없었다.

「안 나와? 그러면, 폭도들에게 조금이라도 협력한 사람은 나오시오.」

한 명도 없었다. 그러자 "경찰가족과 국군가족은 나오라" 고 한 후 이들을 제외하고 주민들을 4열종대로 세워서 밭으로 끌고 가 1차로 40명, 2

267) 「이제사 말했수다」 181쪽

차로 40명을 총살하였다.

'사격' 소리가 끝나자마자 귀청이 떨어져 나갈 정도로 총소리가 요란스럽게 나고 사람들이 푹푹 쓰러지니 총을 맞지 않은 사람들도 놀라 맥없이 털썩 주저앉았다. 주민들은 총을 쏘는 병사들을 피해 도망칠 도리가 없어 선 자리에서 우왕좌왕하다 총을 맞고 풀썩 풀썩 쓰러졌다. 사람들의 울부짖는 소리와 총소리, 비명소리로 아비규환이었다. 주민들의 죽음은 처참하여 눈을 뜨고는 볼 수 없었다. 주민들은 말 한 마디 해보지 못하고 그대로 죽어갔다.

북촌마을 사건을 보고 받은 함병선 연대장은 함덕으로 가는 3대대 부관이 중위에게 사격을 정지시키라고 명령하였다.

이 중위가 다급하게 사격중지를 고함쳤으나 이때는 이미 1차, 2차 무차별사격이 끝나고 3차로 사격을 하려고 할 때였다.

부관은 "빨리 집에 가서 먹을 것을 가지고 함덕으로 오라!" 고 하니 그들은 목숨을 구해주었다고 부관을 고맙게 생각하였다. 죽음의 공포에서 살아 나온 이들은 넋이 나가 제정신들이 아니었다. 짐을 겨우 추슬러 짊어진 사람들은 가족들의 생사보다 자기가 이제는 어떻게 해야 할 것인지 분간조차 서질 않아 망설이다가 마을로 돌아온 사람들과 상의한 결과 한 편은 「대대본부로 가면 우리를 또 죽인다. 그러니 산으로 피신을 해야 산다.」 하는 사람들과 「중대장이 이렇게 우리를 살려주었는데 우리가 산으로 가면 진짜 폭도 협력자라고 할 것이 아닌가? 대대본부로 가야한다.」하고 의견이 엇갈렸다. 그래서 의견이 같은 사람들끼리 가기로 하여 한편은 「이제 중대장도 국군도 믿을 수 없어! 일단은 숨고 봐야 해!」하고 산으로 도망쳤고, 다른 한 편은 「우리는 폭도들 협력자가 아님을 증명해야 한다.」하며 중대장에 대한 믿음을 가지고 함덕 대대본부로 갔다.

그런데 다음 날 대대본부로 간 사람들을 국군이 모아놓고 「이중에서 남로당에 가입한 자는 앞으로 나오시오.」하여 나서는 사람이 한 명도 없자 마을 사람이 몇 사람을 골라 「남로당원이다」고 지적하여 또 총살을 시켰다.

이렇게 어제와 오늘 사이 마을 인구 1,864명중 120여명이 죽었다. 이 마을 이방림 씨 댁은 며느리까지 6명이 모두 죽었고, 12가구는 가족이 다 죽어 대가 끊겼다. 밭에 그대로 버려진 시체들은 조용해지자 가족이나 친척이 살아 있는 사람들은 그들이 시체를 수습하였고, 장사를 지내 줄 사람이 없는 시체는 마을 사람들이 찾아다 합동으로 장례를 치렀다.268)

북촌사건의 소문이 퍼지자 제주도 전 지역의 제주인민군과 협조자 그리고 제주도민들은 "국군과 대항해서는 제주도 사람이 씨가 마르고 이길 수 없다" 고 겁을 먹고 자수하러 산에서 내려오는 사람이 많았다. 북촌사건은 4.3사건 진압의 분수령이 되었다.

21. 제주인민군(내란군) 국군 제2연대 2중대 공격

49년 1월 11일 밤중을 기해 폭도 200여명은 하산하여 남원면 의귀리 2중대를 포위하고, 1월 12일 아침 5시 공격명령이 내려지자 국군을 향해 전화력을 쏘아 부었다.

설재현 2중대장은 12일경에 많은 폭도들이 새벽에 공격해 올 것이라는 첩보를 수집하고 전 중대원들을 새벽 3시 완전무장 시켜 출동 준비하여 내무반에서 대기하고 있었다. 정각 5시 신호탄이 올라감과 동시 폭도들은 2중대를 집중 공격하였다. 국군은 중대장의 신속한 조처에 의해 즉시 전투배치되어 대응하였다. 2시간에 걸쳐 치열한 사격전이 벌어졌다. 이윤 분대장이 지붕 위로 올라가 기관총으로 폭도들을 집중 사격하자 폭도들은 큰 타격을 받고 있었다. 날이 새자 증원군이 올 것을 두려워하여 폭도들은 더 이상 공격을 못하고 철수해야 하였다.

폭도들이 철수하자 국군은 즉시 추격에 나섰으나 폭도들은 하늘로 날아갔는지 땅속으로 들어갔는지 흔적 없이 사라지고 없었다. 참으로 기가 막혔다.

장병들이 현장을 수습하고 보니 폭도 사망 96명과 14명의 폭도들이 부상당하여 도망치지 못하여 포로가 되었고, M1 소총, 99식 소총, 카빈총 등

---

268) 북촌마을에 살았던 한수섭 씨 증언.

60정과 도검류 다수를 노획하였다. 폭도들은 이번 기습으로 인하여 얻은 것보다 잃은 것이 훨씬 많아 기습하지 않은 것만 못하였고, 폭도 포로를 통해 아지트도 속속 찾아 공격하여 폭도들의 피해가 컸다. 국군 전사자는 일등상사 문석준, 일등중사 이범팔, 이등중사 안성혁·임찬수 등 4명과 중대장 이하 10명이 부상당하였다.269)

안덕초등학교에서는 철도경찰, 서북청년, 민간인 특공대, 국군 등이 합숙을 하고 있었는데 토벌군의 수가 엄청났다. 이러한 토벌군에 불안을 느낀 폭도들은 기습을 하려고 하여도 전력이 달려 엄두를 내지 못하고 토벌군의 동정만 살피고 있었다. 이러한 때 토벌군은 49년 1월 27일 엄청난 수와 화력을 가지고 주위의 폭도 토벌에 나섰다. 이렇게 되자 폭도들은 마을 습격도 못하고 토벌대에 쫓겨 다녀야 하였다. 그래도 폭도들은 무모하게 국군을 공격하였다.

일부 도로는 폭도들이 장애물을 설치하거나 파괴하고 장악하여 진압군이 병력 이송을 못하여 배편으로 병력을 수송할 정도였다. 제주읍에서 성산포로 가는 길은 안전하다고 하여 이동하였다. 그러나 1949년 1월 29일 작전 수행차 이동하던 2연대 1대대 소속 국군이 화순리와 덕수리 사이 속칭 '개폭대기' 에서 폭도들의 기습을 받고 특무상사 정항상, 일등 중사 차상렬 · 강석재 · 김진현, 2등 중사 문재섭 · 조종현 이상 6명이 전사하였다.270)

1949년 2월 4일 제2연대 3대대 1개 중대 장병들이 트럭 2대에 무기 150여정을 싣고 성산포에서 제주 읍으로 가던 중, 북촌마을 동쪽 일주도로변 김녕리 부근에서 폭도들이 매복하고 있다가 트럭을 집중 공격하여 박재규 중위 외 장병 23명이 현장에서 전사하였고, 함덕지서 부원하 순경이 전사하였다. 그리고 99식 소총 150여정이 피탈 되었다. 폭도들은 장병들의 옷가지를 모두 벗겨가고 일부 시체에는 불을 질렀다.271)

2연대 2중대 이윤 중사는 폭도 수가 2000~ 3000정도라고 하였고(진중

269) 4.3은 말한다 5권 140쪽
• 진중일기 이윤 저. 여문각 2002. 102쪽(이윤 중사가 이때의 상황을 일기로 남김)
270) 4.3은 말한다 5권 296쪽~297쪽
271) 「제주 민중항쟁Ⅰ」 349쪽

일기 93쪽), 김봉현도 그가 쓴 투쟁사 82쪽에서 폭도들의 수를 3,000명 정도라고 하였다. 폭도들의 전력은 대단하였다.

22. 국군과 폭도간의 치열한 전투

1) 월평리 전투

49년 1월 6일 관음사 밑의 월평리에 폭도 1개 중대가 있다는 정보에 따라 2대대 6중대가 공격에 나섰다. 새벽에 돌담을 끼고 가는데 앞에 사람이 얼씬거려 암호를 '대전' 하니 상대는 '서울' 해야 하는데 폭도들의 암호 인 '둘' 이라 하였다. 폭도들의 암호는 2-7이었다. 이때 6중대는 이들이 적이라고 판단하고 땅에 엎드림과 동시 사격을 하여 사격전이 시작되어 날이 샐 때까지 계속되었다. 이 전투로 3명의 국군이 전사하고 중대장 전동식 중위가 부상당해 후송되었고, 이동준 소위가 가벼운 부상을 당하였으나 중대장을 대리하여 중대를 지휘하였다. 폭도는 30여명이 사살되었다.

2) 남원면 산록전투

49년 2월 15일 남원면 산록에 폭도 주력이 다음 공격을 준비하고 있다는 첩보를 입수한 2연대 함병선 연대장은 본부중대 150명을 지휘하여 현지로 출동하여 야영을 하였다. 이 정보가 폭도들에게 유출되어 폭도 700여명이 2월 16일 새벽 2시에 야영중인 본부중대를 집중 공격하였다. 함병선 연대장은 반드시 폭도들이 공격해 올 것을 예상하고 준비를 철저히 하였으나 많은 수가 공격해 온데다 밤이어서 방어하는데 어려움이 많았다. 4시간에 걸쳐 치열한 사격전이 벌어졌다. 본부중대의 과감한 공격으로 폭도들의 포위망이 뚫리면서 후퇴하기 시작하자 본부중대가 반격하였다. 폭도들은 160여명의 사상자를 버리고 도망쳤다.

49년 2월 15일 아침 8시가 되자 2연대 전 장병은 폭도들을 토벌하기 위해 부대를 출발하였고, 해군은 37밀리 박격포를 준비하여 육군의 지원요청을 기다리고 있었다. 공군 L-5 연락기는 제주도 360개의 오름과 한라산 위를 쉴 새 없이 날아다니며 정글지역에 숨어 있는 폭도들을 포착하기에 여념 없었다. 폭도가 나타나면 수류탄을 떨어뜨리고 즉시 육군에 연락하여 토벌하게 하였다. 경찰과 2연대는 토끼몰이 식 작전으로 한라산과 오름을 뒤졌다. 며칠을 뒤져도 어떻게 된 것인지 폭도들은 보이지 않고 수많은 양민들이 방공호 속에서 지내며 영양실조가 되어 있는 것을 보고 놀라지 않은 장병들이 없었다. 방공호(제주에는 700여 개의 방공호가 있으며, 방공호 길이가 4킬로가 넘은 곳도 있고, 방공호 사령부는 시설도 잘 되어 있고 몇 만 명이 들어가 살 수 있을 정도이다.) 안에는 어른 아이 남녀 할 것 없이 수많은 주민이 살고 있었는데 옷은 여름옷 그대로였고, 먹지 못하고 운동부족으로 걷지도 못하고 얼굴들은 창백하였고, 굶어 죽은 사람도 있었다. 또한 어린아이와 노약자들은 독감에 걸려도 치료받지 못해 죽은 사람도 있었다.

각 대대로부터 보고를 받은 함병선 연대장은 직접 방공호 속에 있는 주민들을 보고 깜짝 놀랐다. 「어쩌다가 이렇게까지 되었을까?」 하고 탄식하였다. 그는 공병대장을 불러 지시를 내렸다.

공병대장은 부대의 모든 자재와 경찰과 민간인의 협조를 얻어 수용소를 건립하였다.

연대장의 말에 대대장들이 잘 따라주어 함병선 연대장은 하산 자 보호에 전력을 다하였다.

산에는 먹을 것이 없고 더 이상 살 수 없어 많은 사람들이 하산하였다. 그들은 폭도들이 「북조선 인민군이 수원까지 왔다. 남조선이 해방되는 것은 시간문제다!」 하고 폭도들의 수가 엄청나다고 선전하여 금방이라도 제주도에 해방이 오는가 하여 그들은 산으로 가 남조선 해방을 기다렸다. 그런데 수원까지 왔다는 인민군은 소식이 없고, 토벌대는 날이 갈수록 강해져 이대로 산에 있다가는 다 죽겠다고 판단하여 산에서 내려오기 시작하였다. 272) 이때 함병선 연대장이 하산 자들을 철저히 보호한다는 전단을 뿌리고

272) 제주4.3연구소 「이제사 말햄수다」 서울. 한울, 1989년 73쪽

확성기를 가지고 마을로 내려오라고 선무방송을 하고 산에서 내려간 사람들을 잘 보호한다고 하자 많은 사람들이 동요하기 시작하였다.

주민 대표 격인 사람의 말을 듣고 있던 산사람들은 기뻐하였다. 그들은 즉시 떼를 지어 내려가기 시작하였다.

무기를 휴대한 채 내려가도 국군은 죽이거나 잡아다가 문초하지도 않고 총만 수거하고 집으로 돌려보냈다. 이런 소식이 산에 있는 사람들에게 전해지자 산사람들은 국군을 더욱 신뢰하고 떼를 지어 하산하였다. 군인들은 하산하는 귀순자들의 엄청난 수에 놀라지 않은 사람이 없었다.

진압군은 **'산에 있는 동포들에게 고함'** 이라는 제목의 전단지 수만 장을 한라산과 각 오름과 마을에 뿌렸다. 그 전단지 주 내용은 **'지금이라도 귀순하는 동포에 대해서는 그 생명을 보장하라고 이승만 대통령께서 명령을 내리셨다. 속히 귀순하라'** 였다.

3) 녹하악 전투

1949년 3월 제2대대와 3대대 등이 포위망 한 곳을 터놓고 폭도들을 포위하면, 제2연대 1대대가 남제주군의 중문 서북방적악-노르악- 한대악을 연하는 선을 차단하여 폭도들을 포착 섬멸하는 작명이 하달되었다.

『나(제1대대 4중대장 김주형)는 제1대대 전투대대장 임부택 소령에게 "녹하악과 절악 일대를 야간수색을 하고 13시까지 계획된 차단선을 점령하겠다."고 건의하여 승인을 받았다. 나는 이미 출동한 중문리 동북방에 있는 제1중대가 숙영하고 새벽 3시에 야간 수색 중, 컴컴한 밤길을 약 한 시간 정도 행군하여 녹하악 동쪽 고갯마루에 당도할 찰라 폭도들과 마주쳐 전투를 하게 되었다. 폭도들이 고개 정상을 선점하고 사격을 하고 있어 나는 불리함을 알게 되어 선두의 1개 분대만으로 폭도들을 견제하게 하고 주력은 포복으로 노하악 정상을 선점하였다. 고지 정상에서 지형을 살펴보니 동북쪽 멀지 않은 곳에 절악이 있음을 알아내고 적 주력에게 집중사격을 하도록 명령하였다.

새벽 5시경 중대는 고갯마루의 적에게 집중사격을 하였다. 격전 끝에 적은 10여구의 시체를 버리고 물러났으나 우리는 고개 마루를 확보하고 수명의 중상포로를 획득하였다. 중상포로들의 진술에 의하면 폭도들은 제주도 폭도사령관 이덕구가 진두지휘한 1,000여명이며, 작전 목적은 "제1중대 기지를 유린하는 것"이었다고 한다. 즉 이들은 전날 밤 20시에 인접한 안덕 사무소와 지서를 습격 방화하였다. 그러면 인접 제1중대가 이튿날 출동할 것이고 기지에는 소수의 잔류 병력만 남을 때 이 기회를 이용하여 1중대 기지를 유린하여 무기, 탄약, 식량, 피복 등을 탈취하려는 작전이었다고 한다. 그런데 야간이라 행군이 늦어져 새벽 4시경에 고개 마루에 도착하였는데 뜻밖에 국군과 마주쳤다는 것이다.

고개 마루에서 물러난 적은 약간 후퇴하여 응사해 왔다. 불의의 공격을 받은 폭도들은 다시 1킬로 정도 후퇴하여 동에서 서남으로 흐르는 소하천을 의지하여 완강히 저항하였다. 지근거리에서 숨 막히는 사격전이 11시까지 계속되었다. 나는 피해가 속출하는 상황을 타개하기 위해서는 돌격뿐이라고 판단하고 절악의 소위에게 기관총과 박격포로 엄호사격을 하게하고 11시 30분경에 중대에 돌격명령을 내렸다. 적은 국군의 일제 돌격에 압도된 듯 분산되어 도주하기 시작하였다. 이 전투에서 적은 차후 집결지를 정하지 못한 채 뿔뿔이 흩어졌으며, 도처에서 각개격파 됨으로 이후로는 이와 같이 대병력에 의해 작전은 없었다. 이 전투에서 국군은 폭도 178명을 사살하였고 많은 무기도 노획하였다.」 273)

※ 제주 4.3 상조사보고서는 이상의 제주인민군과 진압군이 전투한 것은 하나도 기록하지 않았다. 중대급 전투가 6-7개 정도인데 진압군이 승리한 2개만 소개 하였다. 그 이유는 국군이 무고한 양민을 총살하였다고 하기 위함이다. 그리고 4.3사건 심사위원들은 이상과 같이 국군과 폭도와 사격전 끝에 사살당한 폭도가 많은 데도 「상생과 화해」를 보면 명단에 폭도들은 한 명도 없다. 이렇듯 가짜로 심사를 하여 신압군이 양민 13,000여명을 학살하였다고 하였다.

---

273) 백선엽 「실록 지리산」 고려원 1992. 139쪽

4) 노루오름 전투[274]

애월 항구로 들어와 애월초등학교에 있다가 다시 원 마을에 주둔했던 제2연대에 배속된 토벌대 6사단 유격대 중대가 산물내 앞 노루오름에서 많은 피해를 보았다.

1949년 3월 9일 토벌대가 험한 개남밭 골짜기에서 일렬종대로 올라가고 있었다. 이때 토벌대가 공격한다는 정보를 입수한 폭도 50여명이 유리한 지형에 매복하고 있다가 토벌대의 선두는 통과시키고 중앙부를 집중 공격하였다. 매복 기습공격을 받은 토벌대는 중대장과 소대장이 쓰러지고 부대원은 흩어져 주둔했던 원마을까지 후퇴하였다. 이 전투에서 폭도들은 진압군 36명을 사살하고, 총 40여정과 식량 4석, 담배 300갑을 노획하였다.[275]

※ 진상조사보고서 323쪽에 "특수부대는 노루오름에 주둔하는 등 산악지역으로 전진 배치한 것이다"라고만 서술하고 진압군이 폭도들의 공격을 받고 36명이 전사한 것은 기록하지 않았다. 이렇듯 진상조사보고서는 국군이 폭도들 죽인 것만 부각시키고 국군이 피해를 본 것과 전투에 대해서는 기록하지 않았다. 그 이유는 진압군이 양민을 총살(학살)하였다고 하기 위함이다.

5) 2연대 정보과 활동

2연대 정보과장 김명 대위는 50여명의 특수부대를 조직 한라산에 침투 정보를 수집하게 하였다. 이 특수부대 조직은 1개 분대는 국군, 1개 분대는 경찰, 나머지는 민보단원으로 조직 하였다. 특수부대 이윤 중사는 49년 2월 20일부터 의귀리 전투 후부터 민심수습을 위하여 선무공작을 하였다. 3월 1일부터는 각 부락의 청년 간부들을 교육하였다.[276] 3월 24일부터 특수부대원이 되어 한라산에서 정보수집에 전력을 다하였다.

---

274) 진상조사보고서 323쪽
275) 제주4.3연구소 「이제야 말햄수다 Ⅱ」 175~178쪽
276) 주한 미 육군사령부 「일일 정보보고」 1949년 4월 1일
 • 진중일기 이윤 저 199쪽

49년 4월 7일 특수공작대는 일반인 복장을 하고 한라산에 침투하였다. 이윤 중사는 남제주군 특수공작대 책임자로 그는 10명을 직접 선발하였고, 최근 귀순한 오송주 노인을 공작대에 합류시켰다. 상공에서는 경비행기로 귀순하라는 선전 전단지를 무수히 뿌렸고, 방송도 요란하게 하였다.

4월 15일 오송주 노인을 통하여 방공호 속에 폭도들이 있다는 정보를 입수하고 새벽 5시에 기습하여 26명을 생포하였다.

4월 18일에는 그동안 생포한 남자 32명, 여자 16명, 계 48명을 데리고 하산하였다. 여성 중에는 오송주 며느리 친정식구들도 있었다.

4월 23일 남제주군 남로당 군당 특공대가 은거하고 있다는 정보를 입수 기습하여 13명을 생포하였고, 이 생포자 중에는 자원하여 특수공작부대에 협력하겠다는 분이 있었다.

5월 14일 이 협력자는 남원면 남로당 위원장 김계원과 제주 남로당 간부들이 모두 남원면에 와 있다는 정보를 제공해주어 이윤 중사는 국군 1개 소대를 지원받아 5월 26일 새벽 3시 남원군 수악계곡에 있는 이들의 아지트를 포위 기습하여 23명을 사살하고 8명을 생포하였다. 8명의 포로 중에는 제주경찰청장 딸 강영숙도 있었다. 강영숙은 아버지에게 수차례 협박도 한 제주인민일보 편집자로 완전 공산주의자였는데 체포 후 자수하였다. 그리고 남원군 면당위원장 김계원이 있었다. 김계원은 남원면에서 공산당으로 입당시킨 자가 무려 1,000명이 넘는다고 하였다. [277]

※ 제주 4.3 상조사보고서 323쪽에 "특수부대란 2연대 작전참모 김명 대위가 지휘하는 50명 규모의 부대로서 산악지역을 배회하다 무장대를 만나면 제주 사투리를 구사해가며 정보를 수집하는 조직이었다."라고만 서술하고 전투 내용은 기록하지 않은 것은 국군이 양민을 학살하였다고 하기 위함이다.

---

277) 이윤 (제2연대 1대대 2중대 특별공작조장) 진중일지 128쪽

6) 폭도들 신촌의 경찰 공격

폭도들은 국군이 보강되었다는 소식을 듣고 국군에게 겁을 주기 위해 폭도들을 토벌하기 위해 신촌초등학교에서 숙식을 하고 있는 경찰을 공격목표로 삼았다.

49년 3월 10일 폭도들은 밤11시에 집합하여 하산하기 시작, 새벽 2시가 거의 다 된 시간에 신촌초등학교에 도착하였다. 정각 2시가 되자 폭도들은 일제히 학교 운동장으로 기어 들어가 잠을 자고 있는 경찰들을 향해 집중공격을 하였다. 그리고 학교 건물 전체에 불을 질렀다.

한밤중에 공격을 받은 경찰들은 잠결에 정신들이 없었으나 여기저기에서 「비상! 비상!」하고 외치자 급히 방어준비를 하고 즉시 공격을 하였다. 그러나 싸움도 잠시 폭도들은 곧 자취를 감추었다. 경찰은 어이가 없었으나 한밤중이고 매복이 두려워 추격을 못하였고 폭도들이 불 지른 학교 건물도 거의 다 타가고 있었다. 경찰들도 폭도들이 나타날 것을 대비하여 방어준비도 하고 보초를 세웠으나 폭도들은 보초를 죽이고 기습을 하였다.

경찰과 국군은 이와 같은 맥 빠지는 싸움을 하게 되니 잠을 자지 못하여 진압군은 피곤에 지쳐 있었다.

진압군은 경찰 1명이 사망하고 다수가 부상당하고 학교가 전소된 것을 보고 마을사람 전원 운동장에 집합시켰다.

진압군의 명령에 따라 신촌마을 사람들은 모두 운동장에 집합하였다.

「여러분! 여러분들 중에는 폭도들이나 폭도들과 내통한 사람이 분명히 있습니다. 그러지 않고는 어제 저녁 극비에 경찰이 이곳에 왔는데 산 속에 있는 폭도들이 어떻게 알고 오늘 새벽 기습을 해 옵니까? 그리고 즉시 출동하여 포위하였는데 폭도가 하나도 없는 것은 신촌 마을에 숨었다는 증거입니다. 여러분들 중 폭도는 나오시오! 그리고 폭도와 내통한 자는 자수하면 관대히 용서해 주고 그러지 않으면 모조리 죽을 것입니다! 시간은 10분 여유를 주겠습니다!」

진압군 중대장의 말을 듣고 있던 마을 사람들은 웅성웅성하였다. 그러나 "내가 그랬습니다!" 하고 나오는 사람은 한 사람도 없었다.

「시간 다 되었습니다! 끝까지 안 나오겠습니까? 이봐, 하사! 이 사람들 옆의 밭으로 이동시켜! 그리고 기관총 걸어놓고 한 사람도 살리지 말고 다 죽여!」

지휘관의 말에 마을 사람들 입에서는 한숨소리, 울음을 터뜨리는 자, 앞으로 나서지 않는 내통자를 욕하는 소리, 군인들과 폭도들을 같이 원망하는 소리 등으로 웅성웅성하였다. 이때 경찰 한 사람이 대대장에게 뛰어나갔다.

「저는 제주경찰서 정보과에 있습니다! 제가 정보 업무를 잘못하여 오늘 새벽 이런 기습을 받았습니다. 제가 오늘 내로 폭도들과 내통한 자를 찾아 대대장님 앞에 데리고 오겠습니다, 몇 사람 때문에 많은 사람들을 죽이면 큰 화근이 됩니다! 오늘 저녁까지 잡지 못하면 대신 저를 처벌하십시오! 제가 짐작 가는 사람 몇이 있으니 찾아서 설득하여 꼭 데리고 오겠습니다! 제발 몰살은 정지시켜 주십시오!」

김순철 순경의 애원에 대대장은 그 약속을 믿을 테니 잘못되면 책임을 지라고 하였다.

김순철 순경에게서 다짐을 받은 대대장은 중대장에게 마을 사람들을 다시 운동장에 집합시키게 하였다.

「여러분들을 모두 처단하려고 하였는데 옆에 있는 김 순경이 애원하여서 여러분들을 살려주니 김 순경에게 감사하시오! 한 가지 조건은 오늘 저녁까지 폭도들과 내통한 자를 잡지 못하면 김 순경을 대신 총살하기로 하였소! 그러니 지금 집으로 돌아가면 폭도들과 내통한 사람들을 여러분들이 짐작할 테니 김 순경에게 말해 주시오. 그렇지 않으면 김 순경이 오늘 저녁 총살당할 것이요! 집으로 돌아 가시요!」

마을 사람들은 김 순경의 말을 믿고 자기들을 죽이지 않은 대대장과 자기 목숨을 내걸고 자기들을 죽음에서 살려낸 김 순경에게 고마워 인사를 하며 각자 해산하여 집으로 돌아갔다. 그런데 폭도들과 내통한 자들은 집으로 가자마자 산으로 도주해 버려 김 순경이 이리 저리 뛰고 온갖 정보를 다 동원해도 내통자들을 찾을 수 없었다. 김 순경은 마을 사람들이 원망스러웠다.

「여러분들을 죽음 직전에 살려주었으면 협조해 주셔야지 이럴 수가 있습니까?」

몸이 단 김 순경이 집집마다 다니며 협조를 당부하였으나 마을 사람들은 "내가 내통자요! 내가 폭도요!" 하면 죽을 것이요, "저 사람이 내통자 같다!" 하면 보복 때문에 살 수가 없어 입장이 곤란하여 집에 처박혀 김 순경이 물어봐도 말을 하지 않았다. 김 순경은 저녁까지 잡지 못하면 자기가 죽을 것을 생각하니 식은땀이 났다. 시간은 이미 6시가 넘었고 곧 밤이 되었다.

「내통자를 잡았느냐고 물어보라고 해서 왔습니다!」

대대장 연락병이 김 순경에게 찾아와 대대장의 명령을 전하였다. 김 순경은 아무 말을 못하였다. 김 순경은 날이 새면 총살을 각오해야 했다. 이러한 모습을 보다 못한 민보단장 양귀환 씨가 김 순경을 위로하였다.

「김 순경님! 너무 걱정하지 마십시오! 김 순경님이 희생적으로 활동하셔서 우리 마을사람 전체가 죽지 않고 살았는데 우리가 김 순경의 어려운 처지를 보고 그냥 있겠습니까? 날이 새면 마을 주민들을 모두 데리고 함덕 대대본부에 가서 전체가 자수를 하도록 할 것입니다!」

「나를 위해 그렇게 해 주시면 고마운 일이나 그렇게 해서 마을 사람들에게 피해가 가면 어떻게 합니까? 계엄령이 선포된 곳이요! 토벌군이 죽여도 우리는 말 한 마디 못하고 당해야 합니다.」

「그래도 김 순경이나 또 마을 전체를 위해서 가야할 것입니다.」

날이 새자 신촌 민보단장 양귀환 씨는 부락민 전체를 모아놓고 설득을 하였다.

「우리가 김 순경을 처형당하게 내버려 둘 수 없습니다. 그렇다고 우리가 하지 않은 일을 내통하였다고 말할 수도 없고, 또 네가 했다고 말할 수도 없는 상황이니 우리 마을사람 전체가 가서 자수를 합시다. 그러면 살려줄 것입니다. 나도 가서 자수할 것이니 여러분들도 모두 자수합시다.」

양귀환 씨의 설득에 「아니요.」 하는 사람이 한 사람도 없었다. 신촌마을 사람들은 양귀환과 고태규 씨의 안내로 함덕초등학교에 주둔중인 진압부대 대대장에게 찾아갔다.

「대대장님, 신촌마을 사람들이 대대장님을 찾아왔습니다. 마을 사람들은 운동장에 있고 대표로 민보단장 양귀환 씨와 고태규 씨가 밖에 있는데 어떻게 할까요?」 부관이 보고하였다.

부관은 밖에 있는 두 사람을 대대장 사무실로 안내하였다.

「우리 마을 전체가 잘못해서 모두 자수하러 왔습니다.」

「폭도들과의 내통자를 찾아오라고 했지 마을 주민들을 다 자수하라고 한 것은 아니지 않습니까? 이거 집단으로 항의하는 것입니까?」

대대장이 화를 내자 두 사람은 당황하였다.

「대대장님, 그런 것이 아닙니다. 마을 전체가 모여 회의를 했는데 폭도들과 내통했다고 한 사람들은 없고 또 저 사람이 한 것 같다 하면 마을에서 살 수가 없습니다. 또 내통자들을 잘 알지 못하고 해서 우리 다 같이 가서 자수를 하자 해서 왔습니다.」

「그래요? 그러면 폭도 토벌에 같이 갑시다.」

대대장과 두 사람은 대대장실에서 나와 운동장에서 기다리고 있는 마을 사람들에게 갔다.

「여러분, 잘들 오셨습니다. 여러분들이 자수를 한다 하시니 폭도들 토벌에 협력해 주십시오. 여러분들의 옆에 있는 군 차량에 모두 승차 하십시오.」

대대장의 말에 마을 사람들은 아무런 말이 없이 군 트럭에 승차하였다. 차는 마을 사람들이 승차하자 곧 떠났다.

차에 탄 사람들은 차가 제주읍으로 가고 있어 수군거리면서도 아무런 의심이 없었다.

마을 사람들을 태운 차가 제주읍에 도착하자 진압군이 차 위로 올라와 마을 사람들을 무조건 포박한 후 호로를 덮고 다시 출발하였다. 두 번째 차에 탄 사람들은 서울 마포형무소로 이송하려고 하였다는 것을 후일 알게 되었고, 다음 차량은 뒤 호로를 가리고 전속력으로 달려 박성내에 도착하였다.

마을 사람들은 빨리 내리라고 채근하는 진압군의 성화를 이상하게 생각하며 모두 내려 즉시 정렬하였다. 그런데 마을 사람들이 진압군을 보니 손에 총을 들고 자기들을 포위를 하고 서 있는 것이 분위기가 심상치 않았다.

「중대장님, 우리들을 왜 이곳으로 데리고 왔습니까? 폭도들을 토벌하러 온 것이 아니지 않습니까?」

「폭도들과 내통하였다고 자수해놓고 무슨 말이요?」

「우리는 폭도들과 내통해서 자수한 것이 아니라 민보단장이 공동으로 자수하자고 해서 온 것이지 폭도들과 내통한 일은 전혀 없습니다!」

「아니, 당신들 발로 직접 걸어와서 자수해 놓고 무슨 헛소리를 하고 있소?」

「아니, 우리가 언제 자수했어요? 민보단장이 가자고 해서 갔고, 그 사람이 자수한다고 했는지는 몰라도 우리 입으로 자수한다고 한 일도 없고 도장 찍은 일도 없습니다.」

「이 자식들이 이제 와서 오리발투쟁이야? 중대 사격준비-, 사격!」

진압군의 일제사격으로 마을 사람들은 도망가지도 못하고 힘없이 푹푹 쓰러졌다. 진압군의 말을 들으면 진압군의 말이 맞고, 신촌 사람들의 말을 들으면 신촌 사람들의 말이 맞다. 이 일을 알게 된 마을에 남은 가족들은 하늘이 무너지고 땅이 꺼지는 듯하였다. 이곳에서 구사일생으로 탈출한 와홀 책임자 고태규가 집에 돌아오자 마을 사람 전체가 고태규의 집으로 몰려가 유족들과 면특위 책임자 이달군이 「야, 이 새끼야! 자수하면 살려준다고 다 데리고 가서 모두 죽이고 너 혼자 살아서 집에 오고 싶더냐? 이놈아! 총 맞아 죽어도 너부터 죽어야지 다 죽여 놓고 너만 살아 와?」 하며 고함치자 고태규는 그 자리에서 정신이 돌아버렸다.

첫 번째 차에 승차했던 사람들은 자기들을 포박하고 호로 뒤를 닫고 달리자 이상하게 생각하였다.

차의 제일 밖에 앉아 있던 사람이 포박되어 있는 줄을 끊으려 애를 쓰며 말을 하자 마을 사람들은 고개들을 숙이고 말이 없었다. 차가 언덕을 오를 때 속력이 줄어들자 차의 가장자리에 탄 사람은 「총에 맞아 죽으나 도망가다 죽으나 마찬가지고 잘하면 살고 못하면 죽는 거지!」 하고 뛰어내려 도망쳤다. 그의 손목의 끈은 언제 끊었는지 자유스러웠다. 토벌군은 차를 세우고 도망친 사람을 잡으려 하였으나 얼마나 필사적으로 도망쳤는지 토벌군이 곧 쫓아 갔으나 잡을 수 없었다.

진압군의 하차 명령에 마을 사람들이 모두 내리자 산에다 사람들을 세워 놓고

「이 새끼들아 저 놈이 도망치려 하면 못하게 잡아야지 왜 그냥 두었나? 저놈이 도망가 폭도들과 내통할 것이 뻔 한데 너희들이 가만히 있었던 것은 그놈들과 한 통속이기 때문에 가만히 있었던 것이다. 그러니 너희들은 죽어야 해!」

하는 토벌군의 말에 마을 사람들은 항변할 수 없었다.

「분대 거총! 사격준비-, 쏴!」

이들은 말 한 마디 못하고 죽었다. 가족들은 이렇게 몰살당했다는 소식을 듣고 대성통곡하였다.278)

23. 폭도들 마을 침입 완전 차단

유재흥 사령관은 제주도에 도착하여 보고를 받고 분석한 결과 폭도들이 지금까지 토벌되지 않고 세가 강한 것은 도민들이 협조하기 때문이었는데, 도민들 중에는 폭도들에게 자진해서 협조한 사람들도 있겠지만 폭도들이 밤에 와서 강제로 협조를 요청하기 때문에 어쩔 수 없이 한다는 것을 파악하였다. 그래서 폭도들과 도민과 분리해야 근본 문제를 해결할 수 있다는 결론을 내렸다.

산 속에 있는 폭도들이 밤에는 해변마을로 내려와 강제로 마을을 약탈하여 먹을 것과 입을 것을 가지고 새벽이면 산으로 도망쳐 산사람과 해변마을 사람끼리 죽고 죽이는 싸움이 밤마다 있게 되었다. 폭도들이 해변으로 올 때는 밤중에 교묘히 오기 때문에 막을 길이 없었다. 그래서 유재흥 사령관은 군·면·동 직원과 청년단 간부 등으로 민보단을 더욱더 강화하여 훈련을 시킨 다음 군·관·민으로 혼성부대를 만들어 진압군과 민보단원을 총

278) 제주4.3연구소 「이제사 말햄수다」 서울. 한울, 1989년 82쪽

동원해 이들로 하여금 중산간에서 폭도들이 내려올 만한 길목을 차단하여 폭도들이 해안마을에 오는 것을 막았다. 「유재흥 사령관이 오시면서부터는 어떻게 했는지 폭도들이 한 명도 내려오지 않아서 살겠다.」 하며 해변마을 사람들은 오래간만에 평온을 되찾고 진압군을 고맙게 생각하였다.

이덕구는 진압군이 중산간 마을의 허리를 완전히 장악하여 식량을 구하려 내려갈 수 없는 것이 문제였다. 먹을 것이 없어 며칠을 굶은 이들은 동요하기 시작하였다. 산 속에 숨어 있는 주민들은 배가 고파 도저히 견딜 수 없었다. 이제 며칠만 지나면 모두 먹을 것이 없어 거의 다 죽게 되었다. 그런데도 폭도들은 소나 말을 잡아 고기는 말려서 호주머니에 넣고 다니면서 먹고 있었고, 가죽은 천막으로 사용하였다. 산에 있는 사람들은 춥고 배고픔을 도저히 견디지 못하고 있었다. 이들은 산나물로 연명하거나 견딜 수 없어 산에서 죽으나 내려가서 죽으나 마찬가지니 차라리 내려가서 죽자하고 산에서 내려가기 시작하였다. 이들은 즉시 수용소에 수용된 후 생활비를 지원받아 자기 집으로 돌아갔고, 자기 집이 불에 타 갈 곳이 없는 사람들은 수용소에 그냥 있었다.

하루에 수백 명씩 산에서 내려갔다. 이렇게 되자 폭도들은 당황하여 도민들이 산에서 내려가는 것을 극구 말렸으나 주민들은 먹을 것을 주지 않는 폭도들의 말을 듣지 않았다. 폭도들은 이들 중 몇 명을 인질로 잡아놓고 이들 가족에게 식량을 가져오게 하면서 하산을 막자 이들과 폭도들 간에 싸움이 벌어졌다. 이렇게 되자 이들은 폭도들의 모든 정보와 아지트를 진압군에게 알려주어 폭도들은 결정적인 타격을 받았다. 이들은 도저히 견디지 못하여 폭도들을 멀리하였다. 함병선 연대장은 이 기회를 놓치지 않았다.

함병선 연대장은 육 · 해군의 합동작전을 해서 폭도들을 한 사람 남김없이 소탕하기 위해 준비에 만전을 기하였다. 그리고 대대의 작전구역을 확실히 정해주어 실수 없게 하고 오름과 백록담을 향해 계속 전진하여 오름과 한라산 전체를 이 잡듯이 뒤져 한 명도 빠져나가지 못하게 하였다.

3월이라 나뭇잎이 떨어지고 없어서 L-5형 연락기가 한라산 전체를 비행하면서 보니 폭도들의 움직임이 잘 보였다. 폭도들이 움직이면 연락기는 대대에 무전을 쳐 폭도들이 움직이는 방향을 알려주면 그때마다 진압군이 매복하고 있다가 폭도들을 소탕하였다.

육사 7기 6중대 1소대장 이동준 소위는 산에 있는 사람만 폭도 협조자가 아니라 마을에 있는 자 중에도 폭도 협조자가 있는 것을 확신하였으나 이들을 가려내기가 여간 어려운 일이 아니었다. 하루는 모종의 작전을 세워 진행하였다. 그래서 저녁 중대에서 똑똑한 사람을 선발하여 마을에 폭도로 가장하여 잠입시켜 주민들을 모두 운동장에 집합시키고 경찰을 비난하면 거기에 동조자가 있을 때 이들을 모조리 체포하려는 계획이었다.

선임하사는 진압군 중에서 똑똑한 사람 15명을 선발하여 폭도들이 입는 옷으로 갈아입히고 99식 소총과 모자를 써서 머리가 짧은 것을 감추고 밤 10시 30분 마을로 침투시켰다. 그리고 군 트럭 6대에 승차한 진압군이 운동장 전체를 극비에 포위하게 하고 신호를 보내면 즉시 운동장으로 들어가게 하였다. 마을로 침투한 국군 공작원들은 먼저 이장 집을 찾아갔다.

「이장, 이 마을 사람들을 초등학교로 30분 안에 집합시키시오!」

이장은 사시나무 떨 듯 떨면서 마을 사람들을 운동장으로 나오라고 대문을 두드리고 소리를 질렀다. 공작원들도 집집마다 다니며 학교 운동장으로 모이게 하였다. 여성동맹원들과 민청 회원들은 열렬히 환영하였다. 운동장에는 약700여명이 모였다.

위장 진압군이 앞으로 나가서 거창하게 연설을 하였다.

「동무 여러분! 밤중에 이렇게 열심히 집합하는 것을 보니 여러분이 당에 대한 충성심이 변함없다는 것을 알고 기쁘오. 인민군이 38선을 넘어 곧 토벌군 반동새끼들과 검정개 반동들을 모조리 숙청해서 제주도 해방은 시간문제요. 우리 김달삼 사령관 동무께서 북조선에서 인민군을 데리고 38선을 넘어 곧 남조선을 해방시킬 것이요. 그러니 남조선 해방은 시간문제이므로 여러분, 토벌군 반동들에게와 검정개 반동새끼들에게 밀고하는 자는 삼족의 씨를 말리겠소. 동무들은 어떠한 일이 있어도 우리 해방군에게 지지 협조하시오! 우리 인민유격대는 김일성 원수의 지령으로 제주도의 영웅적 인민 해방투쟁을 지원하기 위하여 잠수함으로 우리들은 방금 상륙했소.」

위장 진압군의 생각에는 자기가 말을 잘 했다고 생각하는데 운동장에 있는 주민들은 폭도들의 연설을 하도 많이 들어서 말투를 들으면 금방 알았다. 조선민주주의 인민유격대라고 해야 하는데 지금 앞에서 연설하는 사람은 인민유격대라고만 하자 주민들은 수군수군하였다.

「저 사람 저거 가짜 아닐까? 이상한데!」

수군거리던 소리는 큰 소리가 되고 많은 사람들이 "저거 가짜구만, 가짜야" 하고 소동이 벌어졌다. 어떤 사람들은 오히려 연설하는 위장 진압군을 문초하기 위하여 붙잡으려고까지 하였다. 위장진압군과 같이 간 15명의 토벌군은 누가 선동하는지 눈여겨보고 있었다. 그들은 더 시끄러워지기를 기다렸다. 조금 더 기다리니 주민들이 두 부류라는 것을 금방 알 수 있었다. 폭도들에 협조한 자들은 소동을 벌이고 협조하지 않는 자들은 가만히 있었다. 모든 것이 파악되자 진압군 한 명이 공포를 한 방 쏘았다. 그러자 운동장은 순식간에 조용해지고 갑자기 숨어 있던 진압군들이 우르르 운동장으로 몰려들어 왔다. 폭도로 가장하고 있던 진압군은 협조자들의 수가 많아 집단행동을 하면 양민이 다칠 수 있어 열렬분자로 인식되는 사람들을 손가락질을 하여 한쪽으로 나오게 하여 20여명을 체포하였다. 운동장은 아연 수라장이 되었으나 토벌군은 양민의 피해가 없이 곧 목적을 달성하였다. 토벌군은 체포한 사람들의 진술에 따라 한라산 도로 주변에 있는 10여 개의 무기고를 급습하여 수십 정의 소총을 찾아냈다. 먹을 것이 없어 귀순하는 사람들은 계속 증가하였다.[279]

24. 한 소년의 자수

함병선 참모장은 귀순자가 면담을 요청하여 귀순자 수용소로 소년을 찾

---

279) 한국전쟁사 1권 1967년 448쪽(이동준 대령 증언)

아가 몸수색을 하고 차에 태워 데리고 왔다. 소년은 참모장실에 들어와도 주저함이 없이 의젓하게 함병선 참모장에게 인사를 하였다.

소년의 얼굴은 창백하였다. 그리고 몸은 깡말랐고 입고 있는 옷은 다 헤졌으며, 신발도 발가락이 나와 있었다. 함병선 참모장이 소년을 보니 참으로 불쌍하였다.

「소년은 나이가 몇 살이지?」

「17세입니다.」

「이름은?」

「김정진입니다.」

「집은 어디지?」

「대정입니다.」

「학교는?」

「오현중학교에 다니고 있습니다.」

「나를 만나고자 했던 이유는?」

「저는 이덕구 사령관님의 경호원이었습니다.」

이 말에 함 중령은 깜짝 놀랐다.

「아니, 자네가 경호원이라니…. 그럼 자네는 공산주의가 무엇인지 아나?」

「저는 그런 것은 모릅니다. 저의 집은 가난해서 할 일이 없고 앞으로 살아가기가 막막했는데 어떤 친구가 앞으로 좋은 세상이 온다고 해서 “그럼 좋은 세상이 어떤 세상인데?” 하고 물으니 “땅을 많이 가진 사람 것을 빼앗아서 우리들에게 공평하게 나누어주어 농사일을 해서 먹고살게 해주는데 이 일을 하는 분이 김달삼, 이덕구, 박헌영, 김일성 장군이 한다.” 고 하기에 그런 고마운 분들도 있는가 하여 저는 이덕구 사령관님을 정성껏 받들었습니다. 그런데 이덕구 사령관님이 제주도를 완전히 해방시켜서 똑같이 나누어주는 좋은 세상이 올 것 같지 않고 또 진압군 수가 많고 무기가 많아 도저히 해방군이 이길 것 같지도 않고 이제는 친구들도 다 죽고 몇 명만 남았는데 먹지 못해 배가 고파 죽을 것 같아서 귀순을 했습니다.」

이 말을 들은 함 중령은 기가 막혔다.

「그러면 왜 나를 만나려 하였지?」

「이덕구 사령관님이 이기지 못할 바에야 그분을 위해서나 진압군을 위해서나 도민을 위해서 싸움이 빨리 끝나야 되겠다고 생각해서 모든 정보를 제공하려고 왔습니다. 특히 이덕구 사령관님만 사용하는 특별병기창, 보급창 등을 제가 안내하겠습니다. 그리고 이덕구 사령관님이 숨어 다니는 제1아지트에서 제4아지트까지 알려줄 테니 4군데를 동시에 기습하는데 이덕구 사령관님을 죽이지 않는 조건입니다.」

김정진의 말을 듣고 있는 함 중령은 정진이 나이 어린데도 똑똑하고 그 생각함의 진솔함에 충격을 받았고 그런 아이가 좌익이었다는 것이 안타까웠다.

「그런데 너는 왜 이덕구를 죽이지 말라고 하지?」

「이덕구 사령관님은 저를 동생같이 생각하고 참으로 저에게 잘해 주었습니다. 제가 그 분과 같이 죽어야 하는데 죽으면 뭣합니까? 살아야지요. 제가 한 번은 사령관님께 도저히 진압군을 이길 수 없으니 같이 자수하자고 하니까 "정진아, 나는 사령관이니 그렇게는 못한다. 나는 여기서 끝까지 있다가 죽을 것이다. 정진아, 너는 오늘 귀순을 해라. 그리고 아무 말을 하지 말고 집에 가서 부모님 잘 섬겨라." 하고 등을 두들겨주며 떠나는 사령관님의 마음이 너무 고마워서 저는 그 분이 살아서 그 분을 형님으로 모시고 그 분과 같이 살고 싶어요!」

말을 하는 정진이를 보고 있는 함 중령도 어느 새 눈물이 고였다.

「알았다. 내가 어떠한 일이 있어도 너의 사령관을 자수하게 해서 너와 같이 살게 해주마. 내가 이 약속은 꼭 지키겠다. 그런데 그 분은 사령관이고 국군을 많이 죽여서 내 힘으로는 못하고 이승만 대통령께서 정진이의 참뜻을 이해하고 살려주면 정진이와 살 수 있을 거다. 최선을 다해보자!」

소년은 함 중령의 대답에 만족한 듯 언제 울었느냐고 활짝 웃었다.

곧 2대대장이 왔다. 함 중령은 2대대장을 앉게 한 후 김정진에 대해서 소개하였다.

「여기 있는 김정진 소년이 이덕구 경호원이었는데 이 소년이 이덕구의 병기창과 보급창 그리고 아지트를 지금 설명할 테니 잘 듣고 즉시 동시에 기습하도록 하라.」

함 중령의 설명을 들은 2대대장은 김정진을 놀랍다는 듯 바라보다 김정진의 설명을 다 듣고 부대로 돌아가 2대대 장병들을 다 모아놓고 작전지시를 하였다.280)

진압군은 즉시 출동하여 어승생악(BM 665975) 지하 방공호에 있는 이덕구의 병기창과 보급창을 급습하였다. 병기창을 급습한 진압군은 방공호 안에 370여정의 소총과 실탄과 많은 군수품이 있는 것에 놀란 입을 다물 수 없었다. 진압군은 경찰과 국군의 군수품이 어떻게 이렇게 많이 있는지 이해할 수 없었다.281)

「이것은 국군 안의 빨갱이들 짓이야! 어떻게 이렇게 많은 군수품이 있을 수 있어? 이거 장개석 군대 같구먼! 이러다가 나라가 망하겠어!」

장교들은 탄식하였다. 이후부터 이덕구는 치명적인 타격을 입어 재기를 못하였다.

25. 제주인민군 사령관 이덕구의 죽음

제2연대 1대대 정수성 상사의 혼성부대가 생포한 포로 30여 명 중 한 명인 고창율을 설득하여 이덕구의 아지트를 알게 되었다.

49년 4월 20일 이덕구 아지트를 급습하였으나 이덕구는 어디론가 도망치고 없었다. 진압군과 폭도들과 총격전 끝에 폭도 수십 명이 사살되었다. 폭도 사살자 중에는 조직책 김민성과 인민위원회 부위원장 김용관도 있었다. 김민성은 일본 명치대 졸업생이었다. 제주인민위원회 김용관도 교전 끝에 사살되었다.282)

---

280) 한국 전쟁사 1권 1967년 446쪽
281) 제주 민중항쟁 I 353쪽

함병선 참모장은 육·해·공군을 총동원하여 폭도 소탕에 들어갔다. 이덕구는 병기창이 진압군에 기습당하여 결정적인 타격을 입었다.

이덕구는 경호원들만 데리고 섬을 탈출하여 지리산에 들어가 이현상과 합류하려고 밤을 이용 하산하였다. 이덕구는 제주시 봉개동 절물이라는 곳 견월악(봉개동 계울악) 어느 집에 숨어 배가 접안하기만 기다렸다. 이것을 전향자 고창율이 알고 화북지서 주임에게 신고하여 김영주 경사는 즉시 경찰을 출동시켜 포위하였다. 이덕구가 도망쳐 밭에 숨은 것을 알아낸 경찰이 밭을 포위하고 「이덕구는 포위되었다. 자수하라! 시간은 10분을 주겠다.」 하고 자수를 종용하였다. 그러자 이덕구는 경찰을 향해 사격하자 경찰은 이덕구를 향해 집중사격을 하여 그의 몸은 벌집이 되어 죽었다. 49년 6월 7일이었다. 이덕구와 폭도들을 진압함으로 제주도 4.3폭동은 거의 진압된 듯하였다.

그 후 김성규와 고성구가 폭도 잔당 100여명과 함께 한라산 깊은 곳에 꼭꼭 숨어 있었다. 고성구도 김성규와 같이 9연대에서 탈영한 현역이었다.

이렇게 되어 48년 4월 3일 폭동이 일어나 49년 6월 10일 제주도 폭동이 우선 진압되는 데는 1년2개월이 걸렸다. 49년 6월 중순까지 유재흥 진압군 사령관은 육·해·공군을 총동원 한라산 밑에서부터 백록담까지 이 잡듯이 뒤지면서 올라갔다. 귀순자들의 증언에 따르면 아직도 100여명이 넘게 있을 것이라고 하였다.

1949년 7월 2연대는 원대복귀하고 7월 15일 독립 제1대대가 (대대장 김용주 중령) 제주도에 도착하여 잔여 폭도들을 진압하고 있었다.

1949년 12월 27일 독립 제1대대가 철수하고 해병대(사령관 신현준 대령)가 폭도 잔당을 진압하고 있었다.

1950년 6월 25일 제주인민군이 기다리던 북한 인민군이 38선을 넘어 남침하자 남한의 좌파들은 만세를 불렀다.

1950년 7월 25일 좌파 폭도들은 중문면 하원리 지서를 습격하고 민가 99채에 불을 질러 세를 과시하였다. 좌파 3대 폭도사령관 김의봉은 부하들

---

282) 한국전쟁사 1권 1967년 447쪽

을 데리고 조천면 농촌지대에 침투하여 주민들에게 "조국 해방 전선에 단결 투쟁하여 인민군 진격에 호응하자!" 고 선동하였다.

1950년 7월 좌파 폭도 대표들인 고승옥, 백창원, 송원병 등이 "인민군이 목포까지 왔으니 제주도에 상륙하면 한라산에서 나가야 한다." 고 주장하자 "지금 내려가야 한다." 고 주장하는 허영삼과 김성규 등이 고승옥 외 2명을 포박하여 인민재판을 해서 처형하였다.

좌파 폭도들은 북한 인민군이 목포까지 점령하자 금시 대한민국이 망하고 제주도가 공산화 될 것이라고 선동하며 지서를 습격하고 우익인사를 죽이고 세를 확장하고 있었다. 제주 좌익들은 면 단위로 인민군 지원 환영회를 조직하여 좌익 폭도들에게 협조하였다. 그러자 경찰은 폭도협조자들을 체포 처형하여 제주도에서 다시는 폭동이 재발하지 않게 하였다.

이덕구가 죽은 후 **3대 폭도대장은 김의봉**이었다. 김의봉도 숨어 있다가 전향자 신고로 와흘 뒷산 대못이라는 곳으로 도망치다가 진압군의 집중공격으로 사살되었다. 이러한 폭도대장 김의봉이 4.3사건 희생자가 되었다.

1951년 3월 좌익 폭도들은 **허영삼을 4대 사령관**으로 추대하고 사령부 부대책 김태길, 작전참모 훈련관과 11지대, 50지대, 1지대, 7지대 총 64명으로 4개 지대를 편성 강화하였다. 좌파 폭도들은 경찰과 민간인을 공격하였다.

제주도에 있는 해병대는 한국전이 발발하여 원대복귀 하고 제주경찰국에서 246명으로 의용경찰대를 조직하여 폭도소탕작전을 하였다.

1952년 4월 마을 주민을 동원하여 전도에 32개 주둔소에 석축을 쌓고 경찰과 민간인이 상주하여 폭도들의 마을 침입을 방어하고 있었다.

1952년 11월 1일 100전투사령부를 신설하여 4개 부대 500여명으로 좌익 폭도 소탕에 들어갔다.

허영삼이 사살되자 **5대 폭도사령관에 김성규**가 되었다. 폭도들은 김성규 파와 권달 파로 나뉘어 폭도들끼리 싸움을 하여 권달 파가 전멸되었으나 김성규 파도 많이 죽어 폭도들의 세력이 크게 약화되었다. 100경찰부대는 육군 특수부대와 합동으로 폭도 소탕을 하고 있었다.

9연대에서 탈영한 제주인민군 고성구 · 김성규 등 100여명은 52년 9월 16일 제주방송국과 서귀포 수력발전소를 습격하여 숙직 중이던 방송과장 김두규 외 3명을 납치 살해하여 건재를 과시하려 한 것은 판문점 휴전회담에서 북한 측에 유리하게 하기 위함이었다.

제주인민군 잔당은 1953년 1월 29일 육군 특수부대인 박창암 소령 부대가 5개월 만에 소탕하였다.283) 그 후로도 잔당이 남아 1957년 4월 3일에 제주인민군은 완전히 진압되었다. 이들이 지금까지 있게 된 것은 제주사람들이 먹을 것을 공급하였기 때문이다.

1957년 4월 3일 경찰은 폭도 사살 7,893명, 생포 7,000여명, 귀순 2,000여명이라고 발표하였다.284)

※ 이상의 사건이 경찰과 서청의 탄압에 항거하기 위하여 무장봉기를 한 것인가! 제주 4.3사건 진상조사보고서에서 제주 4.3사건을 무장봉기라고 한 것은 이상과 같이 가짜로서 제주4.3사건 진상조사보고서는 가짜보고서이다. 노무현 정부는 역사적인 사건을 어떻게 가짜로 보고서를 쓸 수 있는가! 그래서 노무현 정부를 좌파정부라고 한다.

제주4.3폭동 진압 과정에서 억울하게 희생된 분들이 많이 있어 이들의 억울한 누명을 벗겨서 명예를 회복해 주려고 대한민국 정부에서는 특별법을 만들고, 조사위원을 선정하여 조사하게 하였는데, 조사위원들은 이 뜻을 어기고 조사보고서를 이상과 같이 가짜로 작성하였고, 희생자 13,000여명도 엉터리로 심사를 하여 폭도사령관 김의봉 외 수천 명의 폭도들이 희생자가 되었다. 그리고 국군이 이들을 다 총살하였다고 하면서 오히려 제주4.3폭동 책임을 이승만 대통령과 송요찬, 함병선 등 대한민국 정부와 국군과 경찰과 미군에게 뒤집어씌우고 있다. 억울하게 희생된 자들의 명예를 회복해주려고 한 특별법이 이승만 대통령과 국군과 경찰을 억울하게 학살자로

283) 한국전쟁사 1권 1967년 448쪽-451쪽
284) 제주신보 1957년 4월 3일

만들었다. 그래서 필자는 행정소송과 헌법소원을 하여 현재 소송이 진행 중이다. 제주4.3진상조사위원들은 결국 억울하게 죽은 사람들을 두 번 죽이는 결과를 초래하고 있다.

26. 함병선 참모장 위기일발

함병선 참모장은 김정진이 고마워서 하루는 그를 불러 저녁을 함께하였다.

「정진아! 너의 도움이 컸다. 참으로 고맙다.」

함 중령의 인사가 끝나자마자 김정진은 함 중령의 옆에 있던 총을 잽싸게 들어 함 중령을 쏘았다. 그러나 총의 안전핀을 풀지 않았기 때문에 총알이 나가지 않아 함 중령은 무사하였다. 함 중령은 김정진의 갑작스런 행동에 깜짝 놀라 총을 빼앗고 김정진을 나무랐다.

「너 이게 무슨 짓이냐? 왜 나에게 총을 겨누었느냐?」

「참모장님은 우리 사령관을 죽이지 않는다고 저하고 약속해 놓고 우리 사령관님을 죽여서 약속을 어긴 참모장님을 죽이고 김일성한테 영웅칭호를 받고 싶어서 그랬습니다. 참모장님, 용서해 주십시오. 제가 제주읍에 있는 우리 이덕구 사령관님의 시체를 보고 나는 탄식했습니다. 제가 신고한 것은 우리 사령관님이 자수하여 나와 같이 살려고 한 것이었는데 제가 신고하여 우리 사령관님이 죽은 것을 생각하면 저는 이 세상에서 더 살 마음이 없습니다. 그래서 참모장님을 죽이려고 했습니다.」

함병선 중령은 이 말에 할 말이 없었다.

「정진아, 미안하다. 일이 어떻게 되어서 그랬던 간에 약속을 지키지 못한 것은 사실이니 내가 용서를 빌 마. 이덕구가 있는 곳을 알고 신고한 사람이 군에 신고를 하지 않고 경찰에 신고하여 경찰에 의해 이덕구가 죽은 것이다. 만일 군에 신고하였다면 내가 나가서 절대 죽이지 않고 생포할 수 있었다. 그것은 이덕구는 권총을 가졌기 때문에 6발을 다 쏘면 총알을 갈아끼우던가 아니면 없는 거야. 그래서 나는 이덕구가 총을 다 쏘아 탄알이 없을 때까지 공포만 쏘라고 부하들에게 명령을 내려놓았는데 경찰은 신고를 받고 자기들이 공을 세우려고 군에는 보고도 하지 않고 출동하여 아예 사살해 버렸고, 이덕구 부하들이 경찰 가족들을 수없이 많이 죽여 원한에 사무쳐 죽인 것이다. 너와 약속을 지키지 못한 것은 정말 미안하다. 그러나 일이 이렇게 되었으니 네가 이해해라!」

「잘 알았습니다. 제가 참모장님께 죽을죄를 지었습니다.」

「아니야, 너의 심정을 내가 잘 알고 있다. 너도 이제는 대한민국 사람으로 떳떳하게 열심히 살아서 훌륭한 일을 해야지. 그리고 어려운 일이 있으면 나에게 꼭 오너라. 내가 힘 있는 데까지 도와줄 테니까.」[285)]

김정진은 오해가 풀려 함병선 중령에게 인사하고 나왔으나 그는 살 길이 막연하였다.

1949년 5월 15일 제주도 전투사령부가 해체되었고, 5월 20일 9연대와 2연대 장병 전사자 119명의 위령제가 제주읍 농업학교에서 전사자 가족들의 통곡 속에 가졌다.[286)]

27. 제주4.3 폭동의 결과

국군	전사: 186명	폭도	사망: 7,895명
경찰	〃 153명		생포: 7,061명
선거관리위원과 우익	사망 :1,673명		귀순: 2,004명
	계 : 2,012명		계 16,960명[287)]

관공서 피습 및 소실	228동
학교 소실	224동
피해 부락	160부락

---

285) 「한국전쟁사」 1권 1967년 447쪽
286) 「한국전쟁사」 1권 1967년 448쪽
287) 대검찰청 「좌익사건 실록」 379쪽~430쪽. 제주신보 1957년 4월3일자

피해 호 수　　　15,228호
피해 가옥 수　　35,921동
노획 무기　　　　326정. 수류탄 1,073개.

1) 제주도 4.3폭동은 김달삼, 이덕구, 조몽구, 김성규, 김용관, 김민성 등이 제주남로당원에게 3일이면 제주도가 해방된다, 북한 인민군이 수원까지 왔다고 거짓 선동하며 5.10 선거를 반대하는 4.3폭동을 일으켜 제주도를 공산화 하려다 제주도의 많은 사람만 희생시키고 아무런 소득도 없이 끝나고, 그 때의 상처는 지금까지 계속되고 있다.

2) 제주4.3폭동은 여수 14연대 반란을 가져왔고,

3) 정부에서는 48년 12월 1일 보안법을 공포하여 남로당을 불법단체로 만들어 숙청하였는데 그 보안법이 현재까지 이르고 있고,

4) 48년 9월 22일 천신만고 끝에 국회를 통과한 친일파 숙청법안인 반민법이 친일 경찰과 국군을 숙청하면 제주도 4.3폭동과 14연대 반란을 진압할 수 없어 남한은 공산화 된다고 이승만 대통령이 설득하자 반민법이 국회에서 무산되었다.

5) 김일성은 제주4.3폭동과 14연대 반란을 보고 남침하면 승산이 있다고 판단, 용기를 얻어 48년 12월부터 남침 준비를 하여 50년 6월 25일 인민군은 남침하여 남한을 점령, 대한민국 정부를 아예 없애버리려 하였다.

6) 49년 4월 21일 정부에서는 보도연맹을 조직하여 제주4.3폭동 때 자수자에게 전향서를 쓰게 하고 자수자 25,000여명을 보도연맹에 가입시켰다.

7) 박진경 9연대장의 암살과 강의현 소위의 반란으로 군 안의 좌파 남로당원 4,749명을 숙청하였다.

8) 4.3진상조사보고서에

① 48. 4. 15 남로당 제주도당 대회 누락.

② 9연대 프락치와 폭도와의 관계 누락.

③ 국군과 폭도와의 전투 은폐.

48. 10. 24 이덕구의 선전포고를 누락시켰고, 강의현 소위 반란음모와 제주경찰과 제주공무원 내란음모, 11월 2일 폭도가 제주 주둔 국군을 공격한 사건 등을 싹 빼버리고 가짜보고서를 작성.

④ 폭도가 국군을 공격한 내용을 은폐하여 계엄령을 선포한 이유와 진압해야 할 정당성 은폐, 진압군이 아무런 잘못이 없는 제주도민을 학살한 것처럼 작성하였다.

⑤ 남로당의 단정 · 단선 반대라는 구호를 정당화 하였고,

⑥ 사건의 발발 원인을 확실하게 규명하지 않았고,

⑦ 남로당 중앙당의 폭동 지령 부정.

⑧ 남로당 중앙당과 전남도당에서 제주에 파견한 지도원을 무시.

9) 4.3진상조사보고서가 허위 및 좌 편향적으로 작성하게 된 동기

① 주민 희생 등 인권침해 규명에 역점을 두었기 때문.(화해와 상생 70쪽)

② 4.3보고서 초안 집필진 4명 중 팀장 포함 3명이 제주 좌파 유족 측이었고,

③ 초안을 검토하는 기획단 위촉직 10명 중 제주 좌파 유족 측이 7명이었으며,

④ 수정안을 검토하는 보고서 심사소위원회의 위촉직 5명 중 제주 좌파 유족 측이 4명이었고,

⑤ 4.3보고서를 통과시키는 위원회의 위촉직 12명 중 제주 좌파 유족 측이 9명이었기 때문이다.

10) 노무현의 좌파 정부가 이상의 사건을 협조했기에 가능하였다.

이상과 같이 구성된 집필진, 기획단, 심사소위원회, 위원회에서 객관적인 검토를 하지 못하는 상황에서 4.3보고서가 확정되었기 때문에 가짜보고서가 작성되었고, 가짜보고서에 의해 심사도 하지 않고 심사한 것처럼 가짜심사를 하였다.

11) 위에서 본 바와 같이 국군 사망 187명, 경찰 사망 153명, 선거관리위원과 우익 사망 1,673명인데, 제주4.3사건 희생자 명부에는 살인자 즉 폭도는 김달삼 · 이덕구와 그외 17명 외에는 아무도 없다고 엉터리심사를 하여 이승만과 국군과 경찰과 미군이 제주 양민을 학살하였다고 허위주장을 하고 있다.

12) 4.3특별법 제1조 목적에서 "이 법은 제주4.3사건의 진상을 규명하고 이 사건과 관련된 희생자와 그 유족들의 명예를 회복시켜 줌으로써 인권신장과 민주 발전 및 국민화합에 이바지함을 목적으로 한다." 라고 규정하고 있는데, 이상에서 살펴본 바와 같이 진상은 규명하지 않고 심사도 하지 않아 제주4.3 특별법 제1조를 무시, 불법을 하였다.

제9장
제주4.3사건 진상조사보고서의 가짜보고서 내용

2000년 1월 12일 제주4.3사건 진상규명 및 희생자 명예회복에 관한 특별법이 국회를 통과하여 김대중 대통령(한나라당 이회창 대표 때)의 서명을 거쳐 공포하였다. 정부에서는 국무총리를 위원장으로 한 '제주4.3사건 진상 규명 및 명예회복위원회'를 구성하고, 그 산하에 '제주 4.3사건 진상조사보고서 작성 기획단'을 설치하여 진상규명을 위한 관련 자료를 국내·외에서 수집하고 분석하여 2003년 10월 15일 「제주4.3사건 진상조사보고서」(이하 진상조사보고서)가 노무현 대통령 때 확정되었다.

조사위원들은 2003년 10월 15일자 제주 4.3사건 진상조사보고서를 작성하여 대통령에게 보고하였는데 이 진상조사보고서가 앞에서 살펴본 바와 같이 허위 및 좌 편향적으로 작성 되었다. 이 진상조사보고서 허위 및 좌편향적인 핵심 내용은 제주4.3 폭동을 "제주4.3 무장봉기이다" 라고 하였다. 또한 국군 9연대장 송요찬과 2연대장 함병선과 국군과 경찰은 폭동을 진압하였는데 국군과 경찰의 합동 진압군을 제주도민 13,000여명의 총살 즉 학살자로 표현하였고, 이승만 대통령과 미군이 학살에 대한 책임이 자유로울 수 없다고 표현, 책임을 져야 한다고 책임을 뒤집어씌우고 있다. 진상조사보고서 허위 및 좌편향적인 내용 즉 가짜보고서는 다음과 같다.

1. 제주4.3사건 진상조사보고서에서 3.1 발포사건이 제주 4.3사건의 도화선이 되었다는 주장은 허위 및 좌편향적인 주장이다. 그 증거는,288) (이 책의 31쪽~55쪽 참조)

1) 3.1 발포사건 개요

제주4.3사건 진상조사보고서 결론 534쪽에 "3.1발포사건은 경찰이 시위 군중에 게 발포해 6명 사망, 8명 중상을 입힌 사건으로 희생자 대부분이 구경하던 일반 주민이었던 것으로 판명되었다. 바로 이 사건이 4.3사건을 촉발하는 도화선이 되었다" 고 주장한 것은 허위 및 좌편향적인 주장이다. 그 증거는,

47년 3.1 제주북초등학교에서 3만 군중이 행사를 마치고 일부가 불법 가두시위를 하고 시위대가 관덕정을 거의 다 빠져나갈 즈음 기마경찰관 임영관이 제1구 경찰서로 가기 위해 사거리에서 방향을 바꾸는 순간 갑자기 6살의 어린이가 뛰어나와 어린이가 말발굽에 채여 쓰러졌다. 기마경찰은 어린이가 말에 채인 줄도 모르고 그냥 가자 사고현장을 목격한 군중들이 기마경찰을 향해 "저놈 잡아라!" 하면서 던진 돌이 말에 맞아 놀란 말이 뛰자 기마경찰은 당황하여 군중들에게 쫓겨 경찰서로 급히 도망쳤다. 이때 경찰서 앞에서 경계를 서고 있던 응원 나온 육지경찰들은 대구사건 때 경험했던 경찰들로, 갑자기 기마경찰이 경찰서 안으로 뛰어 들어오면서 군중이 몰려오자, 46년 10월 1일 대구에서와 같이 군중들이 경찰서를 습격하는 줄 알고 겁이 나서 군중들을 향해 총을 쏘아 6명이 즉사하고 8명이 중상을 입었다.

제주 도립병원에는 응원경찰이 교통사고로 입원하고 있었는데 응원경찰 2명이 경호하고 있었다. 그런데 갑자기 관덕정에서 총성이 나고 피투성이가 된 부상자 8명을 군중들이 들것에 들거나 부축하여 도립병원으로 들어오자, 대구사건에서 경찰이 시위 군중에 비참히 죽은 것을 목격한 응원경찰

288) 진상조사보고서 534쪽

중 하나인 이문규 순경이 군중들이 도립병원을 습격하는 줄 알고 공포감에 총을 쏘아 행인 2명이 중상을 입었다.

이것이 3.1절 발포사건이다. 이것은 육지경찰들이 공포심에서 나온 돌발적인 사건이지 경찰 지휘자의 명령에 의해 시위하는 군중을 계획적으로 발포한 사건이 아니다.[289] 그리고 기마경찰이나 경찰은 어린이가 말에 치인 것을 모르고 시위군중이 경찰서를 습격하는 줄만 알고 발포한 사건이다.

① 남로당 제주도당은 제주도민과 남로당원을 선동하여 파업을 하다.

47년 3.1발포사건 후 제주남로당은 "때가 왔다" 고 판단하고 3월 10일부터 총파업을 하라고 제주도민과 남로당원을 선동하여 3월 10일 제주도청 직원 140명이 3.1 발포사건을 항의하면서 총파업에 들어갔고, 북제주군청, 제주읍사무소, 학교 등 156개 단체 41,211명이 파업에 동참하였다. 심지어 모슬포 · 중문 · 애월 파출소의 경찰까지 파업에 동참하였고, 3월 13일 중문지서 경찰 6명이 3.1절 발포사건에 항의 사직서를 제출하였다.

② 3월 18일 56개 직장이 파업을 해제하였고, 한 달 동안 3.1발포사건에 대하여 항의하다 3월 말에는 전원 파업을 해제하고 직장에 복귀하다.[290]

③ 47년 3월 말까지 파업에 가담한 자 300여명이 경찰에 연행되었고, 4월 10일까지 합 500여명이 연행되었다. 500여 명 중 260여명이 재판을 받았고, 이중 52명이 실형 선고를 받았으며, 52명이 집행유예, 56명이 벌금을, 168명이 기소유예, 나머지는 훈방조치 하였다.[291]

④ 미군정에서는 발포사건의 장본인인 도립병원 앞에서 총질을 한 이문규 순경을 파면하였고, 파업에 가담한 경찰 66명에 대해서는 직장 이탈사태로 파면되었다.

47년 4월 2일 제주도 군정장관 스타우드 소령이 해임되고 베로스 중령으로 교체되었고, 4월 10일 제주도지사 박경훈이 자의 반 타의 반으로 사임하여 유해진으로 교체하였고, 3월 31일 제주감찰청장 강인수를 해임하

289) 제주 경찰국 「제주 경찰사」 1990. 284쪽
290) 독립신문, 1947. 3.20
291) 제주신보, 1947. 4.12

고 김영배로 교체 하였고, 강동효 경찰서장은 다른 비리와 함께 책임을 물어 파면시켰다. 경찰 고문관 패트릿지 대위도 레데루 대위로 교체하였다. 군정이나 경찰이나 똑같이 3.1발포사건에 대해 책임을 통감한 조치였다. 이것으로 3.1발포사건의 항의는 48년 4월말 끝났다.[292]

3.1 발포사건이 발생한지 1년이 지난 후 2.7폭동의 연장으로 남로당 제주도당 조직부장 김달삼을 중심해서 제주인민유격대를 조직하여 무력으로 48년 4월 3일 12개 지서를 기습하고, 우익인사와 그의 가족까지 죽이고, 5.10선거를 반대, 선거관리위원들을 죽이는 폭동을 일으켰다. 그런데 3.1 발포사건이 제주4.3사건을 촉발하는 도화선이 되었다고 한다면 왜 4월 3일 우익인사와 그 가족까지 죽이고, 5.10선거는 반대하는가? 이는 말도 안되는 허위 및 좌편향적인 주장으로, 그 이유는 제주4.3사건은 폭동이 아니고 무장봉기로 정의하여 폭도들을 희생자로 만들기 위한 계획적인 허위 및 좌 편향적으로 보고서를 작성한 것이다. 이 주장은 그 동안 좌파들이 계속 주장해온 내용이다.

2) 제주 4.3사건은 5.10선거를 반대하기 위한 2.7폭동의 연장이지 3.1사건과는 관련이 없다.[293]

① 남로당 중앙당의 남한 건국 5.10선거 전국 반대투쟁은 48년 2월 7일이다. 남로당 제주도당 간부 221명이 연행된 것은 2.7투쟁 전인 48년 1월 22일이다. 진상조사보고서 146쪽에 2.7투쟁을 먼저 기록하고, 그리고 149쪽에 고문치사 사건을 기록하고, 그리고 진상조사보고서 152쪽에 제주남로당 간부 221명을 연행한 것을 기록하여 독자들에게 경찰이 고문치사도 하고 제주 남로당 간부 221명도 연행한 것같이 보고서를 작성하여 3.1사건으로 인해 경찰의 탄압 때문에 제주4.3사건을 촉발하는 도화선이 된 것처럼 하기 위하여 이와 같이 진상조사보고서를 작성하였다.

1948년 1월 22일 연행자 221명은 5.10선거를 반대하기 위해 모였을

---

292) 「제주 경찰사」 504쪽
293) 진상조사보고서 147쪽

때 연행한 것이지 3.1발포사건과는 전혀 관련이 없다.

② 1948년 2월 7일 남로당 중앙당은 30만 명을 총동원하여 대한민국 건국 5.10선거를 반대하기 위하여 총파업을 하면서 '조선민주주의 인민공화국 만세' 를 부르며 적화통일을 위하여 폭동을 일으켰다.

경찰은 대구사건을 경험으로 하루 만에 진압을 하였으나 파업 30건, 맹휴 25건, 충돌 55건, 시위 103건, 방화 204건, 검거인원 8,479 명 사망 39명, 부상 133명으로 전쟁을 방불케 한 폭동이었다.

③ 제주도는 남로당 간부들이 48년 1월22일 경찰서에 연행되었기 때문에 2.7폭동에 가담하지 못하고 일부가 2일이 지난 후 48년 2월 9일-11일 제주남로당인 공산주의자들에 의해 6개의 경찰지서 습격, 삐라살포, 칼과 곤봉으로 무장한 폭도들의 시위 등 17건의 폭동과 시위가 있어 경찰은 폭동자 290명을 연행하였다. 이 290명 연행은 2.9폭동에 가담하여 연행한 자들이지 3.1발포사건과는 전혀 관련이 없다.

④ 1948년 2월 9일 안덕면 사계리에 육지에서 파견된 최 안덕지서주임과 제주 출신 오 순경이 순찰 중 설날 전날이고 하여 송죽마을 고망술집에서 술을 마시고 잠이 들었다. 이 마을 청년 이양호(25세) 임창범(28세)은 5.10선거 반대시위를 하려고 하는데 경찰 2명이 있자 48년 2월 9일 오전 9시 청년들과 함께 경찰관 2명을 덮쳐 칼빈 총을 빼앗고 향사로 끌고 가 마을에 머물게 된 이유를 대라고 하면서 구타하여 죽기 직전이었다. 이때 마을 사람이 안덕지서에 극비에 신고하여 경찰들이 2대의 트럭에 타고 사계리에 출동하였다. 청년들은 경찰 2명을 죽음 직전까지 구타하고 진압경찰이 오자 구타한 경찰들을 향사에서 300미터 되는 권개물 쪽으로 끌고 가다 버리고 도망쳐 경찰 2명은 겨우 목숨을 건졌다. 이 일로 제주 경찰은 분노하였다.

임창범의 집에서 마을주민 100여명의 남로당원 명단과 문서가 발견되어 경찰이 이들을 연행하여 주동자를 조사하자 임창범의 어머니가 이 일로 자살을 하였다. 이 사건도 3.1발포사건과는 전혀 관계가 없다.[294]

⑤ 48년 2월 10일 한림면 고산리 청년 100여명이 고산지서 앞에서 건

294) 「4.3은 말한다」 1권 544쪽

국 5.10선거 반대시위를 하자 경찰관이 해산하라고 외쳐도 해산하지 않자 경찰은 신응선의 다리에 총을 쏘아 해산시켰다. 그리고 94명을 연행 조사하였다.

⑥ 48년 3월 경찰은 남한 건국 5.10선거 반대 시위자들을 연행하여 조천중학교 2학년 학생 김용철(21세) 군이 조사를 받던 중 고문으로 3월 6일 사망하였고, 3월 14일 대정면 영락리 청년 양은하(27세)가 모슬포지서에서 조사받던 중 고문으로 사망하였고, 3월말 한림면 금릉리 청년 박행구(22세)가 서청과 경찰관에게 곤봉으로 맞고 총살을 당하여 경찰과 남로당원들은 험한 분위기였다.295)

⑦ 모슬포지서에서 양은하를 고문 치사한 혐의로 경찰관 2명을 체포하였고, 조천지서와 모슬포지서에서 고문에 가담한 경찰관 11명을 체포하여 군정재판에 기소하여 조천지서 경찰관 3명은 징역 5년, 2명은 징역 3년, 모슬 포지서 경찰관 5명은 징역 5년, 1명은 징역 3년의 선고를 내려 과잉수사에 대해 책임을 물었다.296)

이상의 고문치사 사건은 47년 3.1발포사건 때문에 일어난 사건이 아니고 건국 5.10선거를 반대하기 위한 2.9폭동을 해서 연행 조사하다 일어난 사건이지 3.1발포사건과는 관계가 없다.

※ 제주4.3 진상조사보고서는 이상의 사건이 3.1발포사건 때문인 것 같이 허위 및 좌편향적인 주장을 하는 이유는, 4.3사건은 3.1발포사건이 기점이 되어 경찰과 서청의 탄압에 항거한 무장봉기라고 하기 위해서이다. 무장봉기라고 허위 및 좌편향적인 주장을 하는 이유는, 제주4.3사건 폭동을 무장봉기라고 하여 폭도들을 제주4.3사건 희생자로 만들기 위함이다. 그리고 고문치사 사건은 4.3폭동과는 관계가 없다. 그 이유는, 조천중학교 2학년 학생 김용철(21세)군이 사망한 날자는 3월 6일이다. 김달삼의 4.3폭동 결정은 3월 6일 이전이기 때문이다. 즉 제주4.3 폭동을 결정한 후 고문치사사건이 발생하였지 고문치사사건 때문에 폭동을 일으키자고 한 것이 아니다.

295) 4.3은 말한다 1권 556쪽~557쪽
296) 조선일보 1948년 5월 9일자

3) 48년 1월 22일 신촌회의에서 남로당 제주도당 지도부 검거사건과 3.1 발포사건과는 관계가 없다.297)

① 48년 1월 남로당 제주도당 조직부 연락원 김석천이 전향하여 제주남로당 간부들이 5.10선거 반대 2.7투쟁을 일으키기 위하여 회의를 하고 있다고 경찰에 알려주어 경찰은 이들을 연행하였다.

② 48년 1월 22일 김석천의 신고로 조천면 신촌리에서 남로당 간부회의를 하고 있는 곳을 경찰이 기습하여 106명을 연행하였고, 1월 26일 또 115명을 연행하여 총 221명이 경찰에 연행되었다.

③ 연행자 중에는 남로당 제주도당 책임자 안세훈, 그리고 김유환, 김용관, 이좌구, 이덕구 등 간부들이 있었고, 조몽구와 김달삼은 연행도중 도망쳤다. 조사 후 63명은 훈방조치 하였고, 나머지는 48년 3월 15일 모두 석방되었다. 경찰은 이들을 석방시키지 않으려 하였지만 특별한 죄가 없고, 또 남로당이 그때까지만 해도 합법정당이었기 때문에 구속할 수 없고, 자유총선거를 위하여 미군정에서 자유선거 분위기를 위해 풀어주도록 하여 3월 초까지 끌다가 모두 석방 시켰다. 이로 인해 남로당 중앙당이 전국적으로 5.10선거를 반대하던 2.7폭동에 제주남로당 지도부는 가담하지 못하게 되어 제주남로당은 전국에서 유일하게 피해가 없고 수배자도 없어 건재하였다. 그래서 이들이 제주4.3 폭동을 주동하게 되었다. 만일 이 때 제주남로당 간부들을 석방시키지 않았다면 제주4.3폭동은 일어날 수 없었다.

④ 주한미군 육군사령부 일일정보보고서 1948년 2월 5일-6일에 의하면 1월 22일 제주남로당 조천지부(963-1153) 불법집회를 기습하여 압수한 문서를 번역한 바에 의하면 "제주도 남로당 2월 중순과 3월 5일 사이 폭동지령 수령" "경찰 간부와 고위관리를 암살하고 무기를 노획할 것" 라고 지시 하였다고 한다.

※ 이상으로 48년 1월 22일 남로당 제주지도부 221명은 2.7폭동을 모의하기 위하여 모였을 때 경찰이 연행한 것이지 3.1발포사건에 관련이 있어서 연행한

---

297) 진상조사보고서 152쪽

것이 아니다. 위 사건이 3.1발포사건과는 관계가 없다는 증거는 221명 모두 기소하지 않고 석방을 한 것이다. 그리고 양은하 외 2명의 고문치사 사건은 5.10선거 반대시위를 해서 연행하여 고문 치사한 것이지 3.1사건과는 관련이 있어 연행한 것이 아니며, 4.3폭동 결정 후의 사건이다.

진상조사보고서 128쪽에 3.1사건에서 4.3사건까지 경찰이 2,500여명을 연행하였다고 하면서 4.3사건은 3.1발포사건이 도화선이 되어 경찰과 서청의 탄압에 항거한 무장봉기였다고 허위 및 좌 편향적으로 주장하고 있으나 이는 말도 안 되는 주장이다. 그 이유는 이상에서 살펴본 바와 같이 경찰은 2,500여명을 연행한 사실이 없다. 그리고 2,500명을 연행하였다는 증거 제시도 검증되지 않은 잡지 신천지 1948년 8월 호를 인용하고 있다.

2. 제주4.3사건 진상조사보고서에 제주 4.3폭동을 "구국투쟁이다" 라는 지지 주장은 대한민국 정체성을 부정하는 주장이다.[298] 그 증거는,(이 책의 78쪽 참조)

제주4.3 진상조사보고서 534쪽 상단에 "남로당 제주도당은 조직 노출로 위기 상황을 맞고 있었다. 수세에 몰린 남로당 제주도당 신진세력들은 군정 당국에 등 돌린 민심을 이용해 두 가지 목적 즉 하나는 조직의 수호와 방어의 수단으로, 다른 하나는 당면한 단선 단정을 반대하는 구국투쟁으로서 무장투쟁을 결정하였다" 고 단선 단정을 반대하는 구국투쟁이라고 주장하고 있고, 진상조사보고서 167쪽에 "반미 구국투쟁을 봉기의 기치로 내세웠다." 고 한 것은, 제주도 인민유격대 투쟁보고서 17쪽에

"기후 사태가 거의 악화됨을 간취한 도상위는 3월 15일경 도 파견 오르그를 중심으로 회합을 개최하여

첫째, 조직의 수호와 방어의 수단으로서,

둘째, 단선 단정 반대 구국투쟁의 방법으로서 적당한 시간에 전 도민을

---

298) 진상조사보고서 534쪽

총궐기 시키는 무장반격전을 기획 결정 하였다"

는 제주인민유격대 투쟁보고서에서 주장한 그대로 제주 4.3사건 진상조사보고서도 5.10선거 반대 폭동을 구국투쟁이라 하고 있다. 어떻게 5.10선거 반대 폭동이 구국투쟁이며 반미가 구국투쟁인가! 이는 좌파들이 그동안 주장해온 내용이다.

1) 제주 4.3사건은 5.10선거를 반대하기 위한 폭동이었다.299)

① 제주 4.3폭동의 목적

가. 남한 건국 5.10선거 반대

나. 반미투쟁

다. 조직 수호와 방어 수단으로

"우리 강토를 짓밟는 외적을 물리쳐야 한다. 나라와 인민을 팔아먹고 애국자들을 학살하는 매국 배족노들을 거꾸러뜨려야 한다...... 반미구국투쟁에 호응 궐기하라!" 매국 단선 단정을 결사적으로 반대하고 조국의 통일 독립과 완전한 민족해방을 위하여 당신들의 고난과 불행을 강요하는 미제 식인종과 주구들의 학살 만행을 제거하기 위하여 오늘 당신님들의 뼈에 사무친 원한을 풀기 위하여 우리들은 무기를 들고 궐기하였습니다."

② 제주 인민유격대 조직300)

가. 각 면에 혁명정신과 전투경험의 소유자 30명씩 선발하여 인민유격대를 조직하였다.

나. 연대와 소대 조직.

다. 제1연대= 조천, 제주, 구좌면- 3.1지대(이덕구)

제2연대= 애월, 한림, 대정, 안덕, 중문면 - 2.7지대(김봉천)

제3연대= 서귀, 남원, 성산, 표선면 - 4.3지대(?)

---

299) 진상조사보고서 167쪽

300) 투쟁보고서 11쪽

라. 특공대 – 정찰임무
마. 특경대 – 반동들의 동정 감시
바. 정치소조원 – 유격대 사상교육
사. 자위대 – 각 읍 면과 행정단위로 10명씩 조직.301)

4.3사건 전에는 1개면에 1개 중대까지만 조직하였으나 4.3 후 4월 15일 위와 같이 연대를 조직 보강함.

③ 제주 4.3폭동 결정에 대하여.302)

제주 5.10선거 반대 2.9투쟁이 한창일 때인 48년 2월 중순, 남로당 제주도당은 남로당 간부 221명이 경찰에 연행되어 조직이 폭로됨으로 이에 대한 대책회의를 여러 번 하면서 조천면 신촌리에서 남로당 도당 간부와 면당책임자들인 조몽구, 이종우, 강대석, 김달삼, 이삼룡, 김두봉, 고칠종, 김양근 등 19명이 모였다. 이 회의에서 김달삼은 5.10선거 반대 투쟁을 더욱 더 강력히 하기 위하여 이 자리에서 무력으로 5.10선거 반대투쟁을 하자고 주장하였다. 그러나 조몽구 등은 무장투쟁은 신중을 기하자고 하면서 반대하여 김달삼의 강경지지자가 12명, 조몽구의 신중론자가 7명으로 투표로서 무장투쟁이 결정 되었다.

④ 남로당 제주도당의 4.3폭동 결정 배경

가. 5.10선거 반대 무력투쟁을 하면 기폭제가 되어 전국에서 호응이 있을 것이다.
나. 경비대는 진압에 가담하지 않을 것이다.
다. 미군과 소련이 곧 철수하면 북한의 김일성과 남로당의 박헌영의 세력이 강하고 머지않아 49년도에는 인민군이 38선을 넘을 것이라는 판단이었다.
라. 남로당 제주도당의 조직이 붕괴되는 것을 막아야 한다.

---

301) 투쟁보고서 22쪽. 제주민중항쟁 1권 316쪽
302) 진상조사보고서 157쪽

이들은 무장폭동에 성공하여 제주도에 조선민주주의 인민공화국을 세우기 위하여 즉 북한이 남한을 점령하기 위하여 폭동을 결정하고 준비에 들어갔다. 여기 지도에는 전남 도당 조직지도위원 오르그 이명장이 참석하여 4.3폭동을 지도하였다.303)

2) 4.3폭동 준비에 대하여

남로당 제주도당은 신촌회의에서 무장투쟁이 결정되자 2월 15일부터 조직개편에 들어갔으며, 군사부를 신설하고 위원장에 강규찬, 군사부장에 김달삼 등 간부를 배치하였다. 그리고 오르그 이명장은 2월 28일 육지로 갔다가 3월 15일 제주에 다시 도착하여 지도하였다.

① 남로당 제주도당은 48년 3월 15일 전남도당에서 파견한 오르그(조직지도위원) 이명장 중심으로 회합을 개최하였다.

가. 조직수호와 방어 수단으로서

나. 단선 단정 반대 구국투쟁의 방법으로 적당한 시간에 전 도민을 총궐기 시키는 무장반격전을 결정한다.

다. 군사부 밑에는 군사위원회를 조직하여 군사위원장에 김달삼이 취임한다.

라. 인민해방군 조직은 유격대, 자위대, 특경대로 조직한다.

마. 제주도 13개 읍과 면 중 제주, 조천, 애월, 한림, 대정, 중문, 남원, 표선 등 8개 읍 · 면에 서 유격대 100명, 자위대 200명, 특경대 20명 계 320명으로 48년 3월 28일까지 편성 완료한다.

바. 무기는 99식 소총 27정, 권총 3정, 수류탄 25발, 연막탄 7발, 죽창, 철창을 준비 한다.

사. 48년 3월 28일 김달삼은 제주폭동을 48년 4월3일 오전2시-4시 무장 반격전을 하기로 연장 결정하였다.

아. 마을마다 자위대를 조직하여 정보를 수집하였고,304) 4.3폭동 암

---

303) 제주인민유격대 투쟁보고서 및 3.1사건에 가담한 김봉현의 증언

호는 콩과 팥이었다.

자. 남로당 중앙당은 47년 7월에 군사부를 신설하였고, 그 군사부 하부에는 특수행동대가 있어서 그 노선에 따라서 조직된 것이 제주도의 인민유격대이다. 남로당 제주위원회의 인민유격대 즉 공비들의 주요 목표는 1948년 5월 10일 제헌의회의 의원선거를 저지하는 것이다.

※ 진상조사보고서에는 조선사회주의 운동사 사전 및 제주도 인민유격대 투쟁보고서에 있는 유용한 내용은 그대로 인용하고 불리한 것은 인용하지 않았다.

3) 제주인민유격대 포고령(48년 4월 10일 인민해방군 제5연대)

"우리 인민해방군은 인민의 권리와 자유를 완전히 보장하고 인민의 의사를 대표하는 인민의 나라를 창건하기 위하여 단선 단정을 죽엄으로써 반대하고 매국적인 극악 반동을 완전히 숙청함으로서 UN조사위원단을 국외로 몰아내고 양군을 동시에 철퇴시켜 간섭 없는 남북통일의 자주적 민주주의 정권인 조선민주주의 인민공화국이 수립될 때까지 투쟁한다.

- 인민해방군의 목적 달성을 전적으로 반항하고 또 반항하려는 극악 반동분자는 엄벌에 처함.
- 인민해방군의 활동을 방해하기 위하여 매국적인 단선단정을 협력하고 또 극악 반동을 협력하는 분자는 반동과 같이 취급함.
- 친일파 민족반역 도배의 모략에 빠진 양심적인 경관 대청원은 급속히 반성하면 생명과 재산을 절대적으로 보장함.
- 전 인민은 인민의 이익을 대표하는 인민해방군을 적극 협력하라.[305]

우와 여히 전 인민에게 포고함.

단기 4282년 4월 10일

---

304) 제주인민유격대 투쟁보고서 17쪽

305) 김봉현·김민주 「제주도 인민들의 4.3무장 투쟁사」 문우사 1963, 84쪽~85쪽

해방지구 완전지대에서
인민해방군 제5연대

위의 문건은 제주인민유격대가 뿌린 선전 전단지인데 48년 4월 15일 당시 인민유격대 제5연대는 편제에는 없었으나(이것은 인쇄할 때 오자인 것 같음) 이들의 투쟁 목표가 잘 나타난 문건이다.

※ 제주4. 3폭동 목적은 "조선민주주의 인민공화국이 수립될 때까지 투쟁한다. "였다.

4) 제주4.3사건 진상조사보고서에 제주 폭도들과 진압군을 같은 위치에서 무장충돌이라고 작성한 것은 절대 잘못이다.

※① 이상과 같이 제주 4. 3사건은 목적과 조직과 무기를 가지고 제주도에 조선민주주의 인민 공화국을 세우기 위하여 인민군으로 조직 경찰지서 12개를 기습 공격하여 경찰과 우익 인사까지 죽인 것은 폭동이요 내란이다. 그런데 진상조사보고서는 '폭도들' 이라고 하지 않고 '무장대' 라고 하고 있다. 그리고 내란이나 폭동이라고 하지 않고 그동안 좌파들이 주장한 대로 "무장봉기다""구국투쟁이다" 하고 있다. 폭동은 즉시 진압하는 것이 국가의 사명이다. 그런데 "진압"이라는 용어를 쓰지 않고 대등한 위치의 "무장충돌"이라고 하였는데, 이는 북한과 남한이 38선에서 싸움을 할 때 "무장충돌"이라고 할 때 쓰는 용어로, 제주인민군 즉 남로당 제주도당(공산주의 단체)을 조선민주주의 인민공화국 즉 공산국가의 산하기관으로 보는 용어이다. 그래서 위 진상조사보고서는 대한민국을 인정하지 않고 있다. 그래서 대한민국 법도 인정하지 않고, 대한민국의 법원 판결도 인정하지 않고 있다. 그래서 이승만 대통령을 학살자로 규정하고 있다. 이는 인민공화국에서나 하는 일이다. 그 증거로 49년 군법회의 재판과 2001년 헌법소원 판결도 인정하지 않고 있다.

② 3.1절 발포사건이 제주 4.3사건의 도화선이고 그리고 경찰과 서청의 탄압에 항거한 것이라면 어째서 우익인사 가족까지 죽이고, 5.10선거 지지자를 죽이고, 선거를 반대하고, 북한의 8.25선거에 참여하여 북한을 지지하고, 대한민국에 선전포고를 하고, 국군을 공격했는가? 제주 4.3폭도들은 대한민국을 인정하지 않고 대한민국을 적으로 보았기 때문에 경찰과 우익 가족까지 죽이고 국군을 공격한 것이다. 그래서 제주 4.3사건은 내란이며, 폭도들은 대한민국 건국을 못하게 저지하였고, 이덕구의 9.15사건은 대한민국을 타도하려고 국군을 공격하였다.

③ 48년 10월 24일 이덕구는 대한민국에 선전포고를 하였다. 이것은 제주 4.3사건이 내란임을 입증하였다. 그래서 9연대 군법회의 판결문의 죄명도 내란죄이다.

3. 제주4.3사건 진상조사보고서에는 무장봉기라고 하였는데 이는 허위 및 좌편향적인 주장으로 무장봉기가 아니라 폭동(내란)이다.[306] (이 책의 89쪽~96쪽 참조)

진상조사보고서 167쪽과 534쪽 상단에 "1948년 4월3일 새벽2시 350명의 무장대가 12개 지서와 우익단체들을 공격하면서 무장봉기가 시작되었다. 이들 무장대는 경찰과 서청의 탄압중지와 단선 단정 반대, 통일정부 수립 촉구 등을 슬로건으로 내걸었다" 고 하고 있는데 이는 무장봉기가 아니라 무장폭동이다. 「제주인민유격대 투쟁보고서」에도 「제주인민유격대」 또는 제주인민군이라 하여 스스로 반란군임을 입증하고 있다.(이하 제주인민군) 즉 「제주인민유격대 즉 제주인민군」이라는 말은 곧 "내란군" 이라는 말이다.[307] 그 증거는,

306) 진상조사보고서 534쪽
307) 투쟁보고서 81쪽~82쪽

1) 1948년 4월 3일 남로당 제주도당의 폭동(내란)

① 제주 4.3폭동 가담 인원

1948년 4월 3일 남로당 제주도당은 한라산 중턱의 수산봉 고내봉 파군봉 등 오름마다 봉화가 오르자 이것을 신호로 김달삼이 사령관이 되어 자정을 기해 30여명이 99식 소총으로, 400여명은 죽창과 철창으로 무장을 하고 새벽 2시부터 400여명과 협조자 1,000여명이 경찰과 서북청년 숙소와 제주도내에 있는 24개 지서 중 12개 지서를 기습 공격하였고, 이에 앞서 우익인사의 집을 기습 공격하여 제주 4.3폭동이 발생하였다.[308] 이날 폭도들의 동원 수는 폭도 400여명, 협조원 1,000여명 합 1,500여명이었다.

② 폭도들 12개 지서 공격

신엄지서 송원하 순경이 폭도들의 칼과 죽창에 여덟 군데나 찔렸으나 기적적으로 죽지 않았다. 그러나 송원하 순경 부친은 폭도들의 공격을 받고 사망하였다. 남원지서 협조원 방성화는 즉사하였고, 김석훈은 도끼에 맞아 팔이 잘렸고, 고일수 순경은 칼로 목이 잘려 죽었고, 방성언은 부상을 당하였다. 폭도들은 무기고에서 총과 실탄을 탈취하여 도망쳤다.

세화지서에서는 황 순경과 김 순경이 부상을 당하였고, 대정지서는 경찰관 이무웅 순경이 중상을 입었고, 조천지서는 양창국, 유 순경이 부상을 당하고, 화북지서 에서는 협조원 이시성이 불에 타 죽었고, 폭도들은 김장하 경찰 부부를 대창으로 찔러 죽였고, 지서에 불을 질러 지서가 전소 되었다. 외도지서에서는 선우중태 순경이 총에 맞아 즉사 하였다.

③ 폭도들 양민 학살

4월 3일 자정을 전후하여 먼저 애월면 구엄마을 우익인사 문영백의 집을 폭도 100여명이 기습하여 문영백이 도망치고 없자, 큰딸 문숙자(14세), 둘째딸 정자(10세)가 살려달라고 애원을 하는 데도 잠옷차림의 두 소녀를

---

308) 투쟁보고서 30쪽.(한국전쟁사 437쪽에는 무장병력 500명, 협조자 1,000명 합계 1,500명이라고 하였다.)

폭도들은 죽창으로 찔러 죽였다. 같은 마을에 사는 문기찬(33세)도 죽창으로 찔러 죽였고, 문용준도 죽창에 찔려 며칠 후 죽었다. 또 임신 중인 고칠군의 처는 폭도들의 몽둥이에 맞아 중상을 입었고, 문창순(34세)은 죽창에 찔려 죽었다.[309)]

새벽 2시 한림면 한림리 서청원들이 숙식하고 있는 한림여관과 경찰숙소를 40여명의 폭도들이 기습하여 이북 출신 김록만 순경이 죽고, 경찰 김순만 순경 외 2명이 중상을 당하고, 이 여관에 투숙하였던 제주 9연대 김익렬 연대장 외 경비대원 5명이 기적적으로 탈출하였다.

제주감찰위원장 현주선(46세)은 폭도들의 칼에 세 군데나 찔렸으나 기적적으로 살아났고, 총무 강한봉, 간부 김창우 박창희도 같은 시간에 기습을 받아 부상을 당하였으나 목숨만은 살아났다. [310)]

④ 폭도들 우익 청년단과 선거관리위원도 학살하다.

48년 4월 4일 폭도들은 연평리 대청단원 오승조(36세)를 죽였고,

4월 6일 이호리 대청총무 이도연(37세), 단원 양남호(32세)를 대청 간판과 사무실을 부수며 "대청 활동과 5.10선거 에서 손을 떼라" 고 하면서 죽였다.

4월 7일 한림면 저지마을 대청 대원 김구원, 김태준, 고창윤 등이 죽었고,

4월 13일 제주읍 화북지서에서 유격대의 총에 맞아 임선길 순경이 죽었고,

4월 17일 조천면 선흘리에서 대청단원 부동선, 부용하, 고평지 등이 죽었고,

4월 18일 신촌에서 경찰관 김성호의 부친 김문봉(64세)을 살해하였고, 박운봉 경위 5촌인 박영도(40세 애월 면사무소 서기)를 죽이는 등 폭도들은 같은 도민을 인간으로 차마 할 수

---

309) 4.3은 말한다 2권 28쪽
310) 4.3은 말한다 2권 30쪽

없는 방법으로 학살하였다.[311]

※ 1948년 4월 3일 폭도들이 이상과 같이 경찰과 우익과 그 가족까지 잔인하게 죽인 살인 만행이 폭동이 아니고 어떻게 경찰에 항거한 무장충돌이고 무장봉기라고 하는가? 경찰에 항거하여 무장봉기한 것이라면 경찰에 항거를 해야지 10세 문정자와 14세인 문숙자, 그리고 선거관리위원과 우익을 이상과 같이 학살하였는가? 이들은 무기도 소지하지 않았다. 그런데 무장충돌이라고 하였는가? 진상조사보고서에서는 이토록 폭도들의 살인 만행 폭동을 경찰에 항거한 무장봉기라고 하였다. 그리고 이상과 같은 폭도들의 살인 만행과 학살에 대해서 "남로당 제주도당을 중심한 무장대가 선거관리위원과 경찰 가족 등 민간인까지 살해한 점은 분명히 과오다"라고 하였다. 그러면 경찰관과 우익을 죽인 것은 정당한 것인가? 이는 있을 수 없는 허위 및 좌편향적인 가짜보고서이다.[312]

4. 제주 4.3폭동이 남로당 중앙당 지령이 없다는 제주4.3사건 진상조사보고서의 주장은 허위 및 좌편향적인 주장이다.[313]

1) 제주 4.3폭동이 남로당 중앙당 지령이 없다는 주장은 허위 및 좌편향적인 주장이다. 그 증거는,

진상조사보고서 164쪽 "파견원이 최후적 지시를 가지고 국경(국방경비대) 프락치를 만나러 갔던 바, 프락치 2명은 영창에 수감되어 있었으므로 할 수 없이 횡적으로 문상길 소위를 만났던 바, 이 동무의 입을 통해서 국경(국방경비대)에는 이중세포가 있었다는 것. 그 하나는 문 소위를 중심

311) 4.3은 말한다 2권 67쪽
312) 제주4.3사건 진상조사보고서 536쪽
313) 진상조사보고서 164쪽

해서 중앙 직속의 정통적 조직이며, 또 하나는 고승옥 하사관을 중심한 제주도 출신 프락치의 조직이었음. 그래서 4.3투쟁 직전에 고 하사관이 문 소위에게 무장투쟁이 앞으로 있을 것이니 경비대도 호응 궐기해야 한다고 투쟁 참가를 권유했던 바, 문 소위가 중앙 지시가 없으니 할 수 없다고 거절한 바 있다" 고 함. 그래서 제주 4.3사건은 중앙당이 직접 개입하지 않았다는 단서가 된다[314] 고 하면서 중앙당의 지령이 없다고 주장을 하고 있으나 이는 허위 주장이다. 그 증거는,

① 위의 내용에도 "국경에는 이중세포가 있다는 것. 그 하나는 문 소위를 중심해서 중앙 직속의 정통적 조직이며, 또 하나는 고승옥 하사관을 중심한 제주도출신 프락치 조직이 있었음" 하였다. 남로당의 국방경비대는 위에서 지적한 대로 장교는 중앙당에서 지령을 내리는 선이 있고, 또 다른 한 선인 하사관은 도당에서 관리하는 두 선이 있다.[315]

② 남로당은 하사관은 도당에서 관리하고 장교는 중앙당에서 관리를 함.(조선사회주의 운동사 사전)

③ 하사관이 반란에 성공하면 중앙당은 반란 성공 후 장교에게 지령을 내려 반란에 참여하게 함.

④ 이는 장교를 보호하기 위한 것으로, 14연대 반란 때도 48년 10월 19일 하사관 지창수 상사가 반란에 성공했을 때 장교 김지회 중위가 지창수를 찾아가 반란의 시기가 아니라고 했다가 지창수에게 죽을 번 한 일이 있을 정도로, 김지회는 중앙당에서 지령이 없어 몰랐다가 48년 10월 20일 중앙당 간부 문화부장 이현상의 지령을 받고 14연대 반란군 사령관이 된 것이 가장 좋은 증거이다.

박갑동은 남로당의 군사부 내 공작은 장교에 대한 것은 중앙당 조직부 특수공작 과에서 담당하고, 하사 · 병사는 각 도당 특수공작 과에서 담당하고 있다고 하였다.[316]

---

314) 제주인민유격대 투쟁보고서 77쪽
315) 해방전후사의 인식 3권 1987년 한길사 421쪽
김남식「남로당 연구」1984년 돌베개 379쪽
316) 박갑동 저 「통곡의 언덕에서」1991년 서당, 285쪽

⑤ 남로당 군 침투공작은 이원적으로 진행되었는데 장교는 당 중앙부가, 사병은 지방당부가 관리하였다. 중앙당이 장교를 관리한 것은 장교의 선발과 교육, 배치 등의 권한이 중앙사령부에 있고, 근무지 이동이 심했기 때문이며, 도당에서 사병을 관리하는 것은 사병 모집이 도 단위로 행해지고 이동이 거의 없기 때문이다.317)

⑥ 제주 4.3폭동은 이미 전남도당에서 48년 3월 15일 전남 당부에서 제주도 당부로 오르그 이 동무를 파견, 무장지령을 내렸다고 투쟁보고서 10쪽과 76쪽에 명시되어 오르그 이명장이 참여 지도하였고, 전남도당의 참여는 중앙당의 지령이 있었기 때문이지, 중앙당의 지령이 없는데 전남도당 오르그가 제주도당에 참여하여 지도할 수는 절대 없음.

투쟁보고서 10쪽에 "3.1사건 후 고승옥이 4명을 국방경비대 프락치로 입대시킨 후 그 해(47년) 5월 제주에 온 중앙 올구 이명장 동무를 통해 전남당부에 가서 그 지도 문제와 활동방침을 지시하여 주도록 요청하였다." 라고 하였다. 이처럼 작은 일에도 상부의 지시 하에 움직이는 것이 남로당 좌파 조직체계이다.

⑦ 이토록 국가적인 5.10선거 반대 폭동을 일으키는데 중앙당의 지령 없이 김달삼을 중심해서 남로당 제주도당 간부들만이 결정은 절대 할 수 없음.

1949년 1월 19일 14연대 반란 수사관 특무대 김창룡 대위가 이재복을 체포하여 빈철현 대위와 같이 조사할 때 이재복이 조경순을 통해서 김달삼에게 48년 2월 초순 폭동을 지령하였다고 하였고, 이재복의 레포 인 전남도립병원 간호사이며 김지회의 애인인 제주출신 조경순이 이재복의 지령을 김달삼에게 전해 주었다고 조사 과정에서 시인하였다고 빈철현 대위가 증언하고 있음.

⑧ 제주인민유격대가 5.10선거는 반대하고 북한의 8.25선거는 참여하였다는 것이 중앙당의 지령인 증거로, 5만2천 장의 투표용지를 가지고 제주도 안세훈 · 김달삼 외 4명이 해주 '남조선인민대표자회의'에 참석한

---

317) 황남준 「해방전후사의 인식 3권」 421쪽, 1987년 한길사
김남식 「남로당 연구」 379쪽

것이 중앙당 지령에 의해서 5.10선거 반대 폭동을 일으킨 증거이다.

5.10선거는 소련과 북한 김일성과 남로당 대표 박헌영이 반대하여 유엔에서는 선거 가능한 지역인 남한 만이라도 선거를 하도록 한 선거이다. 일개 도당인 제주도당이 중앙당의 지령 없이 자발적으로 단독으로 5.10선거 반대 폭동을 일으켰다는 제주4.3 진상조사보고서는 있을 수 없는 허위주장이다.

⑨ 제주4.3폭동 당시 인민유격대 간부로 활동하였던 김봉현은 1919년 한림면 금악리에서 출생, 일본 공산당 출신이며 해방과 함께 제주에 와서 교사생활을 하면서 제주도당에서 이덕구 · 조몽구와 같이 핵심적인 공산주의 활동을 한 자이며, 47년 2월 민전 조직 때 문화부장을 역임한 자로서 그가 제주4.3폭동 40주년을 맞아 1988년 5월 일본의 문예지 민도 기자와 인터뷰 하였는데 그는 자연스런 분위기에서 소상하게 이야기 하였다. 그는 중앙당 파견 오르그 천검산이 남로당 제주도당을 지도하였다고 하였다. 김봉현은 제주에 많은 영향을 주었다.

제주남로당 조직은 3.1사건 후 더욱더 비밀스럽게 움직였다. 남로당 제주도당은 1948년까지도 남로당 전남도당의 지도를 받고 있어 광주로부터 지령문을 받았다. 이 지령문은 남로당원이 경영하는 칠성통의 모자점이나 약방의 물품 반입 과정에서 끼어 들어왔다. 남로당 제주도당 지도부는 이러한 지령문을 놓고 다시 협의를 거쳐 읍 · 면의 연락책을 통해 담배개비 속에 지령문을 넣어 지방세포에게 전달하였다.[318)]

중앙당의 지령은 극도의 보안유지상 서면으로 한다. 연락책을 통해 지시하는 것은 즉시 폐기하는 것이 원칙이다. 그래서 근거를 찾을 수 없다.

⑩ 48년 2월 7일 남로당원 30만 명이 동원되어 5.10선거 반대 폭동을 일으켰다. 제주도는 48년 2월 9일 폭동을 일으킨 그 연장이 4.3폭동이다. 5.10선거 반대는 북한의 김일성, 남로당의 박헌영 그리고 남로당의 정책이다. 남로당 제주도당이 5.10선거를 반대하여 3개 선거구 중 2개 선거구를 무산시킨 것이 중앙당의 지령의 증거이다.

이상으로 보아 제주남로당은 전남도당과 중앙당의 지시를 받고 제주4.3

---

318) 4.3은 말한다 1권 529쪽

폭동을 일으켰다.

⑪ 대한민국 국방부 전사편찬위원회 편「한국전쟁사」1권 해방과 건국(1968년)에서 "남로당 특별공작책임자이며 군내 적화 총책임자인 이재복(1949.1.19 체포, 46세. 평양신학교 32회 졸업. 영천제일교회 목사. 46년 10.1 대구폭동 가담. 49년 12월 처형)은 제주도 폭동에 이어 본토 내에서 반란을 야기시킴으로서 국군의 토벌병력을 단절 또는 분산시켜 우선 제주도의 위기를 감소시키려 하였고, 본토 내에서 제2전선을 형성하여 전군인적인 호응을 기대하였다. 그러나 국군의 전격적인 토벌작전으로 제14연대의 반란군은 조기에 각개격파 당하여 입산 공비화 하였고, 뒤따라 전군적인 대숙군이 단행되어 그들의 군내조직이 발본됨으로서 남로당이 3년간에 걸쳐 대한민국 정부를 전복하려던 꿈은 사라지게 되었다." 라고 기술하여[319] 제주4.3폭동, 14연대 반란, 대구 6연대 반란사건이 "이재복의 지령에 의해서 대한민국을 전복하려는 반란사건"이라고 정의하고 있다. 이 근거는 14연대 반란사건을 김창룡 이하 수사관들이 이재복을 조사한 과정에서 드러난 내용을 기술한 것이다.

⑫ 가. 투쟁보고서 1948년 3월 15일 전라남도 당부에서 제주도 당부로 "오르그"이 동무를 파견 무장반격 지령과 함께[320]

나. 도당부상위에서는 이상 도당부의 지령을 받고 같은 해 3월 15일도 파견 "오르그"를 중심으로 회합하여

첫째, 당의 조직 수호와 방어 수단으로,

둘째, 단선 단정 반대 구국투쟁의 방법으로 전도민을 궐기시켜 무장반격을 전개하기로 하고 그 준비 및 실행계획을 다음과 같이 결정하였다.

다. 준비기간

48년 3월 15일부터 3월 25일까지.

인민유격대 폭동을 3월 25일까지 준비하기로 하였는데 3월

319) 한국전쟁사 1권 1967년 489쪽
320) 투쟁보고서 10쪽

28일 모여 준비 부족으로 48년 4월3일 폭동을 일으킨 것이며,[321] 여기 이명장은 남로당 중앙당 간부이다.[322]

이상의 내용으로 보아 제주 4.3폭동은 남로당 중앙당의 지령에 의한 폭동이다.

5. 제주4.3사건 진상조사보고서에 의하면 "제주 9연대장 김익렬 중령은 무장대 측 김달삼과의 4.28 평화협상을 통해 평화적인 사태 해결에 합의하였다. 그러나 이 협상은 우익청년단체에 의한 오라리 방화사건 등으로 깨졌다" 라는 주장은 허위 및 좌편향적인 주장이다. 오라리 방화사건 때문에 4.28 평화 협상이 깨진 것이 아니다. 그 증거는,[323] (이 책의 114쪽~125쪽 참조)

1) 1948년 4월 28일 정오 김익렬 9연대장은 폭도사령관 김달삼과 만나 평화협상을 하기 위해 대정면 구억리 구억초등학교에서 만나 협상이 되었고, 이 내용을 제주 미군 제59군정 맨스필드 대령에게 보고하였다.

2) 48년 4월 28일 협상을 해놓고 29일 폭도들은 제주읍에서 2킬로 떨어진 오라리 연미마을 대동청년단장 박두인과 부단장 고석종이 폭도들에게 납치되어 죽었는데 그 시체는 현재까지도 찾지 못하였고,[324]

4월 30일 오전 8시 대청단원 부인인 강공부(23세) 임갑생(23세)이 인민유격대에 납치되어 마을에서 1킬로 떨어진 민오름으로 끌려가 오후 5시

321) 투쟁보고서 10쪽
322) 투쟁보고서 9쪽
323) 진상조사보고서 191쪽
324) 4.3은 말한다 2권 150쪽

까지 소나무에 묶여 있었다. 신고를 받고 경찰이 출동하자 경계가 소홀한 틈을 타 임갑생이 끈을 풀고 도망쳐 출동한 경찰을 만나 폭도들에게 끌려간 내용을 설명하자 경찰은 민오름을 뒤졌으나 납치된 박두인과 고석종은 찾을 길이 없고 강공부는 죽어 있었다.

경찰 수사관과 미군 방첩대는 출동한 경찰과 임갑생을 통해 사건 전반에 대해 조사한 결과, 김익렬과 김달삼의 4.28 평화협상은, 협상 다음 날 제주인민유격대가 4명을 납치하여 3명을 학살하였기 때문에 평화협상은 이미 깨졌고, "김달삼이 김익렬을 이용하고 있다" 는 결론을 내렸다.[325] 이렇게 되어 4.28 평화협상은 폭도들에 의해 깨진 것이다.[326]

3) 5월 1일 오전 9시 전날 폭도들에게 무참히 죽은 임신 중이었던 강공부의 장례식을 마치고 우익청년 30여명이 오라리마을 폭도라고 지목된 집 5세대 12채에 불을 질렀다. 그리고 이들은 오후 1시경 제주읍을 향해 마을을 출발하였다.

4) 진상조사보고서 198쪽 "협상 사흘만인 5월 1일 우익청년단이 제주읍 오라리 마을을 방화하였다는 세칭 오라리사건이 벌어지고, 5월 3일에는 미군이 경비대에 총공격을 명령함에 따라 협상은 깨어졌고, 이후 4.3사건은 걷잡을 수 없는 유혈충돌로 치닫게 되었다." 고 허위 및 좌 편향적으로 주장하면서 경찰과 우익과 미군 때문에 평화협상이 깨지고, 4.3사건이 확대 되었다고 뒤집어씌우고 미군을 규탄하고 있다.

짐승도 새끼를 배면 보호를 해준다. 하물며 산달이 가까운 임신부를 산으로 끌고 가 죽여 놓고, 그 임신부의 장례를 치른 사람들이 화가 나 불을 질렀는데 협상을 파기한 원인을 먼저 임신부를 죽인 폭도들이 아닌 오히려 임신부의 장례를 지내고 불을 지른 사람들에게 뒤집어씌우고 있다.

---

325) 투쟁보고서 78쪽

326) 4.3은 말한다 2권 151쪽

※ 이상과 같이 폭도들은 28일 협상해놓고, 29일 우익청년 2명과 30일 우익청년 부인 2명을 납치하여 세 명을 죽여서 협상이 깨진 것이지 5월 1일 방화 때문에 깨진 것이 아니다.[327] 그리고 폭도들은 제주에 조선민주주의 인민공화국을 세우는 것이 목적이기 때문에 김익렬을 이용한 것이지 협상하려고 한 것이 아니다. 그 유력한 증거는 북한의 8.25선거에 52,000여명이 투표를 한 것이다

6. 제주4.3사건 진상조사보고서는 박진경 연대장이 강경진압을 하여 죽였다고 주장 하는데, 박진경 연대장은 강경진압을 하지 않았다. 그 증거는,[328] (이 책의 172쪽 참조)

1) 48년 5월 6일 김익렬 연대장이 폭도들 진압에 소극적이며, 폭도 사령관 김달삼과 평화협상을 하였으나 이용만 당하였고, 5월 5일 대책회의에서 조병옥 경무부장과 육박전을 함으로 9연대장 직에서 해임되고 게릴라전에 조예가 깊고 제주도 지리를 잘 아는 박진경 중령이 9연대장에 부임하였다.[329]

박진경 연대장이 9연대장에 부임한 후 제주4.3폭동을 완전히 파악한 결론은, 산으로 도피한 자는 하산하도록 선무활동을 한 후 그래도 산에서 내려오지 않으면 체포하여 수용소 안에 수용하고, 폭도들과 협조자를 찾아 법에 따라 처리하는 것이 가장 피해가 적고 합법적이고 빠른 시일에 진압할 수 있다고 판단하였다. 박진경 연대장은 산에서 내려오도록 선무활동을 한 후 산에 있는 산사람에 대해서는 폭도로 간주하고 무조건 체포명령을 내려 48년 5월 12일부터 5월 27일까지 3,126명을 체포하고 경비대에 저항하는 자 8명을 사살하였다. 그리고 연행자를 조사하여 500여명을 기소하고

327) 4.3은 말한다 2권 155쪽
328) 진상조사보고서 219쪽
329) 한국전쟁사 1권 1967년. 440쪽

나머지는 설득하여 훈방조치 하였다. 이것으로 보아 박진경 연대장은 법대로 처리하였지 제주 사람들을 죽이는 강경 진압을 하지 않았다는 증거이다.330)

2) 박진경 연대장이 폭도들을 무참히 죽이지 않고 체포하여 기소함으로 사건을 합법적으로 빠른 시일 내에 진압하여 제주도민들의 인명 피해를 적게 하고 진압에 효과가 있었다.

48년 5월 20일 김달삼의 지령을 받은 9연대 문상길 중대장은 9연대 1대대 소속 하사관을 시켜 "특수야간훈련이 있다" 하고 대정출신 강기창과 성산면 강정호, 남원 김태홍 등이 뭉쳐 트럭 1대에 하사관 11명과 사병 30명 계 41명이 트럭을 타고 모슬포 부대를 탈영하여 2킬로 떨어진 대정지서에 밤 11시30분에 도착하였다.

대정지서는 경찰 9명, 협조원 4명 계 13명이 지서를 지키고 있었는데 탈영병들이 서덕주 · 김문희 · 이환문 · 김일하 순경과 보조원 임건수 등 5명을 총을 쏘아 현장에서 즉사시켰다. 지서주임 안창호와 허태주는 극적으로 목숨을 건졌으나 중상을 입었고, 소형원 · 송순옥 · 김정남 등은 도망쳐 무사하였다.

이들 41명은 실탄 5,600발을 가지고 탈영하였으나 다음날 박진경 연대장의 포위작전에 20명이 체포되어 군법회의에 기소되었고,, 21명은 폭도들과 합세하였다.331)

3) 박진경 연대장이 강경진압을 하여 죽였다고 손선호의 최후진술을 그대로 진상조사보고서는 주장하고 있는데, 이는 있을 수 없는 허위 및 좌편향적인 주장이다. 그 증거는,

1948년 5월 10일 선거일에 폭도사령관 김달삼과 9연대 남로당 프락치

330) 1948년 5월 27일 통위부 담화문 발표
331) 4.3은 말한다 3권 118쪽

대대장 오일균 소령과 연대 정보관 이윤락 중위와 제주남로당 조직부장 김양근과 대책회의에서 "대대 반동의 거두 박진경 연대장과 반동 장교 숙청" 할 것을 합의하였다. 5월 10일은 박진경 중령이 9연대장에 부임한 지 4일밖에 되지 않아 진압작전을 한 일이 없다. 박진경 연대장이 김달삼에게 협조할 것 같지 않자 아예 죽여버리기로 합의하였다.332) 이 합의에 의하여 문상길 중대장은 양희천 상사, 손선호 하사, 신상우 · 강승규 중사, 배경용 하사를 선동하여 48년 6월 18일 새벽 3시경 잠을 자고 있는 박진경 연대장에게 총을 쏘아 암살하였다.

부하가 상관을 살해하는 사건은 어떤 이유에도 용납될 수 없다. 그런데 4.3 진상조사보고서 227쪽에 박진경 연대장이 강경진압을 해서 죽였다는 살인자 손선호 하사의 최후진술을 은근히 강조하고 암살자를 비호하고 있다.

문상길 중위나 신상우 하사나 김양 변호사의 발언과 재판기록에 의해서 제주4.3 진상조사보고서에 인용을 해도 그들의 주장을 판사가 어떻게 보느냐에 따라 결정되는데, 신문을 인용하여 살인범을 옹호하는 진상조사보고서는 용서받을 수 없다. 어떻게 대한민국 정부에서 대한민국을 규탄하고 연대장을 암살한 자를 비호하는 보고서를 작성하는가! 이는 인민공화국에서나 할 수 있는 일로서 대한민국에서는 도저히 있을 수 없는 일이다.

※ 4.3사건 진상조사 수석전문위원인 양조훈 씨가 공저한 「4.3은 말한다」 3권 218쪽에서 박진경 연대장에 대해 "제주도 빨치산 토벌작전에서 큰 공을 세우고 장열하게 산화한 창군 영웅이란 시각과, 다른 하나는 미군정 시절에 출세하기 위해 무차별 토벌을 강행한 민족반역자란 시각이 바로 그것이다."333) 라고 박진경 연대장을 표현하여 박진경 연대장이 민족반역자도 될 수 있다는 표현을 한 것은 좌익에서 본 시각으로 이것은 보통문제가 아니다. 박진경 연대장을 민족반역자로 볼 수 있다면, 송요찬·함병선과 국군과 경찰과 이승만 대통령까지 반역자로 볼 수 있다는 시각이며, 이는 대한민국이

---

332) 제주인민유격대 투쟁보고서 78쪽~80쪽
333) 4.3은 말한다. 3권 218쪽

반역 국가로 타도의 대상이 될 수 있다는 시각으로 이는 용서받을 수 없는 내용이다. 제주4. 3 진상조사보고서 작성의 수석전문위원이 이런 시각을 갖고 제주4. 3진상조사보고서를 작성한 것이다. 이러한 양조훈이 현재 제주도 부지사이다. 제주4. 3사건 진상조사보서는 "아무 잘못이 없는 제주 양민을 다 총살하였다." 하면서 그 책임을 이승만 전 내통령과 송요찬·함병선, 그리고 진압군에 책임을 뒤집어씌우고 민족반역자로 만든 보고서이다. 제주4. 3사건 진상조사보고서는 대한민국을 부정하고 대한민국 헌법재판소 판결문과 법원의 판결문이나 제주4. 3사건 특별법도 인정하지 않고 초법적으로 조선민주주의 인민공화국에서나 작성할 수 있는 보고서를 작성하였다. 즉 노무현 정부는 좌파정부라고 하는 증거이다. 그러므로 진상조사보고서는 즉시 폐기되어야 한다.

7. 제주4.3 폭동 주동자들은 남한의 5.10선거는 반대하고 북한의 8.25선거에 적극 참여하였다. (191쪽) [334]

1) 제주 남로당 대표 북한 최고조선인민대표자회의에 참석

1948년 8월21일~26일 해주에서 개최되는 조선인민대표자회의에 남조선 대표 360명을 선출하기 위하여 제주도 대표 안세훈 · 김달삼 · 강규찬 · 이정숙 · 고진희 · 문등용 등이 제주 해안을 경비대가 철통같이 경계하는 데도 8월 2일 제주를 출발하여 38선을 넘어 해주에 도착하였다. 36명의 주석단의 명단에 김달삼도 있었고, 김달삼은 김일성의 열렬한 환영을 받으며 국기2급 훈장과 영웅칭호를 받았다.

2) 제주4.3 폭동 주동자들은 대한민국 건국 5.10선거는 반대하고 북한의 8.25선거에 적극 참여하였다.

1948년 8월 25일 조선 최고인민회의에 남조선 대의원 360명을 선출하

334) 진상조사보고서 236쪽

기 위하여 제주도에서는 이 대의원을 뽑기 위해 밤마다 인민공화국이 되어 투표하였는데, 5.10선거 제주 총유권자 85,517명 중 52,000여명이 8.25 선거에 참여 하였다고 김달삼이 해주 조선인민대표자회의에서 보고하였으며, 그 증거물로 5만2천 장의 투표한 용지를 제주도에서 해주까지 가지고 가서 대의원들에게 보였다. 이는 제주도민 61%가 참여한 것이다. 김봉현은 72,000여명이 투표해서 85%가 참여하였다고 하였고, 김달삼은 북한에 가서 연설할 때 제주도민 85%가 지지하였다고 하였다.[335] 이 북한 8.25선거는 남한 전 지역에서도 있었다. 결국 제주 남로당 폭동 주동자들은 대한민국 정부의 5.10선거는 무력으로 반대하여 2개 선거구를 무산시키고 북한의 최고인민회의 대의원을 선출하는 선거에는 61%인 52,000여명이 참여하는 결과를 보였다.

※ 이상으로 보아서 제주 폭동 주동자들은 북조선을 지지하고 대한민국을 부정하는 자들이었고, 이들은 한반도에 공산주의 통일정부를 세우기 위하여 제주도에 조선민주주의 인민공화국을 세우려고 폭동을 일으켰다는 증거가 된다. 그런데 무슨 민중봉기라고 거짓주장을 하는가! 낮에는 대한민국이었고, 밤에는 인민공화국이었다. 이것으로 제주 4.3폭동은 남로당이 대한민국 건국 5.10선거를 반대하기 위해서 전국적으로 일으킨 2.7폭동의 연장으로, 대한민국 정부를 건국하기 위한 5.10선거를 반대하기 위한 폭동임을 입증하였다. 제주 4.3폭동은 남로당 중앙당의 지령에 의해서 발생하였으며, 이상으로 보아 어떤 명분에서도 제주도 4.3사건을 무장충돌이니, 무장봉기라고 할 수 없다.[336]

좌파들은 지금도 대한민국을 인정하지 않고 있다. 그들은 행사가 있을 때 태극기에 대해 경례도 하지 않고 애국가도 부르지 않는다. 그들은 대한민국이 망하고 북한이 남한을 점령하기를 원하는 자들이다.

---

335) 김봉현·김민주 앞의 책 153쪽~154쪽
336) 「4.3은 말한다」 3권 258쪽

8. 제주도민이 많이 희생된 이유는 이덕구의 9.15사건 때문이다.[337] (이 책의 197쪽~267쪽 참조)

1) 제주4.3 진상조사보고서에 진압군의 무차별 강경진압 때문에 수많은 양민이 희생되었다는 주장은 허위 및 좌편향적인 주장으로 이는 허위주장이다.[338] 그 증거는,

① 제주인민군사령관 이덕구의 살인 만행

김달삼이 북으로 가자 이덕구가 제2대 제주도 인민군 사령관(폭도사령관)이 되었다. 정부에서는 48년 7월 말 제주도가 조용하여 진압이 다 되었다고 판단하고 제주도민도 그렇게 생각하고 있었다.[339] 그런데 평온한 제주도에 이덕구가 제주인민군 사령관이 되면서 9.15사건이 발생하였다.

이덕구와 내란 주동자들은 48년 9월 15일 밤에 중문면 도문리에 살고 있는 문두천을 찾아가 대창과 칼로 난자하여 죽이고,

9월 18일에는 성산면 고성2구 민보단장 김만풍을 죽이고 폭도들이 이장을 찾아갔다가 이웃에 사는 양민 오만순을 이장으로 알고 칼로 찔러 죽였다.

48년 9월 25일 구좌면 김녕리 특공대장 박인주도 마을 내 장례식에 갔다가 폭도들의 칼에 찔려 죽었다. 이때 폭동 주동자들은 장례식에 모인 사람들에게 "새나라 건설에 힘쓰고 있으니 여러분도 우리말을 듣고 협조하라." 고 하였다.[340]

48년 10월 1일 도남리 장례식에 나타나 대동청년단장 정병택(22세)과 그의 아버지 정익조(50세), 같은 마을사람 김상혁을 폭도들은 총으로 쏘아 죽였다. 그리고 대동청년단원 4명을 납치해 갔다가 그중 3명은 죽이고, 한 명은 탈출에 성공하였다.

48년 10월 1일 이덕구는 중문면 도순리에 주둔하고 있던 정찬수, 박홍

---

337) 진상조사보고서 241쪽
338) 진상조사보고서 241쪽
339) 4.3은 말한다 4권 30쪽
340) 「4.3은 말한다」 4권 30쪽

주, 최영규, 김병호 등 5명의 순경들을 죽이고 2명을 납치하였으며, 이 기습으로 여러 사람이 부상을 당하였다.

48년 10월 6일 구좌면 김녕리 부근에서 20명의 경찰과 40명의 폭도들과의 사격전이 벌어져 경찰 1명이 부상을 당하였다. 10월 7일에는 200여 명이 조천지서 앞에서 시위도 하였다.[341)]

※ 48년 9월 15일에는 5.10 선거도 끝나고 8.15에는 대한민국이 탄생하였고, 북에도 정부가 세워졌기 때문에 제주인민유격대가 무력으로 이토록 경찰과 우익인사를 죽이고 경찰을 기습한 9.15 사건은 어떤 이유에서도 명분이 없으며, 대한민국 정부를 인정하지 않고 끝까지 제주도를 공산화하려고 한 사건이다. 이상의 사건도 무장폭동이 아니고 서청과 경찰의 탄압에 항거한 무장봉기란 말인가! 이상의 사건을 보고서에서 싹 빼버린 이유는 무장봉기라고 하기 위함이다.

② 제주도 경비사령부 신설

이상의 보고를 받은 송요찬 9연대장은 깜짝 놀라 폭도 토벌에 들어갔고, 정부에서는 10월 11일 제주도에 경비사령부를 신설하고 사령관에 제5여단장인 김상겸 대령을 임명하였다. 그리고 여수에 있는 14연대 1개 대대를 증파하기로 결정하고 제주도 폭동을 진압하도록 이동명령을 내렸다.

※ 그런데 제주4.3사건 진상조사보고서는 이상과 같은 이덕구의 살인 만행에 대해서는 전혀 언급이 없이 제주도에 경비사령부를 신설한 것만 가지고 비판하고 있다.[342)] 이덕구의 만행을 기록하지 않은 이유는, 진압군이 아무 잘못이 없는 제주도 양민을 집단으로 총살하였다고 하기 위함이다.

③ 여수 14연대 반란

이덕구의 9.15사건이 제주도에서 발생하자 정부에서는 깜짝 놀라 제주

---

341) 「4.3은 말한다」 4권 36쪽
342) 진상조사보고서 262쪽

도에 경비사령부를 신설하고 여수에 있는 14연대 1개 대대에 10월 18일 제주도폭동을 진압하라고 명령하였다. 이 정보를 입수한 전남도당은 여수인민위원회로 연락하고, 여수인민위원회에서는 14연대 안의 남로당원 지창수 상사에게 지령을 내려 반란을 일으키게 하여 제주도 폭동 진압을 못하게 하였다.

48년 10월 19일 남로당의 지령에 의해 반란을 일으킨 여수 14연대 안의 남로당원 지창수 상사 외 40명의 남로당원들은 김일영 대대장을 비롯한 장교 20여명과 반란에 저항한 하사관과 사병 43명을 죽였고, 지창수 상사가 "우리는 제주도에 진압하러 가지 않겠다. 우리는 경찰과 싸우자" 하는 구호에 의해 14연대 전체가 반란군이 되었다. 이 반란군은 여수·순천·보성·광양을 점령한 후 구례를 향해 세력을 확장해가고 있어 정부에서는 큰 위기를 맞이하였다. 그리고 광주의 4연대 일부와 마산 15연대 연대장 최남근 중령, 대구의 6연대가 반란에 가담하여 국군 15개 연대 중 5개 연대 일부가 반란에 가담하였고, 국군 안에 남로당원들이 1만여 명이 넘게 있어 이승만 정부가 남로당에 의해 전복되는 것은 시간문제였다.[343]

48년 11월 3일 구례군 파도리에서 14연대 반란을 진압하기 위하여 출동한 진압군 12연대 김두열 소위 중대가 반란군에 의해 90여명이 포로가 되었고,

48년 11월 4일 구례군 산동마을에서 진압군 12연대장 백인기 중령이 반란군 포위망을 뚫지 못해 자살하여 국군과 정부에 큰 충격을 주었고,

48년 11월 5일 연대장을 찾기 위해 구례에서 남원으로 가다가 화엄사 근방에서 진압군 12연대 2대대가 반란군 매복에 걸려 국군 50여명이 전사하고 80여명이 또 포로가 되어 국군은 큰 혼란에 빠졌다. 그와 반대로 반란군과 제주도 폭도들의 사기는 충천하였고, 14연대 1개 대대가 제주반란군을 지원 차 제주도에 상륙할 것이라는 소문이 퍼져 제주 폭도들의 사기는 하늘을 찌를 듯하였다. 신생 대한민국이 금시 전복되는 줄 알고[344] 제주

343) 「한국전쟁사」 1권 451쪽.
344) 4.3은 말한다 3권 171쪽

폭도들은 국군을 공격하여 진압군이 오히려 수세에 몰렸다.345)

48년 11월 2일 남로당 경북도당이 무너져 중앙당 군사부장 이재복이 직접 지령하여 대구 6연대 안에서 이정택 상사 외 좌파들에 의해 또 반란이 일어났다.

48년 11월 14일 박헌영의 강동정치학원 출신 180여명이 북한 인민유격대를 조직하여 38선을 넘어 오대산에 침투하여 반란군과 합세하기 위하여 남하하기 시작하였다. 제주도 폭도들과 협조자들은 북한 인민군이 38선을 넘어 와 대한민국이 금시 망하고 한반도에 조선민주주의 인민공화국인 공산국가가 곧 실현되는 줄 알았고, 또한 폭도들은 협조자들에게 그렇게 설명하여 협조자들은 열성적으로 폭도들에게 협력하였다. 제주 폭도들은 무모하게 국군에도 공격하여 엄청난 희생을 자초하였다.

신생 대한민국 이승만 대통령과 육본에서는 정신을 차릴 수가 없었다. 만일 미군이 한국에 없고 북한의 인민군 일부가 38선만 넘었다면 한반도는 조선민주주의 인민공화국인 공산국가가 되고도 남았다.

48년 11월 5일 백인엽 12연대 부연대장은 연대장이 자살하고 2대대가 대파되었다는 보고를 받고 부대원을 이끌고 군산에서 구례에 도착하여 14연대 반란군 사령관 김지회와 정면대결의 작전을 세우고 있었다. 만일 백인엽 12연대가 반란군에 패한다면 힘 있는 자에게 대세가 기울듯이 전국의 남로당원 1만여 명이 전군에서 반란을 동시에 일으킨다면 신생 대한민국의 전복은 그리 어려운 문제가 아니었다. 박헌영과 김삼룡과 김달삼과 이덕구는 이것이 목표였다. 그러므로 백인엽 소령의 12연대와 김지회 중위의 14연대 반란군과의 전투 결과에 따라 대한민국의 존망이 결정될 최대의 위기였고, 11월은 신생 대한민국이 가장 어려운 달이었다. 미군은 철수 안이 국회를 통과하여 골치 아픈 남조선에서 빨리 철수하기 위해 준비를 서두르고 있었으나 14연대 반란으로 철수가 늦어지고 있었다.

백인엽 부연대장은 구례초등학교에 연대본부를 두고 김지회 반란군이 공격해 오기를 기다리고 있었다. 48년 11월 7일 새벽 4시 14연대 김지회

345) 「한국전쟁사」 1권 475쪽.

반란군 800여명이 구례초등학교에 있는 진압군 12연대를 포위 공격해 왔다. 김지회가 오기를 기다리고 있던 백인엽 부연대장은 전 병력으로 반격하여 2시간의 치열한 전투 끝에 14연대 반란군이 대패하여 14연대 반란군 잔당들은 지리산 문수리로 숨어들어가 유격대가 되어 다시는 구례 근방에 얼씬거리지 못하였다.

12연대가 대승하자 구례 · 남원 · 하동 산청 주민들이 국군에 협력하게 되었고, 남로당이나 군 안의 좌파들이 주춤하였고, 제주 폭도들도 진압군에 밀리기 시작하였다. 그래서 48년 11월, 12월, 49년 1월에 제주도 폭도들과 협조자들이 많이 처형되었다.346)

④ 9연대 안의 남로당원 강의현 소위 반란에 실패(이 책 202쪽 참고)

14연대 반란이 성공하자 48년 10월 28일 제주도 9연대 구매과장 강의현 소위(육사4기), 박격포 소대장 박노구 소위가 주동이 되어 송요찬 연대장과 우익 장교들을 죽이고 부대를 장악, 반란군이 되어 폭도들과 합류하여 제주도를 완전히 공산화하려다 사전에 송요찬 연대장에게 발각되어 체포되었는데, 이 일에 가담한 자는 남로당 세포원 장교 6명, 사병 80명이었다.347)

⑤ 제주 남로당원 경찰 제주 적화음모 실패.(이 책 209쪽 참조)

48년 11월 1일 제주경찰 11명과 도청 · 법원 · 경찰청 · 읍사무소 · 해운국에 속해 있는 75명의 남로당원들이 새벽4시 경찰서 안에 있는 간부를 죽이고 경찰서를 점령하고 9연대와 폭도들과 합세하여 제주도를 공산화 하려다가 사전에 발각되어 75명 전원 체포되어 실패하였다. 이로 인해 이덕구 이하 폭도들은 14연대 반란의 성공으로 사기가 충천하여 제주도를 공산화 하려는 계획에 차질이 왔다. 이상의 사건으로 제주 4.3폭동은 제주도를 공산화 하려는 남로당 제주도당 당원들의 내란임을 입증하였다.348)

---

346) 국방부 전사편찬위원회 「한국전쟁사」1권 478쪽. 서울, 동아출판사 1967년
347) 「4.3은 말한다」 4권 119쪽, 136쪽
348) 「4.3은 말한다」4권 134쪽

⑥ 제주 폭도들 국군 6중대를 공격(이 책 212쪽 참조)

한림면에 9연대 2대대 6중대가 폭도들을 토벌 중에 있었다.

48년 11월 2일 구례에서 14연대 반란군과 12연대가 치열한 전투를 하고 있을 때 제주 폭도들은 6중대를 낮에 집중공격을 하고 산으로 도망쳤다. 6중대원들은 즉시 추격에 나섰다가 폭도들의 매복에 걸려 6중대장 이하 14명이 전사하였고, 많은 수가 부상을 당하였다.[349]

2대대장은 3중대장에게 폭도 토벌을 명령하였다. 3중대도 폭도들의 매복에 걸려 중대장이 쓰러지자 사병들은 기관총과 무기 다수를 버리고 도망쳐 폭도들의 무기가 더욱 더 보강되었다. 3중대장은 다행히 목숨을 건졌으나 7명의 장병이 전사하였고 많은 수가 부상당하였다.

2대대장은 5중대장 이근양 대위에게 폭도 토벌을 명령하였다. 이근양 중대장은 11월 3일 새벽 6시 30분 폭도들이 숨어 있는 곳을 찾아 포위 공격하였다. 시체를 확인하니 폭도 100여명이 죽었고, 나머지는 포로로 잡아 조사하였다. 포로들의 자백으로 제주인민군의 보급창, 무기 수리공장, 식량창고, 폭도들의 아지트와 조직과 인원을 처음으로 파악하게 되었다. 송요찬 연대장은 국군과 경찰을 총동원하여 폭도들의 아지트를 기습 공격하였다.[350]

※ 국군은 하루 만에 중대장 이하 21명 죽고 폭도사령관 이덕구가 대한민국에 선전포고를 하여 제주4.3폭동이 확대되어 제주도에 계엄령이 선포되고 제주인민군과 협조자들이 많이 죽게 되는 원인이 되었다. 그런데 진상조사보고서에는 국군이 폭도들에 의해 하루 만에 21명의 국군이 죽은 것과 이상의 사건을 전혀 기록하지 않았다. 이유는, 진압군이 아무 잘못이 없는 제주에 계엄령을 선포해서 양민을 초토화 작전으로 집단 총살하였다고 하기 위함이다. 폭도 100명은 학살이 아니라 진압군과 전투 중에 사살된 것이다.

그런데 제주4.3사건 희생자 명단에는 국군과 경찰을 죽인 살인자 폭도가 한 명도 없다.

---

349) 한국전비사 1977년 1권 282쪽

350) 국방부 전사편찬위원회 「한국전쟁사」 1권 1967년 444쪽.

9. 제주인민군 사령관 이덕구 대한민국에 선전포고(이 책 220쪽)

이덕구는 대한민국이 곧 망할 줄 알고 1948년 10월 24일 대한민국 정부에 선전포고를 하였다. 포고문 내용은 다음과 같다.

「친애하는 장병 · 경찰원들이여! 총부리를 잘 살펴라. 그 총이 어디서 나왔느냐? 그 총은 우리들의 피땀으로 이루어진 세금으로 산 총이다. 총부리를 당신들의 부모 · 형제 · 자매들 앞에 쏘지 말라 귀한 총자 총탄 알 허비 말라. 당신네 부모 · 형제 당신들까지 지켜준다. 그 총은 총 임자에게 돌려주자. 제주도 인민들은 당신들을 믿고 있다. 당신들의 피를 희생으로 바치지 말 것을 침략자 미제를 이 강토로 쫓겨 내기 위하여 매국노 이승만 일당을 반대하기 위하여 당신들은 총부리를 놈들에게 돌리라. 당신들은 인민의 편으로 넘어가라. 내 나라 내 집 내 부모 내 형제 지켜주는 빨치산들과 함께 싸우라. 친애하는 당신들은 내내 조선인민의 영예로운 자리를 차지하라.」 351)

※ 제주인민군 사령관 이덕구의 대한민국에 대한 선전포고는 대한민국을 적으로 보고 대한민국을 타도하고 제주도에 조선민주주의 인민공화국을 세우기 위한 내란임을 입증하였다. 이래도 제주4.3사건이 무장폭동(내란)이 아니고 무장봉기인가!

10. "제주도에 계엄령이 불분명하다" 는 주장에 대하여(이 책 235쪽)

1) 제주인민군 무차별 공격.

① 1948년 11월 28일 위미리는 폭도들의 공격을 받고 위미리 초등학

351) 「4.3은 말한다」 4권 68쪽

교가 전소되었고, 우익 50여명이 죽고 100여명이 중상을 입었으며, 750여 호 중 150여 채가 전소되는 엄청난 피해를 보았다.

② 48년 11월 5일 새벽 3시 270여명의 폭도들은 17명이 방어하고 있는 중문지서를 기습하여 김석전 순경과 김호석 순경이 폭도들의 총격에 숨졌다. 폭도들은 안덕지서도 동시에 공격하였다. 이 소식을 보고받고 서귀포경찰서에서는 30명의 경찰을 한 트럭에 태우고 중문을 향해 전속력으로 가다가 폭도들의 매복에 집중공격을 받고 운전수 오유삼이 허벅지에 총을 맞아 차가 멈췄다. 또한 기관총사수 김재환이 총을 맞았고, 분대장 김남군 경사가 총에 맞아 즉사하였다. 사찰주임 박운봉이 차를 전속력으로 달려 몰살을 면하였다.

송요찬 연대장은 경찰의 급보를 받고 3대대에 명령하여 중문지서의 폭도들을 토벌하라고 명령하였다.

송요찬 연대장의 출동명령을 받고 출동한 3대대 진압군이 중문지서 입구에서 매복하고 있던 폭도들의 집중공격을 받아 국군 1명이 전사하고 부상병이 속출 하였으나 운전병이 침착하게 운전하여 사격권을 벗어난 후 모두 하차하여 폭도들을 잡으려고 색달동산을 포위하였는데 폭도들은 하늘로 갔는지 땅속으로 들어갔는지 마을로 들어가 숨었는지 흔적도 없었다. 송요찬 연대장은 중문지서가 있는 마을 사람들을 면사무소에 집합시키고 "폭도들을 숨겨준 가족은 나와라!" 하고 고함을 질렀다. 그렇다고 나올 리가 없었다. 이렇게 하여 산으로 도망자는 일단 폭도가 아니면 협조자로 보고 모두 사살하였다. 이때 많은 사람이 처형되었다.352)

③ 48년 11월 7일 아침8시, 폭도들은 서귀포경찰서를 대낮에 공격하다 여의치 않자 민가 72채에 불을 지르고 도망쳐 시민들의 불안은 이만저만이 아니었다.353)

---

352) 「4.3은 말한다」 4권 244-247쪽

353) 「4.3은 말한다」 4권 227쪽

※ 10.24 선전포고와 11월 2일 국군 공격과 이상의 사건이 발생하자 정부에서는 계엄령을 선포하지 않으면 폭동을 진압할 수 없으며, 폭동을 진압하지 않으면 제주도 우익은 다 죽게 되고 공산화 되기 때문에 대한민국에서는 48년 11월 17일 계엄령을 선포하였다. 그런데 제주4.3사건 진상조사보고서에는 이상과 같은 이덕구의 폭동에 대해서는 한 마디 언급이 없이 진압군이 경비사령부를 신설하고 계엄령을 선포하고 중 산간마을을 초토화시켰다고 말도 안 되는 허위 및 좌편향적인 보고서를 작성하였다. 이상과 같은 사건을 기록하지 않은 이유는 진압군이 아무 잘못이 없는 제주 양민을 계엄령을 내려 총살하였다고 하기 위함이다.

2) 이덕구의 9.15 살인 만행 등 제주도 적화음모 실패에 대한 언급이 전혀 없다

이상의 이덕구의 9.15 살인 만행과 9연대 강의현 소위 반란 실패와 제주경찰 적화음모 실패와 9연대 6중대 공격에 대해서 진상조사보고서에는 전혀 언급이 없다. 또한 경비사령부를 신설한 원인과 계엄령을 선포한 이유와 내란군을 진압해야 하는 정당성에 대해서도 전혀 기록이 없다. 그러면서 진상조사보고서는 "계엄령을 내려 진압군이 제주도민을 초토화시키고 많은 사람을 총살하였다" 고 기록하여 진압군이 아무 잘못이 없는 제주사람들을 집단학살한 자로 만들었다. 이는 4.3 특별법을 무시한 처사로 도저히 용서할 수 없는 사건이다. 그리고 13,000여명을 국군이 학살하였다고 제주 4.3사건 희생자로 결정하였다.

3) 제주 4.3사건 진상조사보고서 281-292쪽을 보면

제주4.3 진상조사보고서는 제주도 계엄령에 대하여 불법이라고 피소된 사건 및 학자들의 견해와 증언들을 장황하게 나열하고 있다. 계엄령은 미군과 관계없이 국무위원들이 결정할 문제이다. 선포 일에 대해서도 대한민국 공보처가 발행한 관보 14호에 의거 48년 11월 17일이다. 그런데 장황하게 설명하면서 "계엄령이 선포 되었는지 모르겠다." 하고 있다. 계엄선포가 불법이라고 하였는데, 2001년 4월 27일 대법원 확정판결에 "계엄선포 행위 자체가 아무런 법적 근거 없이 이루어진 불법적인 조치였다고 단정하기 어렵다" 고 판결함으로 계엄령은 합법적이다.

제주4.3 진상조사보고서는 제주도민이 많이 희생된 원인을 이상과 같이 이덕구와 폭도들의 만행에 대해서는 전혀 언급도 없이 "국군과 경찰과 서청의 강경진압 때문이다." 고 하면서 "계엄령과 진압군의 초토화 때문에 많은 양민이 죽었다." 고 진압군에 뒤집어씌우고 있다.[354]

이덕구가 국군과 경찰과 우익을 공격하여 죽이지 않았다면 정부에서는 계엄령을 선포할 이유가 없으며, 진압군이 폭도들과 협조자들을 죽일 이유가 없고, 48년 7월 말 제주4.3사건은 끝난 것이다. 그런데 진압군의 강경진압 때문에 무고한 사람들이 학살되었다고 진압군이 학살 만행집단 같이 허위 및 좌편향적인 가짜보고서를 작성하였다.

4) 괴선박 또는 잠수함이 제주도 근해에 나타나지 않았다는 왜곡에 대하여[355]

① 1948년 10월경부터 터져 나온 이른 바 '괴선박 출현 설' 혹은 '소련 잠수함 출현 설' 은 강경작전을 합리화 시켰으며, 유혈사태의 구실로 작용했고, 중요한 명분으로 작용했다[356]면서 엉뚱한 것을 가지고 군 당국을 비판하고 있다. "4.3전개 과정의 중요한 고비가 되는 시점이면 으레 터져 나왔다는 점이다.(527쪽) 또는 이처럼 제주지역에서 계속 터져 나오던 괴선박 출현 설은 사태가 거의 끝나갈 무렵에 가서야 '근거 없는 낭설임' 이 밝혀졌지만 당시에는 강경진압작전의 중요한 빌미로 작용했다는 점에서 강경진압작전에 대한 반대 여론을 무마하기 위한 조작의 의혹이 있다." 라고 진압군을 비난하기 위하여 허위 및 좌편향적인 주장을 하고 있다.[357] 그 증거는,

㈎ 1948년 8월 17일 한림면 비양도 해상에서 괴선박이 나타나 경비대 경비선이 정지를 명했으나 도망하여 위협사격을 가하자 도주함. 이때

---

354) 진상조사보고서 276쪽~286쪽
355) 진상조사보고서 256쪽~259쪽
356) 진상조사보고서 276쪽~286쪽
357) 진상조사보고서 259쪽

는 제주도가 조용할 때임.[358]

(나) 1948년 10월 8일 제주시 북방 10마일 해상에 붉은 별이 새겨진 백색 기를 단 잠수함이 목격됨.[359]

(다) 1948년 10월 8일 상오 11시 50분경 성산포 전면 5마일 해상에 잠수함 출현. 동일 하오 동 20마일 해상에서 부산 쪽으로 항해 중인 인민공화국 기를 게양한 잠수함이 목격됨.[360]

(라) 1949년 1월 3일 삼양리 해상에 소련 표지를 단 선박 2척 출현함.[361]

(마) 1949년 5월 16일 묵호 주변 국군경비대 508호 함이 기관고장으로 표류할 때 국적불명의 잠수함에 나포됨.[362] 제주4.3사건이 거의 진압됨.

(바) 1949년 11월 15일~16일, 18일 괴선박이 제주도 대정면 모슬포 서방 10마일 및 남서방 10마일 해상에 출현함.[363] 제주4.3사건이 거의 진압됨.

(사) 신성모 내무부장관은 2주간에 걸쳐 인천에서 선편으로 전라북도에 도착, 육로로 전라북도 지리산과 전라남도를 시찰한 후 1950년 2월 16일 국회에서 시찰 결과보고를 할 때 "50년 2월 5일 밤 12시에 제주에서 배를 타고 떠났는데 제주읍에서 2마일 반 거리에 8천~만 톤급 소련선박 1척을 목격하였다." 고 하면서(50년 3월 2일자 독립신문) **"제주도에 가서 하루 밤을 자고 여기에서 들은 바에 확실히 제주도에 가서 상륙시켜 제주도 교란을 하지 않을까 이러한 의심까지 있습니다."** 라고 보고하였다.

358) 1948년 8월 21일자 서울신문
359) 미 육군 정보보고서 48년 10월 5일자
360) 1948년 10월 14일 서울신문, 1948년 10월 13일 동아일보
361) 1949년 1월 6일 동아일보
362) 1949년 5월 17일 조선일보
363) 주한 미 육군 정보보고서 49년 11월 17일

※ 제주4.3 진상조사보고서는 중요한 고비가 되는 시점이나 강경진압작전이 전개되기 전에 괴선박 출현설이 터져 나왔다고 기술하고 있고, 또는 이처럼 제주지역에서 계속 터져 나오던 괴선박 출현 설은 사태가 거의 끝나갈 무렵 가서야 '근거 없는 낭설'임이 밝혀졌다고 하면서 이덕구 이하 폭도들의 9.15 만행에 대해서는 싹 빼버리고 엉뚱한 내용으로 뒤집어씌워 제주 양민을 집단 총살한 것처럼 허위 및 좌편향적인 가짜보고서를 작성하고 있으나, 신성모 내무부장관은 50년 2월 5일에 보았다고 하여 이때는 4.3폭동이 거의 진압되는 과정이었다.

5) 이덕구의 9.15사건 후 제주도민이 많이 처형된 이유

송요찬 연대장은 폭도들이 지금까지 큰 피해 없이 활동하는 것은 제주도민의 협조 없이는 불가능하다고 판단하고 폭도들을 진압하려면 먼저 폭도들을 협조하는 중산간마을을 폭도와 차단해야 한다고 판단한 후 협조자를 찾기 시작하였다.

9연대 정보과에서는

① 남로당과 인민위원회에 가입한 자(남로당 가입자 3만 명)

② 삐라를 뿌리고, 전봇대를 넘기고, 도로를 파괴하여 진압군의 작전을 방해한 자

③ 5.10선거에 투표하지 않고 8.25선거에 가담한 자.(52,000여명 북한 8.25선거에 가담함.)

④ 먹을 것과 옷을 보급해 주고 폭도를 숨겨주고 정보를 제공한 자 등,

이들을 중심해서 폭도들에게 협조 유무를 조사하였다. 이때 많은 사람이 처형되었다.

송요찬 연대장은 "산에 있는 사람들은 과거를 묻지 않을 테니 내려오라." 고 선무활동을 하면서 1948년 11월 23일 계엄포고령 제1호에 의거 중산간 마을에 소개 령을 내리고 중산간 마을 사람들을 해변마을로 이사시킨 것은 중산간 마을 사람들을 1차로 기회를 주었고 보호하기 위한 조치였다. 중산간 마을은 폭도들이 은거하지 못하게 모두 불태워 폭도들과 마을을

차단하고 겨울을 나지 못하게 하였다. 이때 많은 사람이 자수하여 내려왔다. 그리고 전 병력을 동원하여 제주도 360개 오름을 다 뒤지며 폭도들의 아지트를 찾고 있었다. 중산간 마을과 산에 있는 폭도들을 차단하기 위하여 중산간 마을을 불태우고 이사를 시킨 것이지 중산간 마을을 초토화 시킨 것이 아니다.

48년 12월 30일 송요찬 연대장은 밤낮 쉬지 않고 그물망작전으로 내란군을 추격하여 1,820여명을 사살하였고, 1,380여명을 포로로 잡았다. 이렇게 되자 이덕구도 더 이상 견디지 못하고 행동하지 않고 숨어 있었다. 이에 정부에서는 폭도 진압이 다 되었다고 판단하고 12월 31일 계엄령을 해제하였다.

11. 9연대 2연대와 임무교대를 '실전 경험'을 시키기 위한 것이라고 제주4.3사건 진상조사보고서는 주장하나 이는 허위 및 좌편향적인 주장이다.[364] 그 증거는(이 책 246쪽).

9연대는 1948년 9월부터 12월까지 93명이 전사하고 52명 이상의 탈영병과 많은 장병들이 부상당하고 86명이 반란을 일으키려다 실패하여 부대를 재편성해야 할 형편이었다. 그래서 육본에서는 9연대를 대전으로 이동시키고 대전의 2연대를 제주로 이동명령을 내려 선발대는 12월 19일 도착하였고, 본대는 12월 29일 함병선 2연대장과 장병들은 제주에 도착하였다.

① 군대는 전투 시에도 부대 임무교대를 할 수 있으며, 9연대는 전사자와 반란자, 부상자가 너무 많아 재편성을 해야 했다. 그리고 48년 10월 28일 9연대 구매과장이 중심이 되어 장교 6명, 사병 80여명이 송요찬 연대장과 지휘관들을 죽이고 9연대를 장악하여 반란을 일으켜 폭도들과 합세하려다 발각된 사건이 있어 부대를 재편성해야 했고, 육본에서는 만일 9연대가 14

364) 진상조사보고서 303쪽

연대와 같이 반란군이 되어 폭도들과 합세한다면 신생 대한민국은 도저히 진압할 수 없다고 판단, 남로당원이 가장 적어 반란 가능성이 전혀 없는 안전한 대전의 2연대와 임무교대 시켰다.

② 대전의 2연대는 46년 2월 대전비행장에서 이형근 대위가 중심이 되어 창설하였는데, 이형근 대위는 전에 좌익단체에 가입한 자는 극비에 조사하여 지원을 받지 않아 좌익 사상을 가진 자가 거의 없는 연대여서 육본에서 대전의 2연대가 제주도 진압부대로 가장 안전하여 선발한 것이다.

※ 그런데 진상조사보고서에는 '실전을 경험시키기 위한 것과 이 대통령이 "악당을 가혹한 방법으로 탄압하라"는 지시와 그 맥을 같이 한다' 고 하면서 좌익들이 주장하는 말도 안 되는 허위 및 좌편향적인 주장을 하면서 이승만 대통령과 진압군을 악당같이 묘사하였다. 그리고 실전을 경험시키기 위해서 9연대에서 2연대로 교체하였다고 국군을 규탄하고 있다.

국군 2연대가 내란군을 먼저 공격한 것이 아니라 내란군이 잠자는 국군 2연대를 먼저 공격하여 치열한 전투가 벌어졌다. 이덕구의 제주인민군이 이처럼 국군을 공격하지 않았다면 국군 2연대가 제주인민군과 협조자들을 죽일 이유가 없다. 국군이 폭도들을 진압하지 않았으면 폭도들의 만행과 학살로 제주도에서는 우익이 살 수가 없고, 제주도는 공산화 되었다.

12. 제주4.3사건 진상조사보고서에는 전투 기록이 없다. 이유는, 진압군이 제주 양민을 총살하였다고 하기 위함이다. (이 책 249쪽~267쪽)

1) 오등리 전투.

함병선 연대장은 본부와 2대대를 제주읍에, 1대대는 서귀포, 3대대는 한라산 중턱에 배치하고 언제든지 즉시 작전에 임할 수 있도록 하였다.

1948년 12월 31일 송요찬 연대장이 "폭도들을 완전히 소탕하고 계엄령도 해제하였다" 고 해서 제주 폭도들이 진압되고 평온을 찾은 것 같았고, 도민들은 국군을 환영해 주어 장병들은 흐뭇하여 주둔지에서 자고 있었다.

49년 1월 1일 새벽1시, 이덕구는 폭도 600여명을 이끌고 오등리 3대대를 포위 공격을 하고 도망쳤다. 이때 폭도 10명이 죽고 국군도 10명이 전사하고 많은 수가 부상을 당하였다. 폭도 10명은 학살이 아니라 전투 중에 사살되었다.

3대대 장병들은 폭도들의 공격을 받고 전우가 죽고 부상을 당하여 신음하고 있자 흥분하여 폭도들 공격에 나섰다. 함병선 연대장은 급보를 받고 2대대를 지휘하여 현장에 도착하니 폭도들은 흔적조차 없고 부하들이 죽어 있는 것을 보고 깜짝 놀랐다.365)

2) 경비사령부 다시 보강

육본에서는 폭도들이 국군 2연대 3대대를 공격하였다는 보고를 받고 다시 제주도에 경비사령부를 보강하고 육 · 해 · 공군이 합동으로 진압하도록 명령하였다. 중대장과 동료들이 죽자 2연대 장병들은 흥분한 상태에서 폭도 진압에 나섰다.

3) 월평리 전투

1949년 1월 6일 월평리에 폭도 1개 중대가 있다는 정보에 따라 제2대대가 포위 공격하기 위해 출동하였다. 제2대대 6중대 1소대장 이동준 소위는 첨병 소대장으로 새벽 선두에서 전진하고 있을 때 폭도 보초와 만났다. 이때 국군의 암호는 서울-대전 이었고, 폭도들 암호는 2-7이었다. 이동준 소위가 "암호!" 하니 "둘" 하고 응답이 왔다. 이에 적이라고 판단하고 "땅에 엎드려!" 하고 명령함과 동시 사격을 가하였다. 양쪽은 치열한 사격전이 벌어졌다. 날이 밝아오자 폭도들은 불리해져 도망치기 시작하였다. 폭도들의 은폐기술은 세계적인 수준이어서 도망쳐 숨어버리면 잡을 수가 없었다. 이 전투에서 6중대에서 3명이 전사하고 중대장 전동식 중위(육사

---

365) 「한국전쟁사」 1권 1967년 445쪽.

5기)가 대퇴부 부상을 당하여 후송되었다. 이동준 소대장도 가벼운 부상을 당하였다. 폭도들은 30명이 사살되었다.366) 폭도 30명은 학살이 아니라 전투 중에 사살되었다.

※ 그런데 진상조사보고서 312쪽에는 검증받지 않은 독립신문을 인용, 폭도 153명을 사살하였다고 서술하여 아무 잘못이 없는 제주 양민을 진압군이 무차별 학살한 것처럼 작성하였다.

4) 폭도들 의귀리에 있는 국군 2중대 공격367)

49년 1월 12일 아침 6시 30분 폭도 200여명을 동원하여 의귀리에 있는 2연대 2중대를 집중공격을 하였다. 2시간이 걸쳐 양쪽은 치열한 사격전이 벌어졌고, 폭도들은 산으로 도망쳤다. 전투가 끝난 현장에는 폭도 96명이 죽어 있었고, 많은 수가 부상을 당하여 포로가 되었으며, 국군은 M1과 99식, 칼빈 등 60여점을 노획하였다. 국군은 일등상사 문석준, 일등중사 이범팔, 이등중사 안석혁, 임찬수 등이 전사하고 10명이 부상을 당하였다. 국군의 피해가 적은 것은 제2연대 2중대 설재련 중대장이 폭도들이 공격할 것이라는 정보를 사전에 입수하고 경계를 철저히 하였기 때문에 폭도들의 피해가 많았다.(이윤 중사 진중일기 102쪽) 폭도 96명은 학살이 아니라 전투 중에 사살되었다.

5) 국군2연대 총공격

49년 1월 27일 함병선 연대장은 폭도 진압에 나섰다. 진압군은 산에서 얼씬하기만 하면 총을 쏘았다.

49년 2월 5일 2연대 장병들은 37밀리 박격포와 L-5 연락기 지원을 받으며 동시에 360개 오름을 뒤지기 시작하였다. 그런데 폭도들은 흔적도 없고 방공호 속에는 나이가 많은 사람들과 어린아이들이 영양실조가 되어 손

---

366) 「한국전쟁사」 1권 1967년 446쪽

367) 진상조사보고서 321쪽

을 들고 나오는 것을 보고 놀라지 않은 장병이 없었다. 함병선 연대장은 이들을 수용소를 건설하여 수용하여 적극 돕고 있었다.368)

산에 있는 산사람들은 먹을 것이 없어 더 이상 견딜 수 없었고 굶어 죽은 사람도 있었다. 그런데도 폭도들이 "북조선 인민군이 수원까지 왔다, 남조선 해방은 3일이면 된다" 고 거짓말을 하여 북한의 인민군이 38선을 넘어 남침하기를 학수고대하며 제주도가 조선민주주의 인민공화국이 금방 될 줄 알았는데, 북한의 인민군은 오지 않고 폭도들이 진압군에 토벌되자 폭도들이 진압군을 이길 수 없다고 판단되어 마음이 돌아서기 시작하였다.

49년 1월 8일 새벽 1시 이덕구는 폭도들을 이끌고 제주읍을 공격하고 (강용삼 저 대하실록 제주100년 655쪽 – 도청 방화는 1월 3일 내부에 의한 것임) – 삼양지서까지 공격하여 세를 과시하였다.369) 함병선 연대장은 자수자가 많고 360개 오름을 뒤져도 산에는 한 사람도 없어 '이제는 폭도 진압이 끝났는가!' 하였는데 폭도들이 제주읍을 공격하고 있다는 보고를 받고 기절할 노릇이었다. 함병선 연대장은 폭도들을 역 포위하려고 1개 대대를 긴급 출동시켜 현장에 도착하고 보니 폭도들은 많은 식량과 무기를 가지고 흔적도 없이 도망친 후였다. 그런데 아무리 뒤져도 폭도들은 흔적조차 없이 어디로 숨어버렸는지 찾을 수 가 없었다. 참으로 기가 막힐 일이었다.370)

49년 2월 11일 2연대 보급차량이 99식 소총 150정을 군 트럭 2대에 싣고 구좌면 김녕리 부근을 통과할 때 폭도들의 매복에 걸려 총기 150정 모두 탈취 당하고 국군 23명이 전사하였다.371) 폭도들의 기습 때문에 군 차량이 제주도로를 안전하게 다닐 수가 없을 정도로 폭도들의 전력은 대단하였다.

※ 진상조사보고서 313쪽에 49년 1월 12일 의귀리전투 후 폭도들이 군대를 직접 공격

---

368) 「한국전쟁사」 1권 1967년 445쪽.
369) 「한국전쟁사」 1권 1967년 446쪽.
370) 한국전쟁사 1권 1967년 446쪽
371) 「한국전쟁사」 1권 1967년 446쪽.

한 기록은 보이지 않는다고 서술하였는데 이는 허위 및 좌편향적인 주장이다.

6) 제주 전투사령부 더욱 보강

49년 3월 2일 육본에서는 폭도들의 공격이 점점 대담해지자 전투사령부를 더욱 보강하여 전투사령관에 유재흥 대령, 참모장에 함병선 중령과 6사단 유격대를 지원 받아 진압에 나섰는데 일반인과 폭도를 구분할 수 없어 진압에 어려움이 많았다.[372]

유재흥 사령관은 제주도민의 협조 없이는 폭도들이 이토록 왕성할 수 없다고 판단하고 산과 마을을 완전히 차단하여 폭도들이 산과 마을에 연결하지 못하도록 하였다. 이렇게 되자 식량공급이 중단되어 산에 있는 산사람들이 도저히 살 수 없고 폭도들도 식량이 없어 견디지 못하고 있었다. 산사람들은 줄을 이어 산에서 내려와 자수하였다.

7) 남원면 산록 전투[373]

1949년 2월 15일 2연대 정보과에서는 남원면 산록에 폭도들이 잠복하고 있다는 정보를 입수하였다. 함병선 연대장은 본부중대 150여명을 인솔하여 현지에 도착하여 야영을 하였다.

폭도 700여명은 16일 새벽 2시경 야영을 하고 있는 2연대 본부중대를 기습하였다. 함병선 연대장은 폭도들이 밤에 기습해 올 것을 예상하고 철저히 준비하고 있을 때 폭도들의 기습을 받았다. 국군과 폭도들은 4시간이나 치열한 전투를 하였다. 폭도들은 화력에서 국군에 미치지 못하고 날이 새면 지원부대가 오기 때문에 불리하여 도망치기 시작하였다. 결국 폭도 160여명이 사살되고 많은 폭도들이 부상을 당하였다.[374] 폭도 160여명은 학살이 아니라 전투 중 사살되었다.

---

372) 「한국전쟁사」 1권 446쪽.

373) 진상조사보고서 316쪽

374) 서재권 「평란 제주도기행」 신천지 1949. 9월호 176-177쪽

※ 그런데 제주4. 3사건 진상조사보고서에는 진압군이 기습 공격하여 160명을 사살해 전과를 올렸다고 보고서를 사실과 정반대로 기록하여 진압군이 아무 잘못이 없는 양민을 닥치는 대로 사람을 죽인 것 같이 4. 3보고서를 가짜로 작성하였다.

8) 녹하악 전투

1949년 3월 제2연대 2대대와 3대대 등이 한 곳을 터놓고 폭도들을 포위하면, 제2연대 1대대가 남제주군의 중문 서북방적악-노르악- 한대악을 연하는 선을 차단하여 폭도들을 포착 섬멸하는 작명이 하달되었다.

『나(제1대대 4중대장 김주형)는 제1대대 전투대대장 임부택 소령에게 "녹하악과 절악 일대를 야간수색을 하고 13시까지 계획된 차단선을 점령하겠다."고 건의하여 승인을 받았다. 나는 이미 출동한 중문리 동북방에 있는 제1중대가 숙영하고 새벽 3시에 야간 수색 중, 컴컴한 밤길을 약 한 시간 정도 행군하여 녹하악 동쪽 고개 마루에 당도할 찰라 폭도들과 마주쳐 전투를 하게 되었다. 폭도들이 고개 정상을 선점하고 사격을 하고 있어 나는 불리함을 알게 되어 선두의 1개 분대만으로 폭도들을 견제하게 하고 주력은 포복으로 녹하악 정상을 선점하였다. 고지 정상에서 지형을 살펴보니 동북쪽 멀지 않은 곳에 절악이 있음을 알아내고 적 주력에게 집중사격을 하도록 명령하였다.

새벽 5시경 중대는 고개마루의 적에게 집중사격을 하였다. 격전 끝에 적은 10여구의 시체를 버리고 물러났으나 우리는 고개 마루를 확보하고 수명의 중상포로를 획득하였다. 중상포로들의 진술에 의하면 폭도들은 제주도 폭도사령관 이덕구가 진두지휘한 1,000여명이며, 작전 목적은 "제1중대 기지를 유린하는 것"이었다고 한다. 즉 이들은 전날 밤 20시에 인접한 안덕 사무소와 지서를 습격 방화하였다. 그러면 인접 제1중대가 이튿날 출동할 것이고 기지에는 소수의 잔류 병력만 남을 때 이 기회를 이용하여 1중대 기지를 유린하여 무기, 탄약, 식량, 피복 등을 탈취하려는 작전이었다고 한다. 그런데 야간이라 행군이 늦어져 새벽 4시경에 고개 마루에 도착하였는데 뜻밖에 국군과 마주쳤다는 것이다.

고개 마루에서 물러난 적은 약간 후퇴하여 응사해 왔다. 불의의 공격을 받은 폭도들은 다시 1킬로 정도 후퇴하여 동에서 서남으로 흐르는 소하천을 의지하여 완강히 저항하였다. 지근거리에서 숨 막히는 사격전이 11시까지 계속되었다. 나는 피해가 속출하는 상황을 타개하기 위해서는 돌격뿐이라고 판단하고 절악의 소위에게 기관총과 박격포로 엄호사격을 하게하고 11시 30분경에 중대에 돌격명령을 내렸다. 적은 국군의 일제 돌격에 압도된 듯 분산되어 도주하기 시작하였다. 이 전투에서 적은 차후 집결지를 정하지 못한 채 뿔뿔이 흩어졌으며, 도처에서 각개격파 됨으로 이후로는 이와 같이 대병력에 의해 작전은 없었다. 이 전투에서 국군은 폭도 178명을 사살하였고 많은 무기도 노획하였다.」[375] **폭도 178명은 학살이 아니라 전투 중 사살한 것이다.**

※ 진상조사보고서는 이상과 같은 제주인민군이 국군과 전투한 것을 기록하지 않은 것은 국군이 무고한 제주 양민을 총살하였다고 하기 위함이다.

9) 노루오름 전투[376]

애월면 애월초등학교에 있다가 다시 원 마을에 주둔했던 6사단 유격대 1개 중대가 산물내 앞 노루오름에서 많은 피해를 보았다.

1949년 3월 9일 토벌대가 험한 개남밭 골짜기에서 일렬로 올라가고 있었다. 이때 토벌대가 공격한다는 정보를 입수한 폭도 50여명이 유리한 지형에 매복하고 있다가 토벌대의 선두는 통과시키고 중앙부를 집중 공격하였다. 매복 기습공격을 받은 토벌대는 중대장과 소대장이 쓰러지고 부대원은 흩어져 주둔했던 원마을까지 후퇴하였다. 이 전투에서 폭도들은 토벌대원 36명을 사살하고, 총 40여정과 식량 4석, 담배 300갑을 노획하였다.[377]

※ 진상조사보고서 323쪽에 "특수부대는 노루오름에 주둔하는 등 산악지역으로 전진 배치한 것이다"라고만 서술하고 진압군이 폭도들의 공격을 받고 36 명이 전사한 것은 기록하지 않았다. 이렇듯 진상조사보고서는 국군이 양민을 죽인 것

---

375) 백선엽 「실록 지리산」 고려원 1992. 139쪽
376) 진상조사보고서 323쪽
377) 「이제야 말햄수다 Ⅱ」 175~178쪽

만 부각시키고 국군이 피해를 본 것에 대해서는 기록하지 않은 이유는, 진압군이 제주 양민을 총살한(학살) 것처럼 하기 위함이다.(여기 특수부대는 6사단 유격대를 지칭한 것이다)

10) 2연대 정보과 활동

2연대 정보과장 김명 대위는 50여명의 특수부대를 조직 한라산에 침투 정보를 수집하게 하였다. 이 특수부대 조직은 1개 분대는 국군, 1개 분대는 경찰, 나머지는 민보단원으로 조직하였다. 특수부대 이윤 중사는 49년 2월 20일부터 의귀리 전투 후부터 민심수습을 위하여 선무공작을 하였다. 3월 1일부터는 각 부락의 청년 간부들을 교육하였다.[378] 3월 24일부터 특수부대원이 되어 한라산에서 정보수집에 전력을 다하였다.

49년 4월 7일 특수공작대는 일반인 복장을 하고 한라산에 침투하였다. 이윤 중사는 남제주군 특수공작대 책임자로 그는 10명을 직접 선발하였고, 최근 귀순한 오송주를 공작대에 합류시켰다.

4월 15일 오송주 노인을 통하여 방공호 1개 속에 폭도들이 있다는 정보를 입수하고 야간에 기습하여 26명을 생포하였다.

4월 18일에는 그동안 생포한 남자 32명, 여자 16명, 계 48명을 데리고 하산하였다.

4월 23일 남제주군 남로당 군당 특공대가 은거하고 있다는 정보를 입수 기습하여 13명을 생포하였고, 이 생포자 중에는 자원하여 특수공작부대에 협력하겠다는 분이 있었다.

5월 14일 이 협력자는 남원면 남로당 위원장 김계원과 제주 남로당 간부들이 모두 남원면에 와 있다는 정보를 제공해주어 이윤 중사는 국군 1개 소대를 지원받아 5월 26일 새벽 3시 남원군 수악계곡에 있는 이들의 숙영지를 포위 기습하여 23명을 사살하고 8명을 생포하였다. 8명의 포로 중에는 남원군 면당위원장 김계원이 있었다.[379]

---

378) 주한 미 육군사령부 「일일 정보보고」1949년 4월 1일

379) 이윤 (제2연대 1대대 2중대 특별공작조장) 진중일지128쪽

※ 진상조사보고서 323쪽에 "특수부대란 2연대 작전참모 김명 대위가 지휘하는 50명 규모의 부대로서 산악지역을 배회하다 무장대를 만나면 제주 사투리를 구사해가며 정보를 수집하는 조직이었다."라고 만 기술하였다. 그리고 특수공작대의 전투내용은 기록하지 않은 것은 국군이 제주 양민만 학살하였다고 하기 위함이다. 이상의 전투 내용을 4.3진상조사보서에 기록하지 않은 이유는 진압군이 아무 잘못이 없는 제주 양민을 다 죽였다고 하기 위함이다.

13. 이덕구의 죽음(이 책 273쪽)

1) 이덕구 용강리에서 죽음.

1949년 1월 25일 문창송 씨는 화북지서장에 부임하였다. 화북지서에는 경찰 25명이 경계를 하고 있었다. 관할지역에는 폭도들이 107명으로 파악되어 이들을 귀순시키는 공작에 정성을 다하였다. 귀순공작이 효과가 있어 몇 사람이 귀순해 왔다. 이들 중 귀순이 확실한 사람을 산에 보내어 동료들을 귀순하게 하여 분대장과 중대장도 귀순하는 효과를 거두었다. 귀순자들을 통해 폭도들의 작전 정보를 입수하여 해안으로 침투하는 분대장을 체포하였다. 이 분대장은 연대장을 데려오겠다고 해서 다시 산으로 올려 보냈다. 3-4일 후 분대장이 연대장을 유인해 와서 "폭도다" 해서 즉시 체포하였다. 연대장은 귀순을 거부하다 어머니와 딸을 보고 눈물을 흘리며 전향하였다.

49년 6월 6일 비가 오는 저녁때에 이덕구가 있는 곳을 찾았다. 이와 같이 포로들의 입과 귀순자의 정보제공으로 특별 병기창과 보급창, 1-4 아지트 등이 노출되어 진압군의 기습을 받아 이덕구는 이제 숨을 곳이 없는 형편이었다. 귀순자 고창율 씨가 신고하여 화북지서 김영주 경사가 인솔한 특공대 10명에 의해 이덕구는 포위 되었다.(봉개동 견월악) 경찰이 온 것을 알고 이덕구가 권총을 쏘자 사격전이 벌어졌다. 결국 이덕구는 7일 새벽 3시경 집중사격으로 사살되고 전령 겸 호위병 양생돌은 생포되었다. 양생돌은 45구경 권총을 소지하고 있었고[380], 「제주도 인민유격대 투쟁보고서」도 갖고 있었다. 이 제주인민유격대 투쟁보고서를 문창송 씨는 「한라산은 알고 있다.」라는 제목으로 출판하여 귀한 자료를 남겼다.

※ 진상조사보고서는 제주인민군사령관 이덕구의 내란 내용은 전혀 기록하지 않고 334쪽에 이덕구가 경찰에 의해 죽은 것만 기록하여 아무 잘못이 없는 이덕구를 경찰이 죽인 것처럼 하였다. 이상과 같이 진상조사보고서는 폭도가 국군을 공격하여 죽인 것은 싹 빼버리고, 또한 제주인민군과 진압군 사이의 전투에 대해서도 기록하지 않아 국군이 아무 잘못이 없는 제주 양민을 총살한 것처럼 보고서를 허위 및 좌 편향적 가짜보고서를 작성하였다. 대한민국 정부에서 어떻게 이런 엉터리 보고서를 작성하여 이승만 대통령과 국군과 경찰을 규탄하고 국군이 폭동을 진압한 것을 가지고 오히려 집단학살한 악당이 되고 폭도는 의인이 되었는데, 이는 인민공화국 정부가 아니고는 절대 쓸 수 없는 보고서를 작성하여 배포하였다.

2) 제주 인민군사령관 이덕구의 9.15사건의 결과

① 이덕구의 내란으로 인해 제주 폭도들과 협조자들의 피해는 48년 11월 2,205명, 12월 2,974명, 49년 1월 2,240명으로 3개월 동안 가장 많은 피해를 보았고, 폭도들에 의해 국군 186명과 경찰 156명, 우익 1,518명이 죽었으며, 진압군에 의해 폭도들과 폭도들에게 협조한 사람들과 양민이 많이 처형당하였다.

49년 4월 9일 14연대 반란군 사령관 김지회가 죽음으로 14연대 반란이 진압되었고, 49년 6월 7일 제주도 인민군 사령관 이덕구가 죽음으로 제주도4.3폭동과 이덕구의 9.15 사건이 진압되는 듯하였다.

김달삼은 49년 8월 4일 북한에 있는 강동 정치학원 출신 300여명의 북한 인민유격대를 데리고 인민유격대 제3병단장이 되어 남도부(남로당원, 본명 하준수)와 같이 오대산과 태백산맥을 따라 내려와 경북 양양군과 보현산을 중심으로 안동형무소를 공격하고 포항을 위협하여 국군이 토벌하여

---

380) 「한국전쟁사」 1967년 448쪽.

많은 피해를 보고 북으로 도망쳤다. 이런 자들의 중심으로 제주도 4.3폭동이 발생하였고, 이덕구 같은 자가 중심이 되어 9.15내란이 벌어졌다.

② 제주도 4.3사건을 진압하기 위한 출동부대가 반란군이 된 14연대 반란 가담자 및 전군(全軍) 남로당원 4,749명을 검거하여 숙청하였고, 전군 안에 검거되지 않은 남로당원 5,000여명이 부대를 탈영함으로써 국군의 10%에 해당된 군인들이 좌익이었으며, 군 안에 있는 남로당원을 대대적으로 숙청하자, 남로당원 이었던 춘천의 8연대 1대대장 표무원 소령과 2대대장 강태무 소령이 49년 5월 4일 완전무장한 채 대대병력을 이끌고 월북하여 360여명이 평양에서 시가행진을 하게 되자 박헌영은 김일성에게 "인민군이 38선만 넘으면 남조선은 해방이 된다. 남반부에서 남로당원이 남조선 해방을 위해 투쟁하면서 죽어 가는데 보고만 있을 것인가?" 하고 인민군 남침을 선동하자 김일성 이하 부하들은 "이제 인민군이 38선만 넘으면 남조선을 해방시킬 수 있다" 고 자신감을 갖고 무기는 소련에서, 인력은 중공에서 지원받아 50년 6월25일 인민군이 38선을 넘어 남침함으로 3년간 전쟁을 하여 한반도를 국제전쟁터로 만들어 초토화 되었고, 600만 명 가까운 한민족의 인명손실과 천만 이산가족을 낳는 결과를 가져왔으며, 현재도 분단국가가 되어 그 고통은 이루 말할 수 없다.

③ 이상의 제주4.3사건과 이덕구의 9.15사건과 14연대 반란을 국군이 진압은 하였으나 미군은 국군이 혹시 장개석 군대와 같이 무기를 가지고 남로당 군대가 되는 것이 아닌가 하는 의구심을 가지게 되었고, 특히 국군 2개 대대가 60밀리 박격포 등으로 완전무장하고 월북하자 미군은 한국군을 의심하게 되어 49년 6월 한국에서 철수하면서 전차나 로켓포나 대전차지뢰 하나도 주지 않고 고문단만 487명을 남기고 한반도를 철수하였다. 1년이 지난 후 인민군이 50년 6월 25일 38선을 넘어 전면 남침 하였을 때 한국군은 인민군의 전차 240대를 막을 무기가 없어서 개전 4일 만에 서울이 점령되고 국군 44,000여명이 죽거나 실종되고, 국군의 대부분의 무기를 잃었다. 그리고 국군 8개 사단 중 춘천의 6사단과 강릉의 8사단 등 2개 사단만 건재하고 6개 사단이 붕괴되어 국군은 재기불능 상태가 되었다. 그러나 7월 6일부터 다 철수한 미군을 끌

어들여 스미스부대가 오산 죽미령에서부터 인민군과 싸워 대한민국이 현재에 이른 것이다. 그래서 북한과 남로당과 제주인민군과 친북 좌파들은 미국이 철천지원수가 되어 그들은 미군 철수를 외치고 있다. 현재도 38선에 배치된 장사전포 5,100문도 미군은 막을 수 있으나 국군은 막을 수 없다. 그러므로 미군이 한국에서 떠나면 북한의 사정거리가 1,000킬로 이상인 미사일 1,500기가 남한의 원자력발전소를 공격하여 방사선 누출이 되면 5,000만의 남한 국민들에게 피해를 주고, 방사포에는 독가스가 장착되어 있어 전방 국군과 서울과 수원과 송탄까지 독가스로 몰살시켜 남한을 완전히 초토화 시킨 후 점령하려 하고 있다. 그런데 이 제주4.3사건 진상조사보고서는 사사 건건 미군을 규탄하고 있다.

북한의 미사일 발사 기지는 25곳에 있다. 이 25곳의 기지에서 미사일을 발사하면 7분이면 남한의 목포와 부산까지 도착한다. 38선 근방에 배치된 미사일은 1분 내에 전방 국군 기지와 서울에 도착한다. 국군의 패트리어트 미사일과 해상용 요격 미사일은 이를 막을 수 없다. 미군이 한반도에서 철수하면 3일이면 대한민국은 망할 가능성이 있다. 북한은 핵을 포기하는 조건으로 한반도에서 미군 철수를 요구하고 나올 것이고, 2015년 전시작전권이 한국군으로 넘어오고 한미연합사령부가 해체되며 미국 국회에서는 한국 주둔 미군을 철수 시킬지 모른다. 좌파들은 이것을 노리고 미군 철수를 외치고 있다.

④ 제주도 4.3사건과 9.15사건, 14연대 반란사건으로 인하여 48년 12월 1일 보안법이 만들어져 현재까지 이르고, 48년 9월 22일 국회를 통과한 반민법이 친일경찰과 군인을 숙청하면 반란군을 진압할 수 없다고 이승만 대통령이 국회의원과 국민을 설득하여 친일파 숙청이 무산되었다. 그러므로 제주도 4.3폭동과 이덕구의 9.15사건은 정당화 되거나 합법화 될 수 없다. 제주도 인민군의 4.3폭동과 이덕구의 9.15사건은 대한민국과 국민에게 씻을 수 없는 상처를 주었다.

⑤ 이토록 제주4.3사건 진상조사보고서가 제주4.3사건에 대해 허위와 좌 편향적인 가짜로 기록한 이유는 제주4.3 특별법 제1조 목적 "4.3사건의 진상을 규명하고 이 사건과 관련된 희생자와 그 유족들의 명예를 회복시

켜 준다." 의 진상은 규명하지 않고 명예만 회복시켜주어 특별법을 범법한 보고서이다.(화해와 상생 70쪽, 94쪽)

진상이 규명되지 않고는 희생자가 나올 수 없으며, 4.3사건 희생자 심사도 엉터리로 하였다. 그러므로 4.3사건 희생자 심사는 무효가 되어야 한다.

제10장
제주4.3사건 진상조사 보고서의 제주도민 인명피해 사례 허위 및 좌편향적인 주장.

1. 진상조사보고서 373쪽을 보면,

1) 군인 전사자를 2쪽에 걸쳐 간단하게 기록을 하였고,

2) 경찰 전사자는 반쪽,

3) 우익단체 인명피해는 1쪽으로 간단하게 기록을 끝냈다.

4) 그런데 제주도민의 인명 피해에 대해서는,

379쪽 조천면 교래리 사례, 380쪽 제주읍 농업학교 수용소 사례, 386쪽 애월면 하가리 사례, 392쪽 애월면 하귀리 사례, 398쪽 표선면 가시리 사례, 400쪽 조천면 와흘리 사례, 403쪽 제주읍 도평리 사례, 404쪽 제주읍 용강리 사례, 407쪽 빌레못굴 희생사례, 411쪽 조천면 선흘리 사례, 413쪽 조천면 북촌리 사례, 416쪽 제주읍 삼양리 사례 등을 기록 총 12건 사례 41쪽을 기록하고 있다.

반면 폭도들이 제주 우익을 살해한 것에 대해서는 간단히 기록하여 진압군이 제주도의 무고한 양민들을 학살한 것처럼 기록하였다. 그리고 사례도 검증을 거치지 않고 일방적으로 기록하였다. 그 예로 조천면 북촌리 사례를 들어보겠다.

2. 제주4.3사건 진상조사보고서 413쪽 조천면 북촌리 사례에서 김병석의 증언만 듣고 진상조사보고서를 기록하고, 대한민국 경우회 제주지도부의 수정의견에 대해서는 전혀 참고하지 않고 묵살 하였다. 김병석의 증언과 재주경우회의 수정의견이 얼마나 많은 차이가 있는 지 비교해 보겠다.

1) 제주4.3 진상조사보고서 413쪽 김병석의 증언을 보면,

"49년 1월 17일 세화주둔 제2연대 3대대 중대 일부 병력이 대대본부가 있는 함덕으로 가던 중 북촌마을어귀 고갯길에서 무장대의 기습을 받아 2명의 군인이 숨졌다. 원로들 10명이 2명의 군인의 시체를 가지고 대대본부로 가니 경찰가족 1명만 제외하고 9명을 사살하였다. 그리고 2개 소대쯤 병력이 오전 11시 북촌마을에 도착, 북촌초등학교에 주민 1,000여명을 집합시킨 후 오전 11시부터 오후 5시까지 300여 명을 사살하였다."

고 증언한 것을 검증 없이 그대로 진상조사보고서는 기록하고 있다. 이것도 김병석이 대대장에게 애원하니 사살이 적었다는 증언이다.

<u>김병석(당시 20세) 증언에 대한 문제점.</u>

① 대대장이 차가 고장 났으면 지프차나 스리쿼터를 빌려줄 텐데 왜 엠브런스를 빌려 주었을까?

② 사살 방법에서 "대대장에게 급히 사정하니 그들을 빼라고 해서 장윤석 가족 7~8명을 우선 빼었다." 는 등의 대화 내용은 이해하기 어렵다.

③ 내가 계속 사정하니 대대장은 "그러면 네가 책임지라." 면서 사격을 중지시켰다는 내용은 더욱 더 의문이 간다. 20세의 경찰 운전병의 말을 대대장이 이토록 쉽게 듣겠는가?

④ 희생된 주민이 약 300여명으로 한 것은 더욱더 믿을 수가 없다.

⑤ 오전 11시부터 오후 5시까지 사살하였다는 것은 더욱 더 믿을 수 없다.

2) 한수섭의 증언을 보면

이 사건은 제주4.3사건 진상조사보고서 유예기간에 제주경우회의 수정의견으로 전 경찰서장 한수섭 씨의 증언은 김병석과 전혀 다르다. 전 제주경찰서 서장 한수섭 씨는 1949년 1월 17일 당시 북촌에 살았고 오현중학교 2학년 학생이었고 나이는 17세였다.

「군인들이 와서 북촌사람은 운동장에 모두 모이라고 하여 나도(한수섭 씨) 운동장으로 나갔다. 군인은 북촌마을 사람들을 북촌운동장에 4열 종대 10명 씩 집합시키고 "군인 가족과 경찰 민보단은 나오라"해서 따로 집합을 시켰다. 그러고 난 후 "폭도가 군을 습격하고 북촌마을 안으로 도망쳤다. 교전 현장에서 폭도가 버리고 간 것을 보니 돼지고기 반찬에 김이 모락모락 나는 쌀밥이 있었다. 이로 보아 폭도는 이 동네 사람이다. 폭도는 나와라!" 하고 몇 번을 소리쳤으나 아무도 나가지 않자 4열 종대 10명씩 서쪽 밭으로 끌고 가 1차로 40명을 사살하였다. 그리고 2차로 40명을 사살하였다. 3차로 끌고 가 사살하려고 하자 대대장 부관이 연대장의 명령을 받고 '사살중지' 명령을 내려 사격이 중지되었다. 다음 날 함덕 대대본부에 가서 30여명이 총살당하였다. 그래서 합 120여명이 사망하였다.」

고 증언하고 있다.[381)]

1949년 2월 4일 2연대 병력이 무기를 싣고 조천면 북촌리 일주도로에서 인민유격대 매복기습을 받고 2연대 중위 박재규, 특무상사 오철 · 한일우, 일등상사 이규하, 이등상사 조고호 · 김광식, 일등중사 김석환 · 김사용 · 김진조 · 이순범 · 김동호 · 김민수 · 장은달 · 박노영, 이등중사 이재하 · 김현수 · 박병규,이등하사 염태근 · 오병환 · 이홍서 · 민정기 · 임상호 · 이철, 함덕지서 순경 부완경 등 23명이 전멸하였다. 제주인민군은 총살당한 국군의 옷까지 모두 벗겨가고, 부 순경은 시체를 알아보지 못하게 불태워 버렸고, 총기도 150정을 탈취 당했다.

---

381) 수정의견 검토자료 1권 67쪽

◉ 북촌리는 어떤 마을인가?

1948년 6월 16일 우도에서 제주 읍으로 범선이 가는 도중 폭풍을 만나 북촌 항에 대피하였다. 이 범선에는 우도지서장 경사 양태수, 진 순경, 이장 김응석, 백하룡의 처 김선심, 장남 일행 등 16명이 타고 있었다. 이때 북촌 마을 보초는 즉시 "이상한 배가 포구에 왔다!" 고 마을에 알리자 관음사 전투 후 휴가 차 왔던 인민유격대 참모인 김완식 외 7명이 즉시 찾아가 경찰이 배 안에 있는 것을 보고 칼빈총을 뺏으려고 달려들어 경찰과 다툼 끝에 이들은 양태수 경사(27세)와 진남호 순경을 권총으로 쏘아 양 경사는 즉사하여 시체를 바다에 버리고, 부상당한 진 순경과 배 안에 있던 사람들을 모두 결박하고 선흘곶으로 끌고 가 총상을 입은 진 순경은 폭도들이 몽둥이로 폭행을 가해 즉사시키고, 14명은 결박하여 3박 4일을 감금하였다. 이 사실을 안 9연대장이 즉시 강노반 중위에게 지휘하게 한 후 부대를 출동시켜 폭도들을 포위 생포하고 14명을 극적으로 구출하였다. 그리고 북촌마을 주택 마당 구석에 돌로 교묘히 위장된 굴을 찾아내어 숨어 있던 폭도 7명을 생포하였다. 김진태는 범선에서 김덕선을 발로 차 바다에 빠지게 한 사람으로 김덕선은 극적으로 살아났는데, 김완식과 김진태는 4.3 희생자로 신고가 되었다.(화해와 상생 380쪽) 어떻게 김완식과 같은 폭도가 4.3사건 희생자가 되는가!

이처럼 마을마다 집집마다 교묘하게 위장된 은신처가 있어 우익이나 경찰이나 국군을 공격하고 숨어버리면 찾을 수 없었다. 북촌마을은 폭도들이 자유마을이라고 불렀다. 이 말은 전적으로 폭도들을 지원하는 민주부락 즉 좌파마을이다.[382)]

북촌마을 입구에 이때 죽은 사람들의 공원을 만들고 죽은 자들의 명단을 돌에 새겼는데, 김병석은 300명이 죽었다고 믿을 수 없는 증언을 하였는데 여기 명단을 직접 가서 세어보니 300명이 넘었다. 이토록 제주도의 역사 기록물들은 엉터리로 하였다.

---

382) 수정의견 검토자료 1권 2003.9 65쪽

3. 제주도민 피해 허위 및 좌편향적인 보고서 작성.

제주4.3사건 진상조사보고서는 군 · 경에 대한 피해 사례 외에도 별도의 인명피해 사례를 131쪽이나 기술하였는데 반하여 폭도들에 의한 제주도민 피해 사례는 간단하게 4쪽에 기술하였다. 군경에 의한 피해사례는 97%에 해당하는 127쪽을 기술할 때 진압 원인과 필요성과 정당성을 기술하지 않아 국군과 경찰이 아무 죄도 없는 제주도 양민을 일방적으로 총살한 살인만행 자 같이 기록하였다.

제주 4.3폭동에 관련 사망자를 추정하면서 신고 된 숫자를 기준하지 않고 인구조사치를 기준으로 제시함으로서 신고 숫자의 2배로 과장하였다. 진상조사보고서는 "1948년 초부터 1949년 말까지 감소한 인구 25,000-30,000명을 전체 4.3사건 당시 사망자로 보는데 큰 무리가 없을 것" 이라고 결론을 내리고 있다.[383]

이 계산은 큰 잘못이다. 그것은 1948년 초부터 좌익이나 우익이나 일반이나 할 것 없이 불안하여 일본이나 육지로 가서 많이 숨어 있었다. 그리고 한라산에 숨어 있어 인구 조사에 누락되었다. 인구조사에서 누락된 자들을 4.3사건 사망자로 계산한 것은 큰 잘못이다.

제주4.3사건 위원회에서는 희생자 신고를 접수하면서 행정력을 총동원 하였고, 일본이나 미국까지 출장을 가서 홍보를 하였다. 또 신고 기간을 2년까지 연장하였다. 그래도 희생자 신고는 14,028명 중 사망자 10,715명과 행방불명 3,171명을 합쳐도 13,886명이며, 확정된 자가 13,564명이다. 그런데 제주4.3 진상조사보고서는 25,000-30,000명이라고 허위보고서를 작성하여 국민을 기만하였다. 화해와 상생 186쪽에 이의 잘못을 시인하였다.

---

383) 진상조사보고서 366쪽, 376쪽, 537쪽

4. 제주4.3사건 진상조사위원회의 불법적인 조치에 대하여

1) 제주4.3사건 진상조사보고서가 확정되기도 전, 또 제주4.3사건 진상조사도 하기 전 제주4.3사건 관련 특별법에 제주4.3사건은 3.1발포사건이 기점이라고 하였다.(4.3특별법 제2조)

2) 제주4.3사건 진상조사보고서가 확정되기도 전 2003년 4월 3일 제주 평화공원 기공식을 하였다.

3) 제주4.3사건 진상조사위원회는 사법 권한도 없는 데도 1948년 9월의 일반 재판과 49년 군법회의에서 형이 확정된 수형인들을 재심 절차 없이 희생자로 결정, 합의 조치한 사건은 초법적인 사건으로 법질서를 문란 시켰다.

4) 제주4.3사건 진상조사보고서가 확정되기도 전에 2002년 2월 11일, 2003년 3월 21일, 2003년 10월 15일 제주4.3사건 희생자로 결정하여 통지한 것은 불법이다.

5) 2001년 9월 27일 헌법재판소의 판결을 무시하고 13,000여명, 특히 폭도들을(살인자들) 제주4.3사건 희생자로 결정한 것은 불법이다.

6) 제주4.3사건 특별법 제1조 목적에서 "제주4.3사건의 진상을 규명하고 이 사건과 관련된 희생자와 그 유족들의 명예를 회복시켜 줌으로 인권신장과 민주발전 및 국민화합에 이바지함을 목적으로 한다" 하였는데, 진상은 규명하지 않고 명예만 엉터리로 회복해주어 제주4.3 특별법을 위반하였다. - 화해와 상생 148쪽. (이상은 위헌소추요망사항임)

7) 제주4.3사건 희생자에 대해 심사를 전혀 하지 않고 신청자 전원을 제주4.3 희생자로 결정한 것은 특별법을 무시한 초법적 불법이다.

※ 제주4. 3사건 위원회는 대한민국과 대한민국을 인정하지 않고, 대한민국 군법회의 판결과 헌법재판소 판결과 제주4. 3사건 특별법도 인정하지 않고, 희

생자 심사도 하지 않고 초법적으로 결정을 하였고, 진상조사보고서도 가짜로 작성하였다.

5. 제주4.3사건 조사위원들이 수형인 2,530 명을 심사할 자격이 없다.

제주4.3사건 진상조사보고서 448쪽~467쪽 군법회의 재판에 대해서 "군법회의는 법률에 정한 정상적인 절차를 밟은 재판으로 볼 수 없다." 고 비판을 하면서 결론을 내렸다. 그러나 1949년 5월 육군본부 법무감실 기록심사과장 고원증 중령(59년 법무감, 13대 법무부장관 역임)은 "재판절차에 하자가 없다" 고 증언하였다. 주한 미 육군 일일정보 보고서에 의하면 군법회의 사형 자에 대해 이승만 대통령의 재가가 있었다고 기록하고 있다.

군법회의에서 선고한 수형인 2,530명의 선고에 대해서 국회에서 재심청구를 할 수 있도록 법을 제정하여 피해자 가족들이 법원에 재심청구를 해서 법원에서 무혐의처리 된 자만 제주4.3사건 희생자가 되어야 합법이다. 그런데 제주4.3사건 진상조사위원들이 사법권이 없는 데도 이들 수형인들을 심사도 하지 않고 제주4.3사건 희생자로 처리한 것은 불법이며, 초법적인 사건으로 이는 불법이다. 제주4.3사건 희생자 명부 38쪽에 보면 수형인 김용규(애월면 하귀리 445번지. 무기)외 1,486명이 제주4.3 희생자 명단에 있다.

제주4.3사건은 남로당 제주도당의 폭동이요 제주인민군의 내란이다. 이 내란군은 5.10선거 때 제주도에서 2개 선거구의 선거를 무산시키고, 투표소 20%는 한 명도 투표하지 못하게 하였고, 군인 경찰 우익인사 등 1,673명을 무참하게 죽인 폭도들이다. 이 폭동을 진압하는 과정에서 억울하게 희생된 무고한 양민이 많이 있다. 진상조사위원들은 이 무고하게 희생된 양민을 찾아 명예를 회복시켜 주고 제주4.3사건 진상을 정확하게 규명하는 것이 제주4.3 특별법의 목적이다. 그렇다면 남로당 제주인민군인 내란군의 폭동자와 그에 협조자와 무고하게 희생된 양민을 구분하는 심사기준법은 2000헌마238 등 2001. 9. 27 헌재 결정문에 의해서 심사를 했어야 하고, 그리고 심사위원회가 이 심사기준법에 따라 폭도와 협조자와 무고하게 희생된 자를 가려내어 무고하게 희생된 자만 명예를 회복시켜주어야 한다. 그런데 이렇게 심사하지 않고 아예 심사 없이 신고자를 모두 희생자로 결정한 것은 불법이다.

김봉현 · 김주민 공저 「제주도 인민들의 4.3무장투쟁사」 83쪽에 제주폭도들은 약 3,000명이라고 하였고, 제주인민군 투쟁보고서에도 4.3 당시만 해도 400여명이라고 하였고, 한국전쟁사는 약 1,500여명이며, 9연대에서 탈영하여 폭도와 합세한 폭도만도 52명이며, 48년 11월 3일 국군과 전투 중 100여명, 명덕리 전투에서 153명, 49년 1월 11일 의귀리 전투에서 96명, 월평리 전투 30명, 녹하악 전투 178명 계 950여명의 폭도들이 경찰과 국군과 교전 중 사망하였다. 1957년 4월 3일 경찰은 공비 및 동조자(협조자) 7,893명이라고 하였다. 대검찰청 좌익실록 379쪽-430쪽에는 유격대 전사 7,895명, 생포 7,061명, 귀순 2,004명이라고 하였다. 그런데 제주 4.3사건 심사위원들은 폭도가 19명이며, 희생자가 13,564명이라고 하였다. 국군 186명이 전사하고, 경찰 153명이 전사하고, 우익 양민 1,518명 이상이 폭도들에게 학살당하였다. 제주4.3사건 심사위원들은 심사도 하지 않고 폭도까지 신청한 자를 무조건 4.3희생자로 결정하였다. 폭도와 협조자가 7,893명이며, 생포 7,065명 중 재판에 기소된 자가 2,530명 합 10,423명이 폭도와 협조자이며, 나머지는 진압군에 억울한 누명을 쓰고 총살된 양민으로 보아야 한다. 이 양민만 희생자로 보고 이들의 명예를 회복해주고 정부에서는 보상도 해주어야 한다. 이것이 특별법의 목적이다.

필자가 2004년 제주에 가서 아는 사람들에게 희생자 명단에서 폭도를 확인해 달라고 하니 60여명을 확인해 주었다. 그런데 이 60명 중에 몇 사람만 빼고 2008년 4.3희생자로 확정되었다. 그 예로 희생자 명단 380쪽에 김의봉, 김완식 같은 폭도가 있다. 이토록 제주4.3사건 희생자 13,000여명을 심사도 하지 않고 신청자 모두를 4.3 희생자로 결정한 것은 불법이므로 무효가 되어야 한다.

지면 관계로 나머지 폭도들의 명단은 생략한다. 헌법재판소의 소장에는 1,540명의 명단을 기록하였다.

김달삼은 8.25선거에 참여한 자가 5만2천 명이라고 투표용지를 해주대회에 증거물로 제시하였다. 5만 2천명이 폭도 협조자이다. 그리고 제주도에 남로당원이 3만 명이다. 심사위원 몇 명이 2년여 동안에 14,028여명을 어떻게 심사를 할 수 있는가? 조사위원들은 심사도 하지 않고 신청자는 모두 희생자로 결정, 상상도 할 수 없는 불법을 자행하였다. 또한 13,000여명을 심사하는데 제주4.3특별법에는 심사기준법이 없다 그래서 위원회에서 심사기준을 만들어 심사를 하였는데 이는 확실한 불법심사이다.(화해와 상생 148쪽) – 이상도 위헌소추 요망 사항임.

▸ 군경 진압군에 의한 사망자 – 11,450명(84.4%)
▸ 폭도에 의한 양민 학살 – 1,673명
▸ 누구에 의해서 사망했는지 알 지 못하거나 피신 중 아사 또는 동사한 사망자 – 441명
▸ 경찰 사망 – 140명
▸ 국군 사망 180명
이상 제주4.3사건 진상조사보고서의 기록.

이상이 제주4.3사건 진상조사보고서 및 희생자 심사위원회의 최종 결정이다. 그런데 경찰이 140명, 국군이 180명, 우익이 1,673명이 사망하였는데 위와 같이 진압군이 많이 죽었는데도 진압군을 죽인 폭도가 19명밖에 없다. 이것이 4.3진상조사보고서가 가짜이며, 심사위원들의 4.3사건 희생자결정이 가짜라는 증거이다.

제11장.
제주4.3사건 진상조사보고서 결론의 허위 및 좌편향의 주장에 대하여(보고서 533쪽)

1. 제주4.3사건은 1947년 3월 1일 경찰의 발포사건을 기점으로 하여 경찰과 서청의 탄압에 대한 저항이라는 허위 및 좌편향적인 주장에 대하여.

1) 47년 3월 1일 경찰의 발포사건에 항의하기 위하여 47년 3월 10일 관공서와 민간기업 등 총 156개 단체 41,211명이 총파업을 하여 항의하였고, 3월 18일 56개 직장이 파업을 해제하고 3월 말에는 전원 파업을 해제하고 직장에 복귀하였다.

2) 미군정은 발포한 경찰과 제주군정장관, 도지사, 제주감찰청장, 경찰 등에 대해 책임을 물어 처리하여 3.1발포사건은 47년 4월 말 수습되었다. 3.1발포사건 때문에 1년이 지난 후 남로당 제주도당 조직부장 김달삼을 중심해서 제주인민군 즉 내란군을 조직하여 무력으로 48년 4월 3일 12개 지서를 기습하면서 고일수 순경의 목을 쳐 죽이고, 김장하 부부를 대창으로 찔러 죽이고, 문영백의 딸 14살과 10살과 우익 3명을 무참히 죽였다. 그리고 국군을 죽이고 국군에 끝까지 대항한 것이 어찌 경찰과 서청에 대한 저항이라고 하며, 3.1발포사건이 4.3폭동의 기점이 될 수 있는가! 제주 4.3폭

동은 5.10선거를 반대하기 위하여 대한민국 전역에서 일으킨 남로당 2.7 폭동의 연장이다. 제주4.3폭동이 경찰과 서청의 탄압에 대한 저항이라면 어찌 우익인사와 그의 가족들을 죽이고, 5.10선거관리위원들을 죽이고, 5.10선거를 반대하고, 북한의 8.25선거는 참여하였는가? 그리고 국군을 공격하고 대한민국에 선전포고를 하였는가! 경찰과 서청의 탄압에 대한 저항이라면 왜 국군까지 공격해서 죽였는가? 경찰과 서청의 탄압에 대한 저항이라는 주장은 허위 및 좌편향적인 주장이다.

2. 남로당 제주도당은 조직의 수호와 방어수단으로서, 다른 하나는 당면한 단선 단정을 반대하는 구국투쟁으로서 무장 투쟁을 결정하였다는 점에 대하여.

1) 제주4.3사건 진상조사보고서 534쪽 상단에 폭도들이 주장한 바와 같이 ① 남로당의 조직을 수호하고 ② 한반도에서 남한의 5.10선거를 반대하는 구국투쟁으로 무장폭동이 목표였다.

2) 제주인민군은 5.10선거를 반대하기 위하여 4.3폭동을 일으켰는데 진상조사보고서에는 '단선 단정을 반대하는 구국투쟁으로서 무장투쟁을 결정하였다.' 고 하였는데, 대한민국 건국 5.10선거를 반대하기 위한 폭동이 어떻게 구국투쟁이란 말인가? 이는 좌파 노무현 정부에서 우파 이승만 정부를 규탄하는 보고서로서 있을 수 없는 사건이다.

3. 단선 단정 반대를 기치로 1948년 4월 3일 남로당 제주도당 무장대가 무장봉기를 하였다는 허위 및 좌편향의 주장에 대하여.

1) 유엔에서는 한반도에 통일정부를 세우려 하였으나 5.10선거를 소련과 북한의 반대로 인하여 유엔에서는 '선거가 가능한 지역만이라도 선거를 실시한다.' 고 불가피하게 내린 조치였다. 그런데 신생 대한민국 건국 5.10선거를 반대하고, 선거관리위원과 선거에 참여하는 자를 학살 저지하고, 선거사무소를 기습 파괴하여 제주 3개 선거구 중 2개 선거구가 무효가 되게 하였다.

2) 48년 4월 3일 새벽 2시, 400여명이 총과 철창 · 죽창을 들고 경찰의 목을 쳐 죽이고, 10세, 14세 소녀와 우익인사를 대창으로 찔러 죽인 것은 폭동이지 어떻게 무장봉기가 될 수 있는가? 이는 말도 안 되는 허위 및 좌편향적인 주장이다.

4. "남로당 제주도당을 중심으로 한 무장대가 선거관리요원과 경찰가족 등 민간인까지 살해한 점은 분명한 과오이다. 그리고 김달삼 등 무장대 지도부가 1948년 8월 해주대회에 참석하여 인민민주주의 정권 수립을 지지함으로 유혈사태를 가속화 시키는 계기를 제공하였다고 판단된다." 는 점에 대하여.

1) 진상조사위원들은 남로당 제주도당을 중심으로 한 제주인민군이 이상과 같이 선거관리요원과 경찰과 경찰 가족 등 민간인까지 잔인하게 살해한 것을 학살이 아니고 과오라고 표현하였다. 과오라는 말은 '과실' '잘못' 이라는 말인데 제주인민군이 과실로 국군과 경찰과 우익과 선거관리위원을 죽였는가? 이는 제주인민군이 경찰과 경찰 가족과 우익인사와 그의 가족들, 선거관리위원들과 국군을 비참하고 잔인하게 의도적으로 죽인 살인 만행이며 학살이다. 그런데 진압군은 학살자로, 제주인민군은 과오자로 표현한 제주4.3 진상조사보고서는 있을 수 없는 허위 및 좌편향적인 보고서이다.

2) 3.1 발포사건이 기점이라면 47년 3월 10일 항의하였으면 끝나야지, 무엇 때문에 1년이 지난 후 5.10선거를 반대하고 선거관리요원을 죽이고, 경찰과 우익인사 가족까지 죽이고, 북한의 8.25선거에 가담하게 하고, 북한의 해주에서 조선민주주의 인민공화국을 세우는데 참석하여 북한 건국에 앞장서 만세를 부르면서 북한 인민공화국을 지지하고 국군을 공격해서 죽이는가?

3) 진상조사보고서는 제주인민군 사령관 이덕구의 9.15사건에 대해서는 전혀 언급이 없다. 그 이유는 진압군이 아무 잘못이 없는 수많은 제주양민을 총살하였다고 하기 위함이다.

5. "1948년 4월 3일 이래 1954년 9월 21일 한라산 금족지역이 전면 개방될 때까지 제주도에서 발생한 무장대와 토벌대 간의 무력충돌과 토벌대의 진압 과정에서 수많은 주민들이 희생당했다" 는 점에 대하여.

1) 48년 4월 3일 새벽 2시 제주인민유격대는 12개 지서를 습격하고, 한밤중에 우익인사 집을 습격하여 경찰과 우익인사들을 죽였고, 5.10선거에 관여한 자, 선거를 지지하는 자를 죽창과 철창으로 처참하게 죽였고, 박진경 경비대 11연대장을 암살하는 살인 만행을 저질렀다. 제주4.3사건은 제주인민군의 만행이며 폭동이고 내란이다. 그런데 진상조사보고서에는 이러한 용어를 쓰지 않고, 무장대와 토벌대와의 무장충돌이라고 동격으로 표현하여 조선민주주의 인민공화국을 하나의 국가로 보았고, 제주인민군을 조선민주주의 인민공화국 산하 군대로 본 시각이다. 이는 인민공화국에서나 쓸 수 있는 보고서이다.

2) 제주인민유격대는 5.10선거가 끝난 후에도 자수하지 않았고, 제주도

에 조선민주주의 인민공화국을 세우기 위하여 5.10선거는 반대하고 북한의 8.25선거에 제주도민 5만2천여 명을 투표하게 하여 북한 공산국가 창건을 지지하였다. 폭도들은 선거관리위원들과 그 가족들을 학살하였지 선거관리위원들과 우익과 무력 충돌한 사건은 없다.

3) 제주4.3폭동이 일어나지 않았으면 진압군이 4.3폭도들과 그에 협조자들을 죽일 이유가 없고, 김달삼 후임으로 이덕구가 제주인민군 사령관이 되어 48년 9월 15일 다시 우익 인사와 경찰과 국군을 공격하지 않았다면 제주 폭도들과 가담자들을 경찰과 국군이 죽일 이유가 없다.

4) 제주인민군이 이처럼 왕성한 것은 북한의 8.25선거에 참여한 5만2천여 명과 남로당원 3만여 명이 협력하였기 때문이다.

유격전은 낮에는 논과 밭에서 일을 하고, 밤에만 진압군을 공격한 후 잠적하고, 총과 죽창과 철창으로 국군과 경찰과 우익인사를 죽이고, 불리하면 총과 죽창과 철창을 버리고 양민이라고 가장하면 진압군은 식별하기 어려워 많은 희생자가 발생하였다. 그리고 제주도 북촌마을은 인민유격대가 민주부락, 즉 전적으로 인민유격대를 지지하는 부락이라고 하였으며, 어느 마을은 90%이상이 인민유격대를 지지하여 인민유격대와 지지자들을 분별할 수 없기 때문에 인민유격대를 완전히 토벌하기 위해서는 먼저 인민유격대 협조자를 발본색원하는 과정에서 수많은 주민들이 처형된 것이다. 인민유격대는 초등학교 학생들까지 동원하여 마을에 빗개 즉 보초병으로 세워 희생하게 한 행위와 어린이와 노인까지 정보원으로 이용한 것은 인륜적으로도 있을 수 없는 처사이다.

48년 11월 2일 이덕구 이하 폭도들이 국군을 공격하지 않고, 9.15사건을 일으키지 않았으면 48년 7월 말 제주4.3폭동은 좌익들의 큰 피해 없이 끝났다. 그랬으면 군은 폭도들과 협조원들을 죽일 이유가 없었으며 그토록 많은 희생자가 발생하지 않았다.

6. 외지출신 도지사에 의한 편향적 행정집행에 대하여.

3.1절 발포사건에 항의하면서 도청, 읍, 동사무소 직원과 심지어 지서 경찰이 지서를 비워두고 데모에 가담하였는데, 경찰이 지서를 비워두고 데모에 참가하여 지서 무기고에서 무기를 도난당하면 그 파장은 이루 말할 수 없을 것인데, 경찰이 파업에 가담한 것은 도저히 있을 수 없기 때문에 육지의 도지사는 제주 출신 공무원과 경찰에 중요 부서에 임명할 수 없었다. 그리고 48년 5월 20일 41명의 제주 출신 국군이 탈영하여 이중 20여명이 제주인민군에 입대하였고, 경찰이 제주 적화음모를 하였기 때문에 외지 출신 도지사는 제주 출신 경비대원도 경찰도 믿을 수가 없어 편향적인 행정을 보지 않을 수 없었던 것이다.

7. 경찰과 서청에 의한 검거선풍, 테러, 고문치사 사건에 대하여.

한반도에 조선민주주의 인민공화국을 세우려는 남로당의 2.7폭동의 연장으로 제주도 2.9폭동을 하여 지서 습격 및 왓샤왓샤 사건 등이 17건에 이르고, 경찰 2명이 죽음 직전까지 폭행을 당하자 경찰은 자신들과 우익을 보호하기 위하여 지서를 급습하거나 시위에 가담한 자들을 검거하고, 이들을 조사 과정에서 고문으로 3명이 사망하였으나 미군정은 고문치사사건에 가담한 이들을 체포 기소하여 처벌함으로 책임을 물었다.

8. 진압군에 의해 78.1%, 유격대에 의해 12.6%가 사망하였다는 보고서에 대하여.

1) 제주인민군인 내란군이 1년 넘게 진압군에 저항하였다는 것은 협조하는 정보부대와 보급부대가 있었기 때문에 가능하다. 이덕구의 9.15사건

이 없었다면 그렇게 많은 폭도들과 협조자들과 무고한 양민들이 처형되지 않았을 것이다. 그런데 이덕구를 중심한 제주인민군이 경찰과 우익인사들, 그리고 국군까지 공격하여 국군과 전투를 하니 많은 희생자가 발생하였다. 전쟁에서는 전투부대만 공격하는 것이 아니라 정보부대와 보급부대를 공격한 후 전투부대를 공격하는 것이 작전의 상책이다.

2) 14연대 반란은 제주인민군보다 수십 배의 큰 반란이다. 그러나 여수·순천을 제외하고는 전남북 경남의 주민들은 큰 피해가 없었다. 그것은 주민들이 진압군에 저항하지 않았기 때문이었다. 예를 들면 구례군 파도리에서는 이장이 반란군과 내통하여 국군 90여명이 포로가 되어 반란군에 끌려갔고, 덕유산 밑 황점마을에서는 김지회 이하 200명을 재워주고 소를 잡아 먹을 것을 주었어도 필자가 직접 가서 조사한 결과 국군은 그들에게 전혀 피해를 주지 않았다. 이유는 주민들이 국군을 공격하지 않았기 때문이다. 그런데 제주에서 이토록 많은 도민이 희생된 것은 국군을 공격하여 국군 186명을 죽였기 때문이다. 국군을 공격하는 것은 곧 내란이요 대한민국의 적이었기 때문이다.

9. 48년 11월부터 9연대에 의해 중산간 마을을 초토화시킨 강경진압작전은 가장 비극적인 사태를 초래하였다는 보고서에 대하여.

제주인민유격대가 숨어 있는 곳이 첫째는 방공호의 아지트이고, 다음은 중산간 마을이며, 다음은 민주부락이다. 인민유격대를 소탕하려면 중산간 마을 주민과 유격대와의 관계를 끊어야 했기 때문에 진압군은 불가피하게 중산간 마을 주민을 보호하기 위해 해변으로 이사시킨 후 폭도들이 사용하지 못하게 불태운 것이지 초토화시킨 것이 아니다. 조사위원들은 좌파들처럼 진압군에 대해서는 가혹한 단어를 쓰고, 인민유격대에 대해서는 부드러운 표현을 쓰고 있다.

10. "9연대와 2연대가 공개적인 재판 절차도 거치지 않은 채 즉결 처분하기는 마찬가지였다." 는 점에 대하여.

48년 4월 3일 새벽부터 폭도들이 고일수 경찰의 목을 쳐 죽이는 등, 경찰, 군인, 우익인사를 재판도 없이 처참히 죽였다. 왜 이들에 대해서는 재판도 없이 죽인 것에 대해서는 언급이 없고 진압군에 대해서만 언급하는가? 폭도들이 재판도 없이 먼저 비참하게 경찰과 우익과 국군을 죽였다. 폭도들은 복장이 양민과 똑같아 적이라는 표시가 없기 때문에 진압군은 언제 어디서 폭도들의 공격을 받아 죽을지 모르기 때문에 조금만 이상하면 진압군들은 자기가 살기 위해 먼저 총을 쏜 것이다. 지구상의 전투 중 제일 어려운 전투가 같은 민족끼리의 사상 유격전이다. 이 사상의 유격전에 베트남에서는 미군이, 중국에서는 장개석 군대가 참패하였다. 이덕구는 대한민국에 선전포고를 하였다. 그리고 한반도에 조선민주주의 인민공화국으로 통일정부를 세우려는 제주인민군은 내란군이요, 적이었다. 언제 체포하여 재판절차를 받게 할 수 있는가? 그래도 국군은 4.3가담자를 체포하면 경찰이 이들의 행적을 파악하여 최소한의 재판 절차를 밟도록 하였다. 단기간 내에 수많은 인원을 체포 조사하여 기소한다는 것은 절차상 쉬운 일이 아니다.

11. 집단 인명피해 지휘체계를 볼 때 중산간 마을 초토화 등의 강경작전을 폈던 9연대장과 2연대장에게 1차 책임을 물을 수밖에 없고, 최종 책임은 이승만 대통령에게 물을 수밖에 없다는 점에 대하여.

48년 4월 3일 김달삼과 9월 15일 이덕구가 우익을 죽이고 경찰과 국군을 공격하는 만행을 하지 않았다면 경찰과 국군은 제주4.3 폭도들과 협조자를 죽일 이유가 없다. 그리고 14연대 반란도 없었을 것이며, 보안법도 없었을 것이고, 친일파 숙청도 단행했을 것이다. 그런데 이토록 만행을 저지른 김달삼과 이덕구에 대해서는 전혀 말 한 마디 책임을 묻지 않고, 폭동을 진압한 9연대장 송요찬과 2연대장 함병선과 이승만 대통령에게 책임을 전가하고 있다.

폭동과 내란과 반란을 진압하는 것은 국가와 국군의 의무이며 법이다. 4.3폭동을 진압하지 않았으면 폭도들은 우익을 다 죽이고 제주도는 공산화 되었을 것이다. 만일 9연대장 송요찬, 2연대장 함병선과 이승만 대통령에게 책임이 있다고 하면 이는 제주인민군의 내란을 진압한 것뿐이며, 제주도가 공산화 되는 것을 막아주어 지금까지 잘 살게 해준 것이다. 폭동을 진압하지 않았으면 제주도가 북한과 같이 가난하게 살고 김일성과 김정일에게 대대로 충성을 맹세하고 숭배하며 살게 되었을 것이다. 제주4.3사건 진상조사보고서를 작성한 위원들은 이승만 대통령과 9연대장 송요찬과 2연대장 함병선과 국군과 경찰과 미군에 책임이 있다면 제주도 내란을 진압하지 않고 공산화 되는 것을 원하였는가? 이는 보통문제가 아니다! 조사위원들에 대해서 반드시 법적인 책임을 물어야 할 것이다.

4.3사건 인명피해는 80%가 이덕구의 9.15만행기간 동안 발생했기 때문에 제주도민 희생의 원인은 김달삼과 이덕구와 그와 함께한 제주인민군과 협조자에게 책임이 있는 것이지 왜 9연대장 송요찬과 2연대장 함병선과 이승만 대통령이 책임을 져야 한다고 하는가? 제주4.3사건 진상조사보고서는 유해진 제주지사, 암살당한 박진경 11연대장, 송요찬 9연대장, 함병선 2연대장, 이승만 전 대통령, 진압군이 된 경찰과 국군, 그리고 미군에 대해서 책임을 전가하면서 규탄하고 있다. 대한민국 정부에서 보고서를 허위 및 좌 편향적으로 작성하여 이승만 대통령과 국군을 학살자로 책임을 물은 것은 세계 역사 이래 없는 사건이다. 박진경 연대장은 암살당한 것만도 기가 막히는데 책임까지 덮어씌우니 이 사건을 그냥 넘겨서는 절대 안 된다. 제주 좌파들이 남해에 있는 박진경 연대장의 동상도 철거하려고 했으니 기가 막힌 세상이다.

제12장
제주4.3사건 특별법의 오류에 대하여

제주4.3사건 특별법은 "제주4.3사건의 시점은 1947년 3월 1일"로 규정하고 있다.(법제2조 제1호) 제주4.3사건과 3.1발포사건과의 관계는 위의 제주4.3사건 진상조사보고서의 잘못을 살펴본 바와 같이 관련이 없다. 제주4.3사건을 3.1 발포사건이 기점이라고 주장하는 이유는 제주4.3폭동을 무장봉기라고 하기 위하여 허위 및 좌 편향적으로 주장한 것이며, 이토록 제주4.3폭동을 무장봉기라고 주장하는 이유는 폭도들을 제주4.3희생자로 만들기 위한 것이다.

진상조사위원회는 제주4.3사건의 진상을 조사하기도 전에 그 진상을 특별법에 의하여 입법 규정해놓고, 4.3사건 진상조사는 이 4.3특별법에 의해서 조사하도록 규명하였다.(법 3, 4, 5, 8, 9 10조) 이러한 불법의 특별법이 제정된 직후 제주4.3사건 진상 규명 및 희생자 명예회복위원회가 구성되어 이 잘못된 특별법에 따라 조사에 착수하였고, 이 위원회 산하에 조사보고서 기획단이 설치되어 진상조사보고서가 허위 및 좌 편향적으로 작성되어 2003년 10월 15일 4.3위원회에서 이 진상조사보고서가 공식 채택되었다. 이 허위 및 좌편향적인 진상조사보고서에 의해 엉터리로 심사를 하여 좌익 폭도들을 제주4.3 희생자라 하였고, 제주4.3폭동을 무장봉기라고 하였으며, 허위 및 좌편향적인 보고서에 근거하여 제주4.3 평화공원이 건립되어 사료관을 좌파 편향으로 구성하여 전시하였다.

그리고 제주 4.3 특별법에는 제주4.3 심사 규정이 있어야 하는데 가장 중요한 심사 규정이 없다. 그래서 위원회에서 규정을 만들어 13,000여명을 심사도 하지 않고 신청한 자 모두를 4.3사건 희생자로 결정하였는데 이것은 불법심사를 한 것이다. 그러므로 제주4.3사건 특별법은 국회의원들을 기만하여 통과되었기 때문에 18대 국회에서는 폐기되어야 하며 이를 통과시켜준 한나라당 이회창 대표와 한나라당 국회의원들도 책임을 면할 길이 없다.

제13장
제주4.3사건 진상조사위원회의 부당한 건의안

1. 건의1 : "정부는 제주 4.3사건 진상조사보고서에서 규명된 내용에 따라 제주도민 그리고 4.3사건 피해자들에게 사과해야 한다는 점"에 대하여.

제주 4.3폭동 때 폭도들은 국군, 경찰, 우익, 선거관리원 등 2,012여명의 무고한 제주도민을 죽였다. 폭도들에게 죽임을 당한 이 2,012명이 진정 제주 4.3사건의 무고한 희생자이다. 그러면 정부에서 사과하라는 말은 폭도들을 진압한 것에 대해 정부에서 사과하란 말인가? 그러면 좌익 폭동을 진압하여 대한민국 정부가 있게 된 것이 잘못이라는 말인가!

제주4.3사건 진상조사위원들은 이상과 같이 진상조사보고서를 허위 및 좌 편향적인 가짜보고서를 작성하여 노무현 대통령이 2004년 10월 31일 제주도에서 "1947년 3월 1일 기점으로 하여 1948년 4월 3일 발생한 남로당 제주도당의 무장봉기 그리고 1954년 9월 21일까지 있었던 무력충돌과 진압 과정에서 많은 사람이 무고하게 희생되었습니다. 저는 위원회의 건의를 받아들여 국정을 책임지고 있는 대통령으로서 과거 국가권력의 잘못에 대해 유족과 제주도민 여러분에게 진심으로 사과와 위로의 말씀을 드립니다. 무고하게 희생된 영령들을 추모하며 삼가 명복을 빕니다" 하고 사과하게 하였다.

2005년 1월 28일 제주도를 세계 평화의 섬으로 공식 지정하는 자리에서 노무현 대통령은 "제주도는 4.3항쟁이라는 역사적 아픔을 진실과 화해로 극복한 모범지역"이라고 '제주4.3폭동'을 '제주4.3항쟁'이라고 하였다. 이는 4.3내란을 진압한 국군과 경찰이 잘못이라는 말이다. 노무현 대통령이 사과한 내용이 평화공원 사료관 내의 영상에 계속 상영되고, 다른 책에도 기록되어 있어 이를 시정하지 않는다면 자손만대까지 폭동과 내란을 진압한 국군과 경찰이 집단 학살자가 된다. 이는 보통 문제가 아니다.

2. 건의2 : "정부는 4.3사건 추모기념일을 지정하여 억울한 넋을 위무하고 다시는 그런 불행한 사건이 재발하지 않도록 교훈을 삼아야 한다"는 점에 대하여.

1948년 4월 3일 남로당 제주도당 김달삼 외 400명이 폭동을 일으켜 대한민국 정부 탄생의 5.10 선거는 반대하고 북한 정부 탄생의 8.25선거에는 참여하였다. 제주인민유격대 사령관 이덕구는 신생 대한민국에 선전포고를 하고 내란을 일으켰으며, 김달삼은 49년 8월 4일 300여명의 북한인민유격대를 인솔하여 38선을 넘어 국군을 공격한 내란군 수괴이며, 현재 평양 근교의 애국열사능 묘역(한국의 국립묘지)에 그의 묘가 있다. 이러한 좌파 폭도들이 중심이 되어 4월 3일 고일수 경찰 목을 쳐 죽이고, 김장하 부부를 대창으로 찔러 죽이고, 10세 문정자와 14세 문숙자를 대창으로 찔러 죽인 것이 참으로 잘했다고 추모기념을 하고, 이들이 한 일을 잘했다고 교훈 삼아야 하는가? 이러한 내란자들이 내란을 일으킨 4월 3일을 대한민국에서 추모일로 지정하여 폭도들의 넋을 위무하며, 폭동을 일으킨 날을 추모일로 하자 하는가? 이 일을 위해 2004년 12월 국회를 통과시키려고 민주당 국회의원 한명숙 외 60명이 중심이 되어 발의까지 하였다. 대한민국에서 어떻게 이런 일이 있을 수 있는가!

4월 3일 폭동의 날을 기념하는 행사를 못하게 하고, 추모일은 11월경에 억울하게 죽은 사람들을 중심해서 하도록 해야 한다.

3. 건의3 : "정부는 제주 4.3사건 진상조사보고서의 내용을 평화와 인권교육 등의 자료로 활용하기 위해 적극 노력해야 한다" 는 점에 대하여.

제주 4.3사건 진상보고서는 위와 같이 허위 및 좌편향적인 가짜보고서를 작성하였다. 그런데 한반도에 공산주의의 통일정부인 조선민주주의 인민공화국을 세우기 위해서 남한에서 행하여지는 5.10선거를 반대하고, 대한민국 정부 수립을 반대하기 위하여 폭동을 일으켜 국군과 경찰과 우익과 그들의 가족까지 2,012여명을 처참하게 죽인 인민유격대의 살인 만행 폭동을 왜곡하여 경찰과 국군이 제주도의 수많은 양민을 학살하였다고 진압군과 미군을 규탄하고, 진압군이 진압하게 된 원인과 필요성 정당성은 기록하지 않고, 국군과 경찰의 과실만 기록한 허위 및 좌편향적인 가짜보고서를 가지고 전교조와 좌파를 통하여 대한민국의 학생들과 젊은이들을 좌파로 모두 의식화시켜 대한민국을 타도하는 혁명 전사를 만들려고 하는가!

허위 및 좌편향적인 가짜보고서를 가지고 어떻게 "평화와 인권교육 등의 자료로 활용하기 위해 적극 노력해야 한다" 라고 하는가? 정부에서 학생들에게 좌파 교육과 거짓을 가르치는 일에 앞장을 서려고 하는가! 이는 절대 안 된다.

2004년 2월25일 "아픔을 딛고 선 제주" 라는 4.3사건 자료집을 발간하여 제주에서는 벌써 교사들에게 배포하였고, 이 4.3보고서를 가지고 토론도 한 대학도 있고, 제주대학에서는 강좌를 개설하여 학점도 주고 있다. 대한민국의 학생들에게 그동안 좌파에서 주장한 허위 및 좌편향적인 가자보고서를 가지고 의식화시켜 혁명 전사를 양성하여 대한민국을 연방제 적화통일을 하려 하는가! 이것은 보통 문제가 아니다. 또한 4.3 평화인권재단을 만들어 4.3특별법 개정안을 국회의원 몇 사람이 중심이 되어 통과시키려 하고 있다. 이러한 과정으로 대한민국은 낮은 단계 연방제 공산화가 되었고, 2012년 높은 단계 연방제 적화를 위해서 좌파들은 투쟁하고 있다. 이대로 간다면 대한민국은 머지않아 공산화 될 것이다.

4. 건의4 : 정부는 추모공원인 4.3 평화공원 조성에 적극적으로 지원해야 한다는 점에 대하여.

제주4.3사건은 남로당 제주도당 김달삼 외 400명에 의해 발생한 폭동과 남한의 5.10선거와 대한민국 정부 수립을 반대하기 위하여 경찰과 국군과 우익을 처참하게 죽이고 선거관리위원들을 죽이는 만행을 저지르고, 북한정부 수립을 위한 8.25선거에 적극 가담하고 국군을 공격하여 죽이고, 대한민국에 선전포고를 한 인민유격대의 폭동인데, 이 폭동을 일으킨 자들을 대한민국 국민이 어떤 이유로 추모하며, 이들이 대한민국 정부에 어떤 유익함을 주었기에 대한민국 국민의 세금 582억 원을 들여 추모공원을 세워 젊은이들의 좌파 의식화 교육 현장을 만들려고 하는가? 추모공원 좌편향 사료관에서 젊은이들이 무엇을 생각할 것인가? 유해진 제주지사, 11연대장 박진경 · 송요찬 9연대장, 함병선 2연대장, 이승만 전 대통령, 미군, 그리고 진압군이 살인 악마였다고 규탄하는 장소가 되었다.

그들은 13,000여명의 명단을 위패봉안 장소 벽에 붙여 이 많은 사람들이 학살당하였다고 보는 사람들을 경악하게 하고, 또한 13,000여 명의 묘비를 세워 보는 사람들로 하여금 경악을 금치 못하게 하였으며, 폭도가 진압군에 의해 처형되는 장면을 그림으로 그려 벽을 장식하고 30분 동안 영상을 보여주고 있다. 또한 억울하게 죽었다고 하는 사람들의 증언 내용과 군사재판이 불법이라는 영상물이 계속 방영되고 있다.(4월 21일 필자가 갔을 때에는 있었는데, 8월 말에 가서 보니 영상을 철거하였다.) 그리고 15분짜리 영상물은 제주남로당 폭도들이 4.3폭동을 일으켜 경찰과 우익, 국군을 죽이는 것은 전혀 없고, 진압군이 진압하는 장면만 보여주고 있다. 육지에서 수학여행을 간 학생들과 젊은이들과 관광객 등이 이 영상물과 내용을 보고 두 주먹을 불끈 쥐고 국군과 경찰을 증오하게 할 것이며, 이는 대한민국 정부는 탄생해서는 안 될 정부로 규탄할 것이고, 미군을 이 땅에서 추방해야 한다고 규탄할 것이다. 이는 대한민국을 타도하고 공산화하기 위한 치밀한 계획하의 학습장이 되었다.

2003. 4.3 제주 4.3평화공원 조성 기공식을 가졌다. 2003. 10.15 보고서가 확정이 되었는데, 보고서가 확정되기도 전에 기공식부터 하여 12만평에 993억 원의 예산으로 1차 100억, 2차 482억 원을 지출하여 582억 원으로 공사를 완공하여 2008년 4월 3일 개관식을 하였다. 그리고 추가로 240억 원을 지원하여 묘비를 세웠다. 정부에서는 좌익 폭도들이 일으킨 폭동을 기념하기 위하여 대한민국 국민이 낸 세금을 어떻게 이토록 엄청난 국고를 손실해가면서 공산주의 혁명 전사를 양성하려 하는가! 이것은 명백한 불법이므로 제주4.3사건 진상조사보고서에 의한 사료관 부착물과 위패 봉안소의 위패와 묘비를 철거하고 평화공원(폭도공원) 출입을 즉시 중단시켜야 한다. 왜 하필이면 반란 폭도들의 훈련 장소인 봉개에 평화기념공원을 조성하여 폭도들을 영원히 찬양하려 하는가! 지금까지 평화공원을 관람한 사람은 20만 명이 넘는다.

제14장
제주4.3사건 희생자 불법으로 결정

1. 희생자 13,000여명의 엉터리 심사

제주4.3 특별법에는 반드시 제주4.3사건 희생자 심사규정이 있어야 한다. 그래서 이 심사규정에 의해서 심사해야 하는데 제주4.3 특별법에는 심사규정이 없어 위원회에서 심사규정을 만들어(화해와상생 148쪽) 13,000여명의 심사를 불법으로 하였다.

조천읍 와흘리 출신 김의봉은 49년 이덕구가 죽은 후 3대 제주인민군 사령관이 되어 총격전 끝에 사살되었는데 제주4.3 희생자 명단 45쪽에 있다. 이것을 보면 진압군과 폭도와 교전 중에 사살된 7,893명 모두 4.3 희생자로 넣었기 때문에 희생자가 13,000여명이다. 이런 엉터리 심사는 잘못되었다. 김의봉에 대해서는 제주4.3연구소 「이제야 말햄수다」 1권 119쪽에 잘 나타나 있다.

제주4.3사건 특별법 시행세칙 8조 9조 10조에 의하면 4.3사건 희생자로 신청을 하면 심사위원들은 증거서류를 검토해서 폭도와 억울하게 죽은 사람을 가려 억울하게 죽은 사람만 희생자로 결정하고, 심사위원은 반드시 성명과 서명과 날인을 하도록 되어 있는데, 13,000여명을 제주4.3사건 희생자라고 결정한 서류 100명을 검토해보니 심사는 전혀 하지 않고 신청하면 무조건 4.3사건 희생자로 결정하였고, 폭도와 자연사까지도 제주4.3사건 희생자로 결정 불법으로 심사하였다. 그러므로 제주4.3사건 진상조사위원들이 엉터리로 심사한 13,000여명은 제주4.3사건 희생자가 될 수 없다.

2. 폭도와 협조자 7,893명과 기소 자 2,530명은 제주4.3사건 희생자가 되어서는 안 된다.

김봉현은 그의 저서 「제주4.3 무장투쟁사」 83쪽에 제주4.3 폭도가 3,000여명이라 하였고, 제주인민군 「투쟁보고서」 에도 4.3 당시만 해도 400명이라 하였으며, 「한국전쟁사」 는 약 1,500여명이며, 9연대에서 탈영하여 폭도와 합세한 폭도만 52명이고, 1957년 4월 3일 경찰의 발표에 의하면 공비 및 동조자(협조자) 7,893명이라고 하였다.(제주신보 57년 4월 3일자. 4.3은 말한다 2권 104쪽) 대검찰청 좌익실록 379쪽-430쪽에는 유격대 전사 7,895명, 생포 7,061명, 귀순 2,004명 합 16,950명이라 발표하였다.

국군 186명이 전사하고, 경찰 153명이 전사하고, 우익과 양민이 1,518명 이상 폭도들에게 학살되었다. 국군과 경찰이 이렇게 많이 전사하였는데 폭도는 19명뿐이다. 19명이 국군 186명과 경찰 153명을 어떻게 죽일 수 있는가? 말도 안 되는 엉터리 심사를 하였다. 폭도와 협조자와 기소 자 합하여 10,423명이므로 제주4.3평화공원은 평화공원에 많은 폭도들의 위패가 있다. 폭도사령관과 폭도가 있어 이는 폭도공원이다.

폭도와 협조자가 7,893명이며, 생포 7,065명 중 재판에 기소된 자 2,530명 합 10,423명인데 여기 7,893명 중에는 억울하게 누명을 쓰고 총살된 양민이 있을 것이다. 이 양민만 4.3희생자로 보아야 하며, 이들을 명예도 회복시켜 주고 보상도 해주어야 한다. 그리고 심사 결과를 분류해야 한다. 즉 폭도 몇 명, 협조자 몇 명, 억울하게 희생된 자 몇 명, 폭도들에게 당한 양민 1,518명, 경찰 153명, 국군 186명이라고 위패 봉안소에 기록해야 하는데, 구분을 하지 않고 13,564명의 위패를 함께 봉안하여 혼란만 가중시켰다. 특히 폭도에게 희생당한 희생자가 있다. 이들은 별도 명단을 작성해야 하는데 폭도 와 폭도에게 죽은 자들을 별도로 하지 않은 것은 폭도를 은폐하려는 계획이다.

3. 폭도가 4.3 희생자가 되어서는 안 된다.

1) 신문과 단행본을 통해 폭도가 4.3사건 희생자가 된 것을 찾은 사례

① 조천읍 와흘리 출신 김의봉은 49년 6월 이덕구가 죽은 후 3대 제주인민군 사령관이 되어 교전 중 사살되었는데 제주4.3사건 희생자 명단 392쪽에 있다.

② 제주시 이호동 김상훈은 제주민전 명예의장으로 총살된 자인데 희생자 명단 367쪽에 있다.

③ 조천면 북촌리 김완식은 폭도 핵심인데 희생자 명부 380쪽에 있다.

위의 3명 외에 36명은 신문과 단행본을 통해 그들이 폭도인 것을 알아 희생자 명부와 대조한 결과 확인된 것이다.

김의봉 같은 제주인민군 사령관이 어떻게 제주4.3사건 희생자인가? 이러한 폭도들을 제주4.3사건 희생자라고 심사하여 명단에 넣은 것을 볼 때 13,564명은 엉터리심사로 한 희생자라는 것이 입증되었다. 그러므로 제주4.3사건 심사위원들이 심사한 13,000여명은 무효가 되어야 한다.

2) 제주4.3 위원들이 심사를 잘못하여 억울하게 희생된 자들이 또 다시 희생을 당하고 있다.

제15장
결론과 후의 일

1. 제주4.3폭동 결론

1) 48년 4월 3일 새벽 2시 폭도(내란군) 400여명과 협조자 1,000명이 총과 철창과 죽창으로 무장, 제주 12개 지서를 공격하고 민간인을 기습 공격하여 애월면 구엄마을 문영백의 딸 14살의 문숙자 와 10살의 문정자를 죽창으로 찔러 죽이는 것을 시작으로 4.3폭동이 발생하였다. 10살 소녀 문정자가 무엇을 잘못하였다고 제주인민군은 죽였는가? 어째서 어린 소녀를 이토록 비참하게 죽였는가! 3.1발포사건이 기점이며 경찰과 서청 탄압에 항거하였다면 어찌 10살의 문정자를 죽이고 우익인사를 공격하여 4월 3일 하루 만에 20여명 가까이 죽이며, 경찰이 어떤 잘못이 있다고 순경의 목을 쳐 죽인단 말인가? 그리고 함덕지서장 강봉현을 사람으로서는 차마 할 수 없는 잔인한 방법으로 죽창과 칼로 난도질하여 죽이고, 김장하 경찰 부부를 대창으로 찔러 죽이고, 선거관리위원들을 대창으로 찔러 죽이고, 5.10선거에 참여하지 못하게 하고, 북한의 8.25선거는 참여하게 강요하였단 말인가?

제주 4.3폭동은 3.1사건이 기점이 아니고 5.10선거를 반대하고 북한의 8.25선거에는 참여하여 제주도에 조선민주주의 인민공화국을 세우기 위한 2.7폭동이 기점이다. 그런데 제주 4.3사건 진상조사보고서는 3.1발포사건이 기점이며 경찰과 서청의 탄압에 항거한 것이므로 폭동이 아니고 무장봉기라고 허위 및 좌편향적인 가짜보고서를 작성하였다.

김달삼 · 이덕구 등은 제주 남로당원들에게 "인민군이 수원까지 왔다. 3일이면 남한은 해방(적화)된다. 그러면 무상 몰수 무상 분배되어 착취가 없는 세상, 네 것 내 것이 없는 지상낙원이 온다는 거짓 선동에 속아 이들에게 협력하여 제주도민의 엄청난 인명피해를 보게 되었다.

2) 제주도 4.3폭동은 7월 말부터는 조용하였다.[384] 이덕구가 9.15사건만 유발하지 않았다면 제주도민의 피해는 그토록 많지 않았다. 이덕구의 9.15 살인 만행과 강의연 소위의 9연대 반란 실패와 남로당 좌파 경찰의 제주도 적화음모와 10월 24일 대한민국에 선전포고와 11월 2일 제주 9연대 6중대를 공격하지 않았다면 경비사령부가 신설될 것도 없고, 계엄령이 선포될 것도 없고, 진압군이 제주인민군과 협조자를 죽일 이유가 없다. 그런데 이덕구의 9.15사건을 비롯한 위의 사건이 발생함으로서 폭동을 진압하는 원인, 필요성, 정당성에 대해서 진상조사보고서는 전혀 언급이 없고, 이덕구의 내란에 대해서도 전혀 언급하지 않고 있다. 심지어 이덕구가 대한민국에 선전포고 한 것도 싹 빼버렸다. 진압군이 진압 과정에서 제주도 인민군과 협조자와 양민을 구분하기가 쉽지 않았다. 낮에는 일하고 밤에만 무기를 들고 진압군을 치고 빠지는 게릴라 작전으로 공격하기 때문에 양민들이 억울하게 희생되었다.

진상조사위원들은 이덕구의 만행에 대해서는 전혀 언급하지 않고, 제주도 도민들이 많은 죽음을 당한 것을 국군과 경찰과 미군에 전가하고 진압군을 집단 학살자로 만들었다. 그 이유는 제주인민군 폭도들을 제주 4.3사건 희생자로 만들기 위해서이다.

3) 제주4.3 진상조사위원들은 진상조사보고서 466쪽에 2,530명이 군법회의에서 유죄선고를 받았으나 정상적인 재판 절차를 밟은 것으로 볼 수 없다 하여 무죄를 주장하여 이들을 제주4.3폭동 희생자에 넣어 진압군이

---

384) 4.3은 말한다 4권 30쪽

13,000여명을 학살하였다고 하였다. 군법재판소에서 선고한 2,530명이 불법이라면 재심을 청구해서 법원의 결정에 따라야 한다. 사법권이 없는 심사위원들이 사형수와 장기수와 선고를 받은 사람들을 4.3 희생자로 만들었는데 조사위원들은 그런 권한이 없다.

정부에서는 2003년 4월 3일 평화공원 기공식을 하고, 582억 원을 지원하여 2008년 4월 3일 준공하였다.

노무현 대통령은 "국가 권력의 잘못에 대해 유족과 제주도민 여러분에게 진심으로 사과와 위로의 말씀을 드립니다." 라고 사과를 하였는데, 그렇다면 진압군이 폭동을 진압한 것이 잘못이라고 사과를 하고, 제주인민군인 내란군을 기념하는 공원에 대한민국 국민의 세금으로 582억 원을 지원해 준 것이 되었다. 어찌 대한민국에서 이럴 수가 있는가? 이는 인민공화국에서나 할 수 있는 일이다.

4) 제주시 봉개동 12만평에 993억 원의 예산 중 582억 원을 들여 건설한 평화공원(폭도공원) 준공식을 2008년 4월 3일 하였다. 이것은 허위 및 좌편향의 가짜진상조사보고서에 의해서 공사를 하였기 때문에 사료관의 부착물과 위패를 즉시 철거하고 평화공원 출입을 즉시 중단시켜야 하며, 특히 좌편향의 사료관을 즉시 폐관하여야 한다. 그 이유는,

사료관에 들어서면 "탄압이면 항쟁이다. 조국 독립을 위해서" 라는 남로당의 전단과 "경찰 탄압에 저항" "가혹하게 이어진 학살" "제주도는 거대한 감옥이자 학살 터였다." 라는 제목은 섬뜩하였다. 진압군의 총살 장면과 진압부대장 사진을 전시하고 남로당 인민위원회를 대중의 지지를 받았던 조직이라고 설명하면서 미군을 점령군이라고 표현하였다.

① 위패 봉안소에는 폭도들의 위패와 묘비가 있다.

② 사료관에는 군법회의 선고가 잘못되었다고 하면서 2,530명의 명단과 영상을 계속 보여주어(2008년 4월 21일에는 있었으나 8월 말에

는 영상은 없었다.) 보는 이로 하여금 대한민국 법원은 아무 죄가 없는 양민을 저런 엉터리 재판을 해서 저 많은 사람들을 죽였는가? 하고 분개하여 이승만 대통령과 국군과 경찰을 규탄 증오하게 하고 있다.

③ 레드헌트 영상물을 계속 상영하여 좌측에서 주장하는 말도 안 되는 주장을 세뇌시키고 있다.(이것도 4월 21일에는 있었으나 8월 말에는 없었다.) 그리고 입구 좌측에는 소형극장을 만들어 15분짜리 영상을 보여주는데 폭도가 경찰과 우익과 국군을 죽이는 장면은 한 건도 없고 진압군이 진압하는 내용만 보여주어 경찰과 국군을 증오하고 분노하게 하였다. 이 영상은 즉시 철거해야 한다.

④ 3.1발포사건 시 경찰의 발포사건을 확대하여 3.1발포사건 때문에 4.3폭동이 발생하였다고 하기 위하여 과장 영상을 상영하여 관람객을 선동하고 있다. 그러나 4.3폭동 때 폭도 400여명이 새벽 2시에 12개 지서를 습격하여 고일수 순경의 목을 쳐 죽이는 영상은 없고 맨 마지막 관람벽에 350명의 무장대가 지서를 공격하였다는 내용 몇 줄만 써놓았다.

⑤ 대한민국 건국 5.10선거를 저지하기 위하여 폭동을 일으켜놓고, 조국통일과 민족해방(공산화)을 위하여 봉기하였다고 4.3폭동을 의로운 봉기로 표현하여 주최 측은 지금도 제주도를 공산화 하는 것을 소원하는 표현을 하였다. 이는 대한민국에서 도저히 용납할 수 없는 내용이다.

⑥ 이승만 대통령이 국무회의에서 "가혹하게 탄압하라" 고 명령하였다고 하면서 제주도의 많은 사람들이 죽게 된 것이 이승만 대통령의 명령에 의해서 아무 잘못이 없는 제주도민을 학살한 것처럼 관람객들로 하여금 이해하게 하고, 이승만 대통령을 학살자 수괴로 하여 대한민국을 악마의 집단으로 묘사하였다.

⑦ 폭도들이 국군과 경찰과 우익과 양민을 학살하는 내용은 거의 없고, 진압군이 폭동을 진압하는 과정만 전시하여 관람객들로 하여금 진압군이 제주 양민을 무참히 학살한 것으로 이해하게 사료관을 만들어 전시관을 관람한 사람들은 자동으로 이승만 대통령과 국군과 경찰과 미군을 규탄, 반미 좌파가 되도록 하였다. 그러므로 사료관을 즉시 폐쇄해야 한다.

⑧ 노무현 대통령이 사과하는 내용을 영상화 하여 계속 상영함으로 이상의 모든 내용이 사실인 것으로 이해하게 하였다.

6) 이상과 같이 제주4.3사건 진상조사보고서와 제주 평화공원의 사료관이 허위 및 좌 편향적으로 작성되고 불법으로 심사를 하여 폭도공원을 조성하였기 때문에 이를 폐지하지 않고 그대로 둔다면 대한민국은 태어나서는 안 될 정부로 이승만 대통령과 국군과 경찰과 우익은 자손만대까지 규탄을 받을 것이며, 대한민국은 좌파에 의해서 자동으로 망하고 만다.

2 제주4.3 특별법이 통과된 후 지금까지

1) 제주4.3 특별법이 통과되어 2003년 3월 진상조사보고서가 작성되어 6개월 동안 유예기간을 두어 350여건의 이의신청을 하였으나 이의신청을 받아들이지 않았다.

2) 2004년 8월 진상조사보고서 허위 및 좌편향적인 내용에 대해 헌법을 소원하였는데 기각되었고, 2000년에 헌법소원을 하였는데 기각되었다.

3.) 2005년 고건 총리에게 진상조사보고서 허위 및 좌편향을 지적, 시정을 요청하는 진정서를 내었으나 시정되지 않았고,

4) 이해찬 총리에게 이상과 같이 시정을 요하는 진정서를 내었으나 시정되지 않았다.

5) 17대 국회의원 전원에게 시정을 요구하는 진정서를 2회에 걸쳐 냈으나 어느 한 분 이 진정서에 관심을 가진 분이 없다. 한나라당 이회창 총재와 16대 한나라당 국회의원들과 특히 제주출신 국회의원들은 책임을 통감해야 할 것이다.

6) 2008년 1월 7일 이명박 대통령 당선자 인수위원회에 시정을 요구하는 진정서를 냈으나 18대 국회로 넘겼다.

7) 제주4.3유족회에서 필자를 상대로 명예훼손으로 2억의 손해배상 청구소송을 하여 1심에서 패소, 2심에서 승소하여 대법원에 계류 중이다.

8) 필자도 2009년 3월 9일 4.3사건 헌법소원과 행정소송을 해서 헌법소원은 패소하고, 무효소송은 대법원에서 패소하고 정보공개 신청만 대법원에 계류 중이다.

3. 제주4.3사건 처리 방안

1.) 제주4.3사건의 잘못된 특별법이 국회를 통과하고, 제주4.3사건 진상조사보고서를 허위 및 좌 편향적인 가짜로 작성, 이승만 대통령과 국군과 경찰을 학살자로 규탄하였기 때문에 이 보고서는 즉시 폐기되어야 한다.

2) 경찰과 우익과 국군을 죽인 폭도들을 심사도 하지 않고 4.3사건 희생자로 결정한 13,000여명의 심사는 폐기되어야 한다.

3) 제주4.3평화공원은 이상과 같이 허위 및 좌편향적인 보고서와 허위심사

에 의해서 조성되었고, 대한민국과 국군을 규탄하는 장소를 만들었기 때문에 출입을 통제하고 즉시 폐쇄하여야 한다.

4) 제주4.3사건 진압과정에서 억울하게 희생된 자들만 찾아 명예를 회복해주고, 국가에서 보상도 해주며, 위령탑을 별도로 해주고, 11월 어느 날을 추모일로 해야 한다. 좌익들이 폭동을 일으킨 4월 3일을 추모일로 하는 것은 절대 안 된다.

4. 현재 진행되고 있는 사건

오형인 증언(75세. 건국 희생자 제주도 유족회 회장. 제주도 대정면 하모리)

제주 4.3사건 당시 우리 아버님은 독립촉성국민회 회장직을 맡고 계셨다. 5.10 총선거일 이른 아침이었다. 갑자기 거칠게 문을 여는 소리가 들리더니 칼과 창, 몽둥이 등을 든 7~8명의 괴한들이 들이닥쳐 "ㅇㅇㅇ씨 나와라!"하고 고함을 지르며 아버님을 찾았다.

깜짝 놀란 나는 뒷문으로 도망을 가 이웃집 아궁이에 숨었다. 거기서 숨을 죽이며 우리 집 쪽을 바라보니 아버님께서는 포승줄에 묶여 어디론가 끌려가고 계셨다. 좀 더 동정을 살피다가 집으로 들어가는데 대문 앞에서 오용주라는 사람과 마주쳤다. 그는 당시 한 동네에 살았던 육촌형뻘이 되는 사람이다. 순간, '어, 저 형이 이른 아침부터 여긴 웬일이지?'하는 이상한 생각이 들어 걸음을 멈추고 오용주 얼굴을 쳐다보았다. 그 역시 나를 보고서는 잠시 어색한 낯빛을 띠며 추춤했다가는 이내 발걸음을 재촉해 제 갈 길로 가 버렸다. 집에 들어오니 식구들이 모여 눈물바다를 이루며 대성통곡을 하고 있었다.

그날 저녁 무렵 아버님과 함께 끌려갔던 동네 청년들 중 몇 사람이 도망쳐서 마을로 돌아왔는데, 그들 중에는 내 사촌형님도 계셨다. 사촌형님은 집에 들어오자마자 '도망쳐 오는 길에 소나무 밭에 사람 시체가 있는 걸 보았다'고 하였다. 그 말을 들은 백부님과 외할머니, 누님은 사촌형님을 길잡이로 하여 황급히 소나무 밭으로 향했다. 하지만 그곳에 도착했을 때는 이미 해가 떨어져 앞을 분간할 수 없을 정도로 사방이 어둑어둑해진 데다 주변에서는 낮에 왔었던 괴한들로 여겨지는 이들이 웅성대고 있어 그냥 집으로 되돌아와야 했다.

이튿날 날이 밝자, 사촌형님이 보았다는 시체가 아버님의 시신이 아니기를 간절히 바라며 밤잠을 설친 우리 가족들은 다시 소나무 밭으로 갔다. 그러나 얼마 지나지 않아 발견된 시체는 그토록 아니기를 바랐던 아버님의 시신이었다.

그때 아버님은 마흔여섯이 되신 해였고, 내 나이 열다섯이었다. 지금의 내 나이 일흔 다섯이니 그때의 일은 60년이 지난 옛일이건만, 아직도 내겐 모든 것이 생생하기만 하다.

후에 들은 이야기이다. 그 일이 있기 전날 밤에 마을에 살던 좌익 몇 사람이 오용주의 집에 모여 회식을 한 뒤, 속칭 거린돌이라고 하는 곳에서 동네 사람들을 모아놓고 인민재판을 했다고 한다. 바로 그 자리에서 처단하기로 결정된 사람이 바로 우리 아버님과 동네의 대동청년단장이셨던 김ㅇㅇ씨 부부였는데, 다음 날 이 세 분이 함께 희생되셨다. 아버님의 장례를 마친 우리 가족은 안덕면 화순리 이모님 댁으로 한동안 피난을 가 있었다.

당시 내가 본 아버님의 시신은 너무나 참혹했다. 그들은 목을 자른 것도 모자라 온 몸을 창으로 찔러 성한 곳이 없게 만들어 놓았다. 그 모습을 본 어머니께서는 그 자리에서 혼절하셨고, 한동안 자리를 보전하시다 결국 그해 7월 21일 세상을 뜨셨다.

그날 집에 와 아버지를 끌고 갔던 무장괴한들 중에 내가 얼굴을 알고 있던 사람은 육촌형 오용주와 훗날 인솔책임자로 밝혀진 이보택 두 명이다. 나중에 오용주는 형무소에 들어갔는데 6.25가 터지면서 출소한 뒤 북한으로 갔다는 얘기를 들었고, 이보택은 잡혀서 제주비행장에서 처형되었다고 한다.

그런데 이게 어찌 된 일인가! 2002년 제주도 도의회에서 조사한 보고서에는 이 두 사람이 아버님의 이름과 함께 4.3사건의 희생자 명단에 올라있었다. 재조사 후 이보택은 명단에서 빠졌지만 아직도 오용주는 버젓이 그 명단에 들어 있다. 지난 60년 동안 꿈에도 잊지 못했던 학살자 오용주가 4.3 사건의 희생자로 둔갑하다니.......

대충 경위를 알아본 후, 오용주가 희생자라며 보증을 선 오○○씨에게 항의 전화를 했다. 그러자 오○○씨는 "지금이 어떤 때인 줄도 모르느냐? 남북 정상회담이 끝났고 곧 김정일이 제주에 온다는데 허튼 소릴 하지 말고 잘못한 게 있으면 경찰에 고발하라"고 당당하게 큰소리를 치는 것이었다. 세상에 이런 적반하장이 있다니......

도저히 가만히 있을 수가 없어 도의회와 도청에 들려 항의를 하고 기고도 해봤지만 허사였다. 내막을 알아보니 사정은 더욱 심각하였다. 제주도는 다시 4.3 때와 같은 좌익의 세상이 되어버렸고, 유족회의 회장을 비롯한 대부분의 임직원은 폭도의 후손들이 맡고 있었다. 심지어 남로당 제주당위원회 제2대 군사부장(인민유격대 사령관)을 지냈던 이덕구의 조카가 '제주4.3진상규명 명예회복을 위한 도민연대' 의 공동대표 중 한 사람으로 중앙을 오가며 일을 보고 있었다. 참으로 기가 막힐 노릇이었다.

오용주는 우리 마을의 남로당 책임자로서, 납치와 살인, 약탈을 주도하였다. 우리 마을에 가면 오용주가 얼마나 끔찍한 만행을 저질렀는지 잘 알 수 있다. 아버님과 함께 희생되신 청년단장의 아들 김○○씨도 현재 제주시 연동에 살고 있다. 당시 그는 자신의 부모님과 함께 끌려갔다가 풀려났는데, 그의 손을 밧줄로 묶어 끌고 갔던 이가 바로 오용주이다. 아직도 나와 우리 마을 사람들은 오용주가 벌인 그날의 만행을 똑똑히 기억하고 있다. 폭도들의 자손과 좌파에 의해 왜곡된 제주4.3의 역사는 바로 세워야 한다. 무자비한 폭도가 억울한 희생자로 둔갑하는 일은 결코 없어야 한다.

이렇게 항의하여 오용주는 4.3 희생자 명단에서 빠졌으나 오형인은 이들과 싸우다 병을 얻어 몇 해 전 별세하였다. 고승옥 김계원도 항의로 인해 빠졌다. 그러나 제주읍 화북리 폭도 김주탁을 희생자명부에서 빼달라고 수차례 찾아가고 진정을 해도 빼주지 않았는데, 2009년 6월 현재 위패 봉안소에서는 빠졌다고 하는데 필자가 아직 확인을 못 하였다. 이토록 폭도 한 명을 빼는 것도 너무도 어려웠다.

5. 제주4.3사건 위원회 및 기획단 명단

1) 제주4.3사건 진상규명 및 희생자 명예회복위원회

(2003. 10.15현재)

구 분	성 명	주 요 직 책	비 고
위원장	이한동-김석수-고건	국무총리	
당연직	김정길-안동수-최경원-송정호-심상명-강금실	법무부장관	보고서 검토 소위 위원
	조성태-김동신-이준-조영길	국방부장관	〃
	최인기-이근식-김두관-허성관	행정자치부장관	
	최선정-김원길-이태복-김성호-김화중	보건복지부장관	
	전윤철-장승우-박봉흠	기획예산처장	
	박주환-정수부-성광원	법제처장	〃
	우근민	제주도지사	
위촉직	강만길	상지대학교 총장	
	김삼웅	전 대한매일 주필	〃
	김정기	전 서원대학교 총장	
	박재승	대한변호사협회장	
	박창욱	전 제주4.3희생자유족회장	
	서중석	성균관대학교 교수	〃
	신용하	서울대학교 명예교수	〃 (주관위원)
	유재갑	경기대학교교수	〃
	이돈명	변호사· ·전 조선대학교 총장	
	이황우	동국대학교 행정대학원장	
	임문철	제주중앙성당 주임신부	
	한광덕	성우회 안보분과위원장	
간사	김한욱 - 강택상	제주4.3사건처리지원단장	

2) 제주4.3사건 진상조사보고서 작성기획단

구 분	성 명	주요직책
단 장	박원순	변호사 · · 아름다운재단 상임이사
당연직	이수만-성백영	법무부 서울고검 사무국장
	하재평	국방부 군사편찬연구소장
	김지순-장인태-권욱 권선택	행정자치부 자치행정국장
	유장근-최정일	법제처 행정법제국장
	김호성-서유창-김영택	제주도 부지사
위촉직	김종호	재경제주4.3희생자유족회대표
	강창일(간사)	배제대 교수, · 제주4.3연구소장, 국회의원
	고창후	변호사
	김순태	방송대학교 충남대전지역 학장
	도진순	창원대학교 교수
	오문균	경찰대 공안문제연구소 연구원
	유재갑	경기대학교 교수
	이경우	변호사
	이상근	전 국사편찬위원회 근현대실장
서기	박찬식-김종민	전문위원

진상조사팀

- 수석전문위원 양조훈(제주사람)
- 전문위원 나종삼 장준갑 김종민 박찬식
- 조사위원 김애자 장윤식 김은희 조경희 배성식 박수환 현석이 민은숙 부미선 김정희 정태희 등 15명

행정법원 재판부에 제출한 폭도 18명의 명단

순번	소장 순번	명단 해당면	지 역	·성명 (희생자결정)	내 용	증 거
1	1	329면	제주읍 간입리	강기우(27.남) 사 망	사형	군법회의 선고
2	110	337면	제주읍 도두리	김형촌(23. 남) 사 망	남로당 활동자.김상옥과1948.12.31 도두마을습격한 폭도	제주읍 도두1구 주민22명 증언
3	180	344면	제주읍 봉개리	강두추(28.남) 행방불명	"제주읍봉개"7인당파 폭도	4.3과역사(통권 제128호) 1997.7.25.29면
4	528	372면	제주읍 화북리	김주탁(20.남) 행방불명	동부지역 폭도특공대총책.동생 김주영과 김용언을 살해한 폭도	피해자 김용언의 아들 김하영의 청와대 청원서 내용
5	608	380면	조천면 북촌리	김완식(23.남) 행방불명	경찰을 죽인 폭도핵심간부.관음사전투지휘관 자살	4.3은 말한다 3권 93, 94, 95면
6	699	392면	조천면 와흘리	김의봉(28.남) 사 망	1950년 폭도사령관.경찰과 총격전 중 총살	제주4.3 진상조사보고서 342면, 이제사 말했수다 119면
7	711	394면	조천면 조천리	김시범(58.남) 사 망	남로당 제주도당 조천면위원장	4.3은 말한다 1권 69, 375, 483면
8	714	394면	조천읍 조천리	김필원(50.남) 사 망)	남로당 제주도당 집행위원	4.3은 말한다 1권67면
9	813	413면	성산면 성산리	현호경(38.남) 행방불명	제주남로당 핵심간부 사형	제주4.3 진상조사보고서 94면
10	828	415면	성산면 오조리	강정호(22.남) 행방불명	9연대무장탈영병. 대정지서경찰을 죽인 폭도	4.3은 말한다 3권 114, 118면
11	1230	464면	대정면 보성리	송원병(35.남) 행방불명	9연대무장탈영병.대정지서경찰을 죽인 폭도	제주4.3 진상조사보고서 342면
12	1255	468면	대정면 인성리	고문수(41.남) 행방불명	무장폭도 지휘관	4.3은 말한다 3권 172면
13	1257	468면	대정면 인성리	류신출(36.남) 행방불명	48.5.10 무릉지서습격시 경찰과 총격전 끝에 사살	1997. 11. 4 제민일보
14	1272	470면	대정면 하모리	이원옥(55.남) 사 망	남로당 제주도당 핵심간부	4.3은 말한다 1권 67면
15	1523	501면	애월면 하귀리	김만옥(20.남) 사 망	폭도 제1대장	제주4.3진상조사보고서 343면
16	1533	502면	애월면 하귀리	김전중(20.남) 행방불명	사형	군법회의 선고
17		504면	전남지역	신선우(20.남) 사 망	원고 박익주의 부친 11연대장 박진경 암살사건 가담자	제주4.3진상조사보고서 226,228면. 4.3은말한다 3권 205면
18	1432	491면	애월면 상귀리	강자규(28.남) 행방불명	원고 박익주의 부친 11연대장 박진경 암살사건 가담자	제주4.3진상조사보고서 226,228면. 4.3은말한다 3권 205면

※ 이토록 허위 및 좌편향적인 4.3보고서가 작성된 원인은 불공정한 조직 구성이 원인이 되었다.

① 4.3보고서 초안 집필진 4명 중 팀장 포함 3명이 제주좌파 유족 측이고,

② 초안을 검토하는 기획단 위촉직 10명 중 제주좌파 유족 측이 7명이었으며,

③ 수정안을 검토하는 보고서 심사 소위원회의 위촉직 5명 중 제주좌파 유족 측이 4명이었고,

④ 보고서를 통과시키는 위원회의 위촉직 12명 중 제주좌파 유족 측이 9명이었다.(조사전문위원인 나종삼 위원 증언)

※ 이상의 진상조사위원들은 제주4. 3사건 폭동을 무장봉기라고 진상조사보고서를 허위 및 좌 편향적으로 작성한 것에 대해 책임을 져야 한다. 이유는 대한민국 역사를 비꾼다는 것은 외국에 침략 당하여 침략국이 아니고는 불가능한 일이다. 그런데 조사위원들이 좌익 폭동인 제주4. 3사건을 무장봉기라고 작성하여 역사를 바꾸어 폭도들을 희생자로 만들었고, 이승만· 송요찬· 함병선을 학살자로 만든 것은 대한민국 정부가 낮은 단계 연방제 즉 좌경화가 되기 전에는 이렇게 대한민국 역사를 바꿀 수가 없다. 이는 곧 역사 반란이다.

6. 현재까지 제주4.3사건 소송 진행상황

1) 대한민국 정체성회복위원회의 제주4.3사건 소송 패소사건

① 2009년 3월 20일경 재향군인회 회장 겸 국가정체성회복위원회 의장 고 박세직, 부회장 유기남, 재향군인회 안보국장 겸 국가 정체성회복위원회 사무총장 김규 등이 '제주4.3사건 희생자결정 무효 확인 소송' 을 이건개

변호사에게 위임, 서울행정법원에 소장을 제출 소송을 하였다. 필자는 여러 가지 여건 상 이건개 변호사의 선임을 극구 반대하였으나 강행하여 동참하지 않았다.

② 소송을 할 때는 원고의 자격이 있어야 하고, 둘째는 원고가 변호사에게 위임한 위임장이 소장과 함께 법원에 제출되어야 재판이 진행된다. 그런데 사무총장 김규가 주도하는 소송에서 원고가 193명으로 위임장을 법원에 제출한 분이 85%이며, 나머지 15%는 위임장이 없을 뿐더러, 4.3사건과는 전혀 관계가 없는 190명을 원고로 하는 도저히 이해할 수 없는 소송을 하였다. 법원에서는 위임장이 없는 사건을 재판할 경우 피고가 항의하여 재판부가 문제가 된다. 그래서 재판부에서는 내용을 검토하지도 않고 사문서를 위조한 소장 가지고는 재판을 할 수 없어 기각을 하였다. 그래서 사무총장 김규가 주도한 행정소송은 1심, 2심, 3심 모두 기각되었고, 헌법재판소에서도 각하되었다.

그런데 문제는 필자가 진행하고 있는 헌법소원이 위의 소송과 병합되어 각하되었고, 위의 판결문이 필자가 진행하고 있는 행정 재판부에 접수되어 진행하고 있는 '제주4.3사건 무효 확인소송' 1심, 2심, 3심 모두 기각되었다. 결국 필자는 다 이긴 소송에서 패소하게 되었다.

고 박세직, 유기남, 김규, 이건개 등은 ㉠ 제주4.3사건 진상조사보고서 배포 금지가처분과 ㉡ 경찰과 국군의 명예훼손 ㉢ 제주4.3사건 심사무효 확인소송 ㉣ 헌법소원 등을 이상과 같이 소송하여 모두 패함으로 제주 좌파들을 합법화 시켜주고 필자가 소송하는 데는 결정적으로 패하게 하였다. 이 분들의 잘못에 대해서는 영원히 역사에 남을 것이다.

2) 재향군인회 안보국장 김규, 안보문제연구소장 홍관희 등이 김광동에게 의뢰하여 제주4.3사건에 대하여 소책자를 발간하였는데, 결론에서 군과 경찰이 어린아이 740명, 61세 이상 노인 등 합하여 1,700여명을 죽였다고 기록하였다.

이 내용은 그동안 제주 좌파들이 군과 경찰이 제주도 양민을 무참히 학살하였다고 허위 주장한 내용으로, 재판부에서 이 문제가 대두되어 필자인 피고가 원고인 제주사람들에게 그러면 "증거를 대라" 했을 때 증거를 대지 못한 사건이다.

그런데 대한민국 재향군인회 안보문제연구소에서 허위사실을 기재하여 군과 경찰을 학살자로 규탄하였다. 대한민국 재향군인회 안보문제연구소가 이럴진대 다른 데는 오직 하겠는가!

필자가 '제주4.3사건 소송'에서 패소하면 초대 대통령 이승만, 송요찬 9연대장, 함병선 2연대장 미군 등 국군과 경찰과 미군이 13,000여명의 학살자가 되어 대한민국은 태어나서는 안 될 정부가 되어 이것으로 대한민국은 역사적으로 망하게 된다. 그리고 정부에서는 경찰과 국군과 우익을 죽인 살인자들에게 1인당 2억 원씩 보상해주어야 하는 기가 막힌 일이 일어날 것이다.

3) 제주4.3사건 폭도들이 경찰과 국군을 죽인 살인자 폭도들을 제주4.3사건 희생자로 허위심사를 하여 이들이 4.3희생자가 되려 하여 소송 중인데, 희생자심사를 정당하게 하고 진압군에게 억울하게 죽었다면 억울하게 죽은 증거 심사기록을 법원에 떳떳하게 제출하여 판결을 받아야 국민이 공감하고 화해나 상생이 될 것이 아닌가! 화해와 상생을 주장하며 억울하게 죽었다고 하면서 법원에서 2회에 걸쳐 희생자 심사기록을 제출하라 해도 제주도지사 김태환은 2회에 걸쳐 거절한 상태이다. 그래서 '정보공개청구거부처분취소' 소송을 하여 1심과 2심에서 패소하여 대법원에서 진행 중이다. 그러나

2011. 1. 17 서울 고등법원 제7행정부 (2010 누24267) 정보공개청구거부처분 취소사건[원고(항소인) 이선교 외 11명, 피고(피항소인) 국가기록원 서울기록정보 센터장]의 2차 변론기일에서 제주4.3사건 진상규명 및

희생자 명예회복위원회의 심사기록 각 사본에 대한 비공개 검토한 변론조서 재판장 곽종훈 판사는 "㉠ 피고 심사위원회의 심사회의록은 존재하지 않았다. ㉡ 보증서도 일부 희생자의 경우에는 존재하지 않았다. ㉢ 대부분 희생자에 관한 진상조사보고서나 사실조사결과서에는 제주4.3사건의 전개 과정이나 가담 정도에 관한 기재는 없고, 단지 사망한 내용만 조사되어 있었다. ㉣ 보증서의 내용도 사망 경위를 중심으로 기재되어 있고, 다른 희생자의 경우에도 대체로 그 조사 내용이 유사하다."라고 하였다. 이는 "피고 위원회의 희생자 심사 및 결정에 있어 보증서 등 신청 사유를 소명할 수 있는 객관적이고 합리적인 증빙자료의 제출을 의무화하고, 피고 위원회로 하여금 그 사실 여부를 조사·확인하도록 규정한 이 사건 특별법의 시행령 8조 9조 10조의 관계 법령에 위반되었다." 는 내용이다. 즉 제주4.3사건의 희생자 신고자들을 심사도 하지 않고 신청자는 모두 4.3사건 희생자로 결정한 것은 희생자 심사를 불법으로 하였다는 것이다.

그러면 4.3사건 희생자는 당연히 무효가 되어야 하는데, 국가정체성 회복위원회에서 4.3사건에 대해 소송을 해서 적격(원고 자격이 없는 사람이 소송한 것)에서 각하되어 1심, 2심, 3심, 헌법재판소까지 패소하여 이 판결문이 필자가 하고 있는 재판부에 접수되어 필자가 하고 있는 서울행정법원 제1행정부(2009구합 8922 제주4.3사건 희생자 결정무효 확인소송)에서와 고등법원에서와 대법원에서도 패소하였다.

4) **아래 글은 광주고등법원 제주부에서 2011년 9월 21일 2시 제주4.3희생자 유족회장 외 97명이 필자를 상대로 제기한 명예훼손에 따른 손해배상청구소송 항소심 판결 내용을 일간지에 게재한 내용을 발췌한 것이다.**

【광주고법 제주부, 이선교 목사 상대 손해배상청구 기각.
이 목사 강연 중 폭도공원 등은 의견표명에 불과.
법원 4.3폭도 규정 이선교 목사 손 들어줘.】

광주고등법원 제주부(재판장 방극성 제주지방법원장)는 9월 21일 오후 2시 김두연 전 제주4.3 희생자 유족회장 등으로 구성된 98명이 서울 모 교회 이선교 목사를 상대로 제기한 명예훼손에 따른 손해배상 청구소송 항소심에서 1심 판결을 파기하고 원고 청구를 기각했다.

당시 제주4.3 희생자 유족회 김두연 회장 등 98명은 같은 해 7월과 8월 "이선교 목사의 강연과 진정서 제출로 인해 4.3희생자와 유족들의 명예가 훼손당했다."며 2억 원의 손해배상 청구소송을 냈다.

지난 해(2010년) 4월 제주지법 제2민사부가 원고들의 청구를 일부 받아들여 "제주4.3사건 진상규명 및 희생자 명예회복위원회가 심도 있게 제정하고 대통령이 사과까지 한 사안에 대해 명확한 근거를 제시하지 않고 일방적 주장만을 해 원고의 명예를 훼손했다."며 이 목사가 희생자들에게 각 30만원 씩, 나머지 유족에게 각 20만원씩을 지급하라고 판결한 원심을 뒤집는 것으로써, 4.3희생자 유족 등 4.3단체의 주장을 받아들이지 않는 것이다.

당시 재판부는 "이선교 목사가 지난 2008년 1월 10일 '북한 노동당과 현재의 좌파'라는 주제의 국제외교안보포럼 강연회에서 진압경찰과 국군을 '폭동에 가담한 13,564명의 학살자로 만들었다'고 말하거나, 제주시 봉개동에 세우는 4.3평화공원을 '폭도공원' 등으로 표현한 사실이 인정된다."며 "이는 '제주4.3사건 진상규명 및 희생자 명예회복위원회'에 의해 희생자와 그 유족으로 결정된 원고들의 명예를 훼손한 것으로, 헌법에 보장하는 학문의 자유와 표현의 자유를 넘어섰다."고 판시했다. 이에 이선교 목사는 이와 같은 판결에 불복, 법원에 항소했다.

이선교 목사는 2008년 1월 한 포럼의 강연에서 "제주4.3 희생자 13,564명에 대하여 제대로 심사를 하지 아니하고 희생자로 인정하여 이 가운데 '제주4.3폭동에 가담한 자들'이 포함되어 있기 때문에 4.3평화공원은 평화공원이 아니라 폭도공원" 으로 표현하면서 제주4.3진상조사보고서를 가짜로 작성하였다고 한결같이 주장하였다.

광주 고등법원 제주부는 판결문에서 **"대법원은 강연 내용 중 일부 내용의 진위가 분명하지 않아 오해의 소지가 있거나 거기에 특정인에 대한 비판이 추가돼 있다고 하더라도 그 강연의 내용이나 강연에 앞서 배포된 자료 등을 '전체적 · 객관적으로 파악해 허위사실의 적시에 해당하는 지 여부를 가려야 한다.' 며 취지가 불분명한 일부 내용만을 따로 떼어내 허위사실이라고 단정해서는 안 될 것이라는 판례가 있다."** 고 밝혔다.

재판부는 이선교 목사가 강연에서 제주4.3공원을 폭도공원, 진상조사보고서는 가짜로 작성되었으며, 13,564명 등이 폭동에 가담하였다는 취지의 강연을 했다고 하더라도, 그 강연의 전반적인 취지는 **'좌파들의 활동으로 진상조사보고서가 이념적 편향되게 작성되었고, 희생자 13,564명 가운데는 선량한 피해자와 함께 사형수와 무기수 606명, 사건 당시 국군과 경찰 등을 살해한 폭도들도 포함돼 있으므로 이를 바로잡아야 한다는 것'** 이라며 **"제주4.3 진상조사보고서에 대한 부정적 평가, 지난 국회에 대한 비판 등의 의견의 표명이라고 보는 것이 상당하다"** 고 판시했다.

재판부는 **"이선교 목사가 강연에서 '제주4.3사건의 희생자로 결정된 13,564명 모두가 제주4.3 당시 폭동에 가담한 폭도라고 지칭하였음을 전제로 하는 원고의 주장에 대하여 폭동에 가담한 13,564명' , '4.3 평화공원을 폭도공원' 이라는 표현을 사용했다고 인정할만한 증거가 부족하여 달리 이를 인정할 증거가 없다."** 며 **"희생자 모두가 폭도라고 지칭했음을 전제로 하는 원고의 주장은 이유 없다."** 며 **"원심 판결 중 이 목사 패소 부분을 취소하고, 원고의 청구를 모두 기각한다."** 고 판시하므로 피고인 이선교 목사의 손을 들어주었다.

7. 신문의 광고와 인터넷에 올린 내용.

※1. 2011년 10월 7일 조선일보와 동아일보 광고 내용.

제주4.3사건 진상조사보고서 작성 기획단장 박원순 변호사는 질문에 답해 주시기를 바랍니다.

제주4.3사건 진상조사보고서에 제주4.3사건이 폭동이 아니고 무장봉기라고 정의하셨는데 그렇다면 왜

1. 어린 소녀까지 죽인 것이 폭동이 아니고 무장봉기입니까?

제주4.3사건 진상조사보고서에는 4.3사건이 3.1발포사건과 경찰과 서청의 탄압에 항거한 무장봉기라고 하면서 48년 4월 3일 새벽2시 제주 좌파 남로당 폭도 400여명이 경찰지서 11곳을 공격하여 고일수 순경의 목을 쳐 죽이고, 김장하 순경 부부를 대창으로 찔러 죽이고, 선우중태 순경을 총으로 쏘아 죽였다. 그리고 일반인 문영백의 딸 문정자(10세) 문숙자(14세) 소녀까지 잔인한 방법으로 죽였고, 애월면 구엄마을 문기찬(33세), 문창순(34세)도 죽였다. 경찰에 항거한 무장봉기라면 왜 위와 같이 일반인과 살려달라고 애원하는 소녀들까지 잔인한 방법으로 죽였는가? 이것이 폭동이 아니고 무장봉기입니까?

2. 남한 5.10 선거는 반대하고 북한 8.25 선거를 지지한 것이 무장봉기입니까?

48년 5월 10일 대한민국 건국을 위한 총선은 폭도들이 이상과 같이 우익과 선거관리위원들과 투표를 하려는 양민들을 죽이거나 산으로 내몰면서 5.10선거를 반대하여 제주도 3개 선거구 중 2개 선거구가 무효가 되게 하

고,(전국에서 유일하게 제주투표구 2개만 무효임) 48년 8월 25일 북한의 건국 선거에는 제주도민의 85%라고 김달삼이 주장한 52,000여명이 지지 투표를 하여 북한의 건국에 앞장을 섰습니다. 제주4.3사건이 경찰의 탄압에 항거한 무장봉기라면 왜 5.10선거를 반대하고 북한의 선거를 지지하였습니까?

3. 제주4.3사건 2대 폭도사령관 이덕구가 대한민국에 선전포고한 것을 제주4.3진상조사보고서에서 왜 빼셨습니까?

48년 4월 3일부터 7월 20일까지 폭도들의 공격으로 경찰 56명, 우익 223명이 죽었고, 폭도들은 교전 중 15명이 죽었습니다. 이때까지 제주에 주둔 국군 9연대는 폭도들이 공격하지 않아 많은 양민이 죽지 않았습니다. 그리고 제주도민이 선거한 투표용지 52,000여장을 가지고 북한 건국선거에 참석한 폭도사령관 김달삼이 김일성 만세를 부르고 김일성으로부터 훈장을 받은 후 제주도로 돌아오지 않자 제주도는 평화를 되찾은 듯 하였습니다. 그런데 1948년 9월 15일 이덕구가 제2대 폭도사령관이 되면서 대한민국을 적으로 보고 1948년 10월 24일 선전포고를 하여 4.3폭동이 확대되었습니다. 그런데 왜 양민이 많이 죽게 된 원인인 이덕구의 선전포고 내용을 4.3진상조사보고서에서 뺐습니까?

4. 제주4.3 폭도가 국군을 공격하여 하루에 14명(21명)이 전사한 사건을 왜 제주4.3진상조사보고서에서 빼셨습니까?

이덕구는 대한민국에 선전포고를 한 다음 48년 11월 2일 제주주둔 9연대 6중대를 공격하여 중대장 이하 14명(21명)이 죽어 제주4.3 폭동이 확대되어 치열한 전투 중에 제주도는 밤에는 인민공화국이 되고, 낮에는 대한민국이 되어 제주도민들이 많이 죽게 되었습니다. 그런데 국군이 폭동을 진압하게 된 동기인 이 중요한 사건을 왜 4.3진상조사보고서에서 뺐습니까?

5. 9연대 안에서와 경찰 안에서 일어난 좌파 반란사건을 왜 제주4.3진상조사보고서에서 빼셨습니까?

48년 10월 28일 제주도 주둔 9연대 강의현 소위 등 80여명의 좌파 국군이 반란을 일으키려다 사전에 발각되어 일망타진 되었고, 48년 10월 31일 75명의 좌파 경찰과 공무원이 제주도를 공산화 하려다 실패하였습니다. 그런데 4.3진상조사보고서에서 왜 이 사건을 빼셨습니까?

6. 이상의 사건 때문에 48. 11.17 계엄령을 선포, 내란을 진압하였는데 계엄령을 선포한 원인을 왜 제주4.3진상조사보고서에서 빼셨습니까?

이상의 사건 때문에 대한민국에서는 제주도 내란을 진압하지 않으면 제주도가 공산화 될 것으로 판단하여 48년 11월 17일 계엄령을 선포하고 내란을 진압하였습니다. 그런데 4.3진상조사보고서에는 왜 이상의 사건을 모두 빼버리고, 아무 잘못이 없는 제주도에 계엄령을 내려 양민을 학살하였다고 하였습니까?(엉터리 심사로 4.3희생자 13,000여명 결정)

7. 제주4.3 폭동 책임이 김달삼 · 이덕구 등 폭도에게 있는데 왜 정부와 국군과 경찰과 미군에 있다고 하였습니까?

이상에서 본 것과 같이 제주4.3사건 책임자는 김달삼과 이덕구와 제주 폭도들에게 있는데 이들에 대해서는 전혀 언급을 하지 않고 제주 폭동의 책임이 왜 대통령 이승만, 9연대장 송요찬, 2연대장 함병선, 그리고 경찰과 국군과 미군에게 있다고 하였습니까?

제주4.3사건 진상조사보고서 작성 기획단장 박원순 변호사는 위와 같은 질문에 대한 답변을 2011년 11월 10일까지 신문광고란에 해주시기 바랍니다.

※ 2. 2011년 11월 11일 동아일보 광고 내용

제주4.3사건 희생자 심사결정에 대하여
고건·이해찬 전 제주4.3사건위원장은 답변해 주시기 바랍니다.
제주4.3사건 진상조사보고서 작성기획단장
박원순 서울시장이 11월 10일까지 답변이 없는 것은

1. 박원순 서울시장이 답하지 않은 이유는

1) 제주4.3사건은 무장봉기가 아니고 무장폭동이기 때문이며,
2) 남한 5.10선거는 반대하고 북한의 8.25선거를 지지한 것은 무장봉기가 아니라 무장폭동이기 때문이며,
3) 4.3사건 2대 폭도사령관 이덕구의 10.24 선전포고를 4.3보고서에서 뺀 것은 4.3사건을 무장봉기로 정의하기 위한 것이고, 다음은 11.17계엄령선포가 아무 잘못이 없는 제주 양민을 학살하였다고 하기 위하여 계획적으로 뺀 것이다.
4) 10.28 제주 주둔 9연대 강의현 소위 등 80여명 좌파 국군의 반란 실패와 10.31 좌파경찰 및 공무원 75명의 적화음모 실패와 11월 2일 폭도가 국군 21명을 죽인 것을 보고서에서 뺀 것은 아무 잘못이 없는데 제주도에 계엄령을 내려 양민을 학살하였다고 하기 위함이며, 이승만 대통령과 국군과 경찰을 학살자로 하기 위함이다.
5) 이러한 제주4.3진상조사 가짜보고서에 의해서 제주평화공원 사료관의 부착물을 작성 부착했기 때문에 부착물은 반드시 철거해

야 한다.

6) 박원순 시장은 제주4.3사건 진상조사보고서를 위와 같이 가짜로 작성하였기 때문에 책임지고 제주4.3사건 진상조사보고서를 폐기해야 하고, 보고서 작성 비용인 국고의 손실에 대해서 책임을 지고 변제햐야 하며, 보고서에 의해 많은 젊은이들이 역사를 왜곡하여 좌편향자가 되게 하는 것에 책임을 져야 한다.

7) 제주4.3 폭동의 책임은 이승만 대통령과 국군과 경찰에 있지 않고, 김달삼·이덕구·김의봉 등 좌익 폭도들에게 있다.

1. 고건, 이해찬 등 전 총리들은 왜 제주4.3사건 희생자심사를 하지 않고 신고한 자를 모두 희생자로 결정하였습니까?

제주4.3사건 희생자는 특별법 시행령 제8조·제9조·제10조에 의해 4.3사건 희생자를 심사를 하고, 심사를 한 후에는 심사한 사람들의 서명과 날인을 하도록 법으로 규정하였는데, 왜 이 법을 위반하고 13,000여명을 심사를 하지 않고 경찰140여명, 국군 180여명, 양민 1,673명을 죽인 폭도까지, 무조건 13,000여명을 제주4.3사건 희생자로 결정하였습니까?

2. 왜 이러한 엉터리 심사를 하여 제주평화공원 안에 폭도들의 위패까지 부착하였습니까?

3. 이러한 가짜보고서와 엉터리심사를 한 후 왜 정부에서는

국민이 낸 혈세 580억 원의 예산으로 제주폭도들의 훈련장 소인 봉개동 12만 평에 582억 원을 들여 평화공원을 만들어놓고 학생과 관람객 20만여 명이 국군과 경찰과 대한민국을 규탄하게 하고 반정부자가 되게 하고 있습니까?

※ 이상의 질문에 대해서 12월 10일까지 고건, 이해찬 등 전 총리들은 신문 광고에 답변해주시기 바랍니다.

※ 3. 2011년 12월 11일 인터넷에 올린 내용

대한민국 노무현 정부에서 제주4.3사건 가짜보고서와 가짜심사로 대한민국 초대 이승만 대통령을 살인자로 규탄한 고건·이해찬 전 총리

제주4.3사건 진상조사보고서는 반드시 폐기해야 하고, 제주평화공원 내 위패도 반드시 철거되어야 한다.

제주4.3사건 진상조사위원장 고건·이해찬 전 총리들이 12월 10일까지 답변을 하지 않은 이유는,

1. 대한민국 노무현 정부에서 제주4.3사건 가짜보고서를 작성한 후 제주4.3사건 희생자 13,000여명도 가짜로 심사를 하여

1) **이승만 대통령과 국군과 경찰이 제주양민 13,000여명을 학살**

하였다고 매도 규탄하여 학생과 젊은이들이 대한민국을 규탄하고 좌파사상을 갖게 하여 반정부자가 되게 하고 있는 것은 침략국인 인민공화국에서나 할 수 있는 일이다. 그러므로

① 제주4.3사건 진상조사보고서는 반드시 폐기되어야 하며

② 제주 평화공원 내 사료관에 부착된 부착물은 가짜로 쓴 제주4.3사건 진상조사보고서 내용 그대로 하였기 때문에 반드시 철거되어야 하며

③ 제주 평화공원 내 위패도 반드시 철거되어야 한다.

④ 제주 평화공원 내의 좌 편향된 사료 게시물이나 위패를 관람한 학생이나 젊은이들이 자동으로 국군과 경찰을 증오하게 하고, 대한민국을 규탄하게 하고, 반정부 및 좌편향성 학습장으로 만들어 놓았다. 그러므로 대한민국이 망하지 않으려면 제주 평화공원을 폐쇄하고 관람객 및 추모자들의 출입을 금지해야 한다.

2. 박원순 서울시장은 국가 보고서인 제주4.3사건 진상조사보고서를 가짜로 작성하였으니, 국민과 대한민국을 기만한 이 보고서는 반드시 폐기해야 하며, 작성 때 사용했던 국고 지원금도 즉시 반환해야 한다. 그리고 이 좌 편향된 가짜보고서에 의해 학생들과 젊은이들에게 좌 편향성을 갖게 한 것은 대한민국 공무원으로서는 있을 수 없는 일이기에 서울시장 직도 사임해야 하고 법적으로 책임도 물어야 한다.

3. 제주4.3사건 진상조사위원장 고건·이해찬 전 총리는 제주4.3사건 희생자 13,000여명을 가짜로 심사하여 대한민국 국민의 세금으로 800억 원을 지원받아 제주 평화공원을 조성한 금액을 즉시 반환하고, 모든 공사를 중지해야 한다.

4. 대한민국에 선전포고를 하고 제주도를 공산화 하려 했던 제주4.3 좌익폭동의 날을 기념하는 행사에 국무총리를 비롯한 정부의 어떠한 공무원도 참석해서는 안 된다.

20011. 12. 13

현대사포럼 대 표 이 선 교

참고문헌

제주4.3연구소 「이제사 말햄수다」 한울, 1989년.

4.3은 말한다 1권~5권 전해원, 1994.

김천영 「년표 한국현대사」 한울림, 1985년.

신상준 저 「제주4.3사건」 上 · 下, 2000년

삼성출판사 「광복 38년사」 1983년.

제주경찰국 「제주경찰사」 1990년.

제주4.3연구소 「제주항쟁」 신천문학사, 1991년

조병옥 「나의 회고록」 민교사, 1959년.

조선일보사 「전환기의 내막」 조선일보사 출판국, 1982년

서중석 「한국 현대 민족운동 연구」 1991년.

박갑동 「박헌영」 인간사, 1983년.

대검찰청 공안부 「좌익사건 실록」 1965년.

김학준 「분단의 배경과 고정화 과정」

김학준 「해방전후사의 인식」 한길사, 1989년

제주인민유격대 투쟁보고서 「문창송 편, 한라산은 알고 있다」 1995년.

국방부 전사편찬위원회 「한국전쟁사」 동아출판사, 1967년.

김봉현 · 김민주 「제주도 인민들의 4.3무장 투쟁사」 문우사, 1963년.

육군본부 「공비토벌사」 서울, 1954년.

佐佐木春隆 저, 강욱구 편역 「한국전비사」 학병사, 1977년

아라리연구 편 「제주민중항쟁 Ⅰ Ⅱ」 소나무, 1998년.

박갑동 「통곡의 언덕에서」 서당, 1954년.

국사편찬위원회 「북한관계 사료집」 1988년.

백선엽 「실록 지리산」 고려원 1992년.

이윤 「제2연대 1대대 2중대 특별공작조장」 진중일기

이영신 「광복 20년」 광복사, 1987년.

해방 20년 편찬위원회 「해방 20년」 세문사, 1965년.

김동춘 「한국 현대사연구」 이상과 현실, 1988년.
스칼로피노 「한국공산주의 운동사」 돌베개, 1986년
김준엽 · 김창순 「한국 공산주의 운동사」 청계연구소
육군본부 「공비연혁」 1971년.
고준석 「민족통일투쟁과 조선혁명」 힘, 1988년
박명림 「한국전쟁 발발과 기원」 나남출판사, 1996년.

인터뷰

고원증(49년 육군 중령. 법무감실 기록심사과장 후 법무부장관)
현 변호사
임부택(9연대 작전참모)
백선엽(14연대 반란 조사국장)
김안일(14연대 반란 조사과장)
빈철현(14연대 반란군 조사팀장)
오제도(검사. 남로당 수뇌 김삼룡 · 이주하 · 홍민표 등 조사)
홍민표(1949년 서울시 인민위원장)
한수섭(제주 주민)
이월색(제주 주민)
허태주(제주 주민)
김성수(제주 주민)
오형인(제주 주민. 현 제주도 유족회장)
1998년 제주 역사탐방, 현기영 씨 안내.
제주4.3사건 진상조사보고서
제주4.3사건 진상조사보고서 수정의견 검토자료 1-2권 2003.9